★ ★ ★ ★ ★

谨以此书献给

精忠报国的中国航母人

美国航母喷气燃油装备技术保障培训教程

■ ■ ■ ■ ■ ■ 田小川 主编

HE·UP 哈尔滨工程大学出版社

图书在版编目(CIP)数据

美国航母喷气燃油装备技术保障培训教程/田小川
主编. —哈尔滨:哈尔滨工程大学出版社,2016.4
ISBN 978 - 7 - 5661 - 1149 - 4

Ⅰ.①美… Ⅱ.①田… Ⅲ.①航空母舰 - 舰载飞机 -
美国 - 技术培训 - 教材 Ⅳ.①E926.392

中国版本图书馆 CIP 数据核字(2015)255720 号

选题策划　沈红宇　　吴鸣轩
责任编辑　张忠远　　马佳佳
封面设计　徐　鑫

出版发行　哈尔滨工程大学出版社
社　　　址　哈尔滨市南岗区东大直街 124 号
邮政编码　150001
发行电话　0451 - 82519328
传　　真　0451 - 82519699
印　　刷　哈尔滨市石桥印务有限公司
开　　本　787mm×1 092mm　1/16
印　　张　25.5
字　　数　556 千字
版　　次　2016 年 4 月第 1 版
印　　次　2016 年 4 月第 1 次印刷
定　　价　108.00 元
http://www.hrbeupress.com
E-mail:heupress@ hrbeu.edu.cn

(内部发行)

编 委 会

主　任　谷宁昌　王　岩
副主任　张继明　王明为　廖　镇
编　委　孙清磊　崔潮辉　钱　骅
　　　　布光斌　雷贺功　郭　兵

主　编　田小川
副主编　布光斌　王　波

编　译　（按姓氏笔画排序）
　　　　于　瀛　王　晖　付　琳
　　　　吕建荣　刘　颂　许俊松
　　　　吴小兰　陈小锋　林小匡
　　　　周明贵　郝筱萌　席建峰

前　言

　　航空母舰(航母)是实施国家海防战略的重要武器装备,是反对外来侵略、保卫领土领海主权、维护海洋权益、实现"不战而屈人之兵"原则的有效威慑手段,是战而能胜、攻防兼优、威力强大的三栖(可对海、对空、对陆作战)立体作战系统。航母集中反映了先进科技和现代工业的水平,包括研究建造、技术保障、运维管理到作战能力等,是国家综合国力的象征。

　　航母及其舰载机系统,包含造船、海洋、航空、航天、电子、机械、兵器、核化等高新技术,是"巨系统"工程。航母喷气燃油装备技术保障系统是航母充分发挥作战效能的重要基础。由于喷气燃油装备技术保障的复杂性,以及其他舰船所没有的特种装置,对维修保障工作提出了更高的要求,需要有效配备保障资源、加强培训等不断提升维修保障能力。《美国航母喷气燃油装备技术保障培训教程》作为《美国航母舰载机起降装备技术保障培训教程》《美国航母舰载机调运装备技术保障培训教程》的姊妹篇,是美国海军现役航母使用的培训教材,其内容总结了百年航母的使用经验和教训,对我国航母油料装备的使用具有极大的参考价值。

　　美军历来重视人员培训,认为培训是保持并提升军队战斗力的关键之一,包括维修人员培训。为深入了解美国航母航空保障系统维修培训的相关情况,我们组织有关专家查阅、整理了美国航母航空保障系统维修培训系列教程,相关内容可为我国海军开展航母保障相关工作提供参考。书中所有资料都来自于开源信息,由于编者水平有限,书中难免存在疏忽和遗漏,望参考借鉴过程中注意结合实际进行鉴别,并提出宝贵意见。

　　鸣谢:爱德亚海上安全研究中心大力支持。

编　者

2016 年 2 月

目　　录

第1章 航空燃料质量监管

负责油料系统的航空水手长(ABF)最常处理的燃料是动力汽油(MOGAS)和喷气发动机(JP)的燃料。因为燃料处理非常复杂而且非常危险,所以所有人员都必须充分、全面地了解这些燃料的特性和油品质量。本章主要介绍汽油和喷气发动机燃料的属性,这样当使用它们时,你就会对安全问题和注意事项了然于心,做到有备无患。此外,为了提供清洁的燃油产品,本章将主要讨论质量监管和设备检验。

1.1 燃 料 特 征

【学习目标】介绍负责油料系统的航空水手长最常处理的燃料特性。

动力汽油(MOGAS)和喷气发动机(JP)燃料都属于石油产品,由炼油厂以原油为原料加工制造。经过蒸馏处理后,原油被分离成各种馏分,成为具有给定范围内沸点的化合物基团。基本上所有蒸馏馏分都可以用作燃料。这些功能团(其中包括汽油、煤油、柴油和喷气式发动机燃料)就是人们熟知的馏分燃料。

馏分燃料属于可燃液体。在适当的条件下,馏分燃料甚至会发生爆炸,与炸药爆炸相似。如果不慎吸入足够数量的上述任意一种燃料蒸气,均可能导致死亡;如果接触到液态的上述任意一种燃料,将会出现严重的皮肤刺激甚至损伤。

液态石油燃料比水轻,气态石油燃料比空气重。所以,如果此类燃料中含有水,那么水通常都会沉降到容器底部。当此类燃料的蒸气释放到大气中时,通常都会贴近地面位置,增加了人员和财产的危险性。因此,处理动力汽油和喷气发动机燃料时必须谨而慎之。

1.1.1 能源来源

石油燃料是一种含有热能的液体,在发动机中通过燃烧转化成为机械能。喷气式飞机发动机像活塞发动机一样,通过燃烧燃料和压缩空气使空气膨胀,从而产生动力。对任意喷气式飞机或者活塞发动机来说,燃料的主要作用都是充当热能来源。

有别于活塞发动机的性能表现,喷气发动机的性能不会因为燃料类型的不同而出现巨大差别,但是喷气发动机燃料必须满足飞机在各种运行条件下的要求。例如,满足汽油发动机要求的燃料就不适用于柴油发动机;反之亦然。所以,没有任何一种燃料可以作为万能燃料。

1. 汽车用汽油(MOGAS)介绍

汽车用汽油(北约代码编号 F – 46)属于汽油型燃料,由极易挥发的、专供内燃机使用的液体烃的混合物组成。由于动力汽油是由石油的低沸点元素组成,易爆且易挥发,所以必须非常谨慎处理。

动力汽油的性能特点由其抗爆性决定。抗爆性是指在没有预点火或引爆的情况下,燃料在气缸内统一、均匀地燃烧的能力。如果燃料的抗爆性不适当,那么会导致各种类型发动机的输出功率降低,长期使用还将导致发动机损坏。汽车发动机型汽油的抗爆值通常用辛烷值表示。

辛烷值是发动机燃料抗爆性能的数字度量值,以异辛烷的体积在标准参比燃料中的百分比为基础表示。异辛烷是一种高度易燃的液体,常用于确定燃料的辛烷值。举例来讲,如果一种发动机燃料产生的抗爆值与含有 80% 的异辛烷的标准参比燃料的抗爆值相同,那么这种发动机燃料的辛烷值就是 80。辛烷值也可以称为辛烷率。

动力汽油的辛烷值:

马达法——83

研究法——91

2. JP – 5 燃油介绍

JP – 5 燃油(北约代码编号 F – 44)是一种基于煤油的喷气式发动机燃料的普遍代称。开发这种燃料的目的是提供一种闪点较高的燃料,从而能够在舰上安全储存,这一点是汽油或者更早开发的喷气式发动机燃料所无法企及的。与汽油一样,JP – 5 燃油是石油加工产生的液态烃的混合物。但是,与汽油相比,JP – 5 由沸点较高的馏分组成,因此 JP – 5 不易爆,而且也不像汽油那样易挥发。在喷气式发动机燃料中,JP – 5 是唯一一个获准在军舰上使用的喷气式发动机燃料品级。

尽管出产时 JP – 5 燃油确实具备较高的闪点(最低 140 华氏度[①]),但是当它和其他闪点较低的燃料混合时,这种液体本身也变得不再安全。即使本身闪点很高,但是在压力的作用下,或者当其泼溅到抹布、衣物上时(此时抹布或者衣物的作用无异于灯芯),JP – 5 燃油即变得高度易燃。

JP – 5 燃油还是 F – 76 燃料(船用柴油)的广为接受的替代品,供由燃气轮机作动力的舰船(导弹护卫舰、导弹驱逐舰和导弹巡洋舰)、气垫登陆艇(LCAC)及航空兵的保障设备使用。

---

① 1 华氏度 = 37 + 1 摄氏度 × 1.08。

3. JP - 4 燃油介绍

JP - 4(北约代码编号 F - 40)是一种宽馏分汽油型喷气式发动机燃油,它的闪点低,通常情况下低于 0 华氏度。空军、陆军和一些海军陆基单位使用此种燃油,它极易挥发、易燃、危险性高,当与 JP - 5 燃油混合在一起时,它能够降低 JP - 5 燃油的闪点,使其低至无法满足舰上使用的水平。

4. JP - 8 燃油介绍

JP - 8(北约代码编号 F - 34)是一种煤油型喷气式发动机燃油,闪点为 100 华氏度。美国空军在欧洲和英伦三岛驻地使用 JP - 8 燃油替代 JP - 4 燃油。当 JP - 8 燃油与 JP - 5 燃油混合时,JP - 8 燃油将降低 JP - 5 燃油的闪点,使 JP - 5 燃油的闪点低至无法满足舰船使用的水平。

1.1.2　燃料的特性

1. 挥发性

石油燃料的挥发性通常以燃料蒸气压力和蒸馏物来衡量。蒸气压力表明燃料在特定温度下的挥发趋势,而蒸馏物则是一种挥发程度的衡量手段,它表明燃料在一系列温度下的挥发情况。

蒸气压通过雷德蒸气压试验炸弹测量。检测时,将 1 体积的燃料和 4 体积的空气混入一个密封的炸弹中,炸弹上装有一个压力计。将容器和燃料加热至 100 华氏度,摇匀,然后读取压力计上的压力读数。压力计上显示的压力读数就是人们熟知的雷德蒸气压(RVP),用 psi① 表示。

通过蒸馏物检测燃料的挥发性,是在标准的蒸馏装置中进行的。检测时,将燃料加热至给定温度。在对各给定温度下的蒸馏物进行测量时发现,有一部分燃料已经蒸发掉。在燃料军事规范中,给出了温度范围以及满足目标标准要求的蒸发损耗百分比。

任何燃料都会汽化,当燃料蒸气与一定百分比的空气混合时,燃料才能燃烧或者发生爆炸。以空气中的汽油蒸气为例,用容积来衡量汽油蒸气的最低极限约为 1%,最高极限约为 6%,而其他类型的燃料蒸气的极限值可能有所不同。

目前使用的军用喷气式发动机燃料 JP - 4 的蒸气压为 2 ~ 3 磅/平方英寸;对 JP - 5 这种燃料的蒸气压没有严格要求。在常温和标准大气压下,JP - 5 的蒸气压为 0 磅/平方英寸。

汽油具有很强的汽化趋势,因此在液体表面,总是有大量汽油蒸气与空气混

---

① 1 psi = 1 磅/平方英寸 = 6 895 千帕。

合。实际上,在位于海平面高度的密闭储油罐内,当温度达到10华氏度或稍高一些时,汽油就会释放出大量蒸气,从而导致燃油－空气混合物的浓度非常高,极易燃。当燃油与水接触时,燃油将继续蒸发直到在空气中达到饱和为止。

燃油上方空气中燃油蒸气的数量永远不会超过饱和值。当然,要通过燃油蒸气使空气达到饱和需要一定的时间,所以实际的燃油蒸气百分比可能远远低于饱和值,特别是当燃油容器打开,可实现自由空气流通的情况下更是如此。

在未充分加热以致温度超过100华氏度之前,JP－5燃油不会释放足够的蒸气,此时不易燃。但是,如果JP－5燃油掺入少量汽油,或者沾染JP－4(沾染JP－4燃油的情况更易发生)。在这种情况下,即使数量非常小,JP－5燃油释放出的燃油蒸气量也将增至可燃水平,即达到燃油在较低温度条件下的可燃范围。在常温条件下,即使JP－5燃油中混入0.1%的汽油或者JP－4燃油,都会致使JP－5燃油闪点下降,以至于无法满足舰上安全存储需要的闪点。在这种情况下,JP－5燃油变得不再安全,不能再在舰上存储使用。

受蒸气压范围的影响,JP－4燃油品级在－10～80华氏度时会形成易爆蒸气,此范围恰好也是正常存储和处置JP－4燃油的温度范围。这就意味着液体上方的空间始终含有一定数量的易爆混合物。

2. 相对密度

燃料相对密度是指某种燃料在给定体积下的质量比率,即在同样的温度下,燃油与等体积蒸馏水质量的比率。通常情况下,按照美国石油学会(API)的密度计标度,可将石油产品的重力值转换成度数。通过ASTM标准D1250－80,将所有重力测定值与特定温度(60华氏度)关联起来。

对石油产品的相对密度必须要予以确定,这样当计量储油罐、槽车和驳船的液体含量时,才能修正石油产品在不同温度下的体积值。而且,还需要根据JP－5燃油的密度,选择合适尺寸的放油环,以供在离心净化器上使用。

在两种情形下,燃料的相对密度可能发生变化:一种是此种燃料中混入了其他类型的燃料,导致此种燃料的组成发生了变化;另一种是燃料中混入了该燃料不同品级的产品。

3. 黏度

黏度是液体流动阻力的量度,黏度的重要性取决于产品的预期用途。从应用和性能的角度讲,合适的黏度非常重要,因为所有燃料和润滑油产品都要求规定最小和最大流速。以燃料为例,黏度测定值相当于一个指数,反映燃料流向燃烧器的状态、被雾化的程度以及燃料保持适当雾化的温度。

4. 燃料的溶解性

所有石油产品都有一个共性,就是能够溶解某些材料。它们能够溶解常见的润滑剂,例如泵体、阀门、填料及设备上的润滑油和润滑脂。因此汽油产品需要使用特定的润滑油。

汽油还会导致所有橡胶材料严重变质(专门为汽油产品设计的合成橡胶产品除外)。因此,只有专门为汽油产品生产和设计的软管才适用于汽油,这一点也适用于必须在汽油系统中使用的填料、垫片和其他材料。

和汽油一样,喷气发动机燃料也具备一定的溶解能力,能够溶解油脂并导致某些橡胶材料变质。因此,只有专门指定的油脂和合成材料才能用于供应和输送喷气发动机燃料。喷气发动机燃料还有另一个重要的溶解属性,就是其能够溶解用于飞机跑道和路面的沥青。也就是说,喷气发动机燃料能够严重地损坏沥青路面,因此严禁将此种燃油泼洒到沥青路面上。

5. 燃料的凝点

燃料的凝点是一个温度值,在这个温度下,固体颗粒开始在燃料中形成。这些颗粒通常为蜡状晶体,存在于燃料溶液中。它们可以轻而易举地堵塞飞机燃油系统中的过滤器,并在固体颗粒形成之前,使燃料变得浑浊。由于燃料中有溶解水,当溶解水离开溶液凝固时即形成燃料气云。

JP－5 燃油的凝固点是－51 华氏度。这与北大西洋公约组织(以下简称"北约")其他成员国和商业用户所使用的燃料大为不同。

6. 燃料的闪点

燃料的闪点指的是燃料充分气化形成可燃蒸气的最低温度。具体的温度因所涉燃料不同而有所不同。燃料闪点可用来表示运输或者存储燃料时潜在的安全性指数。

JP－5 燃油的闪点应达到至少 140 华氏度,才能具备高安全系数,满足舰上无保护储油舱内的储存要求。F－40(JP－4)和 F－34(JP－8)燃油在任意常温下都速燃,所以无论何时当它们接触到高温表面,都有着火的危险。因此,这两种燃料必须谨慎处理。

7. 燃料的毒性

航空燃料易爆炸且存在火灾隐患。而且,在有碳氢化合物蒸气的环境中工作的人员,面临着燃料产生的健康危害。长期吸入碳氢化合物蒸气会导致晕眩、恶心,甚至中毒死亡。因此,必须遵守已经认可的安全程序,因为这些程序能够使燃料产生的健康危险程度降至最低,相关人员必须严格遵守,不得懈怠。

1.1.3　动力汽油

人能够耐受的汽油蒸气浓度远远低于生产可燃或者爆炸性空气混合物要求

的浓度。当浓度足以致使燃烧或者形成爆炸性混合物时,如非短时吸入,即使只有十分之一的吸入量,对健康也是有害的,并且会导致晕眩、恶心和头痛等症状。而大量吸入则无异于使用麻醉剂,会导致神志不清或死亡。

除非有空气呼吸器保护,否则当碳氢化合物蒸气浓度超过每百万分之500(体积)时,严禁工作人员在此种环境下作业。只允许工作人员在通风良好的环境下工作,因为此种环境中的碳氢化合物蒸气浓度等于或者低于允许的限值。

如果进行汽油操作的工作人员,或者处于汽油操作/溢出环境中的工作人员,出现上述提及的任意症状,那么应提高警惕,这说明空气中存在的汽油蒸气量已经达到危险值。所有暴露在该种环境下的人员都应该立即撤离,直到蒸气被完全清除为止。如果只是出现早期症状,只需将中毒人员挪移至通风环境中,一般可以马上恢复正常。对于那些症状比较严重的人员,应立即进行急救并动用医疗救助。急救时应清除受害人员皮肤表面(或者衣物)的汽油,并避免受凉。如果呼吸已经停止,则需要对其进行人工呼吸。

以往四乙基铅($(CH_3CH_2)_4Pb$)经常被添加到汽油中,以提高汽油的抗爆性,现在已经弃而不用了,但是它仍然可能浸渍在储油罐或者管道系统内。这种铅的化合物可以通过人的呼吸、皮肤、口腔进入人体。如果不慎吸入,也可能导致疾病。因此,一定要采取以下的预防措施:

①避免接触液态汽油;

②不要吸入汽油蒸气;

③在所有汽油蒸气均被清除前,严禁进入被汽油污染的储油罐。

任由汽油与皮肤接触会导致严重的烧伤,尤其是汽油浸湿的衣服或手套与皮肤接触时,情况会更加严重。当衣物和鞋子沾染上汽油时应该立即处理掉。反复接触汽油后,会破坏人体皮肤中含有的保护油脂,令皮肤干燥、粗糙、皲裂,甚至使皮肤感染恶化。严重的皮肤刺激会发展升级,通常从手部开始,最后蔓延到身体其他部位。

工作人员应在接触汽油后最短的时间内,立即将皮肤上的汽油清除掉(最好是用肥皂和清水冲洗)。沾染有汽油的湿抹布或者废弃物一定不要放进包中,应立即处理掉。浸染了汽油的衣服应远离明火或者火花,并在可能的情况下尽快用肥皂和清水彻底清洗。如果汽油不慎入眼,应立即使用洗眼工具清洗并寻求医疗救助,刻不容缓。

[警告]汽油可能浸渍在沉积物或者污泥中,并与它们一起存于储油罐底部。在储油罐彻底清理干净之前,汽油可能会造成严重火灾和中毒危害。所以,在进入汽油储油罐前,必须征得指挥官的同意,而且只有在汽油清除检测工程师检测完毕并证明储油罐安全后,方可进入。

1.1.4 储油罐清洗和维护

储油罐清洗作业一向是非常危险的,尤其是清洗存储汽油或者其他任意类型燃料的储油罐。在进行此类操作时,工作人员必须做到一丝不苟,以防因操作不当暴露于有毒的汽油蒸气中。从分类上讲,这类空间可危害健康,甚至直接威胁生命。只有获得指挥官的明确准许,且经汽油清除检测工程师证明储油罐安全后,方可进入。

必须严格遵守已经确立的指导原则和安全注意事项。储油罐清洗作业的全部工作人员必须学习《海军作战指令》(OPNAVINST 5100.19)和《海军舰船技术手册(NSTM)》第074章第3卷——汽油清除检测工程师和局部使用指令。涉及储油罐清洗作业的工作人员,必须熟识安全注意事项接受有关汽油危害性培训。储油罐清洗团队(POIC)应负责其团队成员的安全,并确保汽油清除检测工程师的指令得以贯彻执行。

1.1.5　喷气式发动机燃料

喷气式发动机燃料内含有的毒芳烃多于汽油燃料。所以,在处理这种燃料时,应遵守与汽油燃料相同的注意事项。严禁将这种燃料用于清洗。因此,汽油燃料在卫生或者健康方面的注意事项也同样适用于喷气式发动机燃料,特别是涉及蒸气吸入、皮肤刺激以及容器危害等方面的卫生或者健康注意事项。

要想避免燃料蒸气积聚,非常重要的一步就是,使用燃料处理区域内装备的通风系统。当航空燃料安全表处于人为操作模式时,必须监测此类空间内的通风情况。如果操作不当,就会导致蒸气积聚,对操作者本人及航母而言都非常危险。如果发现某个燃料空间内的通风系统不能正常工作,应立即通知督察人员。

开展燃料作业的所有人员都应该学习《标准急救培训课程》(NAVEDTRA 82081—A),了解在燃料处理过程中发生伤害时的应对方法。

1.1.6　燃料特性总结

从安全(火灾、爆炸)和健康的角度讲,汽油、JP-4燃油和JP-8燃油都是极度危险的燃料,必须以同等谨慎的方法处理,不分主次。从爆炸和中毒可能性等方面讲,JP-5燃油较为安全。但是,浸渍燃料的抹布可能会引起火灾,而且衣物浸渍燃料后会损伤皮肤,这种潜在的危害不容忽视。

喷气发动机燃料和汽油是针对不同类型的发动机而设计的。每个类型的发动机必须使用规定的燃料。

1.1.7　思考题

(1)汽油抗爆属性的数值度量是多少?

(2)燃料的哪个特性可说明液体的流动情况?

(3)燃料的哪个特性可说明燃料的潜在安全性和处理特性?

1.2 质 量 监 督

【学习目标】介绍燃油污染引发的问题。说明污染物的类型和限值。

燃油保障人员的主要任务是将清洁的、不含水分的燃油输送到飞机上。现代飞机的燃油系统非常复杂,如果燃油被灰尘、铁锈或者其他杂质污染,那么燃油就不能在飞机系统中正常发挥功效。即使非常小量的灰尘或者固体物质,也有可能堵塞燃油计量孔,致使燃油滤清器堵塞。由于在高海拔地区,液态水会在飞机储油箱中凝结成冰,冰会影响节流孔、控制器和过滤器(例如灰尘过滤器),所以即使少量的液态水也是有害的。当冰或尘土局部阻塞燃料流动时,会导致发动机性能下降,当其完全阻塞燃料流动时,则会导致发动机故障。

1.2.1 燃油污染产生的危害

燃油被污染后,可能会诱发飞机事故,导致飞机坠毁甚至整个中队停飞。对于航空人员来讲,清洁燃料是一个至关重要的问题,必须具备此类意识。

1. 导致发动机故障

由于水和铁锈颗粒的存在,燃舱内会形成某种类型的乳液,这种乳液会黏附在其侧面上,非常不易被人发现。甚至在排出部分燃油样品时,仍然无法找到这种沉淀物存在的证据。这种污染物会继续积聚,直到其中部分被冲走或者通过过滤器进入到燃油控制器中,导致功耗降低或者引发发动机故障。杂质颗粒如此之小,以至于肉眼根本无法看到,但是即便如此,它们也能够对喷气发动机造成损坏。

喷气发动机的燃油控制器集工程与工艺之大成,可以自动调节燃油流量,抵消高度和速度方面的变化而产生的影响,它使人类驾驶具有超强动力的喷气式飞机成为可能。然而,要实现这样的目标,就需要燃油控制器装配精密度适合的仪表和阀门,并且要求这些仪表和阀门中的移动部件的间隙要小于 0.005 英寸的,因为粒径比这个间隙稍微大一点的杂质颗粒会堵塞阀门或者阻止阀门就位。而粒径比这个间隙略小的颗粒会黏附并积聚,或者存于部件之间。因此,我们必须清除这些微小的颗粒。

2. 带来不必要的修理工作

如果燃油中含有水或者尘土,将会增加大量额外的维护工作。举例来讲,在典型的海军发动机大修车间内,因为存在内损的可能性,所以要一次性完全拆下送到大修车间的所有喷气发动机燃料控制器。通常情况下,对于那些使用时间未到大修时间一半的控制器来讲,只要对它们进行工作台检查,验证其性能,然后再将它们返装在发动机上即可继续使用。但是,经验显示,大修后超过 50% 的燃料控制器都出现过故障,问题多出在内部腐蚀上,其根源在于燃料中含有水。此类额外修理工作不单纯限于喷气发动机的维护。如果燃油中含有水,还会导致错误读数,即错误地读取飞机燃油表上显示的数字,这在飞行过程中绝对是致命的。

3. 导致飞行延误

除了导致发动机故障外,燃油污染还可导致飞行延误。按照正常流程,如若发现某一燃油加注点存在污染物,那么,所有从该点加注燃油的飞机都应给予检查。但是,在某些情况下,飞机必须先排出旧燃油后再加入新燃油,然后才能开始飞行作业。

当发现燃油被污染时,必须对污染物进行追根溯源,亡羊补牢。在找到和纠正污染源头之前,严禁启用被污染的燃油系统。燃油系统可能是一个可移动的补充加油机、空中加油栓补充加油系统,也可能是航母的整个燃油系统。被污染的燃油可能影响一架飞机的运行,甚至影响到整个飞行中队的运行。因此,在燃油处置的各个阶段都要非常谨慎,避免将污染物带入燃油中。

1.2.2　防止燃油污染

避免飞机燃油被污染有两个途径,一个是使用合适的设备,一个是遵循正确的操作流程。在预防和检测燃料污染问题上,如果操作失误或者维护不当,不论是使用过滤分离器、扫舱泵还是燃油检测设备,都将于事无补。现有设备能够清除燃油中存在的多数污染物,但是却无法将两种掺和或者混合的燃油分离。而且,如果污染程度过高,现有设备也无法有效地将污染量降到规定限值以下。因此,在燃油处理的各个阶段都必须非常小心,避免将污染物带入燃油中。此外,也必须正确执行去除污染物的各步操作。

检测和取样是确保设备正常运行的唯一途径。除非设备正常运行而且严格遵循取样流程,否则问题将常伴左右。因此,在预防和清除燃油中的污染物的问题上,最重要的因素就是燃油处置人员的意识问题。

1.2.3　污染限度

怎样才能找到燃油污染的罪魁祸首,并确定污染物的数量呢? 首先需要理解一些对污染进行测量时的表示方法:微米(此单位适用于固体颗粒)和 ppm①(此单位适用于水)。1 英寸②大约等于 25 400 微米。而人类头发的直径约为 100 微米。

---

① ppm 是溶液浓度(溶质质量分数)的一种表示方法,ppm 表示百万分之一,本书以 ×10⁻⁶ 表示。

② 1 英寸 = 2.54 厘米 = 0.025 4 米。

图 1.1 是将毛发与一个 5 微米的污染物进行对比的微观视图。

ppm 是用来计量燃油中的水污染单位。在每百万燃油分子中有 1 个水分子就可以称为百万分之一份水。

为了达到可供飞机使用的标准,喷气发动机燃料必须清洁明亮。在清洁明亮的喷气发动机燃油中,包含的游离水不得超过 5×10^{-6},或者包含的颗粒污染物不得超过 2 毫克/升。这里所说的清洁明亮与燃油的自然色无关,喷气发动机燃油未经染色,颜色从无色到水白色再到淡黄色,不一而足。清洁指燃油中不包含燃油气云、乳液、可见的沉淀物或者游离水。明亮指燃油外表闪亮发光。如果燃油中有燃油气云、云雾、颗粒物斑点或者附带水,那么就表明该燃油不合格,而且有可能导致燃油处理设备或者流程崩溃。如果污染物超过限值,那么应停止向飞机加注燃油,直到整改措施实施完毕后,方可恢复加油操作。

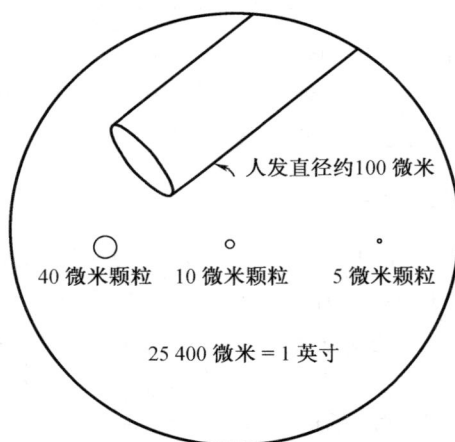

图 1.1　小颗粒放大图以及与人类头发对比情况

1.2.4　污染物类型

飞机燃油可能会被颗粒物、游离水、化学杂质、微生物污染,或者被前述四种污染物的任意组合污染物污染。当燃油中含有上述污染物时,不论是哪种,它们的破坏力都不容小觑。因此,作为一名负责航空燃油的水手长,必须理解并且能够甄别出此类污染物。一旦发现燃油被污染应立即采取行动,找出问题的根源所在,并采取行动予以改正。请参考图 1.2 及表 1.1 了解可通过肉眼观察到的各种类型的污染物。

在图 1.2 中,第一份燃油样品为可使用的燃油,也是所有航空燃油员不懈追求希望交付提供的燃油品级。

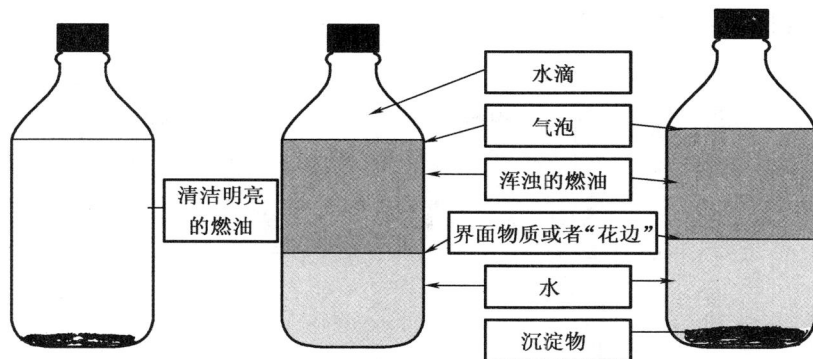

图 1.2　JP-5 燃油样品

注:气泡不属于污染物,在图中标示仅为参考。

1. 水

水是燃油中最常见的污染物,可以游离水、附着水或者溶解水等形式存在。游离水可以是淡水或者盐水(盐),以燃油气云、乳液、水滴等形式存在,或者全部积聚在储油罐/容器底部。无论游离水以何种形式存在,都可能在飞机燃油系统中形成结冰现象,导致燃油探头发生故障并腐蚀燃油系统组件。

我们将在后续部分介绍燃油系统结冰抑制剂(FSII),这种抑制剂已经添加到 JP-4 燃油、JP-5 燃油和 JP-8 燃油中,目的是当高海拔地区的温度降低到水的冰点以下时,避免在飞机燃油系统中形成冰层。因为燃油系统结冰抑制剂可溶解于水,这样就避免了储存系统中含有水,并将系统中含有的水清除掉,这一点至关重要,这样就可以将因燃油系统结冰抑制剂导致的损失降低到可接受的使用限值。

燃油中的附带水以非常微小的水滴、云雾或水雾等形式存在,肉眼有可能看到也有可能看不到。当水分解成小水滴并且与燃油完全混合在一起时,此时水通常以附带水的形式存在于燃油中。当燃油中存在大量的附带水时,燃油看起来比较浑浊或呈现乳白色外观。与动力汽油相比,由于密度的缘故,喷气机燃油将以悬浮形式持有附带水很长一段时间,但是需要足够的时间和适当的条件才可以实现这一点。附带水会沉淀并与燃油分离,然后聚集在储油罐、管道和其他燃油系统组件的底部。

通常情况下,如果出现燃油气云,那么就表明燃油被水污染了,或者表明燃油中有过量的细颗粒沉淀物或者精细分散的稳定乳液。无论是什么原因,在燃油中含有燃油气云都是不被允许的。实际上,燃油会溶解掉少量的水,此过程是肉眼无法看到的。燃油中能够持有的溶解水的容量取决于燃油的温度。当清洁明亮的燃油冷却时,就会出现燃油气云,说明溶解水已经析出。

表 1.1 可见污染物表

污染物种类		外观	特性	对飞机的影响	交付机上使用定期用量法可接受限值
A. 水	(1) 溶解水	不可见	只能是淡水。当燃油冷却时，以燃油云的形式析出	一般情况下无影响，除非燃油冷却时析出则会对飞机产生一定影响。如果燃油的温度低于水点，会致使在低压过滤器上形成冰层	达到饱和状态的任意数量
	(2) 游离水	轻气云或重气云；水滴。黏附在瓶子侧壁上；聚集沉淀在瓶子底部	游离水可以是盐水，也可以是淡水。如果燃油中存在气云，通常表明燃油乳化	燃油系统结冰——通常在低压燃油过滤器上，其结果是导致燃油压力表读数不稳定。大量水还会引擎熄灭。盐水会腐蚀燃油系统组件	零——燃料不得包含目测能够检测到的游离水
B. 颗粒物	(1) 铁锈	红色或黑色粉末、红色粉末或者黑色颗粒。可以以染料类物质的形式在燃料中存在	红绣（Fe_2O_3）——无磁性。黑色铁锈（Fe_3O_4）——有磁性。一般来讲，铁锈由颗粒物质的主要成分构成	会对燃料控制器、分流器、泵、喷嘴等者造成形成黏附，导致飞机动作迟缓或者造成一般故障	*请参考说明 1
	(2) 沙子或尘土	晶体、颗粒类似玻璃	通常情况下都存在，但是很少构成主要成分	会对燃料控制器、分流器、泵、喷嘴等者造成形成黏附，导致飞机动作迟缓或者造成一般故障	*请参考说明 1
	(3) 铝或镁的化合物	白色（灰色）粉末或糊状	当遇水变湿时，铝或镁呈凝胶状。有时候非常黏或者呈糊状。通常情况下都存在，但是很少构成污染物质的主要成分	会对燃料控制器、分流器、泵、喷嘴等者造成形成黏附，导致飞机动作迟缓或者造成一般故障	*请参考说明 1

表1.1（续1）

污染物种类		外观	特性	对飞机的影响	交付机上使用定期用量法可接受限值
C. 微生物	微生物生长	棕色，灰色，或者黑色，黏性或呈纤维状，	通常情况下，存在于燃油的其他污染物中。微生物质量非常轻，与水滴或者固体颗粒相似，在燃油中漂浮或者"游动"的时间较长。只有当燃油中含有游离水时才会生出微生物	微生物会大量繁殖结在燃油探头黏附或在分流器上，使得燃料控制器动作迟缓	无
D. 乳液	（1）燃油乳化	轻气云 重气云	乳化气云由燃油中非常细碎的水滴形成。与游离水气云相同，含在数分钟 数小时或者数周时间内沉淀到底部，具体时间取决于乳液的性质	与游离水相同	零
	（2）燃油和水或者"稳定乳液"	红色，棕色，灰色或者黑色，属黏性物质，有多种黏性特性，如呈凝胶状或者番茄酱类似于番茄酱或蛋黄酱	此种污染物由燃油中非常细碎的水滴形成。含有铁锈或者微生物，能够起到稳定或者"稳固"乳液的作用。含黏附在很多种通常与油接触的物质上。一般情况下，表现为"球状"或者不透明或者浑浊的纤维类物质，存在于黏性的燃油中。含持续存在达数天至数月，不会分离。这种物质包括一半或者3/4的水，一小部分铁锈或者微生物，占燃油的1/3 或者1/2	与游离水和沉积物一样，只是反应更激烈一些。能够快速地造成过滤器堵塞以及燃油计量探头读数错误	零

表 1.1(续 2)

污染物种类		外观	特性	对飞机的影响	交付到机上使用定期用量法可接受限值
E. 杂项	(1)界面材料	存在于燃油和水之间界面上的花边泡沫或浮渣。有时候很像水母	化学性质极其复杂。只有当乳液和游离水存在时才会出现	与微生物生长一样	零
	(2)气泡	燃油气云	在几秒钟内向上分散		任意数量

* 说明 1：

足够大以致目测可见的颗粒很少存在。全部沉积物充其量也不过涂斑而已。一旦发现污染物，那么必须重复进行检测。III/CCFD 进行检测时，最大量为 2 mg/L。

析出形成燃油气云的部分只是淡水中相当微小的一部分。当温暖的燃油被泵入阴凉区域,用以提取燃油样品时,就会出现燃油气云。请谨记,即使是非常微小的一部分水,如果燃油不够清洁明亮,也无法将其交付供机上使用。

2. 沉积物

沉积物的存在形式为灰尘、粉末、纤维材料、晶粒、薄片或者污点。如果沉积物中有斑点或者泥沙颗粒,那么就表明燃油中的沉积物处于可见尺寸级别(粒径大约 40 微米或者更大)。如果燃油中存在一定数量的这种粒子,那么就表明过滤器/分离器出现了故障;或者在过滤器/分离器的下游存在污染物源头;或者样品容器清理不当。即使使用最高效的过滤器/分离器,并且在燃油处理时给予特别关注,偶尔也还是可以看到沉积物粒子。通常情况下,颗粒移动的情况是由于颗粒通过过滤器介质迁移导致的,不会对发动机或者燃油控制器构成危害。通常遇到的沉积物都是极细的粉末、红铁粉或者淤泥。细颗粒沉积物的两种主要组分通常为沙子和铁锈。

沉积物包括有机物和无机物两种。如果燃油中存在较大数量的纤维材料(接近于肉眼可见的范围),通常表明滤芯损坏,一种情况是由于使用了破裂的滤芯,另一种情况是由于系统组件遭到机械粉碎。一般来讲,如果较大颗粒的金属含量高,那么就表明系统中某处出现了机械故障,而这种情形与金属过滤器发生故障没有必然的联系。

在燃油的清洁样品中,除非进行苛刻的检测,否则将看不到沉积物。如果燃油中持续出现沉积物,就表明燃油已受到污染或系统中某处出现了机械故障,因此需要对燃油处理系统施以适当的监督检测和整改措施。

沉积物或者污染物可以划分为两类。

(1)粗糙沉积物

粗糙沉积物可见,易从燃油中沉淀析出,或者可以通过合适的过滤手段从燃油中清除的沉积物。通常情况下,粒径 10 微米或者以上的颗粒被视为粗糙沉积物。粗糙沉积物会阻塞燃油孔,存于滑动阀间隙和侧翼上,从而导致机械故障,并致使燃油控制器以及计量设备过度磨损。此外,它们还会阻塞整个飞机燃料系统中的喷嘴筛分器和其他精细筛分器。

(2)细小沉积物

通常,燃油中 98% 的细颗粒沉积物可通过适当的沉淀、过滤和离心作用被清除掉。此类沉积物大多是由小于 10 微米的颗粒构成。这个尺寸范围的颗粒在燃油控制的整个过程中沉积,其外形与滑动阀表面上的暗虫胶相似。而且作为污泥状物质,它们可能导致燃油计量设备运行迟缓,但是可以在旋转室中对它们进行离心分离。与显著或者分离的颗粒不同的是,此类颗粒是肉眼无法看到的。但是,它们可以散射光,看上去仿佛光点在闪动或者就像燃油起了一层薄薄的油雾。

如果有细颗粒沉积物随燃油装入储油罐内,那么就需要给储油罐最长的沉降时间,以便为水和沉积物提供合理的沉降时间。正确旋转燃油罐可以实现这个目的。

3. 微生物生长

微生物为活的有机体,它们生长在燃油和水的界面之间。这些有机体包括原虫、真菌和细菌。其中真菌是主要成分,很多由微生物污染喷气机燃油引发的问题都与真菌有关。真菌能够使铁锈和水保持悬浮状态,是燃油水乳液的有效稳定剂。它们攀附在玻璃和金属表面,能够导致燃油计量系统读数错误、燃油控制器运行迟缓以及分流器黏附等一系列问题。一般来讲,凡是有油箱水袋的地方,就可以找到微生物。微生物通常为棕色、黑色或者灰色,具有黏性,外观呈纤维状。

微生物要想在喷气式发动机燃油中存活,游离水是必要的生长条件,其次是少量金属元素。将游离水清除掉后,微生物生长也就停止了。

喷气机燃油中的微生物可对飞机的金属燃油箱产生严重的腐蚀性破坏。有机酸或者伴随真菌、细菌生长出现的其他副产品将与燃油中包含的某些物质发生化学反应,从而穿透油舱涂层。一旦涂层被穿透,金属箱随即便会受到损坏。

微生物生长不仅会导致飞机燃油系统过滤器结垢,还会导致燃油量探头表失效。在热带和亚热带气候中,微生物污染更加普遍,因为那里的温度更加适宜微生物生长,而且湿度更大。如果将含有微生物的燃油交付供机上使用,毫无疑问将会引发燃油系统过滤设备故障,甚至损坏。

如果怀疑飞机上的燃油存在微生物污染物,那么一定不能将这种燃油卸入清洁系统中。一旦燃油系统被微生物污染,在彻底清理系统之前,微生物还将持续繁殖。

4. 乳液

乳液是一种液体,悬浮在其他液体中,分为燃油乳化乳液和与之相对的乳化燃油乳液。

在燃油处理人员发现的各种乳液中,燃油乳化乳液是最常见的一种乳液。它看起来像燃油中一种由轻油转重油的气云(请参见图1.2中第二瓶和第三瓶燃油)。这种类型的乳液可能会分解,然后沉淀在样品容器底部,沉淀所需时间从几分钟到数周不等,具体需要的沉淀时间取决于该乳液的性质。

5. 表面活性剂

表面活性剂是"表面活性试剂"一词的缩写形式,它能够使液体的界面张力明显下降。如果燃油中存在表面活性剂,那么燃油和水就更容易混合,且更加不易分离开来。表面活性剂可以扩散燃油中的水和尘土,而且在有些情况下能够形成非常稳定的乳液或者软泥。

喷气机燃油中出现的表面活性剂通常为硫酸盐、磺酸盐或者钠萘。它们既可以原油中天然存在的物质的形式存在,又可以炼油厂处理残渣的形式存在。在炼油过程中,必须将所有表面活性剂清除掉,否则燃油质量将非常差。

还有很多其他物质也具有表面活性,包括常见的家用清洁剂、清洁燃料储存罐和运载工具的清洗用化合物、润滑阀门的油脂,以及石油产品中用于降低管道和储罐锈蚀的缓蚀剂等。

喷气机燃油中的表面活性剂可能是导致故障的主要成因。这些物质在过滤器、分离器的聚结元件上堆积并浓缩,从而降低凝结元件的性能,使它们无法有效地凝结并将水从燃油中排除掉。众所周知,如果在喷气机燃油中浓缩形成不足 1×10^{-6} 的表面活性剂,就有可能导致凝结元件故障从而轻易放行游离水和悬浮的颗粒物质。

表面活性剂还与微生物软泥生长有一定的关系。虽然微生物的滋生不一定需要表面活性剂,但是如果有表面活性剂存在,会促进燃油和水的混合、乳化过程,导致微生物的迅速繁殖。微生物需要游离水才能繁殖生长,表面活性剂恰好满足了微生物的这个需求,为其提供游离水。

由于表面活性剂的存在而导致的问题是,在对过滤器、分离器产生不良影响之前,无法在喷气机燃油中检测到它们的存在,并导致水或软泥被传送到飞机上。燃油中的表面活性剂可以通过实验室实验检测出来,但是到目前为止,还没有恰当准确的现场检测方法可供使用。通过下列一项或者多项观察结果,可以发现由表面活性剂所导致的问题。

①在过滤器、分离器油底壳排水管、补充加油机油底壳排水管或者管道低点排水管中,发现有暗色、红棕色或者黑色的水;

②在过滤器、分离器的分配点或下游,发现燃油中存在过量尘土和(或)游离水;

③在完成规定的沉淀次数后,未在储罐内储装清晰明亮的燃油;

④储罐底部排出物中发现有暗色或者黑色的水(或)软泥;

⑤交付系统中的燃油监测器触发启动;

燃油系统被表面活性剂污染的情形不仅限于以上描述。我们可以运用一些一般性的措施,来修补并控制此类污染,部分措施如下:

①更改监测器保险丝;

②更改过滤器、分离器元件,同时清理过滤器、分离器盒;

③清理管道;

④将被污染的储罐拆掉不用,并彻底清理;

⑤进行燃油再循环,然后返回给系统上游,越多越好;

⑥调查污染源并将其清除。如果交付燃油之前燃油已经被污染,则需要立即

通知军事检查服务处和海军燃油供应处。

6. 混装

将两种或者多种不同燃油进行随意混合,称为混装。很多碳氢化合物产品(油脂、油、醇等)极易与其他烃类产品混合,而且混合后无法通过机械方式分离开来,例如沉淀、过滤、离心分离均无法分离它们。如果在混合一种石油产品时使燃油受到污染,那么不论是存放还是使用燃油都非常危险,因此受到污染的燃油经目测或者闻嗅都不易察觉。

由于混合而产生的燃油污染通常是在疏忽或者对燃油系统操作理解有误的情况下发生的。大多数燃油系统都是相互分离的,但是在某些情况下,一种燃油系统的管道可能与另一系统通过阀门、坯料或者法兰相互连接在一起。如果无意中开启了一个错误的阀门,就可能导致两种或两种以上不同产品混合。不论什么时候,当非常近距离地处理两种不同类型的燃油时(CV/LPD/LHA/LHD),都必须非常警惕,对燃油处置操作绝不能掉以轻心。

另外,存储燃油的储罐以前可能用于存储其他产品而未彻底清理干净。残留的少量其他产品也足以污染燃油。

我们可以通过一系列化验来检测燃油污染情况,例如在舰上进行简单的闪点检测、在岸基进行实验室密度测定,以及实验室发动机抗爆等级检测等。如果JP-5燃油被其他喷气发动机燃油或者汽油污染,那么不能将它再继续存储在舰上,除非实验室检测表明其闪点仍在可接受的限值范围内。

1.2.5 思考题

(1)燃油污染可诱发哪三方面的问题?
(2)在确定燃油污染物时所使用的测量单位是什么?
(3)"清洁明亮"一词指的是燃油的哪些特性?
(4)哪种类型的水会被燃油吸收,而且肉眼无法看到?
(5)由微生物引起的燃油污染在哪种气候类型下最常见?

1.3 燃油检查

【学习目标】介绍燃油样品的具体分类,并解释正确的取样流程。

目前海军正在使用的舰上燃油系统和移动补充加油机的设计目标都是在正常操作的情况下,安全地向飞机储油箱中交付达到可接受范围且未被污染的燃油。

为了保证加油设备正常工作并且操作无误,在每步操作完成后,必须从多个取样点进行燃油取样。

1.3.1　样品

所有负责燃油系统的航空兵水手长都必须熟谙取样流程,并通过检查发现可见污染物。严格按照取样方式和取样位置进行取样,确保所取燃油的真实性和代表性。

在进行燃油检测时,可使用多种样品类型和取样方法。本书仅讨论最常见的样品类型和取样方法。《燃油和润滑油质量监督手册》(MIL—STD—3004)对其他类型的样品进行了详细说明。

1.管道样品

管道样品指当系统按照正常流速运行时,从靠近排放点的管道或者软管中提取的样品。这种样品将用于实验室分析以及燃油质量目测甄别。

2.综合样品

单一储罐综合样品指从储罐的上、中、下层分别提取的样品混合物。多个储罐综合样品指从各个储罐提取的各层独立样品的混合物,但条件是各储罐内包含的用于取样的原始燃油为同类别产品。这些样品将按照各个储罐内产品的体积按一定比例提取。

3.分层样品

分层样品通过封闭的取样器获得。将取样器没入燃油内,并尽量靠近所需抽取的分层的位置,然后打开取样器,将其慢慢提起,提起的速度以取样器潜出液体表面时将满未满为宜。常见的管式取样器如图1.3所示。

4.代表性样品

此种类型的样品将用作袋装储备。当所有袋装储备燃油的龄级和品级都一样时,将从较大储备中抽取其中一个容器,作为整个储备燃油的代表性样品。当燃油容器较小且适于装运时,将其中之一容器作为样品,不拆封。如果是燃油桶,则从其中一个桶提取样品。

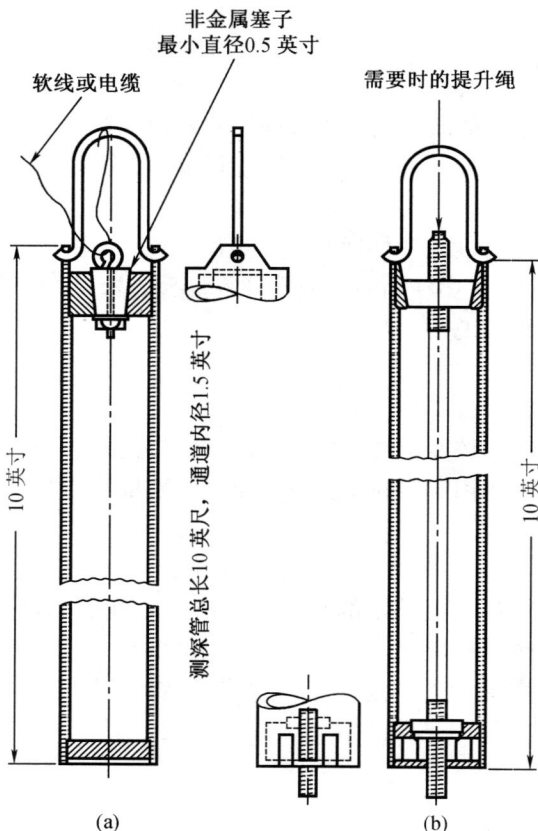

图 1.3　管式取样器示意图

（a）A 型；（b）B 型

注：1 英尺 = 0.304 8 米。

1.3.2　燃油取样

正确地提取并标记样品，与正确检测同等重要。将质量差的样品存入不恰当的容器内，或者标志样品有误，都有可能致使实验室检测结果毫无意义，甚至产生误导。

在实际操作中，取样指南无法包含所有可能的情形。如果取样方式不正确，有可能导致检测完全无效。因此，必须由经过培训的、有经验的人员提取燃油样品。

1. 样品容器

容量大小为 1 夸脱①的玻璃瓶内采集燃油样品时所用到的最小的容器,玻璃瓶的盖子为非金属材质。这个规格的样品容器可以进行沉积物,水和闪点检测。其他类型的检测通常都是在区域性实验室内进行的,所提交的样品量至少应为 1 加仑②。

可使用聚乙烯瓶将样品装运到实验室来用于目视检测。

2. 清洁度

样品瓶经实验室器皿清洁剂清洗后,用清洁水冲洗,放入烘箱烘干或者放置在瓶架上通过空气自然烘干。图 1.4 给出的是一个最佳设置,其中包括自动洗瓶机和烘干架。注意,不要使用酒精和其他一般用途的清洁剂清理样品瓶。

样品瓶必须予以仔细彻底地清理,并在使用前进行检测。在提取样品前,应用待提取的燃油样品冲洗已清洁干净的容器。

3. 取样流程

图 1.4 洗瓶机和烘干架

取样过程中应遵循的一般性原则如下:

①取样者双手必须干净。

②样品入瓶后须马上封盖,且迅速处理。

③所有样品必须具有代表性。交付机上的任何燃油样品都应取自加油喷嘴。为检测过滤器、分离器的效率,样品可取自过滤器排出口。

④严禁使用封蜡、橡胶垫圈或者蜡封帽,只能使用非金属材质的盖子。

⑤在现实可行的情况下,每份样品都应取自垂直走向的管道的接点。如果必须取自水平走向的管道时,那么接点应为管道顶部或底部的中间位置。

⑥只能从正常、稳定流速运行的系统中取样。在静态(不流动)状态下取得的样品,不仅不能正确反映燃油的总流速,还可能提供错误的污染物数据。

⑦为了避免由于产品发生热膨胀时,压力增加致使燃油泄漏,取样量严禁超过容器容量的90%。

⑧燃油桶这类容器,必须用管式取样器进行取样,严禁倾斜。在取下燃油桶

① 1 夸脱 = 0.946 升。
② 1 加仑 = 0.003 79 立方米。

的盖子前,须小心仔细地清理掉周围的所有杂质。

⑨为了获得燃料储油罐内燃油的综合样品或者罐底样品,有两种管式取样器可用(图1.3)。两者都可以用于标准的、直径为0.5~1英寸的测深管中。当无需从储罐最底层获得样品时,使用A型;当需要从任意位置或者罐底提取样品时,则使用B型。

⑩如果想获得喷嘴样品,应在飞机加油过程中或者加油刚刚结束时,从机翼喷嘴处提取。压力式喷嘴有一个样品接点,在飞机加油过程中,可以在这个位置提取样品。

1.3.3 样品识别

必须正确认识并准确记录样品数据,这样检测结果才能够与提交给区域性实验室的样品相联。样品在取出时应尽快标记,一旦检测出其中含有污染物,就必须对取样点进行标识。

我们以下面的范例来说明在进行样品认识时,需用作指导的项目:
①分类;
②项目地址;
③样品序列号(项目编号);
④燃油类型(JP-5,MOGAS等);
⑤取样日期;
⑥样品的大致取样时间;
⑦样品点的位置(喷嘴样品、过滤器编号、储罐编号、补充加油机编号等);
⑧取样负责人姓名;
⑨样品分类以及必须进行的检测类型(常规或特殊);
⑩说明。

1.样品分类

燃油样品可以划分为两类,即常规和特定。当排除燃油本身导致的燃油问题或者飞机问题时,应提取常规样品。举例来讲,周期性取样就是质量监测计划的一部分,应检测这些样品的沉积物、水和闪点。当怀疑是燃油质量的问题时,不论是基于飞机故障还是其他信息原因,都应提交特定样品进行检测,并对特定样品的处理、检测和上报给予最高优先性。

2.外观检测流程

微量的水或者杂质可能导致故障,因此燃油取样和检测操作时必须小心谨慎,应严格按照如下指令进行操作。

(1)目测检查样品的颜色

样品的颜色必须与系统所使用的燃油品级颜色匹配。若燃油颜色发生变化,则可能是混入了另外一种石油产品。润滑油、柴油或者喷气机燃油均可能使汽油颜色明显地泛黄或者变黑。此外,润滑油和柴油还可能使喷气机燃油的颜色发生改变。因为燃油中一种石油产品的百分比可能非常小,无法目测检查到,但仍然可以导致燃油无法使用,所以在通过分析确定燃油的可用性之前,严禁使用变色的燃油。

(2)检测样品外观

从外观上看,JP-5燃油样品必须清洁透明,才能达到可接受的水平。请参考图1.5中给出的第一份样品,了解达到目测检测条件的燃油样品范例。样品必须足够清澈,甚至可以通过1夸脱的样品瓶来阅读报纸上的文字。如果燃油浑浊,而且气云在燃油底部消失,则表明燃油中存在空气。如果气云在上层消失,则表明燃油中存在水。如果几分钟后气云仍不消失,则表明存在附带水或者非常细小的颗粒物质,严禁使用此类燃油或者使用包含任何水分的燃油为飞机加油。

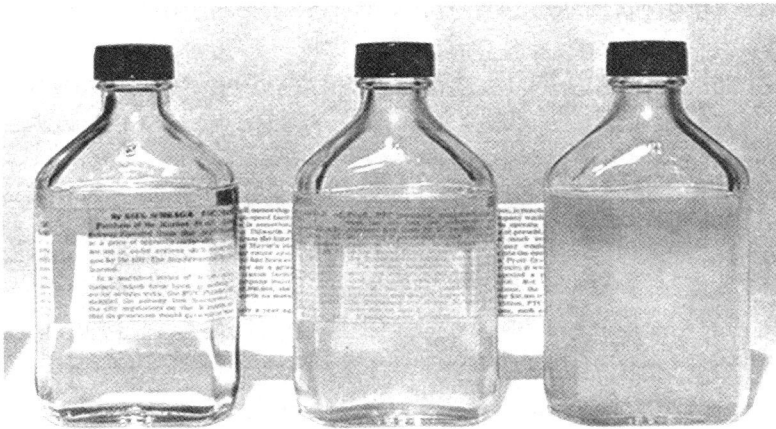

图1.5 JP-5燃油中气云的程度

注:左边的样品清洁明亮,是唯一达到接受水平,可供机上使用的燃油。

(3)检查沉积物

晃动样品瓶,使瓶内燃油样品形成一个漩涡,所有已经沉淀的沉积物会直接在漩涡下方的瓶底处积聚。在1夸脱样品中的沉积物仅有一个小污点那么多。

粗糙污染物可以目测检测到。当颗粒直径达到40微米或更大时,燃油中的沉积物是可见的。当角度合适,且在强光的条件下,可以看到燃油中存在的尺寸大于5微米的粒子群。

通常情况下,沉淀到瓶底中心位置的粗糙颗粒会聚集到一起,形成粒子群。

但是对于机上使用的标准来讲,任何可见的沉积物都是不符合规定的。

燃油中游离水的含量是否超过(飞机的)允许限值(即 5×10^{-6}),可通过燃油测水仪(FWD)来检测。肉眼可能看到也可能看不到此污染程度的游离水。

如果燃油因混入另外一种石油产品而受到污染,则很难进行目测检测。以汽油为例,如果另外一种石油产品的百分比相当高,那么就有可能出现颜色变化。例如,闪点检测以及实验室蒸馏测试都可以检测出被 JP－8 燃油污染的 JP－5 燃油;反之亦然。

3. 结果

如果在外观检测过程中,发现任何污染物,都应重复检测,并注意在抽入样品前,清理冲洗好瓶子。如果对燃料的质量存有疑问,都必须通过复合污染燃料探测器(CCFD)和燃油测水仪(FWD)来检测燃料中颗粒和水的含量。

1.3.4 污染样品的处置

已被污染的样品应妥善保存并标记,直到实验室分析结果显示不再需要该样品为止。如果发现了任何一种污染物,都应该用一个新的样品容器抽入样品。一旦找到污染物且已导致系统无法使用时,必须追寻污染物的来源,并在系统重新归位启用前将问题纠正。一般情况下,已经发现的污染物的类型,都会为污染物来源提供线索。我们可以通过以下部分迹象来加以判断:

①燃料混合或掺和——阀门或者盲法兰在两个不同系统之间是打开的,使得隔离壁存在渗漏情形,因为隔离壁中装有不同燃油的两个储油罐非常靠近。

②水——过滤器、分离器元件破裂或者遭到污染。如果水量较大,则表明过滤器、分离器的浮球控制阀未正常运行,或者值勤油罐的水扫舱操作未恰当执行。

③沉积物和微生物生长——过滤器、分离器元件破裂或者遭到污染。大量的沉积物或者微生物生长还表明一个情况,就是储油罐和值勤油罐需要得以清理。

1.3.5 思考题

(1)进行目测识别时,抽取了哪种类型的燃油样品?
(2)在从燃油桶中提取燃油时,采用了哪种方法?
(3)燃油样品是按照什么标准分类的?
(4)如果浑浊的样品在样品容器底部开始变得清澈,那么燃油中存在什么污染物?

1.4　实验室燃油检验设备

【学习目标】介绍确定燃油污染水平的质量监督检验,并阐述正确的设备操作流程。

　　油料化验室内设有一些非常重要的检测设备,它们能够高质量地达到设计用途,但是无法替代区域性燃油实验室可以履行的功能。此类设备非常敏感,而且非常脆弱,需要精心呵护。

　　一个好的燃油实验室应该配备如下设施:良好的通风系统、冷热水供给、洗瓶机和烘干架以及充足的照明。

1.4.1　复合污染燃油探测器

　　复合污染燃油探测器(CCFD)是 AEL MK III(图1.6)的新型号,它与 AEL MK I(图1.7)内置在同一壳体中。

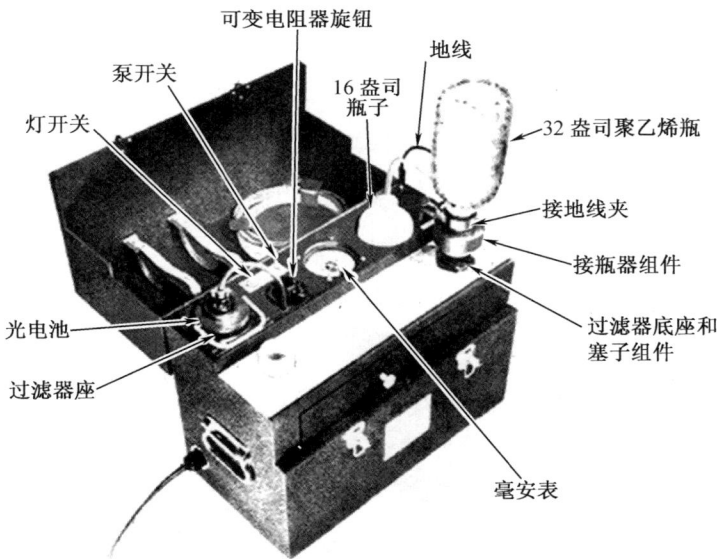

图1.6　AEL MK III 复合污染燃油探测器(前视图)

注:1 盎司=28.349 5 克。

　　复合污染燃油探测器通过数字显示器显示沉积物读数。对于单个机组来讲,复合污染燃油探测器的理论和操作相同。通过 NAVIFLASH 方法和闭杯闪点测试仪两种方式,来确定航空燃油的闪点。折射计能够反映燃油中存在的燃油系统结冰抑制剂(FSII)的数量,而液体密度计和热密度计用于测量密度。

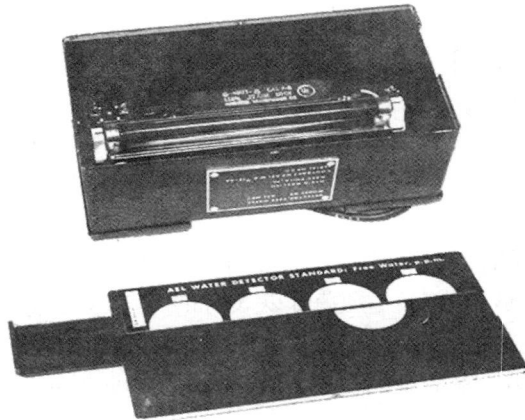

图 1.7　AEL MK I 燃油水仪

对于任意装置而言,如果是刚刚启动或者刚刚从一个空间挪移到另一个空间,那么必须留出充足的时间,使其温度达到使用环境的温度,防止机器内部出现冷凝情况而影响读数。

复合污染燃油探测器(图 1.6)是一款便携式独立装置,设计的使用对象为汽油和喷气机燃油。这款装置用于确定燃油中存在的固体和游离水污染物的数量。

探测器由以下部分组成:燃油样品容器、光传输系统(确定微孔过滤器上固体污染物的数量)、使用微孔过滤器和水探测仪的燃油过滤系统,以及紫外线(作用是确定游离水的数量)灯泡。过滤以及测量投射光所需的所有组件都整合到一个维修包中,如图 1.8 所示。

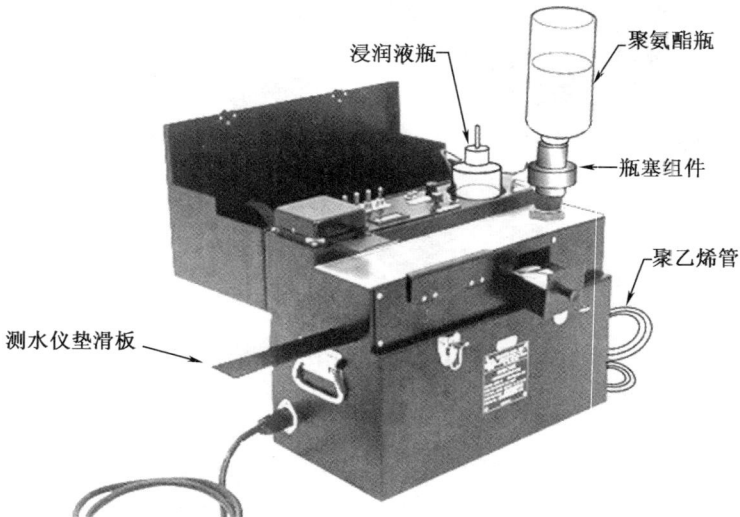

图 1.8　复合污染燃油探测器(前视图)

固体污染物的数量是利用通过传输微孔过滤器的光量原理测量的。燃油样品通过微孔膜进行过滤,颗粒物质被保留在微孔膜表面。微孔过滤器具有直径为0.65微米的微孔。如果一束光线被引导通过微孔膜,则有一部分光会被固体污染物颗粒吸收。

为了提高准度,并消除燃油的色彩影响,可将两个微孔过滤器串联使用。第一个过滤器捕获固体污染物,同时负责消除燃油色彩影响;第二个过滤器则用于清理燃油,并且要保留燃油的色彩影响。这样,通过两个过滤器的光量存在的差异,以此来判定固体污染物的数量。

经过测量通过被污染膜以及透明膜之间的光传输量差异,便能够确定燃油中污染物的程度。复合污染燃油探测器的固体污染物检出范围为 0 ~ 10 毫克/升。

1. 燃油样品容器

配合复合污染燃油探测器使用的燃油容器包括一个 32 盎司的聚乙烯瓶,它的作用是在检测过程中存放燃料。聚乙烯瓶上标有 800 毫升和 500 毫升刻度线,标明进行沉积物和游离水检测时燃油的填充水平。

2. 光传输系统

复合污染燃油探测器的光传输系统可以确定燃油样品中沉积物和游离水污染物的数量。该系统由灯、变阻器、毫安表、光伏电池和一个水标准卡组成。

灯提供恒定的光照强度,其开关位于灯壳顶部。变阻器控制灯的光照强度,光伏电池检测光照强度,毫安表将测量的结果以数字形式显示出来。

光伏电池是一个光敏感单元,在受到灯光照射时产生电压。电池产生的电压量与光照强度存在一定的比例关系。电池外壳包含一个滑盖,压动滑盖将微孔过滤器放到外壳上并插入电池外壳中,为检测做准备。

在灯壳体内,还包括紫外线,它的作用是检测探水仪上的游离水。可以通过检查端口对探水仪进行目视检查。标准卡位于机壳内部。标准卡由四个标准探水仪组成,能够对水污染物进行精确比对。探水仪以 10^{-6} 为单位进行标定。标定标准为 0×10^{-6},5×10^{-6},10×10^{-6} 和 20×10^{-6}。

3. 燃油过滤系统

燃油过滤系统由接瓶器套件、燃烧舱以及真空泵组成。系统通过微孔过滤器和探水仪吸入燃料样品。

接瓶器套件的作用是在过滤循环过程中保持并存放样品瓶。它与过滤器底座和瓶塞能够互相锁止,同时保持并存放两个微孔过滤器或者一个探水仪。

接地线附着在接瓶器上,以便在过滤过程中为接瓶器接地。在过滤过程中,燃烧舱接收来自样品瓶的燃料。从真空泵进油管至燃烧舱内部靠近顶部的位置有一根内管,它的作用是通过泵将燃烧舱顶部的空气排除掉,并通过过滤器吸入燃油样品。每次操作完成后,排气阀和软管将燃油从燃烧舱排入到安全罐中。

真空泵是一个旋转泵,它能够产生足够的真空压力,通过过滤器吸入燃油样品,同时由溢流开关为其提供保护。溢流开关能够关闭真空泵,避免过度填充燃烧舱时淹没真空泵。真空泵由一个110伏、60赫兹的电动马达驱动。

4. 操作复合污染燃油探测器

使用复合污染燃油探测器进行沉积物含量检测的步骤如下。请参考各装置的《操作和维护手册》,了解具体指导信息。

①从仪表罩内去掉电源线,将其与110伏特、60赫兹的适当电源连接起来。电源线应包括一根供装置接地的地线。

②将灯的开关旋至开启位置,预热3~5分钟后再使用。

③确保燃烧舱为空,且排气阀处于关闭位置。如果排气阀处于开启位置,则会导致燃油上升,使燃油从安全排泄罐中排出。当泵处于开档时,会淹没复合污染燃油探测器。

④将盖子内的过滤器底座和接瓶器套件拆下,拆分成两个组件。有橡胶瓶塞的部分为过滤器的底座,应插入到燃烧舱的开口中。

⑤微孔过滤器是和纸一样薄的白色膜片。将两个微孔过滤器放置在过滤器底座上,只能通过钳子操作过滤器,且只能触及边缘部分,严禁用手指操作过滤器。重新装上过滤器底座和接瓶器套件,小心地旋转锁定环,避免对过滤器造成损坏。

⑥填充容量为32盎司的聚乙烯样品瓶,使待检测燃油样品填充至800毫升标记位置,将过滤器底座和接瓶器放置在瓶子上方。

⑦将附接在过滤器底座上的地线以及接瓶器套件插入到装置预留的接地开口中。将泵的开关旋至开位。

⑧将整个组合装置(过滤器底座、接瓶器和燃油样品瓶)插入到燃油舱上方的开口中。在过滤循环过程中,轻轻地晃动瓶子,使得瓶内的燃油偶尔会被搅动,这样就可以确保所有污染物都被冲下瓶壁,不会残留在瓶子的内表面上。如果样品瓶出现倾倒的现象,那么在过滤循环过程中需轻轻地倾斜瓶子,减小瓶架对瓶子施加的保持力。当全部燃油都通过过滤器后,关停泵。

⑨打开排气阀,通过聚乙烯管材将燃油从燃烧舱排入一个5加仑的安全罐中。当燃烧舱为空时,关闭排气阀的阀门。

⑩调整变阻器旋钮,使毫安表上的读数为0.60毫安,然后再将微孔过滤器放入插孔中。

⑪用钳子夹起被污染的顶部过滤器,用清洁(预先过滤的)燃油将过滤器淋湿。确保整个过滤器都被燃油淋透。这里说的预先过滤的燃油称为浸润燃油,它的作用是使整个微孔过滤器湿润,而不是将微孔过滤器内的污染物洗掉。通过使

整个过滤器保持湿润,这样就不用读取未淋湿和淋湿两种情况下的读数。

[说明]让该份样品再流过微孔过滤器,获得浸润燃油。尽管未规定使燃油样品流过微孔过滤器获得浸润燃油的具体操作次数,但是建议只用同一份样品进行检测,直到两个微孔过滤器的光传输读数相同为止。

⑫将过滤器支架从光伏电池外壳中滑出,利用钳子将被污染的过滤器放入插口内。如果未能恰当地将过滤器放入滑片内,过滤器可能会在机器内部脱落。

⑬将支架滑回测量位,并保证其完全就位。

⑭记录毫安表上的读数,读数应为毫安的千分之一。

⑮取出过滤器。确保毫安表上的读数为0.60毫安。

⑯用干净的过滤器,重复第⑪步～⑮步。

⑰从干净过滤器的毫安表读数中,减去被污染过滤器(顶部)的毫安表读数。通过校准图表(图1.9)进行数值的校准。

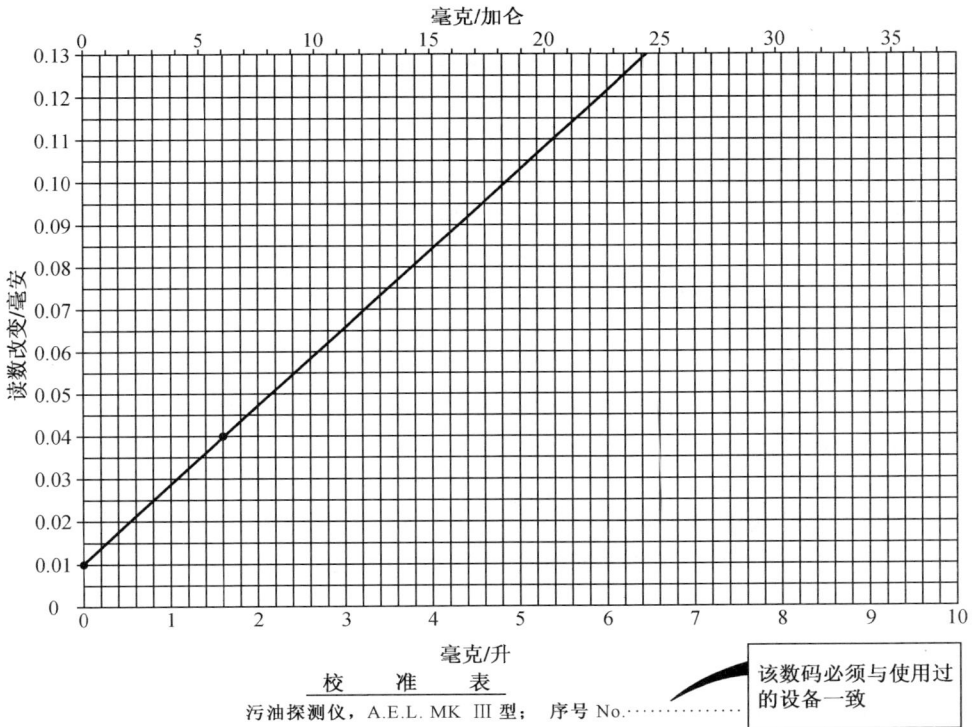

图1.9　校准图表

⑱在图表的左侧找到这个值,然后水平移动直到与参考线交叉时停止。读取垂直方向的读数,来确定污染物的含量值,以毫克/加仑或者毫克/升为单位表示。

[说明]每个污染燃油检测器都有其对应的校准图表,图表中标示的序列号与

检测器的序列号相同。

⑲记录读数。允许传送到机上的最大固体污染物量为2毫克/升。

5. 复合污染燃油探测器游离水检测

燃油样品需通过一个经过化学处理的过滤板,过滤板位于复合污染燃油探测器的过滤器支架上。由于探水仪上的化学物质对燃油中的所有游离水都非常敏感,所以如果燃油中有水存在,那么当将探水仪放置在紫外线下时,其将产生一个可见的荧光图案。

[说明]只能用钳子处理探水仪,为防止污染严禁用手指触摸探水仪。

使用复合污染燃油探测器来检测燃油中游离水含量的步骤如下。

①将待检测燃油填充至容量为32盎司的聚乙烯样品瓶中,填充至500毫升标记位置(距离瓶底3.25英寸处)。

②打开一个游离水探水仪包装,将探水仪放置在过滤器底座的屏幕上,橙色向上。将接瓶器连接到过滤器底座上,扭转并旋紧。

③检查复合污染燃油探测器内的燃油舱是否为空,排气阀是否关闭。如果排气阀未关闭,那么将导致安全罐内的燃油上升,致使探测器被淹。

④用力摇晃装有燃油样品的瓶子,摇晃大约30秒。

⑤摇晃之后,立即将真空泵打开。拧开瓶盖,将接瓶器稳稳地放在瓶子下方。将地线插座插入复合污染燃油探测器外壳顶部的插口中。将过滤器底座插入到燃烧舱内顶部。这一步应该在尽可能短的时间内完成,从而使游离水处于悬浮状态。

⑥当样品已经通过探测仪器后,立即关闭真空泵,然后将瓶子和接瓶器移走。

[说明]严禁通过探水仪吸入空气。如果探水仪吸入了空气中的水分,那么得到的读数就有误。

⑦将接瓶器套件拆开,用钳子将探水仪从过滤器底座上拿掉,并将凹部放在燃油探水仪滑片上(橙色向上)。

⑧使灯的开关保持在开启位置,打开复合污染燃油探测器内的紫外线灯泡,然后将含有检测仪的滑片插入。

⑨在复合污染燃油探测器前,通过视窗观察,并将检测仪的亮度与标准组的亮度进行对比,来确定游离水的含量。当在紫外线下查看时,游离水含量由黄绿色荧光指示。读取恰好位于标准之上的数字,获得最精确的数值。报告结果应为"不含游离水"或者"$5 \times 10^{-6}, 10 \times 10^{-6}, 20 \times 10^{-6}$"。读数应为精确读数。不存在介于两者之间的读数,只能是$0 \times 10^{-6}, 5 \times 10^{-6}, 10 \times 10^{-6}$或者$20 \times 10^{-6}$。

⑩记录读数。可以交付机上使用的最大可允许水污染物量为5×10^{-6}。如果污染物量读数结果超过20×10^{-6},那么应重新取一份样品,取样量应为标准样本的一半,所得数值的2倍即为测量结果。

6. 复合污染燃油探测器维护

复合污染燃油探测器只提供一个二级标准,不能取代周期性实验室分析,它是实验室分析的有益补充。大量现场检测显示,这个装置的校准图表对于多数燃油样品都是有效的。若在偶然情况下出现样品不符,那么则需要对这种特殊情况建立新的或者修订校准图表,以反映特定系统内污染物不符合正常模式的情形。交付给实验室用于质量分析的复样能够与仪器分析结果进行相互验证,并快速指出异常情形。

(1)调整光照强度

当无法通过调整毫安表使其读数显示为 0.60 毫安时,需将变阻器设置在中间刻度,记录灯打开且插口内没有过滤器时毫安表的读数。将灯泡拔出,打开后盖。如果毫安表的读数在0.60毫安以下,将灯泡支架向上滑动;如果毫安表的读数在 0.60 毫安以上,将灯泡支架向下滑动。轻轻地松动灯泡支架,使改动之后灯泡的灯丝应处于水平状态(图 1.10)。暂时关闭外壳;将灯泡插入,打开灯,再检查毫安表的读数。还可以利用变阻器对读数进行最后调整。

图 1.10　复合污染燃油探测器和 AEL MK Ⅲ(后视图)

(2)校准复合污染燃油探测器

生产厂家为每个复合污染燃油探测器配备了两个雷登校正过滤器。雷登校正过滤器组为一对过滤器,其污染值已经标定。过滤器包装在一个银箔包内,以防抓碰,且不会因为尘土等原因而影响读数的准确性。当过滤器不用时,应须立即做好保护措施。

[说明]当移动或者按照预防性维护计划更换部件后,应该每季度校准一次。

请参考为各装置随机配备的预防性维护计划卡、AFOSS 和《操作和维护手册》,了解具体的操作指南。

操作过滤器时,需使用钳子。接触区域应不超过过滤器边缘的 0.25 英寸,避免对过滤器的表面造成损坏。标准复合污染燃油探测器的操作步骤如下。

①打开复合污染燃油探测器,使其温度上升 3～5 分钟。

②利用变阻器旋钮调整光照强度,直到毫安表的刻度读数为 0.60 毫安。

③用钳子钳起第一个雷登过滤器。将滑动片拉出,将过滤器插入到插口内,

然后再将滑动片推回原位。在日志本上记录毫安表的读数。

④结果记录完毕后,将雷登过滤器取下并放回保护包装中。

⑤如果毫安表的读数不是0.60毫安,则需重新调整变阻器。

⑥用第二个雷登过滤器,重复进行第3步和第4步操作。

⑦将两个毫安表读数中较小的一个读数从较高的读数中减去,以获得第一个校准点。对照雷登过滤器设定的每升污染物的质量,在校准图标上绘出差额。第二个点绘在每升0毫克处,发现光照强度读数变化为0.01毫安(图1.9)。

a.过滤器污染指数为1.6毫克/升;

b.雷登过滤器之间的差异为0.04毫安;

c.将此点绘制在校准图表中;

d.将第二点绘制在0毫克/升与0.01毫安的二等分位置;

e.现在画一条线将二者连起来;

f.在校准图上标注日期,在指定位置插入复合污染燃油探测器的序列号。

[说明]将使用的雷登过滤器的序列号记录在图表背面。

(3)水标准卡和紫外线灯泡替换

替换水标准卡的目的是为防止长期暴露在紫外线照射下,仪表内的荧光油墨老化变质。使用期满6个月后,必须按照预防性维护计划要求替换复合污染燃油探测器内的水标准卡。

替换紫外线灯泡时,将使用的灯泡旋转四分之一转,将灯泡从灯泡支架上取出。当需要插入新灯泡时,旋转四分之一转,直到灯泡锁定就位为止。严禁暴力拆装紫外线灯泡。

标准卡或者紫外线灯泡替换的标准操作规程应以维护手册或者预防性维护计划卡为指导。

(4)AEL MK I以及MK II燃油水仪

开发AEL MK I(图1.7)以及MK II燃油水仪的目的是检测燃油中游离水的含量。这两个探测器与AEL MK III(图1.6)一起使用,对燃油样品中的水污染物进行测量。燃油检测样品经引导通过一个被化学处理过的探测器,该探测器位于MK III燃油水仪的过滤器支架上。当燃油样品流经AEL MK III上经过化学处理的探水器后,探测器被放入AEL MK I或者AEL MK II燃油水仪中,在燃油水仪中的紫外线条件下进行游离水分析。

1.4.2 闪点检测方法

燃油的闪点指的是它的最低温度,即在这个温度下燃油释放出可以点燃的蒸气。为了确定这个温度,按照设计,设备将定量加热一个封闭杯子内的燃油,直到检测到闪光为止,通过目测检测或是压力累积来找到闪点。IAWASTMD－93设备可以用于进行燃油闪点确定,即宾斯基－马丁闭杯试验(Pensky－Martens Closed－Cup Tester)标准闪点检测法。

有很多检测仪生产厂家,例如宾斯基 – 马丁、克勒、布克尔和 NAVIFLASH。在这一章中,我们将讨论宾斯基 – 马丁和 NAVIFLASH 检测仪。宾斯基 – 马丁法使用明火,将明火周期性地浸入试验舱内;而 NAVIFLASH 法使用电子火花和压力传感器来检测闪点。

1. 宾斯基 – 马丁法

在准备过程中,应将闪点检测仪(图 1.11)放置在一个水平的、稳固的表面上(屏蔽板)(如果进行测试的房间不是密封的,则可能导致结果不准确)。当通过宾斯基 – 马丁闪点检测仪进行闪点检测时,应在经批准的密封防爆笼内进行。宾斯基 – 马丁闪点检测仪的设计用途是检测闪点介于 20 ~ 700 华氏度之间的燃油,具体取决于使用的温度计。

宾斯基 – 马丁法的操作流程如下。

①彻底清理并烘干燃油杯的所有部件以及附件,然后再开始检测。

②将待检测燃油填充到燃油杯内,填充到标记位置。不建议此时检测燃油中含有的游离水,这种情况下结果会不准确。在万不得已的情况下,通过过滤纸过滤燃油,将所有水清除掉后再进行检测。

图 1.11　闪点检测仪和屏蔽板

③将盖子放在杯子上,将杯子置于火炉上。需要格外谨慎的是,由于盖子有锁,所以只能朝着一个方向上锁。

④将温度计插入到温度计套管中。已知 JP – 5 燃油的闪点是 140 华氏度,所以应使用温度范围介于 20 ~ 230 华氏度之间的温度计。

⑤点燃检测火焰,用燃烧炉体上的阀门螺杆调整火焰,使火焰的直径达到 5/32 英寸,达到与为满足对比需求提供的磁珠的尺寸相同。

[注意]在检测过程中,使用丙烷使火焰保持点燃状态。丙烷瓶应安全存放,避免暴露于极端温度下。

⑥将装置接入 115 伏特电源。调整变压器上的转盘,直到温度读数增加值不超过

11华氏度/分钟或者不低于9华氏度/分钟为止,通过这种方式调整热量供应。

⑦通过挠性轴,将搅拌器与搅拌器电机连接起来。

⑧打开搅拌器,当样品温度在燃油预期闪点之下30~50华氏度时,应用检测火焰,之后当燃油样品温度在2华氏度的倍数时,重复应用检测火焰。举例来讲,如果预期闪点为140华氏度(JP–5),那么应从90华氏度开始进行检测火焰,然后是92华氏度、94华氏度,以此类推。在检测火焰时,操作控制卷帘的滚花把手旋钮,然后检测火焰燃烧器。结果是在不到二分之一秒的时间里火焰降低了,在低位保持一秒后快速上升至高位。在检测火焰的过程中应不断搅拌。

⑨闪点即为出现闪爆时在温度计上读取的温度值。真正的闪烁不得有蓝色光环出现,在真正的闪烁出现之前,有时候在使用的检测火焰周围有蓝色光环环绕。

⑩给检测仪降温。将盖子取下,将残留样品倒入一个合适的废弃物容器内,清理燃油杯。

[注意]确保炉子已经关闭,同时确保检测完成时妥善保管丙烷产品。

2. NAVIFLASH 法

与宾斯基–马丁法一样,在NAVIFLASH方法中,定量加热封闭杯子中的燃油样品。

NAVIFLASH闪点检测仪(图1.12)的区别在于:它使用电子火花来点燃可燃蒸气,而且有一个温度传感器,因此能够感应到压力的积聚,可见闪点。

从本质上讲,NAVIFLASH开展"无需干涉"闪点检测。操作人员只需要填充样品杯,按动少数几个按钮,然后由机器来进行剩余的操作。NAVIFLASH是一个非常敏感的装置,不需要校准。

如下是对NAVIFLASH方法操作流程的总结。

①压下后置式摇杆的开/关,给装置通电启动。

②分别为燃油、验收检测或者校准程序选择舰上程序1号或者4号。按下任务键进行选择。

[说明]校准和燃油验收操作基本相同,唯一的例外情形是使用了正十二烷液体和副燃油进行校准。

③液晶屏显示燃油验收情况——闪烁/无闪烁,等待烘箱加热。在此期间,烘箱升温加热到编程设定的燃油起始温度值。

④摇晃样品瓶,用一个移液器将1.0毫升的燃油转移到样品杯中。样品杯内部有一条刻度线,标明1.0毫升位置。

⑤液晶屏显示填充并插入样品杯到燃油舱中后,将燃油杯放入检测舱内,关闭外部的门并按下运行键。然后屏幕上会显示正在测量。

⑥检测完成后,以华氏度数为单位的闪点温度将显示在液晶屏上,同时伴随着绿色、红色灯光。

⑦如果测量的闪点高于或者等于140华氏度,那么绿灯将闪烁,屏幕上将显示合格燃油字样。如果测量的闪点低于140华氏度,此时红灯闪烁,同时伴随有声音报警,屏幕上显示不合格燃油字样。按下停止键使报警静音并确认提示消息。

NAVIFLASH检测仪前视图

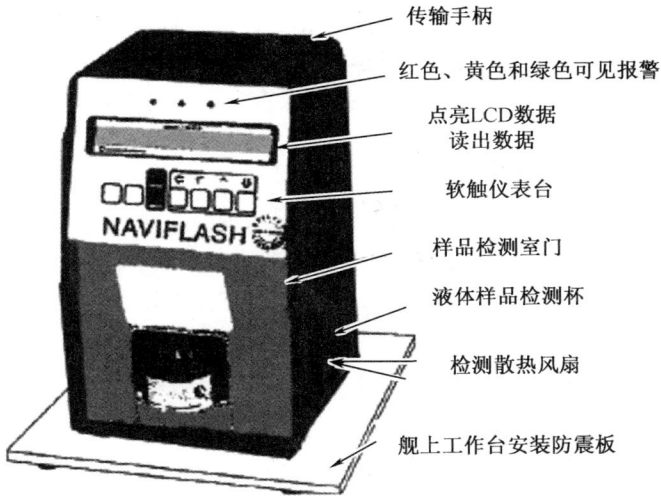

传输手柄

红色、黄色和绿色可见报警

点亮LCD数据
读出数据

软触仪表台

样品检测室门

液体样品检测杯

检测散热风扇

舰上工作台安装防震板

NAVIFLASH检测仪后视图

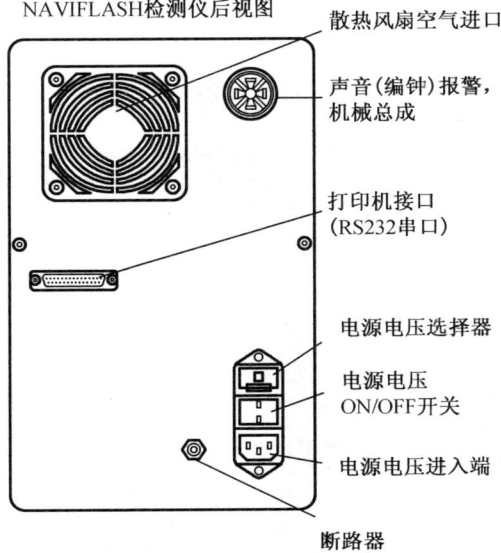

散热风扇空气进口

声音(编钟)报警,
机械总成

打印机接口
(RS232串口)

电源电压选择器

电源电压
ON/OFF开关

电源电压进入端

断路器

图1.12 NAVIFLASH 闪点检测仪

[说明]应用独立样本进行闪点测量,一式两份。测得的温度差应在 ±5 华氏

度范围内。

⑧按下停止键后,烘箱则开始降温,自动达到开始温度。将样品杯清空并彻底清洗杯子的储油器。

1.4.3　B/2 防冰添加剂(AIA)检测工具包

用 B/2 防冰添加剂检测工具包(图 1.13),确定喷气机燃油中燃油系统结冰抑制剂(FSII)的用量。工具包由折射仪、检测装置、量筒和分液漏斗组成。尽管折射仪很小而且是由塑料材质做成,但是与质量监督实验室内的其他设备相比,它并未因此而便宜或者耐用,因此在使用或者保存过程中须格外小心。

1. 操作折射仪

折射仪(图 1.14)这个名字本身就反映出了其工作原理,即前面的棱柱反射光,使光通过待检测燃油样品,最终折射到折射仪内部的刻盘上。折射仪用在质量监督实验室中,而不是飞行甲板上或舰台上。光源可以是荧光灯泡也可以是白炽灯泡,只要照明效果好就可以。

在检测工具包中有详细的说明。工具包的折射仪操作流程如下。

①请按照图 1.13 所示,安装折射仪。

②按照规定的取样流程,抽取 1 夸脱待检测燃油样品,放入一个干净的样品瓶中。

③用自来水将铝盘填充一半。

④用待检测燃油填充量筒(图 1.13)和分液漏斗,填充至大约三分之一处。彻底清洗量筒和分液漏斗,将所有杂质清除掉并倒空。

⑤用量筒量取 160 毫升燃油样品,不能多也不能少。

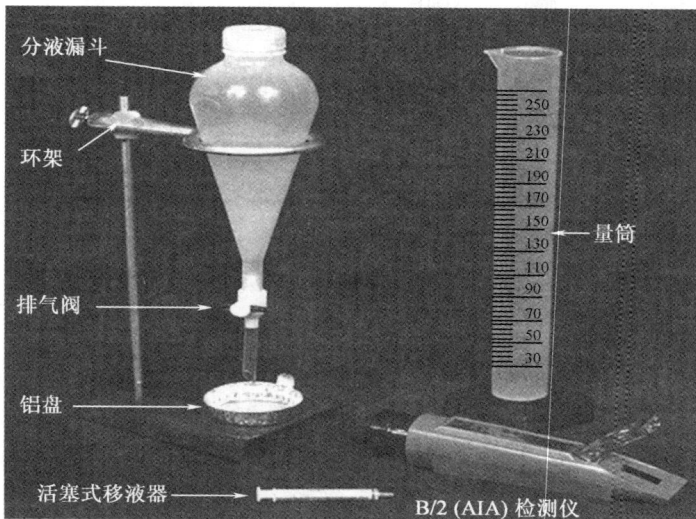

图 1.13　AIA 检测设备套件

⑥检查分液漏斗上的排气阀是否关闭。如果未关闭,将排气阀关闭,将 160 毫升燃油样品从量筒内倒入分液漏斗中。

⑦用一个活塞式移液器,从铝盘向分液漏斗添加 2 毫升水。将盖子盖在分液漏斗上,用力摇晃 3 分钟。将分液漏斗放入环架内。用力摇晃量筒内的样品,使结冰抑制剂渗入到水中。

⑧打开折射仪视窗(图 1.14)的铰链棱柱盖;确保视窗和棱柱都干净无污染。用活塞式移液器,从铝盘内移几滴自来水到它上面,关闭盖子,从目镜进行观察影线,目镜和棱镜读到的读数都应该是零。

目镜　　　　　　　　　　　　　　　　棱镜

图 1.14　折射仪

⑨如果有一个零读数无法获得,将折射仪后盖上的黑色塑料棒取下,并调整固定螺丝(在折射仪底部)直到影线与刻度的零线吻合为止,如图 1.15 和图 1.16 所示。调整固定螺丝读数为零,将燃油系统结冰抑制剂与折射仪内部的刻度进行对比,完成折射仪的校准。严禁用金属螺丝刀校准折射仪,螺丝刀可能将电荷传导到折射仪上。

[注意]折射仪完全由塑料材质制成。用任意金属物体对折射仪进行校准都有可能导致设备损坏。

⑩打开塑料盖,擦拭掉视窗和盖子上的水。

⑪小心地转动分液漏斗上的排气阀,这样只有几滴水可以涓流进入干净、干燥的铝盘内。

⑫打开铰链棱柱盖,用干净的(从未用过的)活塞式移液器,将两至三滴液体(从分液漏斗)滴在视窗上。关闭盖子。从目视镜观测,读取影线落在刻盘上的点值。这个值就是燃油系统结冰抑制剂的体积百分数。将结果录入到日志文件中。读数应保留小数点后两位,举例,08,04,06 等(图 1.16)。

[说明]折射仪包含两个燃油系统结冰抑制剂刻盘。其中一个适用于当前使用的两种不同的燃油系统结冰抑制剂材料。认为所有待检测的 JP - 5 燃油都包含最高闪点的燃油系统结冰抑制剂材料,即要么是二乙二醇单(Diethylene Glycol Monomethyl),要么是二甘醇单甲醚(DIEGME),这个结果是从标记为"JP - 5"或者"M"的折射仪左侧的刻盘上读取的。

⑬清空分液漏斗,正确处置燃油。用肥皂和水清理设备,用水将设备彻底清洗干净。

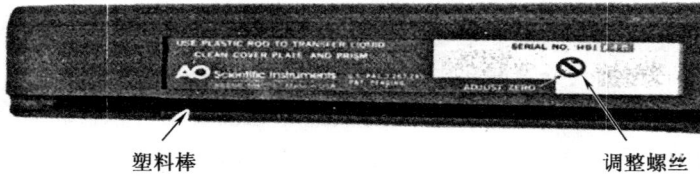

塑料棒   调整螺丝

图 1.15 折射仪(底视图)

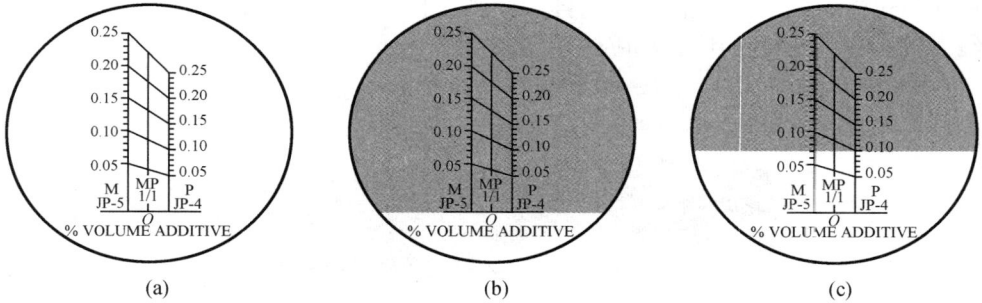

(a)   (b)   (c)

图 1.16 通过折射仪观察

(a)清晰视图;(b)白开水;(c)水中的结冰抑制剂

注:原图如此,仅供参考

对于使用燃油系统结冰抑制剂的美海军和美国海军陆战队飞机而言,它们防止水结冰的最低标准是 0.03%。目前,此类飞机包括 S – 3,US – 3,ES – 3B 和 SH – 60。其他类型的飞机不要求使用燃油系统结冰抑制剂,而且即使不包含结冰抑制剂,也可以使用 JP – 5 燃油或者其他燃油。

如果燃油系统结冰抑制剂水平降低至 0.03% 限值以下,则需向配备上述飞机舰队的海军或海军陆战中队的责任指挥官,或者由其指定的代表报告。

[警告]如果未能将较低的燃油系统结冰抑制剂情况向中队的负责人员报告,则可能导致飞行安全问题。

当燃油系统结冰抑制剂水平为 0.07% 或者更低时,需向临时(USAF,USA 和来访的外国军用飞机)机组人员和飞行员报告。

2. API/密度检测

了解 JP – 5 燃油的密度对于正确操作离心净化器非常重要。密度检测的作用是确定净化器出口环的正确尺寸。利用密度计(图 1.17)或者热密度计确定燃油的密度。在实际使用中,二者使用方式一样。唯一的例外情况是:当使用密度计时,需要使用一个合适的热密度计来量取玻璃量筒中燃油的温度。热密度计(图 1.18)在密度计的阀杆上包含一个温度计。

密度计漂浮在液体样品中,来确定液体的质量。密度计为玻璃材质,所以极易打破,在使用和保存过程中应倍加小心。为了标准化,所有读数都将转化成60华氏度下数值。美国石油协会(API)已经制订了一套转化比例,可将一种温度值转化成另一种温度值。密度检测操作步骤总结如下。

图1.17 密度计

图1.18 热密度计

①用标准的取样流程吸入样品。慢慢地向一个高的量筒内倒入足够量(大约量筒容积的2/3)的燃油,并使气泡形成最小化。

[说明]玻璃量筒、热密度计以及样品的温度应大致相同。检测环境中温度的变化不得超过5华氏度,而且检测环境应不通风。

②将热密度计缓缓地插入样品中,然后旋转,确保热密度计不触及量筒各处。

③当热密度计停止不动时,记录温度值并读取液体表面与密度计刻度相切位置的数据。这步操作就是大家熟知的"弯月面"。记录密度计读数,精确到刻度上最近的标记线位置。

④读完热密度计读数后,再读一次温度值并记录备存。

[说明]两个温度读数的平均值即为检测的标准温度。如果温度读数差别大于1华氏度,那么当温度更稳定时,必须重新进行检测。

⑤利用《海军海上系统司令部》(S9086—SN—STM—010/CH—541)中表541-10-4,将温度数和热密度计读数转换成密度值。表1.2为密度样表。找到观测温度和观测密度,查找温度为60华氏度时相应的密度值。用这个数值和表1.3中美国石油协会燃油密度度数与密度示例表进行对比,查找检测燃油的密度数值。将结果记录在日志中。

⑥将从美国石油协会燃油密度度数与密度对比表中查得的结果,与《JP-5喷气机燃油离心净化器》技术手册中的曲线图进行比对,来确定需使用的放油环的合适尺寸。请参考《海军海上系统司令部技术手册》(S9542—AB—MM0—010)《海军海上系统司令部技术手册》(S9542—AB—MM0—010(200 GPM))以及《海军海上系统司令部技术手册》(S9542—AE—MM0—010(300 GPM)),了解各种尺寸放油环的说明和图样。

⑦清空玻璃量筒,并正确处置燃油。认真清理热密度计,并确保检测设备存放在合适的存储区域内。

表 1.2 美国石油协会燃油密度样表

观察温度 ℃	℉	美国石油协会在 60 华氏度下相应的燃油密度度数																			
		30	31	32	33	34	35	36	37	38	39	40	41	42	43	44	45	46	47	48	49
15.6	60	30.0	31.0	32.0	33.0	34.0	35.0	36.0	37.0	38.0	39.0	40.0	41.0	42.0	43.0	44.0	45.0	46.0	47.0	48.0	49.0
16.1	61	29.9	30.9	31.9	32.9	33.9	34.9	35.9	36.9	37.9	38.9	39.9	40.9	41.9	42.9	43.9	44.9	45.9	46.9	47.9	48.9
16.7	62	29.9	30.9	31.9	32.9	33.9	34.8	35.8	36.8	37.8	38.8	39.8	40.8	41.8	42.8	43.8	44.8	45.8	46.8	47.8	48.8
17.2	63	29.8	30.8	31.8	32.8	33.8	34.8	35.8	36.8	37.8	38.8	39.8	40.8	41.7	42.7	43.7	44.7	45.7	46.7	47.7	48.7
17.8	64	29.7	30.7	31.7	32.7	33.7	34.7	35.7	36.7	37.7	38.7	39.7	40.7	41.7	42.7	43.7	44.6	45.6	46.6	47.6	48.6
18.3	65	29.7	30.6	31.6	32.6	33.6	34.6	35.6	36.6	37.6	38.6	39.6	40.6	41.6	42.6	43.6	44.6	45.5	46.5	47.5	48.5
18.9	66	29.6	30.6	31.6	32.6	33.6	34.6	35.5	36.5	37.5	38.5	39.5	40.5	41.5	42.5	43.5	44.5	45.5	46.5	47.4	48.4
19.4	67	29.5	30.5	31.5	32.5	33.5	34.5	35.5	36.5	37.5	38.4	39.4	40.4	41.4	42.4	43.4	44.4	45.4	46.4	47.4	48.3
20.0	68	29.4	30.4	31.4	32.4	33.4	34.4	35.4	36.4	37.4	38.4	39.4	40.3	41.3	42.3	43.3	44.2	45.3	46.3	47.3	48.2
20.6	69	29.4	30.4	31.4	32.3	33.3	34.3	35.3	36.3	37.3	38.3	30.3	40.3	41.2	42.2	43.2	44.2	45.2	46.2	47.2	48.1
21.1	70	29.3	30.3	31.3	32.3	33.3	34.3	35.2	36.2	37.2	38.2	39.2	40.2	41.2	42.2	43.1	44.1	45.1	46.1	47.1	48.1
21.7	71	29.2	30.2	31.2	32.2	33.2	34.2	35.2	36.2	37.1	38.1	39.1	40.1	41.1	42.1	43.1	44.0	45.0	46.0	47.0	48.0
22.2	72	29.2	30.2	31.1	32.1	33.1	34.1	35.1	36.1	37.1	38.1	39.0	40.0	41.0	42.0	43.0	43.9	44.9	45.9	46.9	47.9
22.8	73	29.1	30.1	31.1	32.1	33.0	34.0	35.0	36.0	37.0	38.0	39.0	39.9	40.9	41.9	42.9	43.9	44.8	45.8	46.8	47.8
23.3	74	29.0	30.0	31.0	32.0	33.0	34.0	34.9	35.9	36.9	37.9	38.9	39.9	40.8	41.8	42.8	43.8	44.8	45.7	46.7	47.7
23.9	75	29.0	29.9	30.9	31.9	32.9	33.9	34.9	35.9	36.8	37.8	38.8	39.8	40.8	41.7	42.7	43.7	44.7	45.6	46.6	47.6
24.4	76	28.9	29.9	30.9	31.8	32.8	33.8	34.8	35.8	36.8	37.7	38.7	39.7	40.7	41.6	42.6	43.6	44.6	45.6	46.5	47.5
25.0	77	28.8	29.8	30.8	31.8	32.8	33.7	34.7	35.7	36.7	37.7	38.6	39.6	40.6	41.6	42.5	43.5	44.5	45.5	46.4	47.4
25.6	78	28.8	29.7	30.7	31.7	32.7	33.7	34.6	35.6	36.6	37.6	38.6	39.5	40.5	41.5	42.5	43.4	44.4	45.4	46.3	47.3
26.1	79	28.7	29.7	30.6	31.6	32.6	33.6	34.6	35.6	36.5	37.5	38.5	39.5	40.4	41.4	42.4	43.3	44.3	45.3	46.3	47.2

表 1.2（续）

观察温度 ℃	℉	30	31	32	33	34	35	36	37	38	39	40	41	42	43	44	45	46	47	48	49
		美国石油协会在 60 华氏度下相应的燃油密度度数																			
26.7	80	28.6	29.6	30.6	31.6	32.5	33.5	34.5	35.5	36.5	37.4	38.4	39.4	40.3	41.3	42.3	43.3	44.2	45.2	46.2	47.1
27.2	81	28.6	29.5	30.5	31.5	32.5	33.4	34.4	35.4	36.4	37.4	38.3	39.3	40.3	41.2	42.2	43.2	44.1	45.1	46.1	47.0
27.8	82	28.5	29.5	30.4	31.4	32.4	33.4	34.3	35.3	36.3	37.3	38.2	39.2	40.2	41.2	42.1	43.1	44.1	45.0	46.0	47.0
28.3	83	28.4	29.4	30.4	31.3	32.3	33.3	34.3	35.2	36.2	37.2	38.2	39.1	40.1	41.1	42.0	43.0	44.0	44.9	45.9	46.9
28.9	84	28.3	29.3	30.3	31.3	32.2	33.2	34.2	35.2	36.1	37.1	38.1	39.1	40.0	41.0	42.0	42.9	43.9	44.8	45.8	46.8
29.4	85	28.3	29.3	30.2	31.2	32.2	33.1	34.1	35.1	36.1	37.0	38.0	39.0	39.9	40.9	41.9	42.8	43.8	44.8	45.7	46.7
30.0	86	28.2	29.2	30.2	31.1	32.1	33.1	34.1	35.0	36.0	37.0	37.9	38.9	39.9	40.8	41.8	42.7	43.7	44.7	45.6	46.6
30.6	87	28.1	29.1	30.1	31.1	32.0	33.0	34.0	34.9	35.9	36.9	37.9	38.8	39.8	40.7	41.7	42.7	43.6	44.6	45.5	46.5
31.1	88	28.1	29.0	30.0	31.0	32.0	32.9	33.9	34.9	35.5	36.8	37.8	38.7	39.7	40.7	41.6	42.6	43.5	44.5	45.5	46.4
31.7	89	28.0	29.0	29.9	30.9	31.9	32.9	33.8	34.8	35.8	36.7	37.7	38.7	39.6	40.6	41.5	42.5	43.4	44.4	45.4	46.3

表 1.3 美国石油协会燃油密度度数与相对密度示例表

美国石油协会燃油密度度数 （60 华氏度）	密度 （60 华氏度/60 华氏度）	每加仑磅数 （60 华氏度）	每磅加仑数 （60 华氏度）
40.0	0.825 1	6.870	0.145 6
40.1	0.824 6	6.866	0.145 6
40.2	0.824 1	6.862	0.145 7
40.3	0.823 6	6.858	0.145 8
40.4	0.823 2	6.854	0.145 9
40.5	0.822 7	6.850	0.146 0
40.6	0.822 2	6.846	0.146 1
40.7	0.821 7	6.842	0.146 2
40.8	0.821 2	6.838	0.146 2
40.9	0.820 8	6.834	0.146 3
41.0	0.820 3	6.830	0.140 4
41.1	0.819 8	8.826	0.146 5
41.2	0.819 3	6.822	0.146 6
41.3	0.818 9	6.818	0.146 7
41.4	0.818 4	6.814	0.146 8
41.5	0.817 9	6.810	0.146 8
41.6	0.817 4	6.806	0.146 9
41.7	0.817 0	6.802	0.147 0
41.8	0.816 5	6.798	0.147 1
41.9	0.816 0	6.794	0.147 2
42.0	0.815 5	6.798	0.147 3
42.1	0.815 1	6.786	0.147 4
42.2	0.814 6	6.783	0.147 4
42.3	0.814 2	6.779	0.147 5
42.4	0.813 7	6.775	0.147 6
42.5	0.813 2	6.771	0.147 7
42.6	0.812 8	6.767	0.147 8
42.7	0.812 3	6.763	0.147 9
42.8	0.811 8	6.759	0.148 0
42.9	0.811 4	6.755	0.148 0

表 1.3（续）

美国石油协会燃油密度度数 （60 华氏度）	密度 （60 华氏度/60 华氏度）	每加仑磅数 （60 华氏度）	每磅加仑数 （60 华氏度）
43.0	0.810 9	6.751	0.148 1
43.1	0.810 4	6.748	0.148 2
43.2	0.810 0	6.744	0.148 3
43.3	0.809 5	6.740	0.148 4
43.4	0.809 0	6.736	0.148 5
43.5	0.808 6	6.732	0.148 5
43.6	0.808 1	6.728	0.148 6
43.7	0.807 6	6.724	0.148 7
43.8	0.807 2	6.721	0.148 8
43.9	0.806 7	6.717	0.148 9
44.0	0.806 3	6.713	0.149 0
44.1	0.805 8	6.709	0.149 1
44.2	0.805 4	6.705	0.149 1
44.3	0.804 9	6.701	0.149 2
44.4	0.804 4	6.698	0.149 3

1.4.4　质量监督工作日志

在某些舰上或者岸基加油站的燃油化验室内进行操作时，一天操作处理 100 多份样品是很常见的事。因此，为了对样品结果进行跟踪，同时很好地保存记录结果，就需要为所有样品设置一个日志本。

可以用钢笔记录日志条目，但每页只使用单侧。日志文件必须为正式文件。由于质量监督日志是航空燃油员每天都必须处理的最重要的日志文件，所以必须清晰地书写并打印日志条目。

日志文件中的结果表明每件事是否正常进行，或者是否存在问题。当确实存在问题时，应立即通知督导人员，第一时间进行改正。

记住：飞机的安全性至关重要！

质量监督日志的格式应与表 1.4 所示格式一致。此外，日志文件需保持整齐、干净、干燥。良好的管理绝对物有所值。如果日志文件管理不当，存在污渍、破损、缺失，则表明质量监督实验室的管理状况不佳，亟待整顿。

表1.4　质量监督日志格式

日期	取样时间	送达实验室时间	位置样品	外观	水流时间	PPH	沉积物流动的时间	第一次	第二次	差别	最后读数	操作	报告位置	点	FSII	API	规格	质量监督员签名
督导			部门督导				部门总监											

1.4.5　思考题

(1)出现哪种情况时使用两个微孔过滤器?

(2)在游离水燃油水仪中,使用了哪种类型的光源?

(3)在宾斯基－马丁检测仪上,关闭搅拌器后,希望通过检测火焰来确定燃油的闪点。哪个部件控制开闭器和火焰燃烧炉?

(4)NAVIFLASH 和宾斯基－马丁检测仪的主要区别在于点燃可燃气体发现闪点时使用的方法不同。宾斯基－马丁法使用的为检测火焰,那么 NAVIFLASH 法中用的是什么?

(5)NAVIFLASH 法本质上属于"无需干涉"闪点检测。NAVIFLASH 是一个非常敏感的装置,不需要校准。

(6)SH－60 要求的最低水平的燃油系统结冰抑制剂是多少?

(7)当燃油中的燃油系统结冰抑制剂百分比达到多少时,需要告知瞬态飞行员和来访的外国军用飞机?

(8)密度检测方法检测的是航空燃油的哪种属性?

(9)需要用多少燃油进行密度检测?

1.5　总　　结

任何发动机的性能,特别是飞机发动机的性能,都依赖燃油质量。作为一名航空燃油员,需认识到燃油的质量取决于燃油样品检测外加净化和过滤设备操作,所以检测、操作机器时须时刻保持警惕。本章提供的信息可以帮助读者理解化验员复杂且高度重要的使命和角色。航空燃油员的主要目标就是把干净明亮的燃油交付飞机使用。

第2章　JP-5海船甲板下的系统和操作

当你第一次看到一艘常规动力航空母舰或核动力航空母舰的泵舱时,绝对会为此感到不可思议。由于航空母舰的泵舱内管道、泵体、阀门、仪表和发动机布置的错综复杂的布置,你可能会有太多东西需要学习,而感觉无从下手。但是,一个合格的泵舱管理者却可以在工作时需做到有条不紊。

本章中将拆分分解复杂的JP-5燃油海船甲板下系统,讨论子系统、介绍构成这些子系统的各个组件并解释操作流程。

要想安全、高效地操作JP-5燃油系统,航空母舰油料员必须对管道系统的布置和限制有一个充分全面的了解。尽管所有常规动力航空母舰或核动力航空母舰的管道布置都类似,但是却没有两艘完全相同的舰(甚至姊妹舰亦不可能做到)。我们可以通过查阅舰的蓝图、舰资料手册(SIB)和航空燃油操作程序系统(AFOSS)来了解舰上特定系统的细节。本章中所提供的资料和图表均以常规动力航空母舰、核动力航空母舰为基础。

2.1　JP-5燃油系统

【学习目标】介绍海船甲板下JP-5燃油系统,并识别构成JP-5燃油系统的各子系统。

JP-5燃油系统主要由一个存储系统和三个独立的泵输送系统组成。这三个泵输送系统分别是燃油加注和输送系统、燃油扫舱系统以及燃油日用系统。在JP-5燃油系统中,燃油舱可以划分为两类,即储油舱和日用油柜。储油舱的作用是大量存储JP-5燃油,日用油柜内盛放的是净化后的燃油,它的作用是为飞机供应燃油。不同等级航空母舰的存储容量取决于航空母舰上储油舱的数量和尺寸。在表2.1中,给出了部分不同等级航空母舰的大致储油容量。

表 2.1   JP - 5 燃油系统存储容量

舰级	近似容量
LHA - 1(塔拉瓦)	25×10^4 加仑
LPD - 4(奥斯丁)	25×10^4 加仑
LHD - 1(黄蜂)	75×10^4 加仑
CV - 63(小鹰)	175×10^4 加仑
CVN - 65(企业号)	225×10^4 加仑
CV - 67(肯尼迪号)	250×10^4 加仑
CVN - 75(杜鲁门号)	350×10^4 加仑

在 JP - 5 燃油系统中将使用截止阀、放油阀、过滤器等组件。具体的组件将在本书 2.3 节进行讨论。

JP - 5 燃油系统常用符号的示意图见表 2.2。

表 2.2   JP - 5 燃油系统常用符号表

符号	名称	符号	名称
	截止阀		压力表/真空压力表
	截流止回阀		压差表
	锁闭阀		检测接头
	锁开阀		冲洗接头
	电动阀		正排量叶轮泵
	监控阀		泵(离心泵)
	遥控阀		排泄器
	自动阀		舷外通海阀箱
	止回阀		加油软管卷盘
	加油/排油阀		排油软管卷轴
	折角安全放阀		截止阀,带钻探孔

表 2.2(续)

符号	名称	符号	名称
-[O]-	观察孔		日用泵空气抑制器
-||-	双环法兰关闭	BHD	舱壁
-||-	双环法兰打开	⬭⬮	防溢歧管/排放集管
-||-	节流孔		观察孔
⬮⬮⬮	歧管		

2.1.1 燃油加注和输送系统

燃油加注和输送系统(图 2.1~图 2.4)以及与燃油加注和输送系统互相连接的管道和阀门,在 JP-5 燃油系统的运行过程中发挥着重要的功能。

燃油加注和输送系统的作用就是在航行补给作业中在舰上接收 JP-5 燃油;将 JP-5 燃油从储油舱输送到日用油舱;在舰内从船首向船尾驳油,或者从左舷向右舷输送燃油(反之亦然);当需要用 JP-5 燃油作为锅炉燃油时,需向应急油舱(配有此类应急油舱的航母上)内加注燃油。还可以利用该系统,接收来自独立抽油总管的 JP-5 燃油,导引接收到的 JP-5 燃油进入一个预先选择的储油舱,并利用清舱泵放油集管合并 JP-5 燃油,并通过导引使其进入相应的储油罐。此外,在利用日用油泵通过交错连接的管道系统卸载 JP-5 燃油的过程中,也用到了燃油加注和输送系统。

1. 燃油加注系统

加注系统包括从主甲板加注接头至储油舱加注和抽取尾管之间的所有管道、阀门和相关设备。

主甲板加注接头提供了一种途径,使得补给加油软管能够连接到舰上,同时控制着接收到的 JP-5 燃油的质量和数量。补给舷台位于主甲板的右舷侧、机库甲板的外侧,或位于飞机升降机坡道的凹穴内。加注接头的数量取决于舰型和舰级。航母在左舷侧有另外的燃油补给加注接头,这样当航母停泊在码头上时,也可以通过驳船加注燃油,如图 2.5 所示。

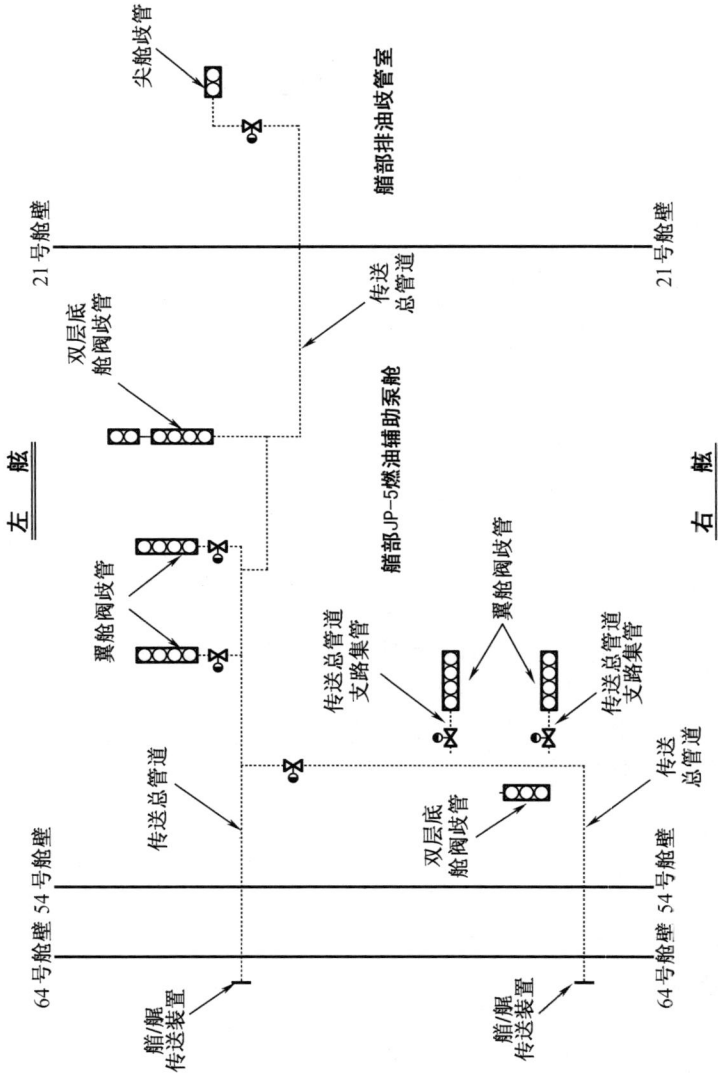

图 2.1 JP-5燃油加注和输送系统（一）

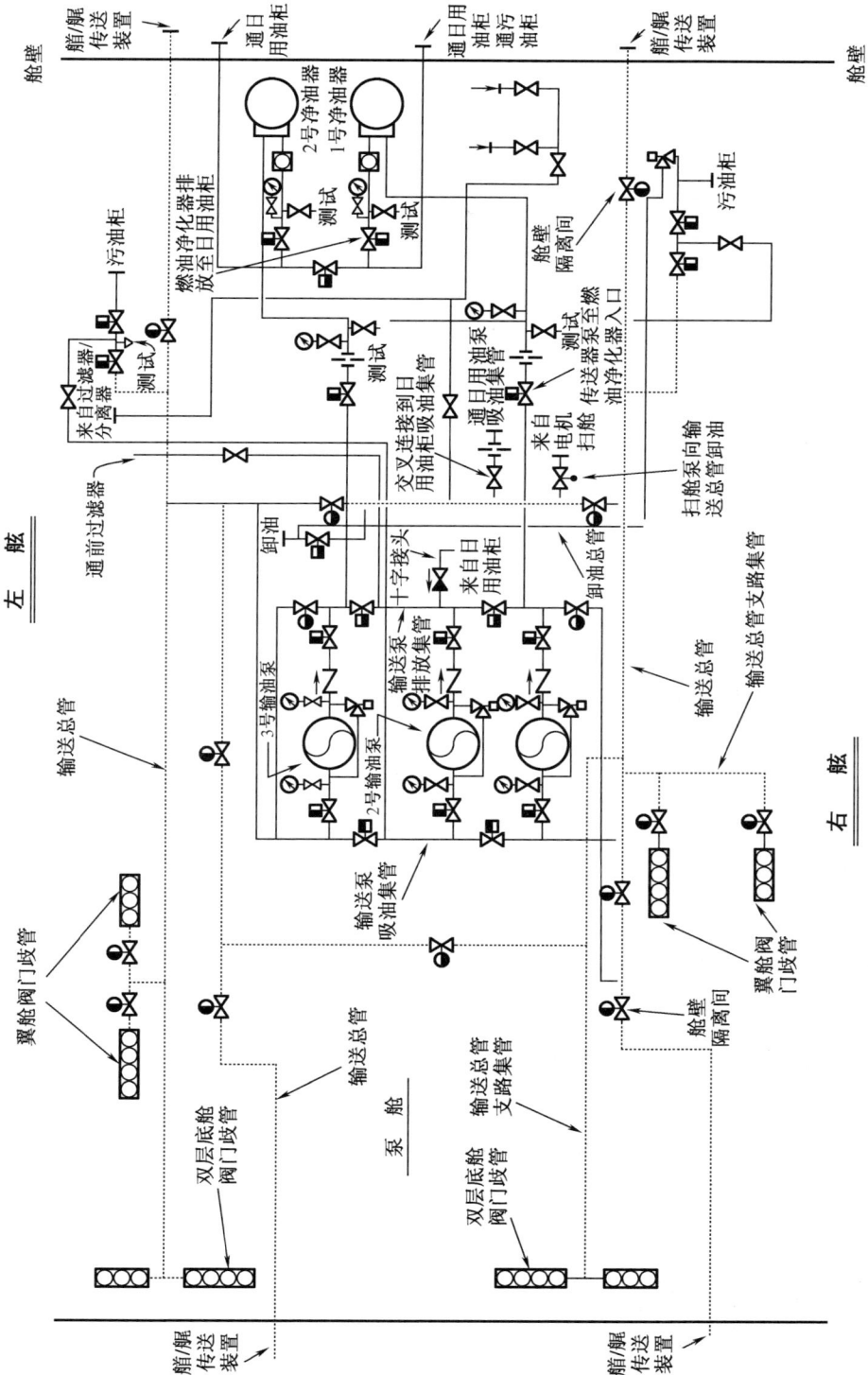

图 2.2　JP-5 燃油加注和输送系统（二）

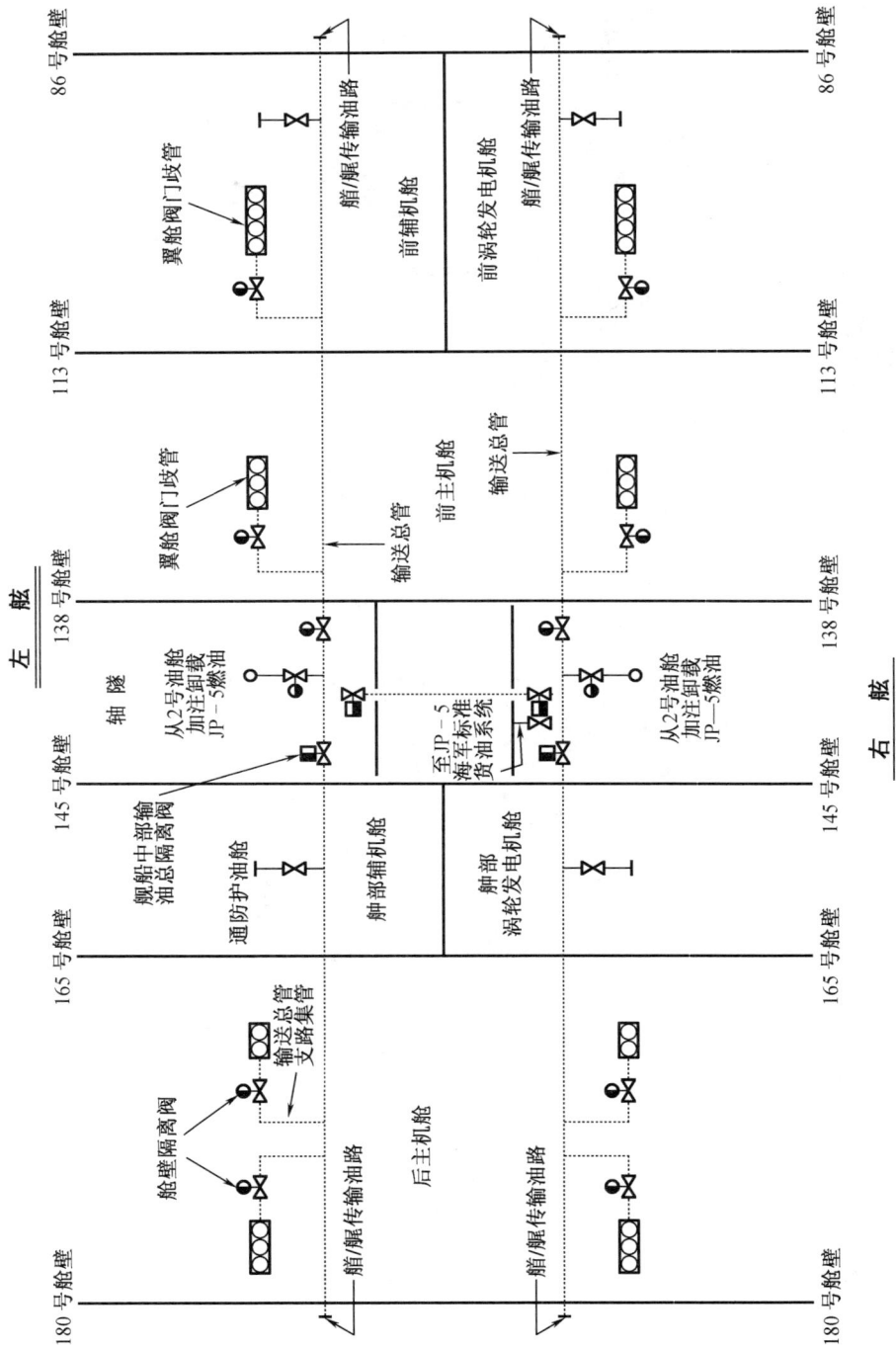

图 2.3 JP-5燃油加注和输送系统（三）

左 舷

右 舷

86 号舱壁
113 号舱壁
138 号舱壁
145 号舱壁
165 号舱壁
180 号舱壁

翼舱阀门歧管
艏/艉传输油路
前辅机舱
前涡轮发电机舱

翼舱阀门歧管
前主机舱
输送总管

轴 隧
从2号油舱加注卸载JP-5燃油
舰船中部输油总管隔离阀
通防护油舱
艉部辅机舱
艉部涡轮发电机舱
至JP-5海军标准货油系统
从2号油舱加注卸载JP-5燃油

舱壁隔离阀
输送总管支路集管
后主机舱
艏/艉传输油路

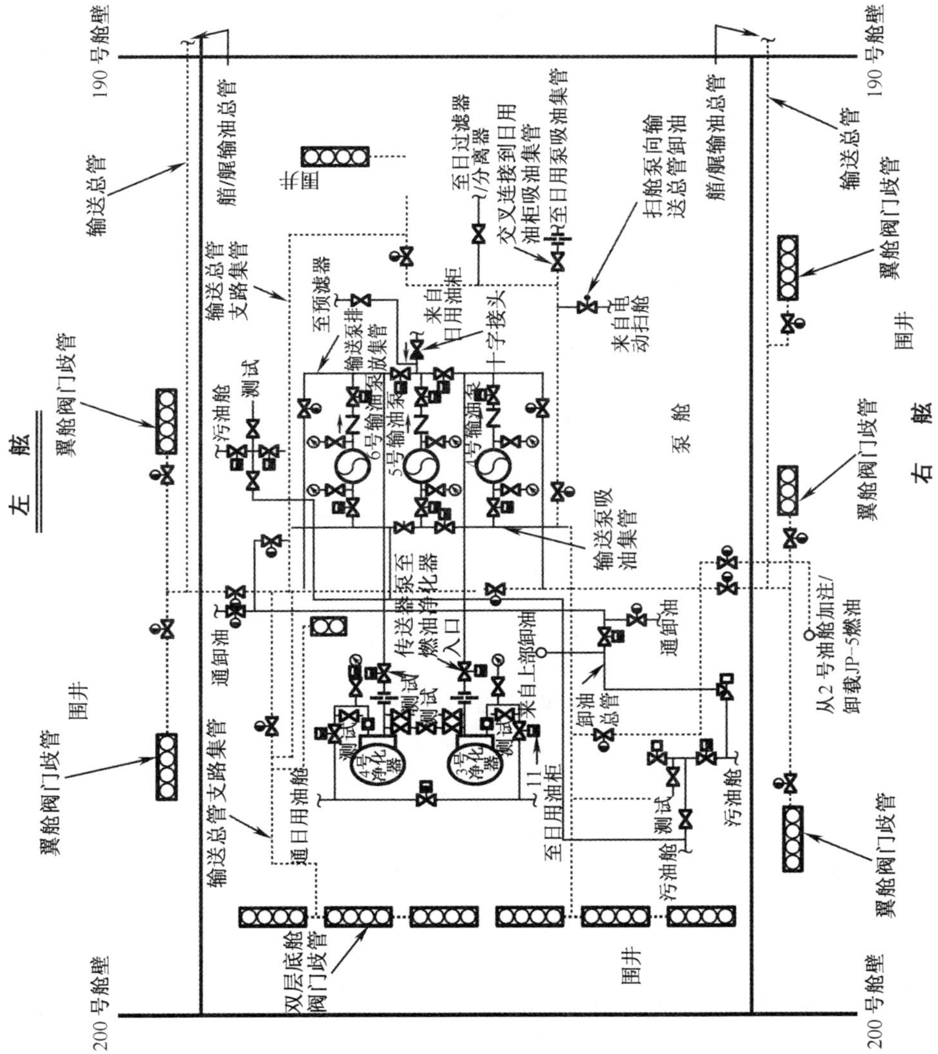

图 2.4　JP-5 燃油加注和输送系统（四）

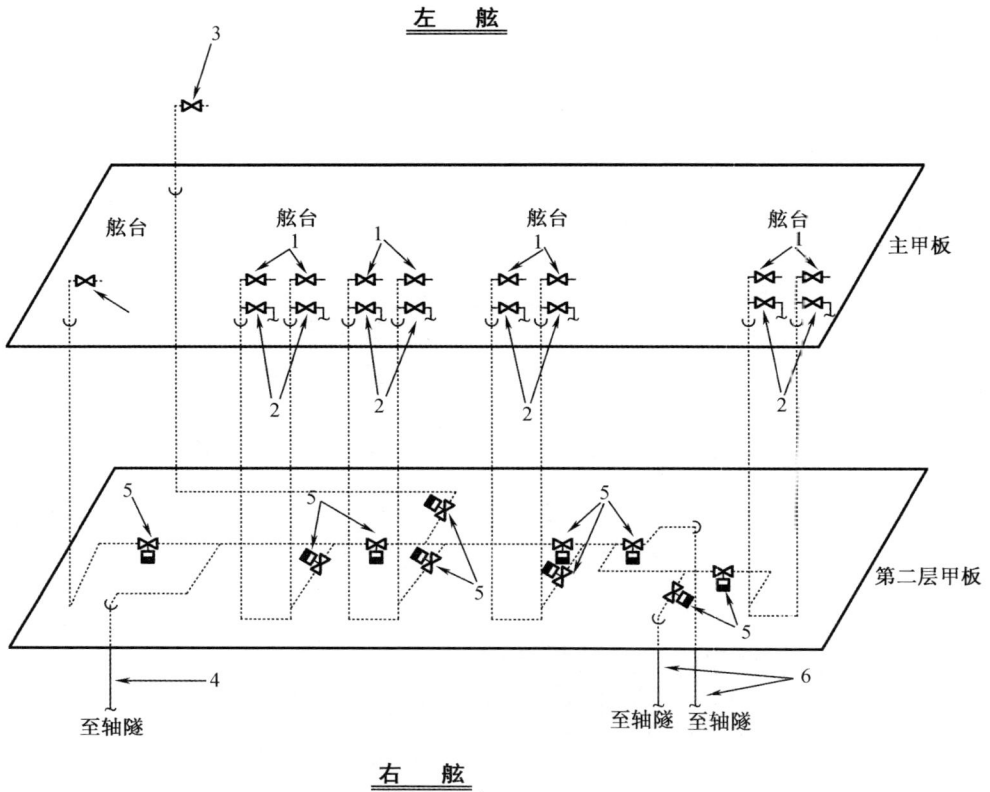

图 2.5　JP－5 燃油舷台/输送系统

1—补给油软管接头;2—冲洗管路截止阀;3—左舷侧舷台接头;4—至舰泵舱导管;
5—第二层甲板主隔阀;6—至右和左舷舰中部轴隧导管

　　在右舷燃油加注接头处,装有一个燃油探头支架[图 2.6(a)],用于航行过程中的燃油补给。燃油探头支架由加油探头和探头接收器组成。由旋转接头为探头接收器提供支撑。由一个钢丝加固的橡胶软管将接收器与加注接点连接起来。

　　根据不同级别的航母要求,补给加油舷台也可以装配双探头支架[图 2.6(b)]。双探头结构中的每根管子和探头组件都与单探头结构中的管子和探头组件完全一致,并且能够互换。双探头结构及其托架组件由一个小车车厢与两个管子和探测器组件组成。双燃油探头组件能够有效地缩短在油轮上花费的时间,并且能够加速遇有危险情况的海上补给加油进度。小车悬挂在导线臂上,而施加在导线臂上的应力,对于双探头安全地就位进入双探头接收器至关重要。另外,海况也是影响燃油探头就位的因素之一。例如,有船只在附近航行以及航母之间传输燃油的质量和体积较大,有时候会导致燃油探头无法就位。因此需配备一个特别卷帆索,使补助索(或引导缆)与探头接收器一起复位(或引导探头)。

吊运滑轮车架　导拉索接耳　星形导拉索

探头

绝缘套锁　闭锁机构

导拉回收索吊钩　专用引索夹板　脱开手柄　受油器

导拉回收索

(a)

机座组件　弹性连接件

回转接头　跨索端连接件　吊运滑轮车架组

速脱钩　脱开手柄　跨索

导拉索导向滑轮

接收器软管
(至燃油软管)　探头接受器　探头　锁闭装置　加强索

导拉索

(b)

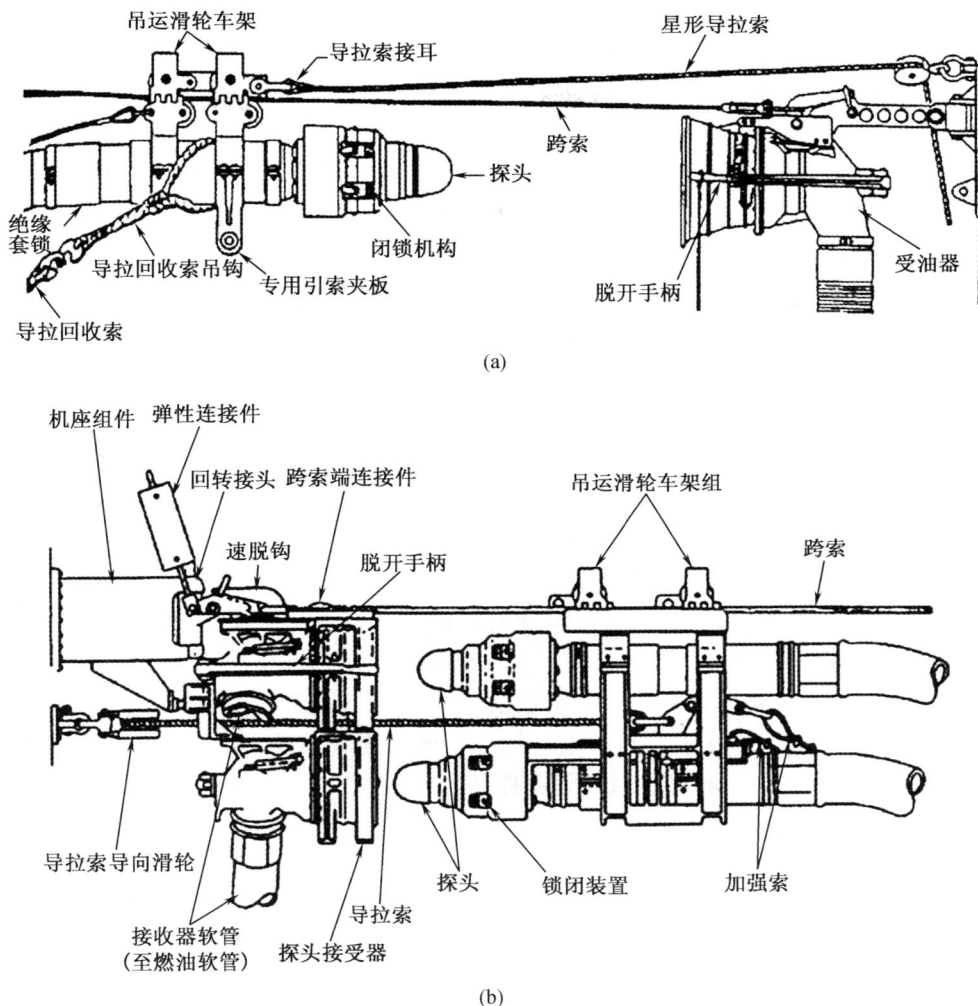

图 2.6　燃油补给装置

(a) 单一探头; (b) 双探头

关于特定航母上安装的设备、使用的工具以及对补充加油人员的要求等,请查阅《舰船的组织和规章手册》以及《海上手册的补充——NWP 4—01.4》。

左舷燃油加注接点通过法兰,将驳船的补充加油软管与舷台上的接收接点拴在一起。加注接点从一个 90 度的肘部阀和截止阀开始。在某些航母和两栖型航母上,冲洗管线安装在加注接点截止阀外侧,它的作用是冲洗软管,同时接收航行补给操作中的初始燃油流量。冲洗管线引导燃油流进入回收系统,并通过抽油总管进入污染燃油储油罐中。加注点装配如下:

①样品接点,用于检验接收的燃油质量;

②压力表,用于确定补充加油源的放油压力;

③低压空气接点,用于将软管内的 JP-5 燃油吹回补充加油源。

此段管道中的降液管指的是连接主甲板舷台加注接点与第二甲板和第七甲板上输送总管的那部分管道。

从图 2.1~图 2.5 中可知舷台和第二甲板输送总管接点是如何与第七甲板加注和输送总管连接的。输送总管通过舱底从船头行至船尾,恰好位于第七甲板下。通用型航空母舰/核动力航空母舰有一个双重输送总管,在左舷和右舷侧均从船头行至船尾,形成了输送总管的一个"封闭回路"。输送总管与航母船头及船尾配载的储罐组以及航母上配载的应急油罐组(在装配了应急油罐的航母上)互相连接。

输送总管还被连接到输送和扫舱泵的独立抽油总管与放油集管上。

净化器和回收过滤器的进气管道连接到驳油泵的排放集管上。截止阀安装在输送总管的各关键位置点上(主要是前后舱壁)。这些阀门的作用是在有安全保障的情况下隔离系统,以及在各种输送和加注操作中控制 JP-5 燃油的流量。

输送总管的最前端和最后端与输送总管支路集管相连。输送总管支路集管从输送总管向外延伸,并与储油罐输送总管歧管相连。一般情况下,在船头和船尾的储油罐组中,每个储油罐组只有两个支路集管,一个位于左舷一个位于右舷。但是,在装配有双底舱和尖舱的航母上,需要额外的支路。

歧管位于输送总管集管与储油罐加注和吸油尾管之间。所有歧管阀门都标有"X 射线(圆形 X-ray)损坏管制"字样,因此不用时必须关闭。

2. 输送系统

这里讨论的输送系统是通用型航空母舰/核动力航空母舰的一个装置,在每个泵舱内有三个驳油泵和两个离心净化器。而三个驳油泵共用一个吸油集管,吸油集管则直接与左舷和右舷输送总管支路集管相连。安装在吸油集管上的两个阀门,一个在左舷一个在右舷,使得驳油泵能够分别从左舷或者右舷的储油舱单独吸油,或者从左舷和右舷同时吸油。三个驳油泵的进油管线将共用吸油集管与泵的吸油侧连接起来。每个吸油管路包括一个入口阀门和真空压力计。驳油泵向共用的放油集管排油。每个泵的放油管线都包括一个检测接点、压力表、单向止回阀和一个放油阀。两个截止阀安装在放油集管上(其中一个位于泵放油管路之间),使两个净化器能够利用三个驳油泵中的任意两个同时工作。举例来讲,当 1 号泵与 1 号净化器组合工作时,既可以用 2 号泵又可以用 3 号泵来与 2 号净化器形成组合;当 3 号泵与 2 号净化器组合时,既可以用 1 号泵又可以用 2 号泵来与 1 号净化器形成组合。严禁将多台驳油泵连接到一台净化器上。这种阀门布置可以使两个独立的输送作业同时开展。举例来讲,如果 1 号泵与 1 号净化器配对作业,将日用油柜加满,那么可以利用 2 号泵和 3 号泵来从舰船首部向舰船尾部输送

JP－5 燃油,或者开展燃油回收等作业;当 3 号泵与 2 号净化器配对作业时,1 号泵和 2 号泵也是同样的情况。具体操作指南和正确的阀门布置方式,请查阅航空燃油操作流程系统。

驳油泵的共用吸油和放油集管与加油泵的吸油和放油集管是相互连接的。按照这种布置方式,加油泵可以发挥驳油泵的作用(通常情况下,用于卸载 JP－5 燃油)。因为驳油泵的(静态)扬程不足而且泵送能力较低,通常情况下不用它们向航母上输送 JP－5 燃油。相应的吸油集管和放油集管之间通过双环法兰或者盲板阀门(空侧)以及截至/隔离阀(锁关闭)交叉连接。

2.1.2　回收系统

回收系统(图 2.7)的功能是回收软管冲洗作业中收到的 JP－5 燃油、油罐扫舱作业中收到的 JP－5 燃油以及海上加油作业的燃油初始流。允许在上述操作过程中接收的水和沉积物,在已污染沉淀池内沉降析出。由指定的驳油泵抽走的 JP－5 燃油,通过回收预置过滤器/分离器放出,放入预定的 JP－5 燃油储油罐内。在这个操作中清除掉的水则被引入净化器排水槽。应始终遵循航空燃油操作排序系统(AFOSS),按照正确的操作流程进行操作。

2.1.3　清(扫)舱系统

每个 JP－5 泵舱内都有两个独立的扫舱系统。其中一个系统使用电动泵,且与所有 JP－5 燃油舱(储油舱和日用燃油柜)都是相互连接的。另外一个系统使用手动扫舱泵,并且只与日用油柜扫舱歧管相连。

在一些通用型航空母舰/核动力航空母舰上,手动扫舱泵已经被淘汰掉了,目前只用一个为日用油柜扫舱作业专门设计的电动扫舱泵。在储油舱和日用油柜之间,只安装了一个双环法兰和/或一个锁闭双阀隔离器,通过它们来隔离储油舱和日用油柜之间的扫舱作业。

2.1.4　电动清舱系统

电动清舱系统(图 2.8 ~ 图 2.10)由两个低容量泵组、歧管、相关管道和阀门组成。按照设计,电动清舱系统将执行下列功能:

①从 JP－5 燃油舱底部,清除沉淀下来的水和固体(正常的清舱操作过程中);

②当驳油泵失去吸力后(合并燃油时或者压载储油罐之前),将储油罐内的剩余燃油消除;

③通过主要排水喷射器(储油舱清理或者储油舱压舱作业完成后),清除掉储油舱内剩余的海水;

④清除日用油柜(清理作业前,或者用于卸载)内剩余的 JP－5 燃油;

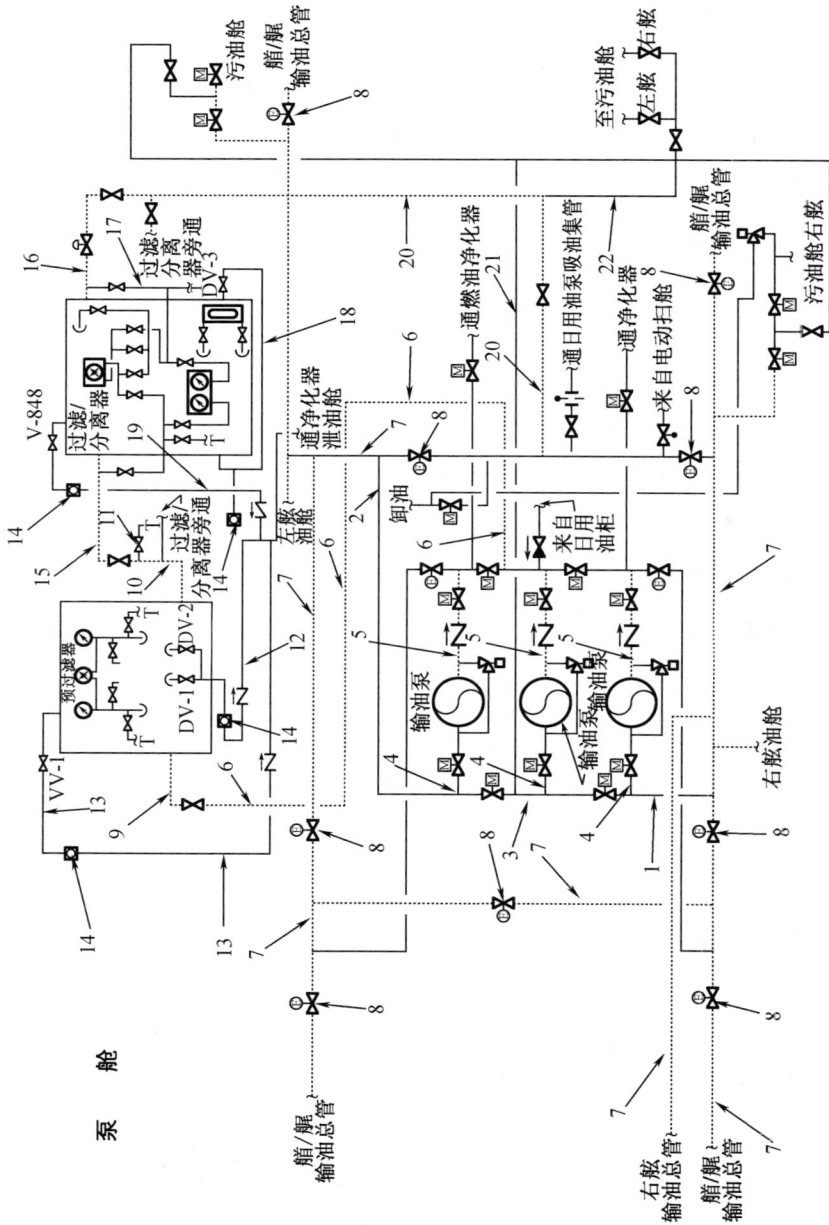

图 2.7 回收系统

1—从右舷侧艏/艉储油舱组回收吸油；2—从左舷侧艏/艉储油舱组回收吸油；3—回收系统的吸油集管；4—回收油泵入口管路；5—回收油泵排口管路；6—输油总管放油管路；7—输油总管；8—输油总管隔离阀；9—预过滤器入口管路；10—预过滤器出口管路；11—预过滤器取样管路；12—预过滤器到过滤器管路；13—预过滤器排油管路；14—牛眼观察窗；15—回收过滤器入口管路；16—回收过滤器出口管路；17—回收过滤器取样管路；18—回收过滤器通气管路；19—回收过滤器排油管路；20—回收系统排油管路；21—从污油舱吸油管路；22—回收油排至污油舱管路

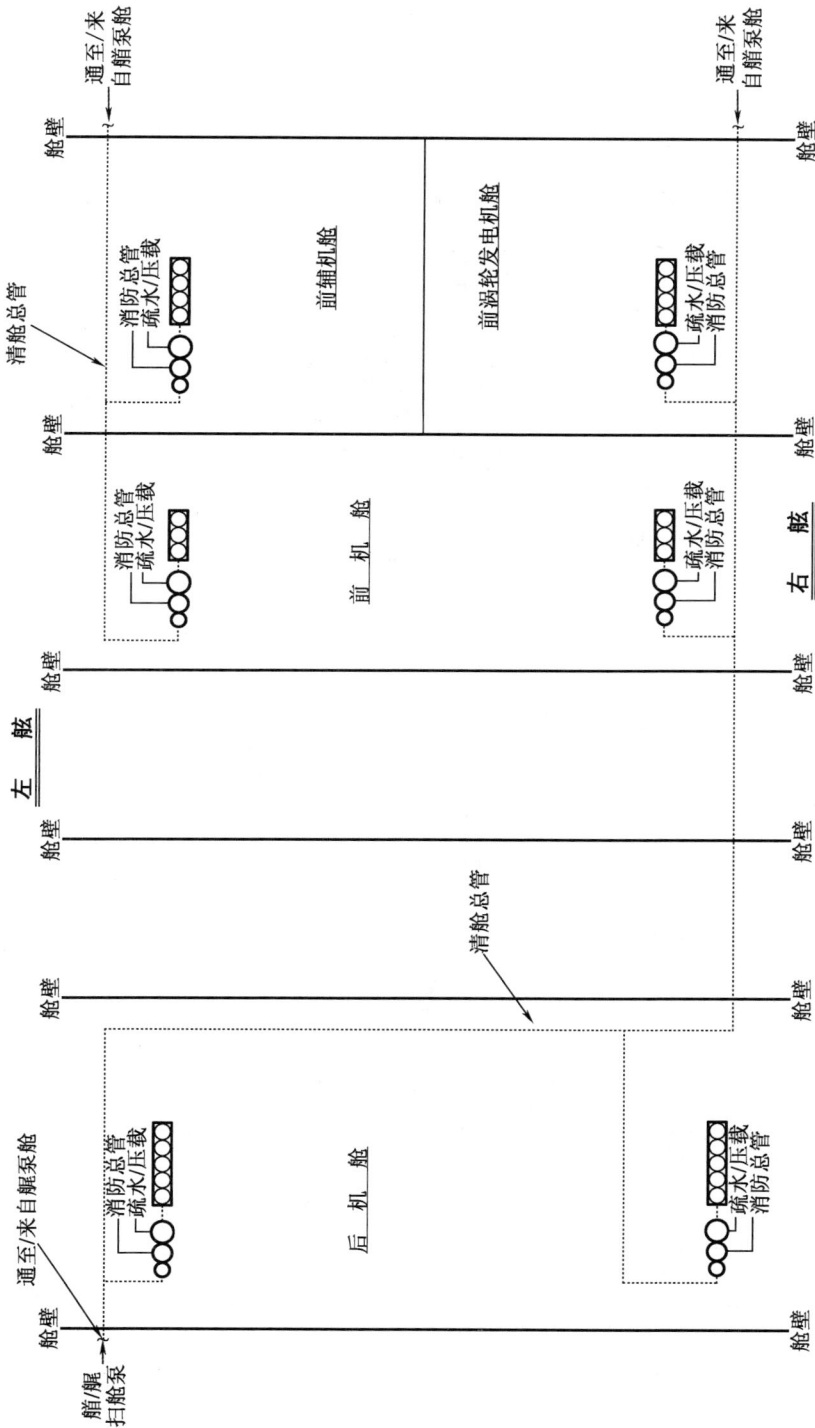

图2.8　艉部电动扫舱系统（一）

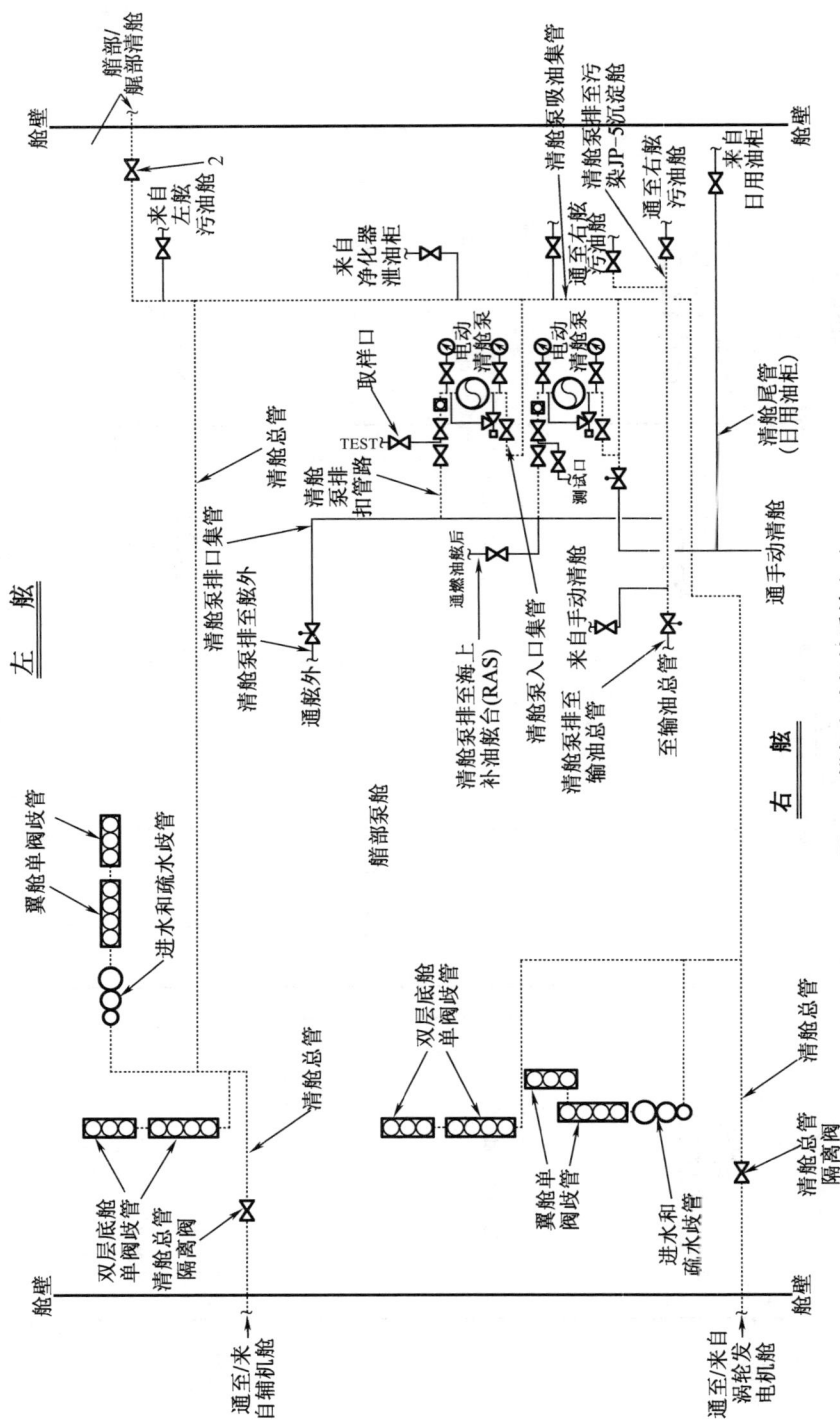

图2.9 艏部电动扫舱系统（二）

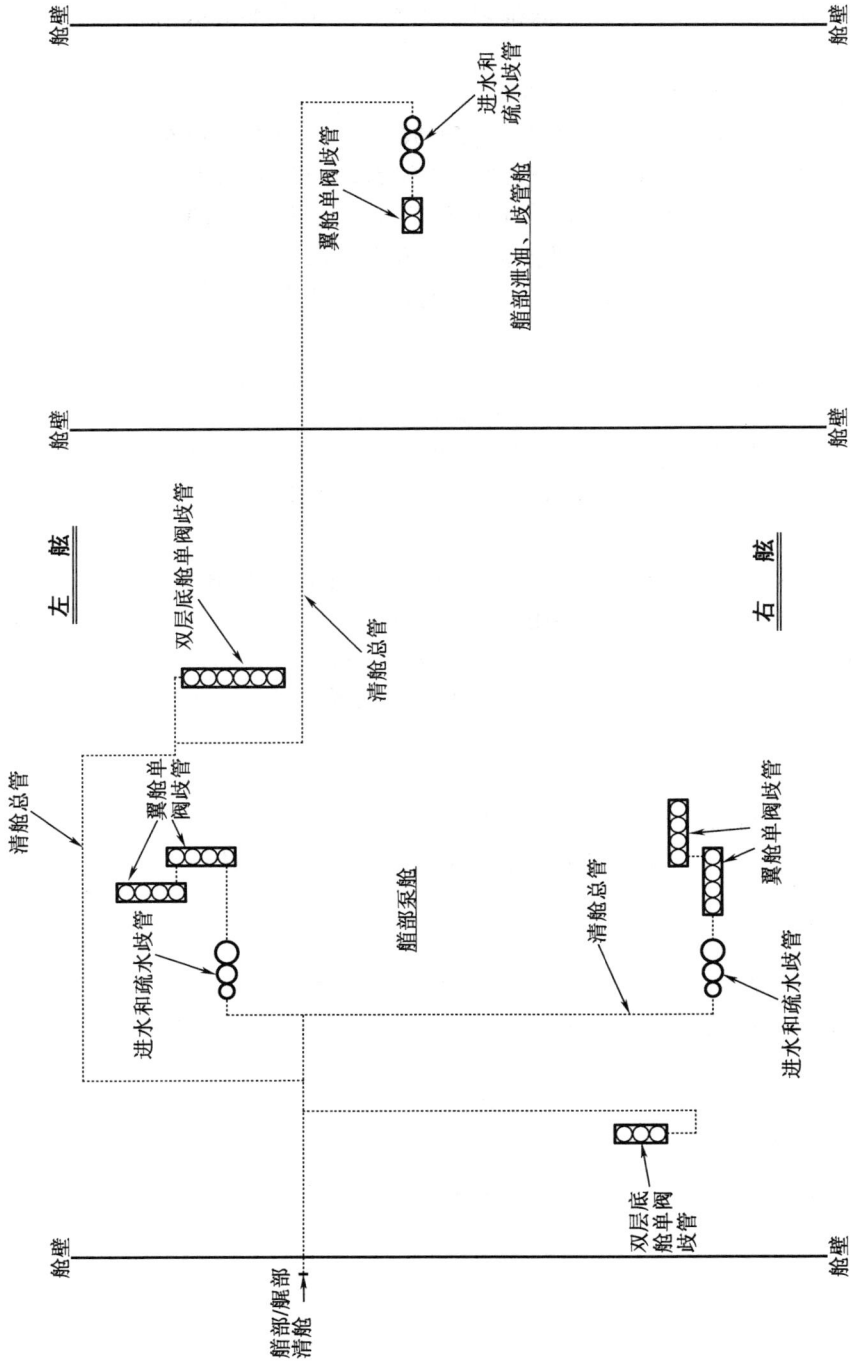

图 2.10　艏部电动扫舱系统（三）

⑤清除 JP-5 储油罐内(清理作业完成后)的洗涤用水;

⑥清除净化器贮槽内的水。

储油舱清舱尾管从储油舱底部以上 1.5 英寸位置伸出来,伸至单阀清舱歧管处。

在清舱系统中安装了两种类型的歧管。一种是单阀清舱歧管,所有 JP-5 储油舱上都装有这种歧管。另一种是防溢和放油歧管,这类歧管安装在指定待压舱的 JP-5 储油舱上。防溢和放油歧管连同单阀歧管和清舱泵位于清舱系统内。

清舱总管与该组中所有储油罐的歧管相互连接,该组储油罐共用一根清舱泵吸油集管。一般来讲,有两根清舱总管,一根在左舷一根在右舷。对于装配有深中心线、双底舱和尖舱的航母来讲,需要有额外的管路才能完成这些储油罐的扫舱作业。

日用油舱的清舱尾管从距离舱底 1.5 英寸的位置伸出,与电动机驱动的清舱泵的吸油集管直接相连。这些管线上都安装了截止阀。

清舱泵的管路设置是从共用吸油集管内吸入燃油,并将吸入的燃油泄放到共用的放油集管内。在吸油集管内有两个截止阀,它们使两个清舱泵能够分别或者同时从左舷或者右舷的储油舱内吸入燃油。

扫舱泵的进油管路包括一个吸油阀、一个真空压力计,在某些舰上,还有一个 40 目①的篮式过滤网。放油管路包括一个由阀门控制的样品接点、一个压力表、一个放油阀和一个单向截止阀。扫舱得到的液体,可以从放油集管导引进入已污染 JP-5 燃油沉淀池,或者在合并载油量的情况下,导引进入输送总管中。

2.1.5 手动清舱系统

下面我们将讨论手动清舱系统,因为某些舰船仍在使用这种系统。但未来,这种系统将被淘汰,当舰船轮换进行大修时,手动清舱系统将由马达驱动清舱泵替代。

虽然手动清舱系统的现有管道系统将继续保留;但是泵将由电动机驱动的正排量旋片泵取而代之。这与前面讨论的电机驱动清舱系统使用的泵相似。

手动清舱系统(图 2.11)是专门为 JP-5 日用燃油舱提供的,它的作用是清除储油舱底部的水和固体。

手动清舱系统的尾管从距离日用油舱底部 0.75 英寸的位置伸出,与日用油舱顶部的截止阀相连。泵舱内每个日用油舱的所有管线都组合在一起,并与手动清舱泵的吸油侧直接连接。放油管线包括靶心窥镜、样品接点、单向截止阀和放油截止阀。扫舱放油管线伸入沉淀舱或者输送总管中。

---

① "目"表示每平方英寸面积上的网瓦数,40 目即指每平方英寸上有 40×40 个网孔。

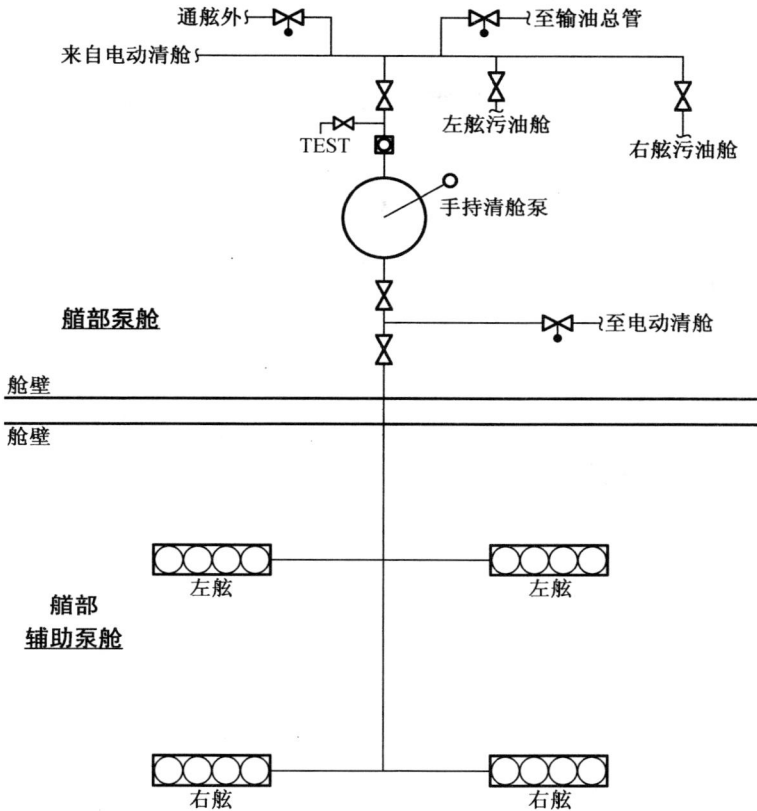

图 2.11   船头手动清舱系统

2.1.6   日用系统

日用系统(图 2.12 和图 2.13)包括所有管道、阀门和相关设备,能够从第八层甲板的日用油柜向飞行甲板和机库甲板上的飞机交付干净、透明的 JP−5 燃油。

日用系统因为能够被隔离成四个独立的分区,所以其在所有航母的布局都基本相同。但是,实际的管道、阀门和相关设备必定会因航母不同而有所不同。

泵舱内的日用系统管道(图 2.12)从日用油柜吸油尾管开始。这些管线从距离燃油舱底部 24 英寸的位置伸出,伸至加油泵共用吸油集管处。此外,每根管线都安装有一个截止阀,以便在不用时将燃油罐与系统隔离开。

一组三通阀可以将日用油泵共用吸油集管一分为二,切分为左舷吸油集管和右舷吸油集管。在正常操作过程中,这些交叉阀都是打开的,便于将任意日用油泵与任意供油舱配对使用。此外,在这些阀门之间,驳油泵吸油集管交叉连接,截止阀与日用油泵吸油集管相互连接,驳油泵吸油集管上装配有双环法兰或者线路盲板阀。只有当通过日用油泵卸载 JP−5 燃油时才打开交叉连接。

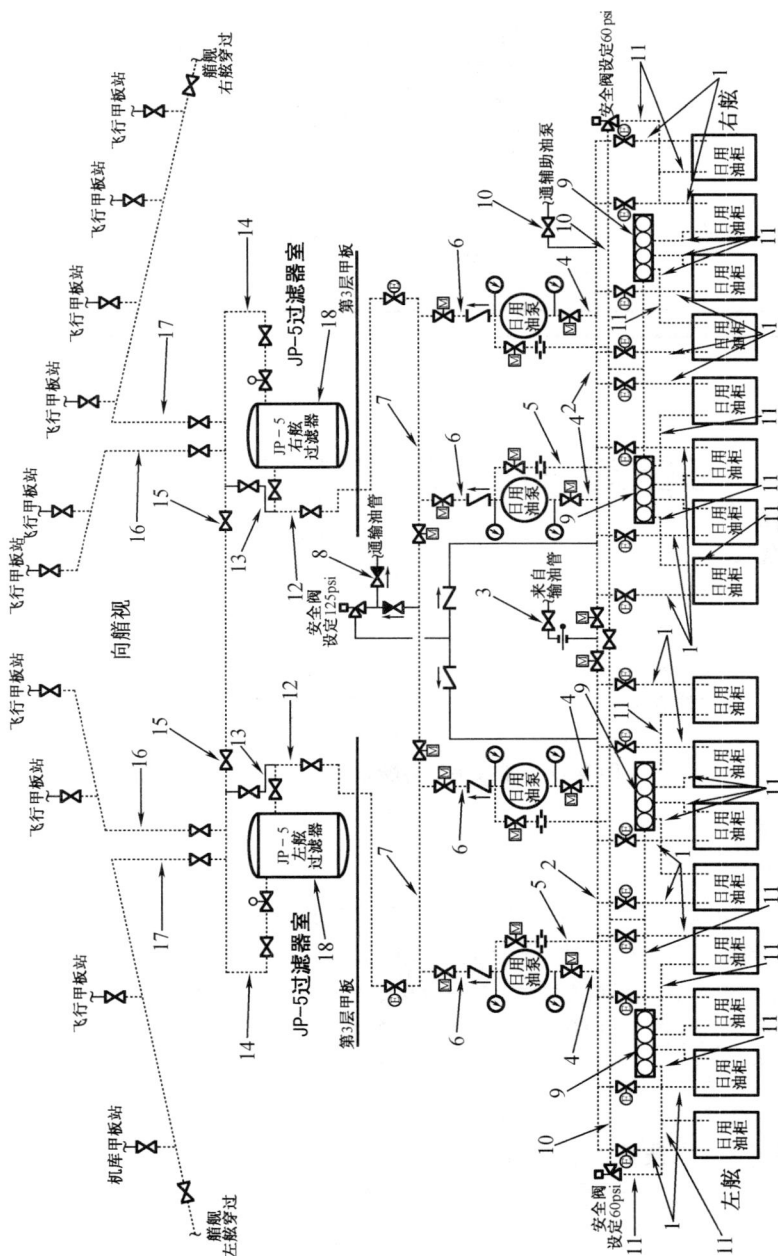

图2.12 船头JP-5燃油日用系统

1—日用油柜吸油尾管；2—日用油泵通用吸油机关；3—交叉连接到输油泵吸油集管；4—日用泵入口管路；5—日用泵再循环管路；6—日用泵排放管路；7—日用泵通用排放油集管；8—交叉连接到输油泵排放管；9—日用油柜再循环油收管；10—再循环管路；11—日用油柜再循环管路；12—过滤器入口管路；13—过滤器旁通管路；14—过滤器再循环支管；15—左舷与右舷过滤器十字接头；16—过滤器艏部支管；17—过滤器艉部支管；18—日用过滤器

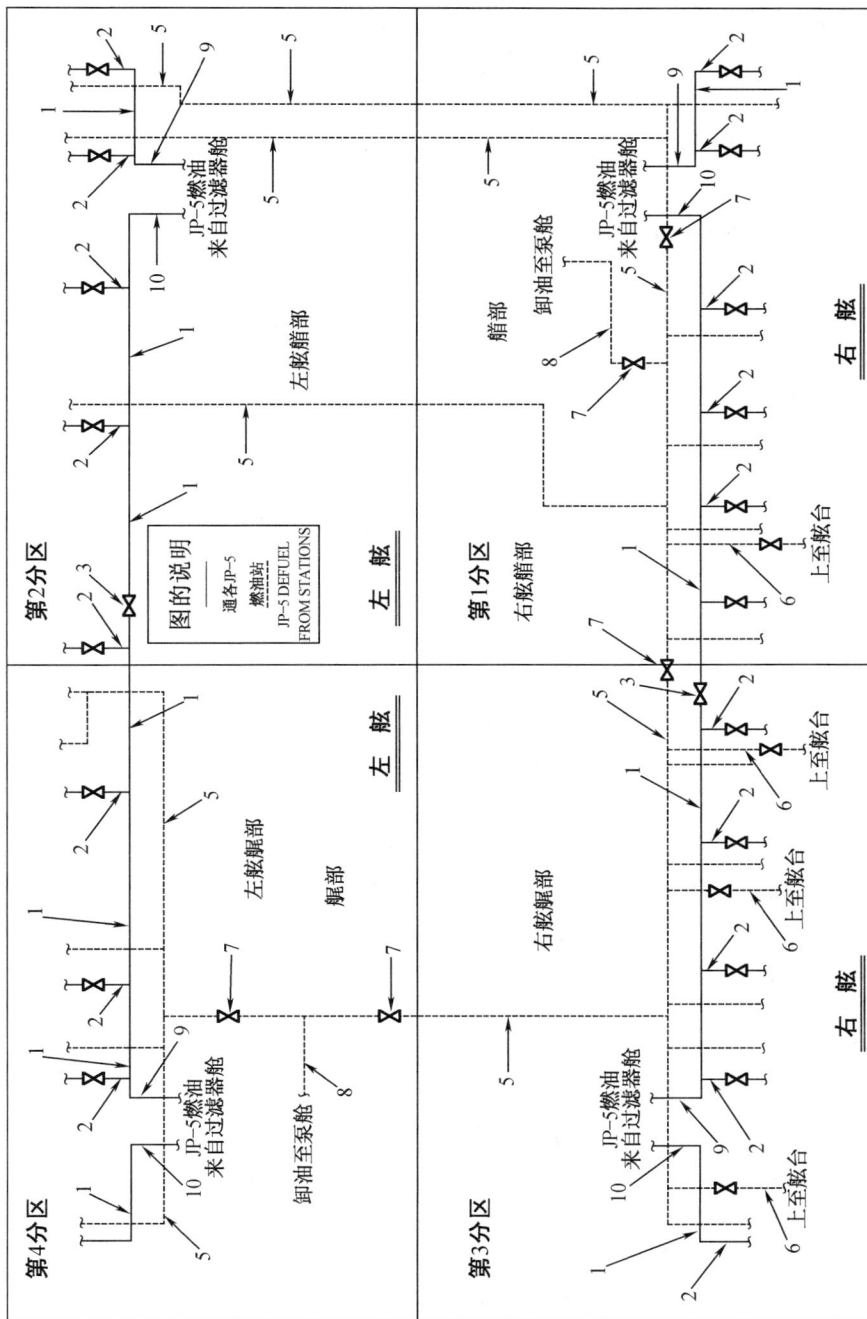

图2.13　加油/卸油系统

1—日用燃油管路；2—日用燃油立管通至再加油站；3—左舷侧艏/艉部交叉连接；4—右舷侧艏/艉交叉连接；5—抽油管线；6—从补充加油加油舷台抽油；7—抽油油隔离阀；8—连接至泵舱的油舷峰液管；9—船头过滤器支撑筋；10—船尾过滤器支撑筋

日用油泵通过油泵的进油管路与吸油集管连接。这个管路包括一个进油阀、一个真空压力表和压力限位开关切断阀。连接着泵与共用放油集管的放油管路包括一根再循环管路、压力表、单向截止阀和一个放油阀。

压力限位开关或者压力控制开关（图2.14）的安装位置靠近控制器（位于核动力航母的控制台室），通过感知油泵的放油压力控制油泵。当压力为10磅/平方英寸时，开关会关闭发动机控制电路，当压力为180磅/平方英寸时，开关会打开电路。如果加油泵不能在3分钟内维持吸油动作，那么将按照校准程序关闭油泵。

由压力驱动的波纹管件可以操纵开关装置。在触头上有一个永磁铁，它能起到预防过度放电的作用。压力控制元件致使压力开关关闭，并在压力介于10～180磅/平方英寸时，打开压力开关。关于如何调整压力控制开关，请查阅相关的加油泵技术手册。

在循环管路有一个节流孔，它能够再循环油泵容量的5%左右，使再循环燃油返回到吸油操作开始的地方——日用油柜中。在待机状态下，再循环燃油通过泵壳使油泵保持冷却。当系统加压（泵运行），却没有燃油被抽到顶部时就属于这种情况。再循环管线（每个日用油泵都有一条）在再循环集管处汇聚终止。反之，集管与每个日用油柜的再循环管路相连。这些管线都装有截止阀，在距柜底18英寸的位置横向终止。在再循环管路顶部，有很多等间距的1英寸的孔，这样JP-5燃油就能够再循环回到油柜内，而不会对油柜内的燃油造成干扰。

当完成系统设置准备运行时，再循环集管必须连接到日用油柜上，吸油操作在日用油柜中进行。而且，当变更日用油柜时，也必须变更再循环集管。

日用油泵一共四个，它们共用一根日用油泵放油集管。与吸油集管的情形一样，一组交换阀将吸油集管一分为二，分为左舷集管和右舷集管。与驳油泵放油集管的连接属于交叉连接，可向日用管道回油，以便维护日用管道。

分配立管从加油泵共用的放油集管（位于第七甲板）上伸出，直接伸入到过滤舱内（位于第三甲板上）。JP-5燃油通过进油管道进入到值勤过滤器中，并通过放油管线离开过滤器，放油管线与清洁室及自动切断阀相连。进油管线和放油管线上都安装了截止阀。

过滤器还配有一根旁通管线，旁通管线上装有截止阀（锁闭）。旁通管线介于过滤器进油管线和放油管线之间，主要作用是向分配管道回油，以便进行维护。

当分配管道离开值勤过滤器的放油侧时，它一分为二成为两部分（通常称为"两条腿"，且每条腿都伸出舷外）。其中一条腿向船头行进，为该象限内船头部分的所有加油站送燃油。另一条腿向船尾行进，为该象限内船尾部分的所有加油站送燃油。

通过一组交叉阀门，将船头象限的船尾腿以及船尾象限的船头腿连接起来。此外，交叉阀门连接着左舷和右舷象限。在正确布局的情况下，可以从两个泵舱内的任意加油泵，向飞行甲板或者机库甲板上的任意加油站泵送燃油。

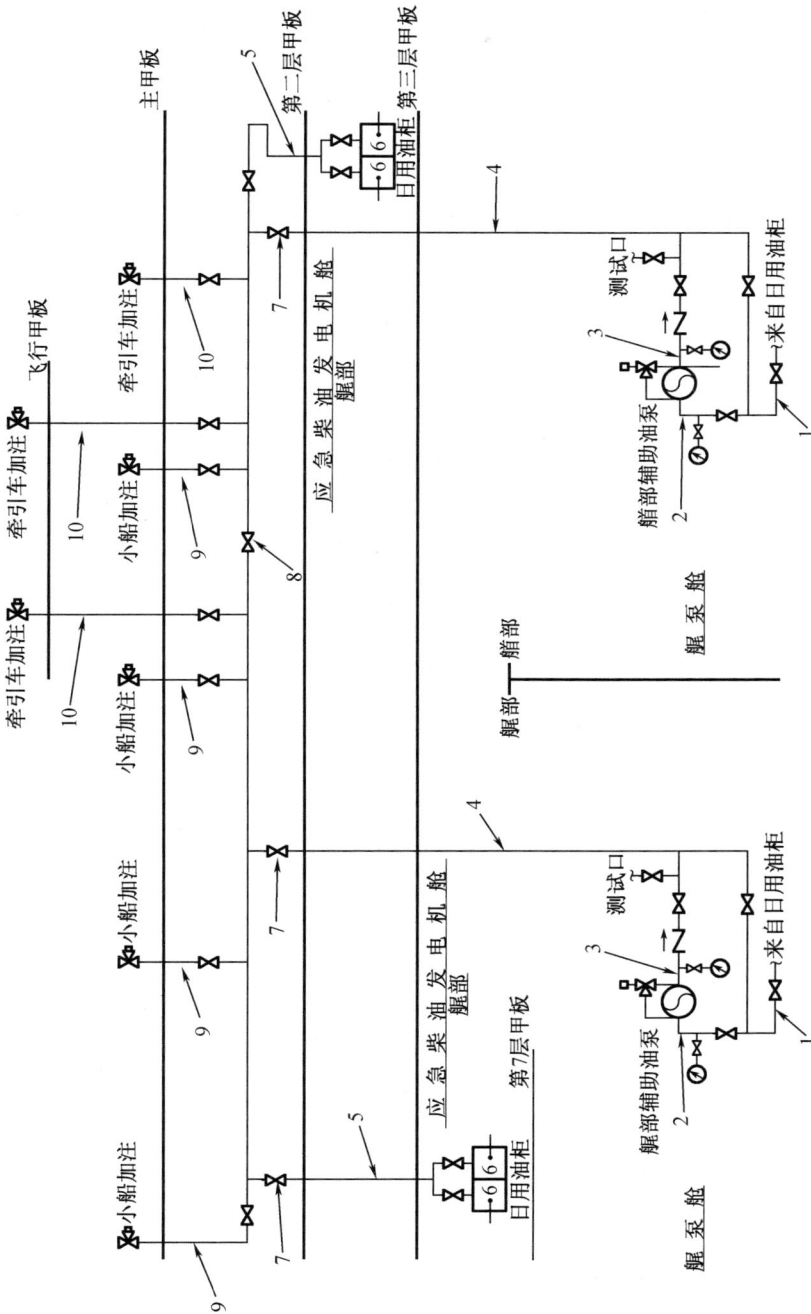

图 2.14 JP-5燃油辅助系统

1—日用油柜吸油集管管线；2—辅助泵进油管线；3—辅助泵放油管路；4—连接至第二甲板的辅助立管；5—连接至应急柴油日用柜的辅助加注管路；6—应急柴油发电机日用油柜；7—辅助系统隔离阀；8—艏部/艉部辅助系统交叉连接；9—小船加注连接管路；10—牵引车加注连接管路

加油站的立管向上延伸,为机库甲板和飞行甲板上的加油站输送燃油。供油立管在供油站内分叉,进入各软管卷盘中。

隔离阀安装在整个分配管道的关键点上。在海上作业期间,这些阀门通常处于打开位置(DC 配件标有 X 射线标记)。但是,在紧急情况下或者出现损坏时,则需关闭相应阀门以便隔离特定部分。

2.1.7　喷气机检测系统

喷气发动机检测设备直接通过 JP-5 燃油值勤系统获得燃油供给。在飞行过程中,工作人员无法操作喷气发动机检测设备,因此,当有两项操作同时进行时,值勤系统为航班操作提供支持的能力将不能兼容。这种设置降低了值勤系统为飞机提供燃油的效率。

JP-5 燃油通过位于船尾的两个值勤过滤器中的一个,过滤器的流量是2 000加仑/分钟,经过值勤过滤器的作用,JP-5 燃油中可能存在的污染物,在被输送到检测台之前将被清除掉。使用船头系统的值勤过滤器,需要交叉连接第二甲板上的值勤系统总管。可参考相应航母的航空燃料操作排序系统,了解正确的布局和操作指南。

该系统向位于扇尾的喷气发动机检测设备提供 JP-5 燃油。这种方法属于喷气发动机运行过程中 AIMD(飞机中级维修部)检测和故障排除法。通过位于船尾两个值勤过滤器之间的交叉连接管线中的分配总管支路集管对该系统进行维修。其上安装了一个隔离阀,用于向喷气机检测台提供燃料。

分配总管支路集管安装的隔离阀,可用于将喷气发动机检测设施与值勤系统隔离开。还安装了一个电磁操作阀,在遇有紧急情况时,可以在喷气发动机控制室内手动操控这个电磁阀。在喷气发动机监控台的燃料供给集管上,还安装了一个电磁阀,用于加注燃料或者抽出燃料。遇有紧急情况时,可以在喷气发动机控制室内,手动操作该电磁操作阀,在监控台上同时完成紧急切断操作和抽油操作。

该系统位于扇尾,装配有压力调节阀(可拉伐)、压力表和监控台回油管线,这样就可以在各种流速下进行喷气发动机检测。从检测台连出的系统回油管与抽油总管连接。

请查阅相关航母的航空燃油操作排序系统(AFOSS),了解正确的操作流程以及正确的系统布局。一般来讲,由飞行甲板修理车间负责喷气机检测台的维护和材料保养。甲板下工作中心负责跟踪并按需输送 AIMD 喷气机车间需要的所有燃料。

2.1.8　JP-5 燃油辅助系统

JP-5 燃油辅助系统负责向应急柴油发电机组、辅助锅炉、小船加油站、作战车辆或支持设备加油站提供 JP-5 燃油。该系统独立于其他系统,通常由辅助泵、辅助总管和为各站提供燃料的支路组成。本系统还从 JP－5 加油泵吸油集管获得燃料供应。

2.1.9　思考题

（1）为了在航母上接收燃料，使用了哪种 JP－5 燃油加油系统？

（2）回收系统中有两种过滤器，分别是什么？

（3）在泵舱内有两个独立的清舱系统，哪个清舱系统的尾管从距离油罐底部 0.75 英寸的位置伸出？

（4）使用哪种 JP－5 燃油加注系统向飞机甲板和机库甲板上的飞机交付清洁明亮的 JP－5 燃油？

（5）什么时候将值勤系统的加油泵与输送系统的驳油泵吸油集管交叉连接？

（6）航空母舰油料员使用什么系统向 AIMD 的喷气机检测车间输送燃料，用于排除喷气式飞机的发动机故障？

（7）使用哪个 JP－5 燃油系统向柴油发电机、锅炉、小型快艇和牵引机供给燃料？

2.2　JP－5 燃油系统油泵

【学习目标】认识 JP－5 燃油甲板下加注系统中使用的各种类型的油泵。介绍它们的功能和操作原则。

本书 2.1 节讨论的是 JP－5 燃油加注子系统的典型布局，以及各个油泵、过滤器、截止阀、净化器和其他组件在子系统中的恰当位置。不过，虽然所有 JP－5 燃油加注系统都大同小异，但是各个系统的实际组成却不尽相同。

油泵这种机器能够从吸油口向自身吸入液体然后再通过放油口将液体排出。航空母舰油料员利用 JP－5 燃油甲板下系统中的各个油泵，在各油罐之间输送 JP－5 燃油，并将 JP－5 燃油提升至飞行甲板和机库甲板上的加油站中。

和其他机械一样，油泵也会出现磨损。为了使油泵始终达到初用或者接近初用时的效率并且使维护成本最小化，应进行定期检测，以此来确定油泵的输送能力。如果检测发现油泵的输送能力明显下降，很有可能表明其内部有磨损。此时应该按照预防性维护计划将油泵打开进行检测。

如果未及时采取纠正行动，当磨损部件完全失效后，会产生额外维修成本，而且会加长油泵的停机时间。我们应始终遵循制造商在相关技术手册中给出的说明，并将在此对各种油泵以及它们的功能进行讨论。

2.2.1　离心泵

因为构造比较简单，而且适用于多种操作条件，所以离心泵的用途非常广泛。

我们可以对离心泵进行修改,使它们可以在各种扬程运行,在各种正常温度下处理液体,并在适用于发动机和涡轮机的速度下运行。

这些离心泵的特点是,液体可以源源不断地从中流出,放油流量可以进行调节,而不会在油泵内形成过大的压力或致驱动单元超载。

JP-5燃油甲板下系统中最常见的离心泵厂家当属奥罗拉和卡弗。我们将以奥罗拉离心泵为例进行讨论。需要说明的是,由于JP-5燃油甲板下系统中还安装了其他类型的离心泵,所以应始终以技术手册为依据,来了解相应航母JP-5燃油甲板下系统中使用的油泵的细节信息。

在JP-5燃油甲板下系统中,离心泵的主要用途是当作加油泵使用。奥罗拉JP-5燃油加油泵(图2.15)是一个双吸单级离心泵。

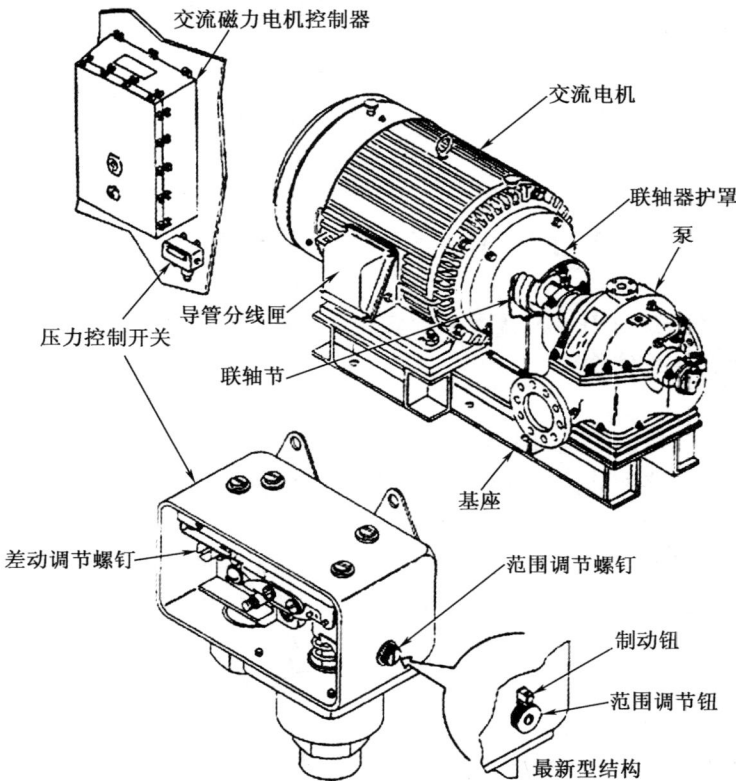

图2.15 奥罗拉 JP-5 燃油加油泵

1. 离心泵组成

按照设计,当压力为150磅/平方英寸时,离心泵输送燃油的速度是1 100加仑/分钟,吸程为20英尺。离心泵由拼合外壳、耐磨环和旋转组件组成。

（1）拼合外壳

离心泵外壳在轴中心线上（图 2.16）水平分割，一分为二。这样就可以轻松地将上半部分的外壳取下，便于进行检查和维修。该外壳划分为三个腔室，两个负责吸油，一个负责放油。上半部分外壳包括一个法兰，可将油泵与空气净化器阀连接。在上半部分外壳的中上部位，有两条外部密封线，它们的作用是向放油腔室内加注燃油，从而冷却机械密封件。下半部分外壳包括轴承座、一个吸油法兰和一个放油法兰，放油法兰连接着泵与管道系统。此外，在每个法兰的底部都有放油孔和放油塞，作用是为泵放油。

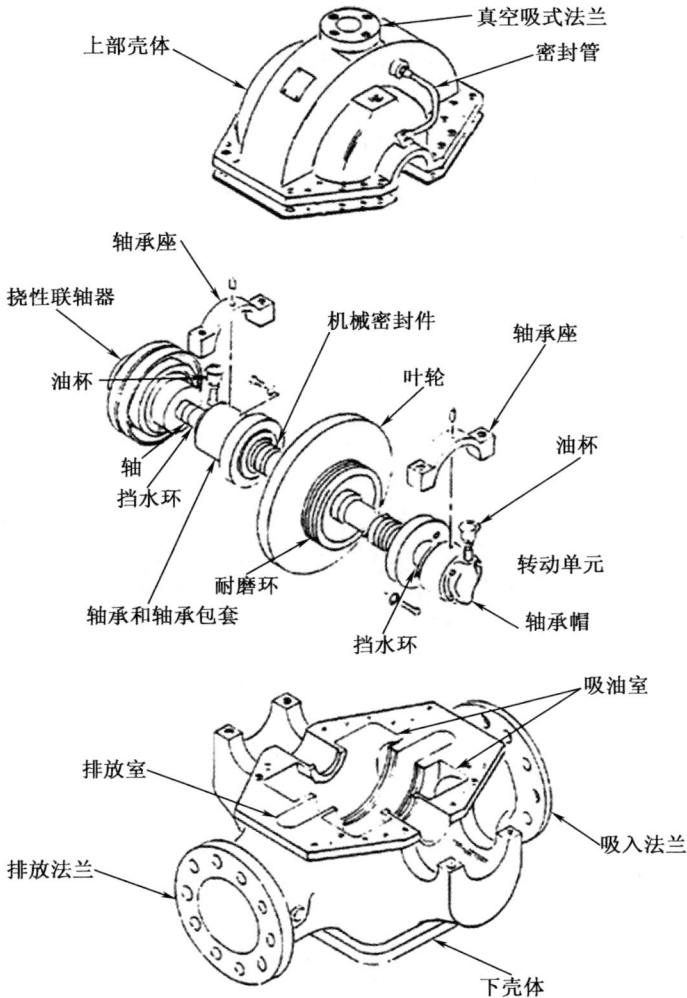

图 2.16　离心泵外壳

69

（2）耐磨环

在离心泵外壳中,安装了四种可替换型耐磨环(两个旋转的,两个固定的)。两个旋转的耐磨环安装在叶轮上,而两个固定的耐磨环则安装在泵壳内,介于吸油和放油腔室之间。固定的耐磨环通过齿轮拼合构造防止旋转。当离心泵装配完成时,旋转的耐磨环在固定耐磨环之内(请查阅相应的技术手册,了解固定耐磨环和旋转耐磨环之间的正确间隙)。

耐磨环有两个作用:①耐磨环本身的独特构造和精密度,能够使放油和吸油腔室之间的泄漏最小化;②留出叶轮和泵壳之间的磨损量。

通过离心泵的燃油,有从放油腔向吸油腔再循环的趋势。当燃油通过耐磨环之间的狭窄间隙时,叶轮的快速旋转会形成局部密封,从而使得放油腔室和吸油腔室之间的泄漏最小化。长时间使用后,受磨损的作用影响,耐磨环之间的间隙会慢慢增加,这种情况是由叶轮的快速旋转形成的摩擦以及通过耐磨环的燃油共同导致的。当间隙增加时,密封效果就会下降,致使离心泵的额定容量受损。

（3）旋转组件

旋转组件(图2.17)由一个叶轮和泵轴、轴套和螺母、滚珠轴承、机械密封件以及一个挠性联轴器组成。

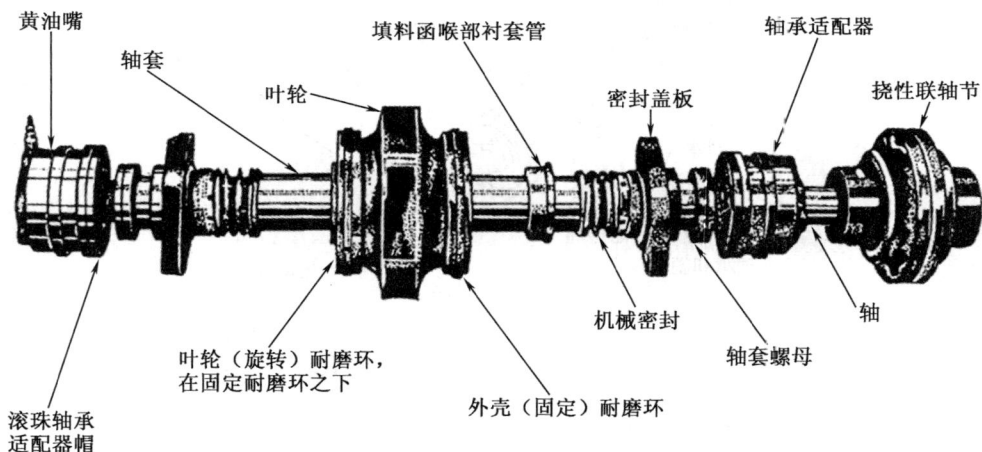

图 2.17 装配好的旋转组件

①叶轮和泵轴。叶轮是一个双吸结构封闭式叶轮,它连接在泵轴上并与泵轴一起转动。叶轮位于泵外壳上的放油室的中央,在两个轴套和轴螺母的共同作用下,使其无法进行轴向运动。两个轴套的作用实际上相当于叶轮和轴套螺母之间的长垫片。轴套也键锁在泵轴上,并与泵轴一起旋转。

燃油从吸油腔的两侧进入到叶轮的中心部分,并被泵送至放油腔。侧板包裹着叶轮叶片。叶片相对于叶轮的旋转向后弯曲,从而增加泵的效率并提高向外壳中的燃油传输速度。

在泵轴上安装了机械密封件,机械密封件的作用是防止燃油从离心泵中泄漏,同时阻止空气通过泵轴进入到外壳中。机械密封件安装在离心泵外壳两侧的填料盒内。

有两种类型的机械密封件,即约翰克兰密机械封件(图 2.18)和 Durametalic 机械密封件。

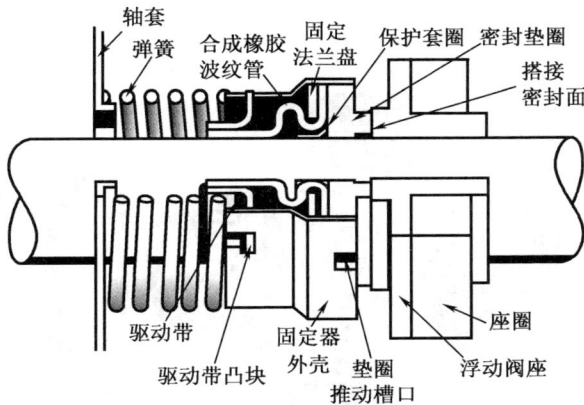

图 2.18　约翰克兰机械密封件

约翰克兰机械密封件的主要部件包括固定浮动阀座、低摩擦密封垫圈和弹簧。约翰克兰机械密封件属于整体式机组。

Durametalic 机械密封件是一个三件套,其主要部件是固定刀片、密封环、压缩环和套环组合件,进行轴填料。

[说明]由于机械密封件的有些元件是用碳制成的,所以非常易碎。因此,在操作机械密封件时须小心谨慎。

②轴承盒。泵轴的两端都从外壳的上半部分伸出。滚珠轴承包裹在轴承盒内,并卧在下半部分外壳的轴承座中的滚珠轴承支撑。滚珠轴承吸收径向和轴向推力,并确保泵轴的自由旋转(图 2.16)。在内置轴承盒内,有一个单珠滚珠轴承,使得内置轴承在轴承盒内进行径向运动。双珠滚珠轴承设置在外置轴承盒内。在锁紧垫圈和螺母的作用下,滚珠轴承上滑,并紧紧地靠在泵轴轴肩上。轴承盒的末端靠近泵的中心,由轴承盖封闭。轴承盖可以避免油脂从轴承盒中泄漏出来,以防止尘土、水或者燃油进入到轴承盒中,主要封装轴承盒的外部端。在轴承盖的两侧各安装了一个油杯和黄油嘴,这样就可以向轴承中加注黄油。此外,在其外侧还安装了黄油卸压管头,用于在热膨胀时释放黄油。

③挠性联轴器。之所以设计挠性联轴器是因为考虑到马达轴和泵轴之间的错位情形。联轴器轮毂同时键锁在离心泵和马达轴上,并通过润滑来减少联轴器的磨损。

福尔克 F 型钢栅挠性联轴器(图 2.19)属于挠性的、自动调心、栅格构件联轴器。两个联轴器轮毂是对称的,但是可能会有不同的孔或键槽。一个联轴器轮毂键锁在马达轴上,另一个联轴器轮毂键锁在泵轴上,它们通过固定螺钉进行轴向固定。挠性格子构件联轴器通过接合在轮毂上来传输动力。在盖子上装配了一个垫圈和两个密封环,这样就可以阻止黄油泄漏。各部件封装在用螺栓固定在一起的两个半盖中。

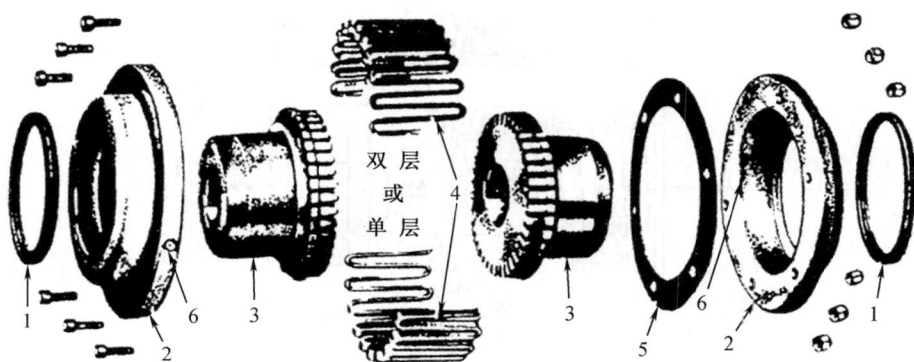

图 2.19 福尔克 F 型钢栅挠性联轴器
1—密封环;2—半个护盖;3—轮毂;4—栅格构件;5—密封垫;6—压力输送润滑脂的润滑器

当必须断开联轴器取下螺母和螺栓时,分离并拉回半盖,将栅格构件取下。若要取下栅格构件,就需要一个能够轻易装配到栅格构件的开环端上的圆棒或螺丝刀。从栅格构件的开环端开始,将圆棒或螺丝刀插入到开环的末端。用紧挨着每个开环的齿作为支点,平稳地、循序渐进地将栅格构件径向撬出。两侧轮流进行,将构件提起大约一半,直到能摸到构件的末端为止。再按照相同的流程,提起栅格构件直到齿被摘下。这样就分开了联轴器的轮毂。

重新组装前,需彻底清洗所有部件,并按照油泵的技术说明书检查联轴器的对齐情况。

联轴器对齐后,在轮毂间小心地插入垫片,将它悬挂在任意一侧的轮毂上。不要损坏垫片。接下来,向轮毂和栅格构件槽之间的空间内尽可能多地挤入润滑油。

插入栅格构件。要想在最小伸展的情况下插入栅格构件,可以从任意一侧将其插入,并且只需将横档部分插入到构件槽内即可。当所有横档都部分进入各自槽内后,再将构件完全插入就位。每个轮毂上的轮毂槽间隔均匀,不需要进行匹配。接着将润滑油挤入到栅格构件之间和周围的空间内,然后将栅格构件顶端多余的润滑油擦除。向轮毂上加入少许油脂,以便将盖子滑到轮毂上。在密封环下插入一个螺丝刀以起到通风的作用,然后拧紧盖子的螺栓。将螺丝刀拿走,检查密封环是否正确就位,并调整盖子避免摆动。

2. 操作原理

高速旋转的叶轮致使燃油离开油泵的放油腔,这样就产生了一个吸力,使得燃油源源不断地流向油泵。只要油泵有正吸油压头,值勤油泵中的燃油就会同时补给离开吸油腔的燃油。离心泵不会抽走吸力。吸油腔中的燃油会进入到叶轮的中心部分。叶轮的刀片在离心力的作用下,将燃油推向放油腔。放油腔内膨胀的螺旋形空间减慢了燃油的速度,从而增加压力,使得燃油源源不断地从油泵流出。只要保证吸油侧有足够的燃油、空气不进入到油泵内、燃油放油不受限制,而且叶轮按照额定速度转动,那么油泵就会源源不断地泵送燃油。

3. 维护

JP－5 燃油值勤离心泵的维护须按照预防性维护计划和适用的技术手册进行。

4. 故障排除

JP－5 燃油加油泵的典型故障现象、可能的原因和纠正措施见表 2.3。

表 2.3 JP－5 加油泵故障排除指南

故障	可能的原因	排故措施
油泵放不出燃油	叶轮或者吸油管线被堵塞	倒冲油泵,将堵塞物清除;拆卸油泵或者吸油管线,将堵塞物清除掉
油泵放油容量或者压力降低	1. 叶轮或者吸油管线局部被堵塞; 2. 机械密封件漏气; 3. 密封环磨损; 4. 叶轮损坏; 5. 外壳垫片损坏	1. 倒冲油泵,将堵塞物清除;拆卸油泵或者吸油管路,将堵塞物清除掉; 2. 检查机械密封件,替换掉损坏的机械密封件; 3. 替换掉损坏的密封环; 4. 替换掉损坏的叶轮; 5. 替换掉损坏的外壳垫片

表 2.3(续)

故障	可能的原因	排故措施
油泵启动后又停止放油	机械密封件漏气	检查机械密封件,替换掉损坏的机械密封件
油泵粘连	1. 叶轮堵塞; 2. 耐磨环损坏; 3. 叶轮损坏; 4. 泵轴和电机轴没有对齐; 5. 泵轴弯曲或者扭曲; 6. 轴承磨损	1. 倒冲油泵,将堵塞物清除;拆卸油泵,将叶轮中的堵塞物清除掉; 2. 检查耐磨环,替换掉损害的耐磨环; 3. 替换掉损坏的叶轮; 4. 检查泵轴和电机轴是否对齐,调整泵轴和电机轴; 5. 替换掉泵轴; 6. 检查轴承,替换掉损坏的轴承
油泵产生噪音或者剧烈震动	1. 油泵轴承或者电机轴承磨损; 2. 叶轮粘连或者堵塞; 3. 泵轴和电机轴未对齐; 4. 泵轴弯曲或者扭曲; 5. 安装螺栓松动或破损	1. 检查油泵轴承或者电机轴承,替换掉损坏的泵轴或者电机轴承; 2. 倒冲油泵,清除掉堵塞物;拆卸油泵,将叶轮中的堵塞物清除掉;替换掉叶轮; 3. 检查油泵轴和电机轴是否对齐; 4. 替换掉油泵轴; 5. 拧紧或更换安装螺栓

2.2.2　旋片泵

布莱克默旋片泵是 JP – 5 燃油甲板下系统中最常见的旋片泵(图 2.20、图 2.21和图 2.22)。这些泵的尺寸不同,功能各异,在功用上可以充当驳油泵、辅助泵、扫舱泵以及飞行甲板抽油泵等。

布莱克默旋片泵(图 2.20)是一种正排量旋片泵。按照设计,在玉力为 50 磅/平方英寸时,这种扫舱泵的流量应达到 50 加仑/分钟。按照设计,用于输送的泵需在压力为 50 磅/平方英寸时流量达到 200 加仑/分钟,或者压力为 50 磅/平方英寸时流量达到 300 加仑/分钟。

布莱克默旋片泵将用于适应新一代的功率为 300 加仑/分钟的额定离心净化器(型号为 B214AS – 300)。300 加仑/分钟布莱克默输送旋片泵的操作和组件与此相同。这些泵的基本差别在于尺寸、布局和电机,利用挠性联轴器对电机和泵进行相互连接。一些 200 加仑/分钟和 300 加仑/分钟的百马旋片泵(图 2.23)使用有链轮的驱动皮带(基本上与汽车风扇皮带相同)向泵传递电机产生的动力。

正如汽车的复位皮带一样,当螺栓松动或者张力不适当时,必须拧紧。与挠性联轴器方法相比,调整皮带驱动旋片泵或者使皮带保持恰当的张力相对来讲比较容易。

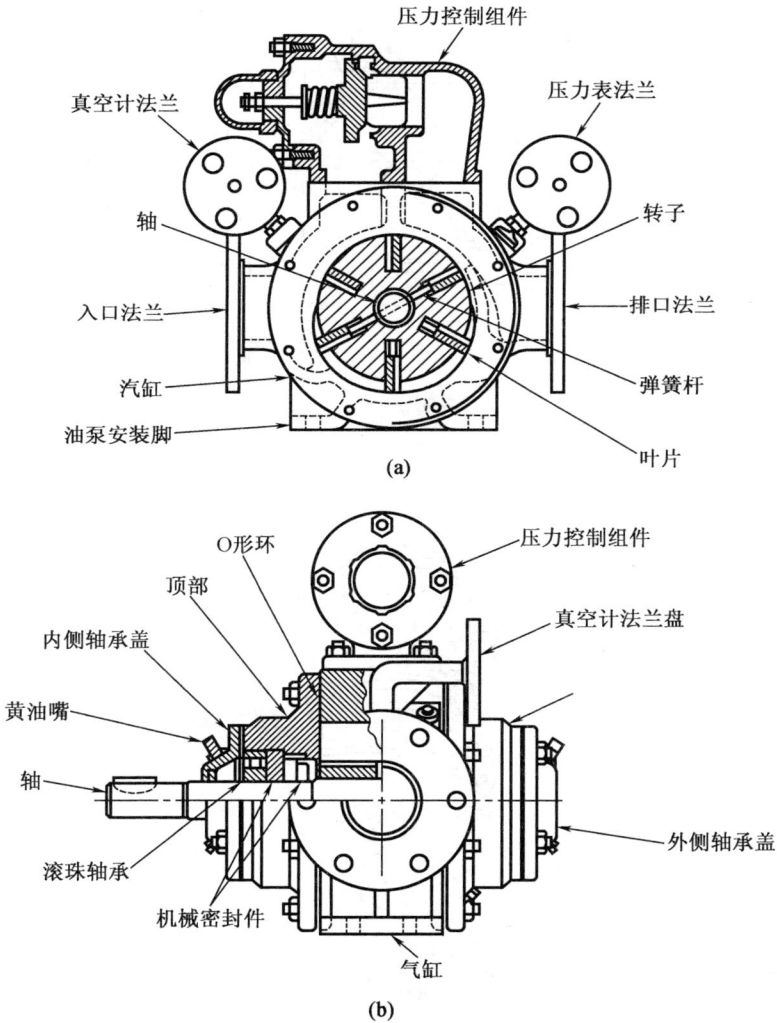

(a)

(b)

图 2.20 布莱克默旋片泵(组件布局)

(a)内视图;(b)俯视图

电动机链轮

防护门

电动机

调速皮带

电机安装盘

皮带
张紧器总成

油泵

油泵链轮

底座

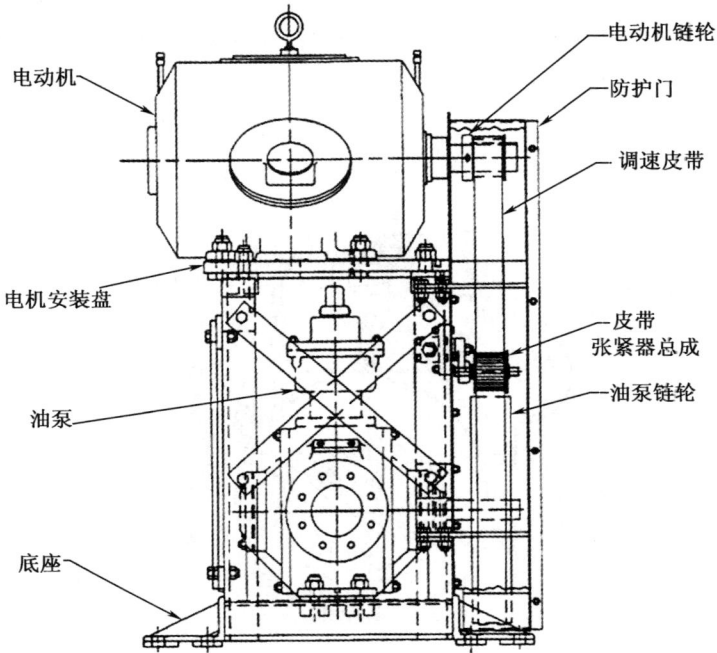

图 2.21　布莱克默旋片泵

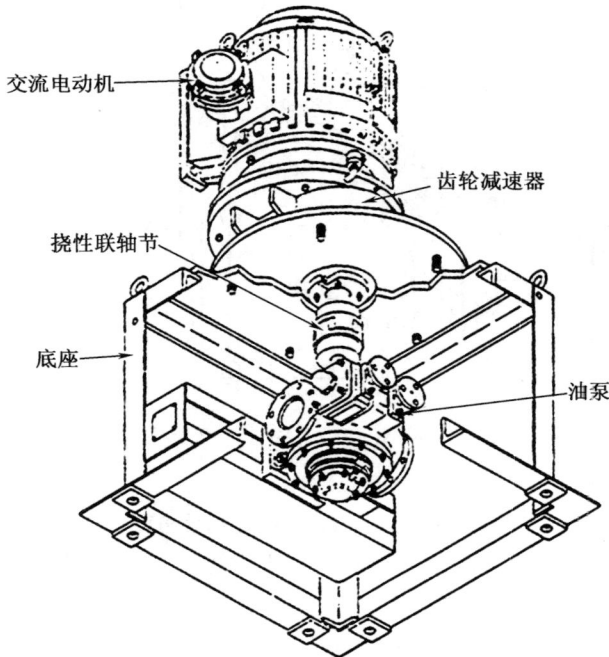

交流电动机

齿轮减速器

挠性联轴节

底座

油泵

图 2.22　布莱克默旋片泵(垂直安装)

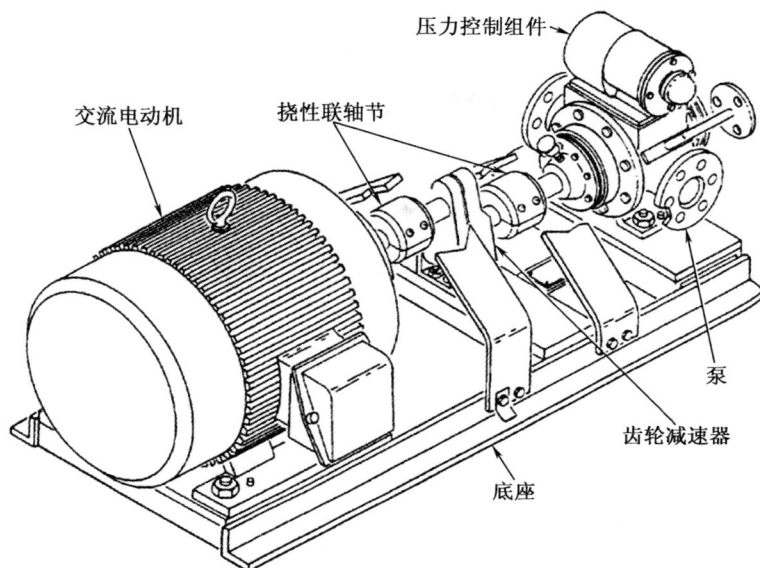

图 2.23　百马旋片泵

请按照如下步骤,来确定适当的皮带张力:

①确保泵已断电,并已贴上"暂停使用"标牌;

②摘下皮带防护门;

③检查正时皮带,查看齿牙是齐全还是磨损;

④检查皮带,查看是否有开裂和剥落;

⑤检查正时皮带,查看是否有尘土、油脂或者其他杂物;

⑥验证正时皮带挠度是否未超过 1,需要使用一个 2 磅的量尺来确定皮带上的正确挠度[图 2.24(a)];

⑦把直边跨放在泵面和电机链轮上[图 2.24(a)];

⑧测量泵链轮和直边之间的差距;

⑨验证电机链轮和直边之间的差距;

⑩重新安装皮带防护门;

⑪取掉"暂停使用"标牌。

皮带驱动百马泵的维护相对来讲比较简单而且易于保持,请查阅相应的预防性维护计划卡和技术手册,了解正确的皮带张力数据。

1. 旋片泵组成

(1)气缸和气缸盖组件

气缸(泵壳)内设有转子和轴组件,并为转子和轴组件提供一个工作区域。气

77

缸上设有一个蛋形气缸孔。气缸的进油口及放油口和泵体是一体铸造的。压力控制阀位于泵的顶部,它与泵孔的上部分一体铸造。气缸的每侧都加工有凹槽,保证气缸盖能够完美契合。泵的每侧都有一个气缸盖(图2.25),气缸盖内设有滚珠轴承和机械密封件。在气缸盖和气缸之间安装了一个O形环和机械密封件,O形环的作用是防止泄漏。

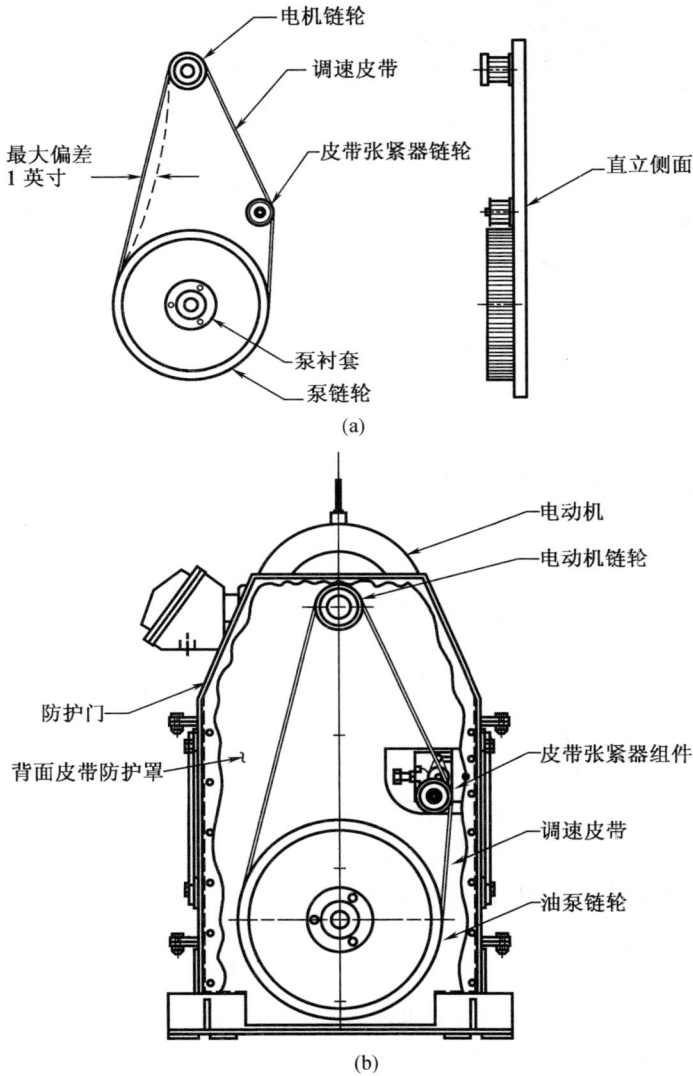

(a)

(b)

图2.24　布莱克默皮带驱动泵

(a)皮带轮对;(b)对齐组件

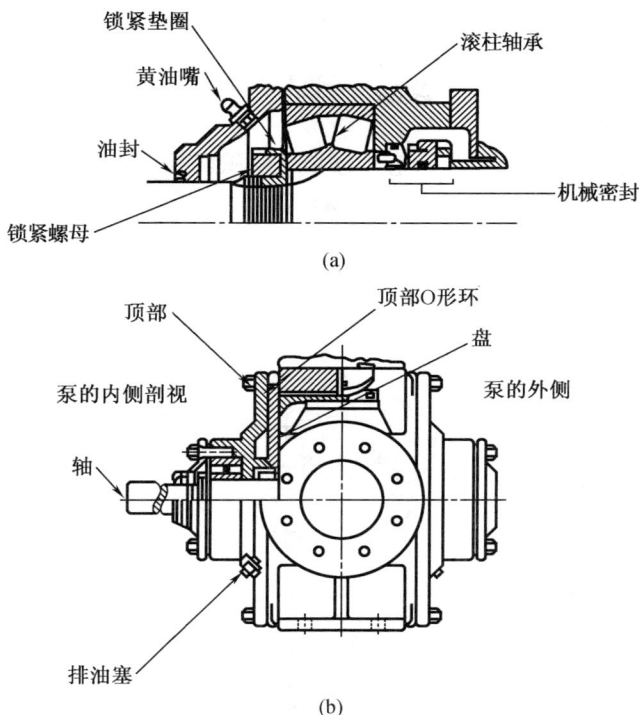

图 2.25　旋片泵气缸

(a)气缸盖;(b)泵壳

　　滚珠轴承位于轴承座内,轴承座位于各气缸盖内。滚珠轴承的作用是支持并保证转子和轴总成的自由旋转,同时保持转子和气缸孔上部之间有适当间隙。轴承盖在顶部有一个黄油嘴,在底部有一个黄油卸压管头。轴承盖用螺栓固定在每个气缸盖上。

　　安装在每个气缸盖内的机械密封件可以阻止液体沿着轴渗漏进入到轴承座中。在每个气缸盖的下侧都有排水警报孔。这些排水警报孔直接位于轴承座下方,作用是显示机械密封件的泄漏情况。

　　(2)转子和轴总成

　　转子和轴属于压接总成结构,由圆锥销使其保持在适当位置上。转子位于椭圆形气缸孔的上半部分。转子有偶数个等间距的狭槽,狭槽为滑动叶片提供工作区域。孔穿过转子和轴,每组狭槽之间都有一个孔,这样就可以安装推杆并给推杆提供工作区域。

　　滑动叶片用 Palamite 材料做成。减压槽位于滑动叶片的正面,使滑动叶片和转子狭槽之间残留的液体得以排出。

　　[说明]滑动叶片必须面对转动方向,这样液体才能流到放油口。

泵轴通过一个挠性联轴器与齿轮减速箱连接。齿轮减速箱的相对轴则通过一个挠性联轴器与驱动电机轴相连。

齿轮减速箱的作用是通过机械方式降低电机的转速,以便匹配泵的额定转速。

(3)压力控制阀

安装压力控制阀的目的是避免压力的过度积聚,压力的过度积聚会导致泵或者相关设备损坏。当出现过压情况时,阀门将导引液体,从泵的放油侧流至吸油侧。压力控制阀(图2.26)是通过弹簧加载关闭的,可通过调节螺钉来调节阀盘上的弹簧张力。溢流压力由泵的应用和管道设计两个因素共同确定。调节螺钉有一个锁紧螺母,能够在设定压力下锁紧调节螺钉。压力控制帽通过螺丝拧在盖子上,起到保护调整螺丝螺纹的作用。

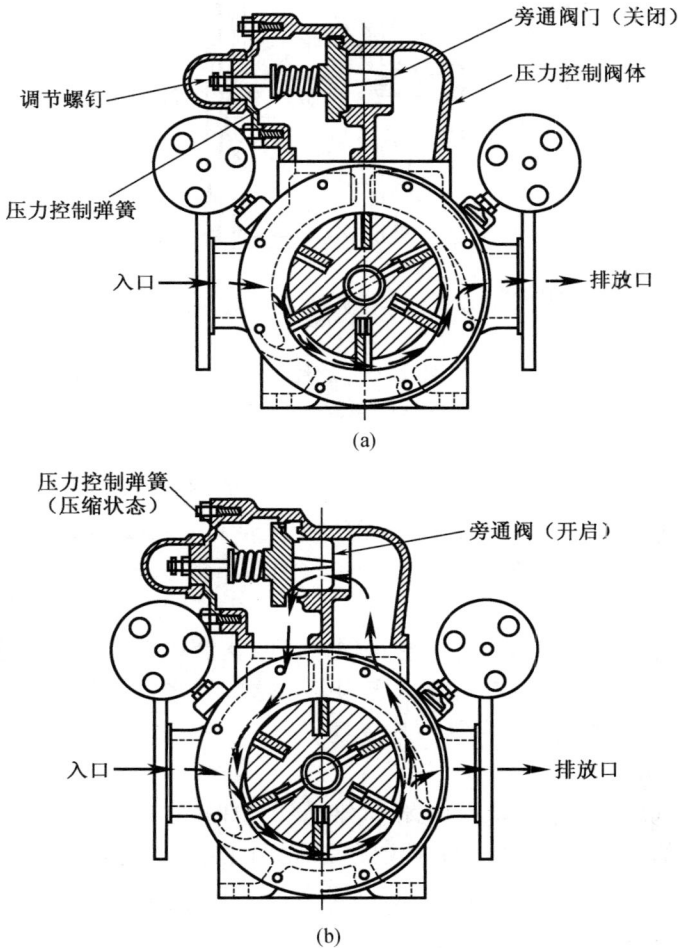

(a)

(b)

图 2.26　旋片泵

(a)关闭位置;(b)打开位置

2.旋片泵的操作原理

当轴和转子快速旋转时,会促使滑动叶片在离心力和推杆的作用下,与气缸孔滑动接触。当滑动叶片通过气缸孔的下半部分时,液体被吸入泵内,从放油口放出(图 2.26)。旋片泵属于正排量泵,这就是说它们会泵送空气,形成一个真空环境,使液体被拉入到泵的吸油侧。

3.旋片泵的维修保养

（1）润滑

旋片泵必须给予适当的润滑,但也不得过度润滑。润滑之后,少量的油脂会从气缸盖下的黄油减压管头中溢出,这种情况属于正常现象。但是,如果油脂连续不断地流出,那么应该将黄油减压管头取下,检查其是否已经损害,或者将轴承取下检查轴承的油脂盾是否已经损坏。如果油脂从泵轴周围流出,那么应将轴承盖取下检查轴密封件的边缘是否存在切口、割伤或者是否扭曲。必要的情况下进行替换。

（2）维护

旋片泵按照预防性维护计划以及相应的技术手册进行维护。典型维护包括如下方面:

①机械密封件。无须进行维护。如果出现泄漏则需替换新的密封件。如果气缸盖和气缸之间出现泄漏,应将气缸盖取下,检查气缸盖的两个加工面是否有毛刺、切口或者 O 形环是否已经损坏,或者存在其他缺陷。如果 O 形环已经损坏,则需进行替换。

②滑动叶片。如果滑动叶片磨损变形非常严重,或者卡在转子狭槽中,则需进行替换。

③压力控制阀调整。将泵的吸油侧与储油罐并排放好,将所需的阀门打开。确保泵的放油阀是关闭的。启动泵,取下保护盖,并松开锁紧螺母。转动调节螺丝,直到放油压力表上出现预期的压力值为止。拧紧锁紧螺母,替换保护盖,将泵关停,并妥善处理好吸油侧管道。

④故障排除。表 2.4 给出了旋片泵的典型故障、导致故障的可能原因以及补救措施。

表 2.4　旋片泵故障排除指南

现象	可能的原因	补救措施
旋片泵无法泵送燃油或者在额定容量以下泵送燃油	1. 气缸盖或者转叶磨损; 2. 通过 P/C 阀门泄漏	1. 更换所有叶片;替换气缸盖。 2. a.若阀座中有重叠; 　b.若阀座下有杂物,清除掉; 　c.若阀门完全磨损破坏,替换掉; 　d.若弹簧设定值太低,就无法使阀门在期望的压力下关闭,应调高该值; 　e.替换掉完全磨损的阀座、气缸或者外壳

表 2.4(续)

现象	可能的原因	补救措施
转叶泵噪音过大,运行过程中出现振动	1. 转子末端磨损; 2. 轴承故障	1. 替换转子; 2. 替换滚珠轴承阀座
气缸盖内排水警报孔处出现过度渗漏	末端机械密封件有故障	替换密封件
旋片泵轴周围出现过度渗漏	油封有故障	替换油封

2.2.3　泵联轴器

大多数航空燃油泵都装配有一种挠性联轴器。这种联轴器使得泵和电机轴(或者减速箱)之间的连接可以存在微量的错位。联轴器的挠性通常是通过齿轮、弹簧装置或者两个半球联轴器之间的橡胶垫获得的。根据联轴器的不同类型以决定其是否需要润滑。

1.洛夫乔伊联轴器

洛夫乔伊联轴器(图 2.27)能够通过机械的方式,将泵轴与电机轴(或者减速箱)连接起来。该联轴器由两个铜制的半球联轴器组成。

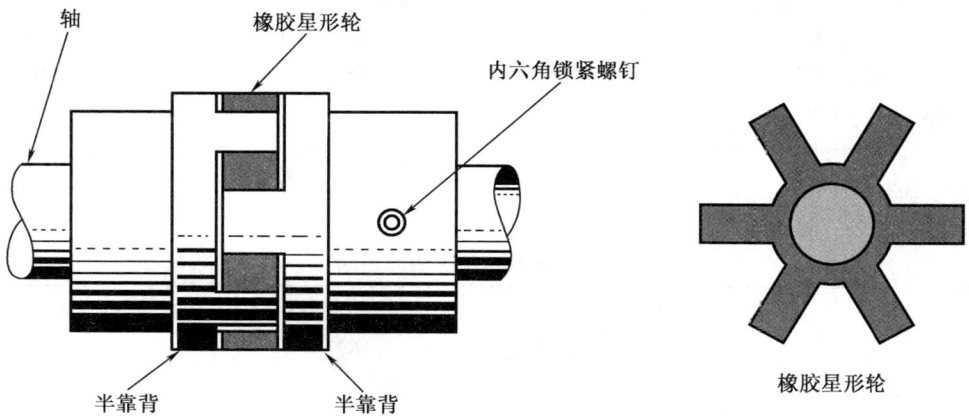

图 2.27　洛夫乔伊联轴器

联轴器键锁在轴上,并通过内六角锁紧螺钉保持在适当位置上。两个半球联轴器由一个成型的橡胶星型轮做衬垫获得缓冲,并起到分割两个半球联轴器的作用。

这种橡胶分割结构降低了对两个半球联轴器的磨损。

当重新组装泵体机组的任意元件需要使用联轴器时,应利用一个直尺和塞尺来检查错位情况。因为不同的泵体需要使用不同尺寸的联轴器,而不同的联轴器需要不同的间隙(请查阅具体泵体机组的技术手册,来了解联轴器的正确间隙要求)。在调整联轴器时,确保联轴器的各部分均牢固地固定到各自的轴上,联轴器的两部分需正确地对接在一起,并在其和橡胶星型轮之间均留有适当的间隙(根据技术手册的规格)。洛夫乔伊联轴器不需要润滑操作。

2. 雷克斯链条联轴器

雷克斯链条联轴器(图 2.28)可以通过机械的方式,将泵轴与电机驱动扫舱泵上的减速箱连接在一起。每个轴上都附接了一个有齿的齿轮,当两个轴都对齐时,在两个齿轮外围放一个链条,从而将两个半轴连接在一起。这个原理与小自行车上并排放置的链轮一样,由一个双宽链将两个半联轴器连接起来。

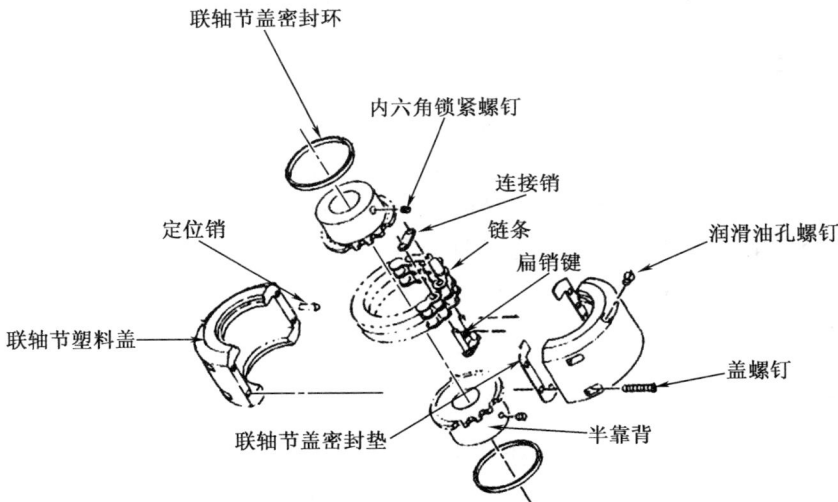

图 2.28 雷克斯链耦合

雷克斯链条联轴器易于拆卸和安装,方便定期进行检查和润滑。齿轮和链条都是钢制的,在锤子的敲击下会断裂,因此,严禁使用蛮力。当安装雷克斯链条联轴器时非常费力,那么一定是哪里出了问题。

2.2.4 思考题

(1)离心油泵耐磨环的两个主要用途分别是什么?

(2)离心油泵机械密封件有哪些功能?

(3)在 JP - 5 燃油系统中,分别用哪种类型的泵来充当驳油泵、扫舱泵和飞行甲板抽油泵？

（4）与 B214AS－300 型净化器联用的驳油泵的额定容量和工作压力分别是多少？

（5）旋片泵的滑动叶片是用哪种材料做成的？

（6）旋片泵的哪个元件能够阻止气缸盖和气缸之间的泄漏？

（7）有一种挠性泵联轴器有垫片，还在盖子上安装了两个密封环来阻止黄油逃逸，请问这是哪种类型的挠性泵联轴器？

（8）有一种挠性泵体联轴器与小型自行车并排放置的链轮一样，用双宽链将两个半球联轴器连接起来，请问这是哪种挠性泵体联轴器？

2.3　JP－5 燃油系统阀门和阀门歧管

【学习目的】认识安装在 JP－5 甲板下系统中的不同类型的阀门和阀门歧管。介绍内部组件、各个内部组件的功能、操作和维护方式。

2.3.1　阀门

在 JP－5 燃油系统中使用了多种阀门。通常情况下，在加注和输送系统中使用的阀门为闸阀类型，而安装在泵上的阀门多为球阀。配油管道则可能配备有闸阀、球心阀或者蝶阀。较新的一些舰可能会在其系统中安装利米托克阀门控制器。在下面的内容中，我们将讨论各种类型的阀门，简述其构造和使用方式，以及其如何与各种阀门歧管相互连接在一起；了解舰上系统内安装的阀门和阀门歧管类型以及它们的位置。

1. 闸阀

在要求有最小连续流量限制的情况下，会用到闸阀（图 2.29）。大多数闸阀都有一个楔形闸，但是有一些闸阀配备了均匀厚度的闸。闸与阀杆连接，并且通过转动手轮定位。

有些类型的闸阀有一个明杆，可以显示阀门的开启和关闭状态。在没有明杆的阀门中，阀杆在阀盖内旋转，闸则由阀杆内端的螺纹提升或者降低。在这种类型的阀门上，通常需要安装一个指针，来指示阀门的开位或者关位状态。

进油侧有两面，闸阀可以和进油侧的任意一面很好地配合，这样就简化了安装操作。阀箱或者锻钢阀门的阀盘和阀座是由经过硬饰面材料处理的镍－铜合金、铬钢或者钢材料做成的。阀杆的材质为耐腐蚀钢，手轮盘的材质为结构钢、黄铜或者铝。青铜闸阀的手轮盘部分可以为锻铸铁、铝或者青铜材质。

[说明]按照取出闸阀的方式将闸阀放回。尽管闸阀在进油侧可以和任意侧很好地配合，但是安装完成并在特定流程模式中使用后，闸阀的一侧磨损可能与

另一侧有些不同。为了保证闸阀紧密配合且运转平稳,闸阀应该按照当初取出的方式再将其放回。

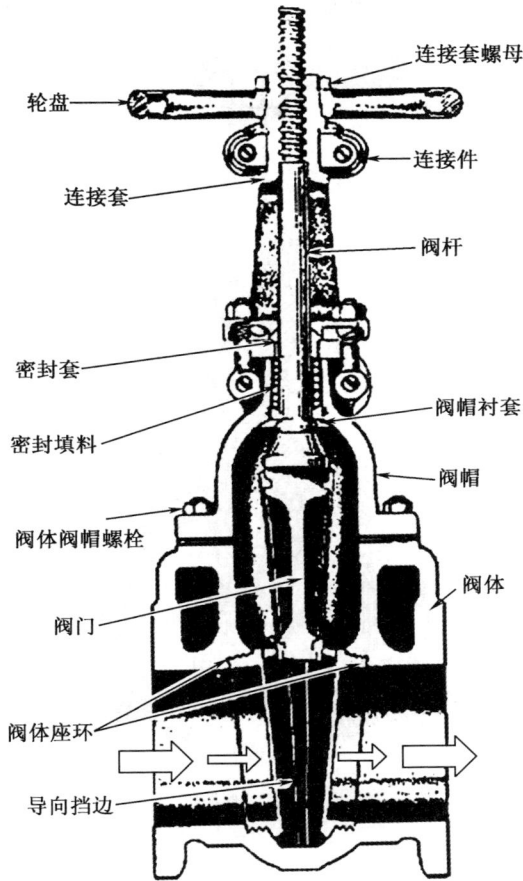

图 2.29　闸阀

2. 球心阀

球心阀(见图 2.30)本身呈球状。必须指出的是,其他类型的阀门也可能有球状结构,因此,名字并不足以正确地形容一种阀门。

在球心阀中,阀盘与阀杆连接,并靠着一个座环或者阀座表面,以便关闭液体的流动。当阀盘从阀座上取下时,液体将流动通过阀门。可以利用球心阀,通过局部打开阀门,来限制通过阀门的液体流量(称为节流),从而满足预期的流量要求。球心阀在泵的出口、燃油罐歧管、JP－5 净化器出口和其他需要限制燃油流量的地方都非常常见。

球心阀的进油口和出油口可以有多种配置方式,从而满足不同的流量要求。

有三种常见的球心阀结构。在直线球心阀体中,进油口和出油口在一条直线上。在角式截止阀阀体中,进油口和出油口互成一定的角度。在交叉式球阀体中,有三个常和旁通管路联用的开口。

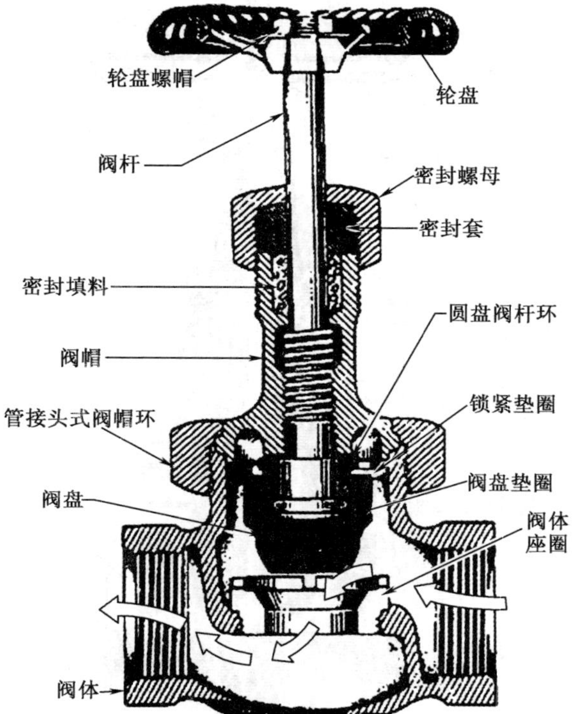

图 2.30　球心阀

3. 高性能蝶阀

JP-5 系统中使用的高性能蝶阀(图 2.31)是专门为可燃液体或者其他危险材料设计的。

如果火灾毁坏这些阀门所在的管道系统或者所在空间的内部环境,且火灾温度极高足以熔化某种特殊的密封件,那么辅助金属密封件将起到至关重要的作用,它能够有效地阻断液体从管道流过,并且在没有助燃的情况下,不会再次发生火灾。

高性能蝶阀有一个单件式柔性聚合物阀座,阀座通过压力供电,从而保证其能够正向关闭。阀座的设计能够补偿压力和温度变化,同时还能抵消磨损。在正常操作过程中,高性能蝶阀不会出现金属与金属的接触。此外,还有一点也促进了阀门的效率,那就是它抵消了轴和偏心盘设计,否则阀座将受到一个凸轮作用。这个特点使阀盘在打开时完全旋出,无法与阀座接触,从而消除了阀座顶部和底部的磨损接触点。

这种布置还便于在需要时替换阀座,即只需取下气门座镶圈然后再替换阀座即可,无须拆卸或取出轴和盘,因此修理时间大为缩短。

和闸阀一样,高性能蝶阀允许液体沿两个方向中的任意一个方向流动。该阀通常用在分配管道中,起到隔离阀的作用,但是实际上它基本上可以用在所有地方。

图 2.31　高性能蝶阀

2.3.2　利米托克阀门控制器

在较新的核动力航母上,绝大多数阀门都配有利米托克阀门控制器(图2.32)。它可以远程开闭闸阀和球心阀,即从泵舱控制台(将在本章后续部分讨论)开闭闸阀和球心阀。

每个利米托克阀门控制器,除了可以操作阀门外,还能够起到控制和限制阀门开闭行程的作用。利米托克阀门上的转矩限位开关可以限制施加在阀门上的转矩和轴向载荷,通过这种方式为阀门所有的运行零件提供保护。此外,该开关还能够提供一个恒定的阀座推力,从而保证阀门与每个膜瓣都非常紧密。通过对转矩限位开关进行微调,产生的阀座推力将有所不同。当阀门关闭时,如果出现阻塞,那么转矩限位开关将切断动力源。

手轮

阀杆螺母（内部）

离合器

离合器手柄

限位开关驱动齿轮

机械式调节控制盘
位置指示器组件

驱动衬套
组件

离
合
器
环

涡轮

阀盘弹簧包

驱动齿轮

涡杆

电机

重置按钮

电线端口
（440 伏）

电机传动齿轮

涡轮轴

涡轮轴齿轮

阀杆

电动机

阀帽

限位开关

扭距变换器

驱动套凸块

驱动套

涡轮凸块

手轮轴

涡轮

手轮传
动齿轮

手轮离合
器齿轮

螺杆

阀杆螺母

电机传动齿轮

涡轮轴离合器

分离叉

电动机

涡轮轴
齿轮

涡轮轴

离合器分离机构

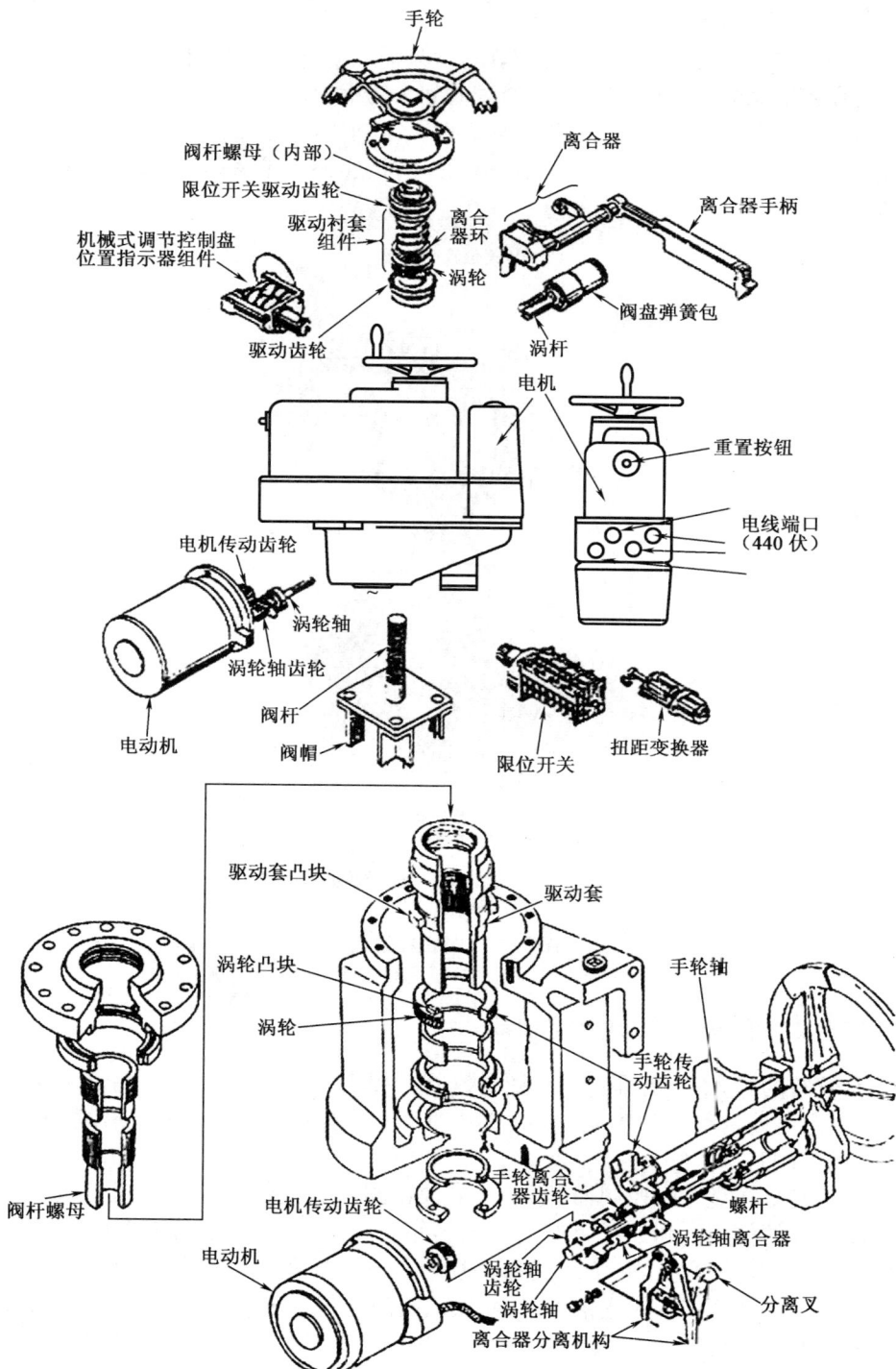

图 2.32　利米托克阀门控制器

利米托克阀门上设有限位开关,限位开关掌管着阀杆行程开闭方向上的阀盘行程。限位开关还操纵阀门开闭位置的指示灯。如果电机出现故障,可以操作手轮,手动操作利米托克机组。为了避免利米托克阀门控制器意外受损,当电机通电时,电机脱离离合器机构,脱开手轮。

利米托克阀门可以用在如下领域:

①用作 JP－5 储油罐歧管阀门;

②用于向 JP－5 日用油柜加注燃油;

③用于从 JP－5 日用油柜中吸油;

④选定作为全部三个子系统的截止阀;

⑤选定作为释放和压舱系统的阀门。

1. 利米托克阀门控制器介绍及组成

目前使用的利米托克阀门设计分为三种:LT－130,LT－150 和 LT－550。这三种阀门的操作基本上是一样的。利米托克阀门由下列组件构成:马达、转矩、手轮以及驱动组件。

(1)马达

①驱动器执行器。

②在 440 伏下运行,可逆马达。

③在马达的输出侧,有一个正向齿轮。

④通过控制台操作员控制。

⑤机组安装。

(2)转矩总成(扭矩制动轴)

①由马达上的齿轮驱动。

②适用于带 ACME 型螺纹的马达。

③由两个滚珠轴承(针型推力轴承,安装在扭矩制动的轴螺纹和齿轮上,介于齿轮和止推垫圈之间)提供支撑。

④由蝶形弹簧防止上下移位。蝶形弹簧位于转矩轴的底部,由层叠 10 个弹簧构成一个系列。先校准承受预定的转矩量,然后再开始运动。

⑤由花键嵌合到扭矩轴上的小齿轮驱动器手轮上。扭矩限位开关位于扭矩制动轴的一个钢板上,限制操作者可能施加到阀盘上的扭矩量。当扭矩大于蝶形弹簧时,通过机械方式操作,从而关闭马达。

(3)手轮总成

①由齿轮驱动,齿轮通过花键嵌合到扭矩制动轴上。

②由两个滚珠轴承提供支撑。

③轴上有螺纹,能够接受行程螺母。

注:行程螺母用手轮通过法兰连接,其作用是调整阀杆(上限和下限)的垂直

行程,以及启动微动开关。共有三个微动开关,分别装在行程的顶部和下端,仅用其中一个给马达断电,其余的微动开关用于辅助功能,例如根阀、指示灯。必须调整行程螺母,使它们在扭矩制动开关被启动前,能够立即打开和关闭限位开关。一旦调整完成,行程螺母将同时脱扣限位开关。

④包含马达摘开离合机制。

⑤手轮离合器为阀门的手动操作做准备。

⑥手轮轴上的小齿轮可开启传动套筒。

(4)驱动器总成

①通过小齿轮与手轮契合。

②传动套筒的端部为六角形。

③滑到阀杆的六角螺母上,即将制动器和阀门连接起来。

在相应的技术手册和指定的预防性维护计划中,有利米托克阀门维护说明。表2.5给出了导致利米托克阀门出现故障的部分原因和现象,以及纠正这些问题的建议。

表2.5 利米托克阀门故障排除指南

现象	应立即采取的纠正行动	可能的原因	补救措施
指示灯熄灭	无	1.断电; 2.保险丝熔断; 3.灯泡烧坏; 4.变压器故障; 5.限位开关有故障或者失调	1.通过航母的值勤配电盘恢复供电; 2.替换保险丝; 3.替换灯泡; 4.替换变压器; 5.请参考技术手册
马达无法启动	关闭电源	1.保险丝熔断; 2.过载继电器触点跳开; 3.触点有故障; 4.按钮有故障; 5.限位开关有故障或者失调; 6.电机开路或者短路	1.替换保险丝; 2.复位过载继电器; 3.替换触点; 4.替换按钮总成; 5.请参考技术手册; 6.替换马达
马达关闭后无法再启	用阀门控制器手轮来操作阀门	1.过载继电器触点跳开; 2.阀门粘连或者被异物阻塞; 3.转矩开关有故障	1.复位过载继电器; 2.请参考阀门技术手册; 3.请参考技术手册

表 2.5（续）

现象	应立即采取的纠正行动	可能的原因	补救措施
过载继电器多次跳闸	用阀门控制器手轮来操作阀门	1. 电机故障； 2. 过载发热线圈尺寸不正确； 3. 阀门操纵器存在过度摩擦； 4. 马达操纵器存在过度摩擦； 5. 拉杆损坏或者故障； 6. 阀门操纵器中机械组件故障或者破裂	1. 替换马达； 2. 用适合电机名牌满载电流的合适尺寸，替换掉过载继电器中的加热线圈； 3. 给阀门操纵器涂润滑油； 4. 请参考技术手册； 5. 请参考拉杆修理说明； 6. 替换掉有故障或者破裂的组件
电机过热	1. 停止电机； 2. 用阀门控制器手轮来操作阀门	1. 电机故障； 2. 阀门操纵器存在过度摩擦； 3. 马达操纵器存在过度摩擦； 4. 拉杆损坏或者故障； 5. 机械组件故障或者破裂	1. 替换马达； 2. 给阀门操纵器涂润滑油； 3. 请参考技术手册； 4. 请参考拉杆修理说明； 5. 替换掉有故障或者破裂的组件
手动操作需要很大力气	无	1. 阀门粘连或者被异物阻塞； 2. 阀门操纵器存在过度摩擦； 3. 马达操纵器存在过度摩擦； 4. 拉杆损坏或者故障； 5. 阀门操纵器中机械组件故障或者破裂	1. 请参考阀门手册； 2. 给阀门操纵器涂润滑油； 3. 请参考技术手册； 4. 请参考拉杆修理说明； 5. 替换掉有故障或者破裂的组件
在阀门完全打开或者关闭前，马达停止	用阀门控制器手轮来操作阀门	1. 阀门粘连或者被异物阻塞； 2. 限位开关失调； 3. 转矩开关失调或者故障	1. 请参考阀门手册； 2. 请参考技术手册； 3. 请参考技术手册
马达或者手轮转动，但是阀门不打开也不关闭	中断操作	1. 涡杆离合器或其他齿轮传动组件损坏或者故障； 2. 拉杆未正确连接； 3. 电机操纵器中组件损坏或者故障； 4. 阀门组件损坏或者故障	1. 替换掉损坏或者有故障的组件； 2. 请参考拉杆说明； 3. 请参考技术手册； 4. 请参考阀门手册
马达发出很大的噪音	1. 停止电机； 2. 用手轮来操作阀门	马达组件磨损、破裂或者故障	替换马达

2.3.3 旋启式止回(单向)阀

旋启式止回阀(图2.33)的设计初衷是允许液体在管道系统内沿着一个方向输送,从而避免液体倒流。

旋启式止回阀采用了一个阀盘,阀盘通过固定铰链与阀体连接,使得旋启式止回阀在无液体流动的情况下可在重力作用下关闭。有时候,这种阀门还设计有一个弹簧,其作用是帮助关闭阀门。液体流动产生的压力,迫使铰接盘上升,从而打开阀门。但是,反方向产生的压力会冲击铰接盘,使之降落到阀座上,从而关闭阀门。

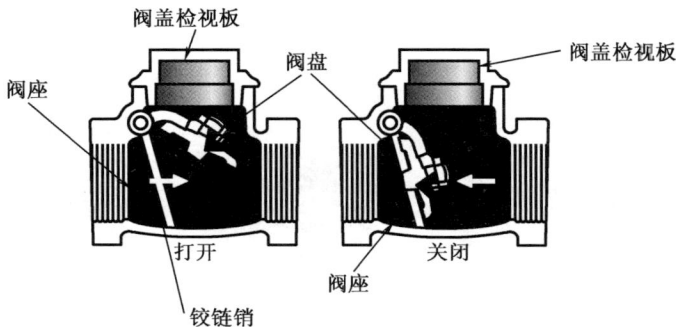

图2.33 旋启式止回阀

以水平位为参考,阀门的正确定位对于保证旋启式止回阀的正确操作非常重要。重力的向下作用力可能会对旋启式止回阀的正常运行产生一定影响,因此如果旋启式止回阀安装反了,或者安装时不是水平安装,而是与水平方向存在一定角度,那么旋启式止回阀可能无法按照预期运行。此外,因为这种阀门只允许液体朝着一个方向流动,因此必须正确安装。多数止回阀的阀体上都标记有液体流动方向箭头。如果箭头不可见,那么有铰链销的一侧应为阀门的进油侧。

1. 阀门维护

所有阀门都要求进行正确的保养和维护,以保证阀门始终处于最佳工作状态。在阀门操作中,遇到的主要问题是阀座和阀盘泄露、填料箱泄漏、阀杆黏着以及阀盘松动。

如果任由渗漏蔓延,对造成的损失置之不理,日积月累终究会酿成大祸。举例来讲,在一个月的时间里,一个1/32英寸的小孔,在压力为100磅/平方英寸的情况下,会浪费69 552立方英尺的空气、3 175磅/平方英寸的蒸汽,或者浪费掉12 000加仑的燃油。航空母舰油料员应该清楚如何预防并排除这些故障。

（1）阀门泄漏

一般情况下,阀门泄漏都是因为阀盘和阀座没有紧密连接导致的,或是由如下原因所致:

①异物,例如水垢、尘土或者阀座上的过量黄油都有可能阻止阀盘正确就位。如果无法将阻塞物疏通开,那么只能将阀门打开,进行清理。

②阀座或者阀盘的擦痕,这种情况可能是由于侵蚀,或者在有尘土和水垢存在的情况下,试图关闭阀门导致的。如果损坏极小,那么可以对阀门进行打磨,使之恢复到正常工作状态。但是如果损坏比较大,那么必须重置阀门后再打磨。

③轴导安装过紧、轴导弯曲、阀杆弯曲等都有可能导致阀盘翘曲。如果使用的阀盘或阀体太薄弱,不足以达到应用要求的强度,那么在压力的作用下,阀盘或者阀座就会扭曲,如果出现这种情况,则应该替换成新的阀门。

（2）填料压盖泄漏

如果填料压盖泄漏,那么可以拧紧压盖或者重新填料,从而维护泄漏情况。压盖拧得太紧或者填料太满,会造成阀杆粘连。如果泄漏仍然存在,则可能是阀杆弯曲或者阀杆上存在擦痕。

阀门的填料既可以是拉线类填料也可以是环类填料。拉线类填料常用于低压系统中的小型阀门,环类填料则用于大阀门以及所有高压阀门。当替换任意类型阀门的填料时,一定要保证使用正确尺寸和类型的填料。填料必须足够大,能够填满阀杆和填料函之间的空间。而且填料的材质还应该适应环境的压力和温度条件。

如果用拉线类填料填充阀门,一圈一圈地在线匝杆周围的空间内放置填料。使填料末端倒角偏移,这样填料就能够顺利契合,拧紧填料盖螺母或者阀盖螺母,来压缩填料。拉线填料应始终沿着同一方向缠绕,当需要拧紧填料盖螺母时,拧紧螺母的动作不应导致填料本身形成皱褶。如果选用环形填料填充阀门,那么要使在环形末端切割的正方形相等,这样才能完成水平对接。切记,一定要错开连续接环填料的接头。

在有些闸阀、球心阀和单向止回阀中,在必要的情况下,可以在压力作用下填充填料盖。从构造上讲,当阀门打开时,这些阀门的阀杆与阀盖反向固定。高压阀都有一个压力泄漏关闭接点,该接点通过一个管塞密封在阀门外部。在将管塞取下之前,一定要仔细查看,确保阀门反向固定牢固。一般来讲,不会要求航空母舰油料员在压力条件下对阀门进行重新填料。如果必须这样做,那么油料员一定要遵守所有安全注意事项。

（3）阀杆粘连

有几种情况可能会导致阀杆出现问题。例如填料填充过紧,或者填料盖螺母收紧不均匀,都有可能造成阀杆粘连或者结合。将压盖螺母回退可以释放填料压力。阀杆上的漆料或者铁锈也是造成阀杆粘连的原因之一,可以通过清理阀杆将它们清除掉。

如果阀杆螺纹加工粗糙有毛刺,或者如果清除阀杆粘连或者阀门过紧现象时使用的压力致使阀门翻倒,那么阀门可能会被卡住。阀杆螺纹扭曲或者有毛刺,这种都属于非常严重的故障。如果无法通过任意其他方法移动阀门,则可以取下阀门阀盖,将阀杆从磁轭或阀盖中除掉,再做一个新的阀杆。

如果阀门阀盖或者磁轭损坏,则必须进行维修或者替换。如果在阀杆卡住前已发现阀杆螺纹有毛刺或者已经翻倒,可以用锉将其加工光滑,或者在车床上进行加工。如果黏结是由于阀杆弯曲造成的,则需将阀杆拉直或者更换。

2. 阀组

阀组是 JP-5 甲板下系统不可分割的一部分。阀组由安装在一个紧凑机组的多个阀门组成,紧凑机组的作用是控制某个中心位置 JP-5 燃油的流入和流出情况。

(1)双阀分油器

双阀分油器(图 2.34)控制 JP-5 燃油流入和流出储油舱,该舱既是储油舱也是压载舱。当通过储油舱顶的两个阀向储油舱中注入海水时,双阀分油器就能够起到双保险的作用,防止输送总管被污染。这些阀门就是大家熟知的输送总管侧阀门和储油舱侧阀门。

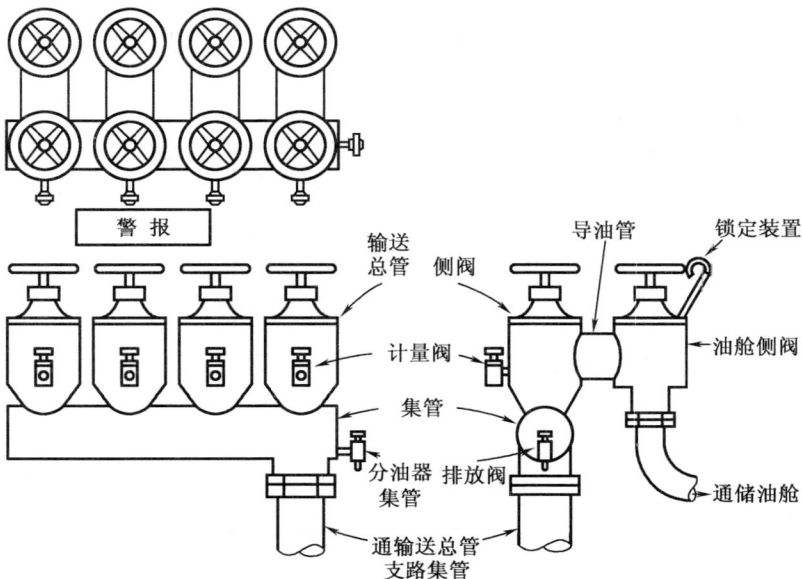

图 2.34　双阀分油器

分油器集管是一节管道,其上有多个等间距的孔,正好与输送管侧阀门相连接。分油器集管的两端均密封,并在底部焊接了一个管道法兰。管道法兰通过螺栓固定到通向输送总管支路集管的管道上。

输送总管侧阀门都是专门设计的球心阀,它们焊接在阀门歧管集管顶部(图 2.35),呈圆柱形,直径大约为 10 英寸,由阀体和阀门阀盖组成。阀体设有阀座环和阀盘导片。阀盘导片位于阀体底座中心,它能够很好地引导阀盘,使之完美地就位阀座环。阀体的下半部分焊接到阀门歧管集管上。在阀体后侧加工了一个孔(在阀座上方),用于连接喷嘴。在阀体的正面,加工了一个孔(也是在阀座上方),用于安装警报阀。阀门阀盖给阀杆提供工作区域,通过螺栓拧到阀体顶部。通过安装在阀体和阀门阀盖之间的垫片,以及阀杆周围阀门阀盖中的填料,来防止 JP－5 燃油泄漏。

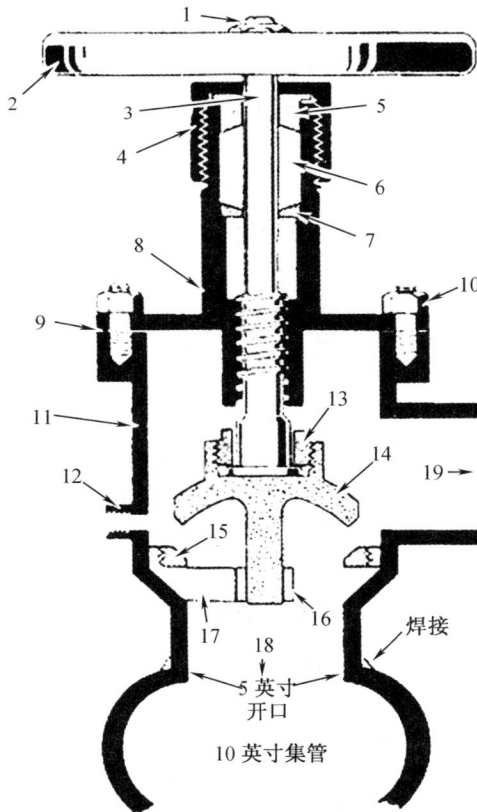

图 2.35　输送总管侧阀门(剖面)

1—手轮螺母;2—手轮;3—阀杆;4—填料压盖螺母;5—压盖;6—阀杆填料;7—密封压盖圈(喉衬);
8—阀帽;9—阀帽垫圈;10—阀帽双头螺栓和螺母;11—阀体;12—计量阀的接头;13—阀盘螺母;
14—可替换阀盘;15—可替换阀座圈;16—阀盘轴承;17—阀盘横梁(等间距 3 根);
18—接头(连接至歧管集管);19—喷嘴(连接油舱侧阀门)

罐侧阀门与输送总管侧阀门一样,唯一的例外是没有警报阀接点,只在阀体底部安装了一个标准的管道法兰。

储油罐的加注和吸油尾管通过螺栓与底部的法兰连接。

喷嘴是一小节管道,将输送总管侧的一个阀门和储罐侧的一个阀门并联,使这两个阀门只为一个油罐服务。

警报阀是一个小型的角式球心截止阀,安装在输送总管阀的正面。

每组歧管阀都有一个警报阀。歧管阀安装在输送总管侧阀门的正面,位于阀座之上。它们的作用是确定阀座的状况。警报阀应定期打开。如果阀门发生燃油泄漏,则可能是输送总管侧阀门出现泄漏,或是储罐侧阀门出现泄漏。不论是哪种情况,都应该立即检查,并检修泄漏的阀门。

歧管集管排水阀安装在底部,靠近集管的一端。它的作用是在进行维护前排出集管内的油。

每个罐侧阀门都安装了一个锁定装置,锁定装置通常为带旋梭的钢条,在旋梭的作用下,阀门能够配合在罐侧阀门手柄的周围,并锁定在罐侧阀门手柄上。按照这种布局,只有在关闭位置才能锁死阀门。当对油罐进行压舱时,必须在关闭位置锁定罐侧阀门。

[说明]多数航母正在利用 GAMMON 样品接点来取代警报阀。GAMMON 样品接点不易破裂或者出现泄漏,并且不需要维护。

(2)单阀阀组

单阀阀组(图2.36)控制着指定储油罐内 JP-5 燃油的流入和流出情况。这些油罐不进行压舱处理。

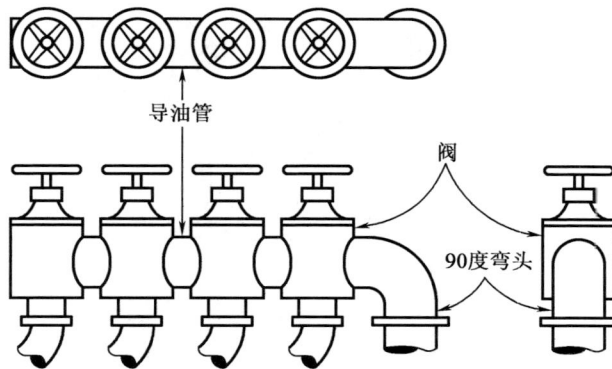

图2.36 单阀阀组

在加油泵再循环管线中,也使用单阀阀组,用于将燃油再循环返回到日用油柜中,同时还用作扫舱系统中的灌顶阀门。

在单阀阀组中,不是由喷嘴将阀门与输送总管阀门连接起来,而是喷嘴之间互相连接,这是其与双阀阀组的唯一区别。在单阀阀组中,没有输送总管阀门。

单阀阀组的尺寸各异,具体尺寸取决于单阀阀组的预期用途。在一端有一个 90 度的弯头,弯头的一端安装了一个法兰,通过这个弯头将单阀阀组与各自支路集管连接在一起。

3. 溢流和放油歧管

溢流和放油歧管位于扫舱系统内,介于单阀扫舱歧管和扫舱泵之间,即指定的 JP-5 油罐或者压舱专用油罐的扫舱泵内。从设计角度讲,在下列操作过程中,它们能够导引燃油从一个中心位置流入和流出 JP-5 油罐。

①当指定的燃油罐为压舱罐时,它们导引海水的流向,从海水柜供应立管流向单阀扫舱歧管。

②当指定燃油罐卸载压舱时,它们导引压舱水的流向,从单阀扫舱歧管流向主要排水喷射器。

③当指定油罐正在进行扫舱作业时,它们导引扫舱余液的流向,从单阀扫舱歧管流向扫舱泵的吸油侧。

溢流和放油歧管(图 2.37)由一个歧管集管和三个球心截止阀组成。

歧管集管是一段三个阀门共用的阀体,它包含三个阀座,构成三个阀座上阀门之间不受限制的通道。集管的一端通过螺栓连接到单阀清舱歧管上,另一端则密封。集管的上半部分设有阀门阀盖,其作用是为阀杆提供工作区域。在阀门阀盖和集管之间装有一个垫片。阀门阀盖内的填料盖可以防止液体在阀杆周围出现渗漏。集管的下半部分,也就是位于阀座以下的部分,有三个通过法兰连接的管道接点,三个接点分别与三个阀门相连。

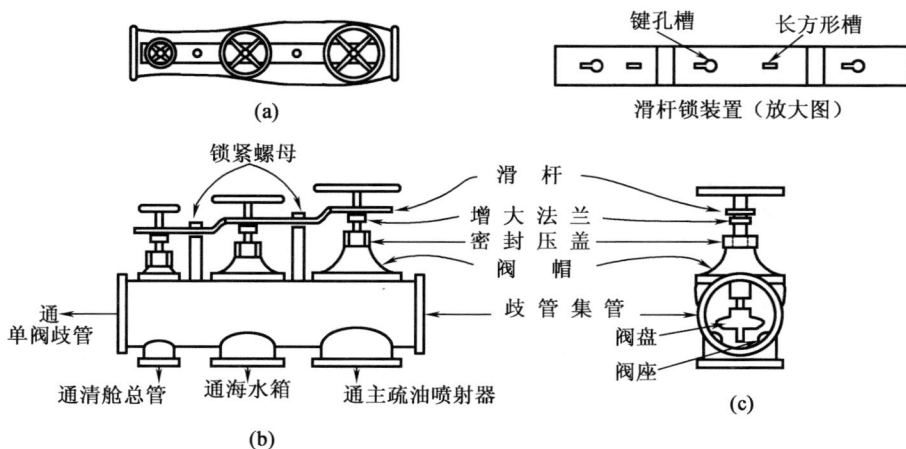

图 2.37　溢流和放油歧管

(a)顶视图;(b)侧视图;(c)端视图

安装在清舱阀座正下方的清舱管线,使溢流和放油歧管与清舱总管交叉连接。清舱管线只用于导引 JP – 5 储油舱底部的清舱余液。燃油通过单阀清舱歧管流至清舱泵的吸油侧。

安装在通海截止阀正下方的中心管线,将歧管与通海吸水箱供应立管交叉连接。它的作用是当改为压载舱导引海水时,使海水能从通海吸水箱进入到储油舱内。

另一条管线安装在主排水喷射器阀门阀座的正下方,将歧管与主排水喷射器阀门的吸油侧交叉连接。这根管线的唯一作用就是导引压舱水,当储油舱卸载压舱水时,压舱水便会从储油舱引向主排水喷射器。

溢流和放油歧管有一个锁定总成,它的作用是在同一时间里只允许打开一个阀门。因此,在同一时间里,只能进行一项操作,即清舱、压舱或者卸载压舱。

每个阀杆都有一个增大环,它能够啮合滑动杆锁定总成。在关闭位置上,始终有两个阀门锁闭。滑动杆实际上是一个长的金属片,它包括三个键孔和两个长方形槽。由螺纹支架上的两个锁紧螺母使滑动杆保持在适当位置上,螺纹支架从歧管向上延伸。要打开一个阀门,就必须移动滑动杆,需打开阀门的阀杆增大环就位于键孔狭槽下方圆形部分的中心。三个键孔狭槽布置在滑动杆上,所以同一时间只能打开一个阀门。要定位滑动杆,将两个锁紧螺母拧松,将滑动条滑动通过两个长方形狭槽,到达预期的位置后再拧紧锁紧螺母。

2.3.4　思考题

(1)当希望达到节流效果时,需要使用哪种阀门?

(2)蝶阀使用了一种阀座,这种阀座由压力激励,通过这种方式来保证正向关断,而且可以对压力和温度变化进行补偿,同时对磨损进行补偿,请问是哪种阀座?

(3)利米托克阀门控制器利用一种组件,来防止转矩压力和推力负荷对阀门部件形成过载,请问是哪个组件?

(4)利米托克阀门有一个组件可以调节阀杆的垂直行程,请问是哪个组件?

(5)利米托克阀门控制器的手轮离合器使利米托克阀门可以进行什么操作?

(6)有一种阀门使用阀盘,阀盘通过铰链固定到阀体上,并且在没有液体流动的情况下可以在重力作用下关闭阀门,请问这是哪种类型的阀门?

(7)为预防填料盖泄漏,使用了哪两种填料?

(8)请问哪种类型的歧管与双阀歧管相似,且仅是歧管侧的喷嘴互相连接,而不是与输送总管侧阀门连接?

(9)溢流和放油歧管中有一个长的金属片,在金属片上有三个键孔槽,滑动条能够滑动到预期的位置,从而在同一时间内只能操作歧管上的一个阀门,请问这是什么组件?

2.4　JP - 5 燃油系统过滤装置

【学习目的】　认识 JP - 5 甲板下系统中的各类过滤器。简述每种过滤器的组件、功能、操作方式和运行限制。

舰队中当下在用的过滤器/分离器虽然有几种类型,但是,它们的操作和液压控制原理都类似。主要区别在于过滤器的物理形状和过滤能力。

不管燃油通过过滤器的方向或者速率如何,也不论它们相对于其他组件来讲在系统中的位置如何,所有过滤器从设计功能上讲,都执行相同的功能(分离并清除燃油中的杂质和水),而且基本上都是按照相同的方式进行过滤操作的。

2.4.1　主燃油(日用)过滤器

从设计角度讲,过滤器的作用是当燃油流经过滤器时,过滤掉燃油中全部固体的98%,同时过滤掉燃油中全部的附带水。这个目标是通过两级分离实现的,即由安装在滤壳内的两个独立的过滤装置实现。第一级包括一排聚结元件,它们被疏水屏包围着,其功能是清除掉固体并凝聚水。"凝聚"的意思就是将附带水中的微小颗粒聚集在一起,形成大的水滴,然后这些大的水滴在重力的作用下从燃油中脱出。第二级包括一排分离器元件,它们的作用是去除燃油中已经凝聚但是个体太小无法在重力的作用下脱出的水滴。

过滤器上装配了一个由浮子操纵的旋转控制阀,该阀将自动从过滤池排出已经积存的水,并在积存水量超出过滤器可以自动排出的水量时,关闭过滤器出口。

主燃油过滤器的本体(图2.38)包括一个圆筒形的外壳,每一端都焊接了一个圆顶状的封头。圆顶状封头使燃油均匀地流入流出过滤器。过滤器的内部被管板分割成入口、沉降物舱以及出口(清水池)三部分。

1. 托盘

托盘是一个圆形的金属舱壁,安装在滤壳内,滤壳也正是圆顶状封头与圆柱壳连接的位置所在。它们沿着整个圆周焊接在一起,在过滤器的进油舱、沉降物舱和出口舱之间形成一个防漏结构。托盘还有一个功能,即它提供了一种方式,来安装滤芯安装总成(既包括聚结器又包括分离器)。因此,每个组件都有一个螺纹孔,这些螺纹孔在管板表面对称分布。

2. 元件安装总成

元件安装总成由一个穿孔的金属竖管和一个端盖组成,穿孔的金属竖管直径约为1英寸,长度约为24英寸(图2.39)。金属竖管的一端安装了一个有螺纹的底盖,以便其攻入管板中。另一端安装了一个螺纹插头,用于连接端盖。端盖是一个金属盘,端盖的直径与元件的直径相同。

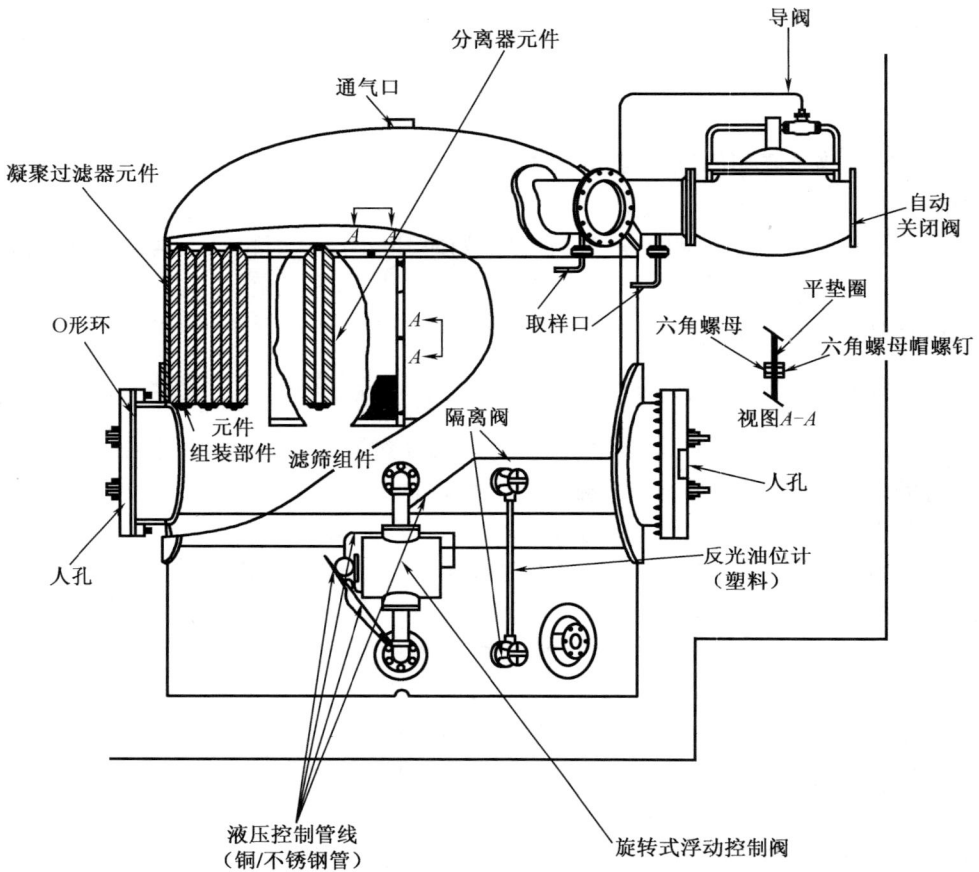

图 2.38 主燃油过滤器

在将元件放置在竖管上后,端盖通过一个有螺纹的螺栓固定就位。在螺纹螺栓和端盖之间,有一个金属垫片和纤维垫片,目的是防止此处出现泄漏。

底盖和端盖都有突出的刀刃。在将元件安装到竖管上之后,突出的刀刃被压入元件各端的合成橡胶垫中,形成密封。

(1)聚结元件

聚结元件是一个圆柱形机组,长 24 英寸,直径 3.625 英寸。聚结元件基本上由一个打褶的纸质滤芯组成,该滤芯封装在玻璃包装材料中。玻璃纤维由一个布套固定就位。每一端都有一个合成橡胶垫片,借此形成紧密的密封效果,并保证元件安装后液体在其中流动畅通。聚结元件内的流动方向是从内到外。

六角头螺栓

垫圈（与元件相同橡胶）

垫环（铜镍）

端盖

合成胶橡胶衬垫
（与元件相同橡胶）

端塞

元件

刀口

覆盖

纤维垫圈

金属垫圈

端盖

螺纹塞子

合成胶橡胶衬垫

立管

底盖

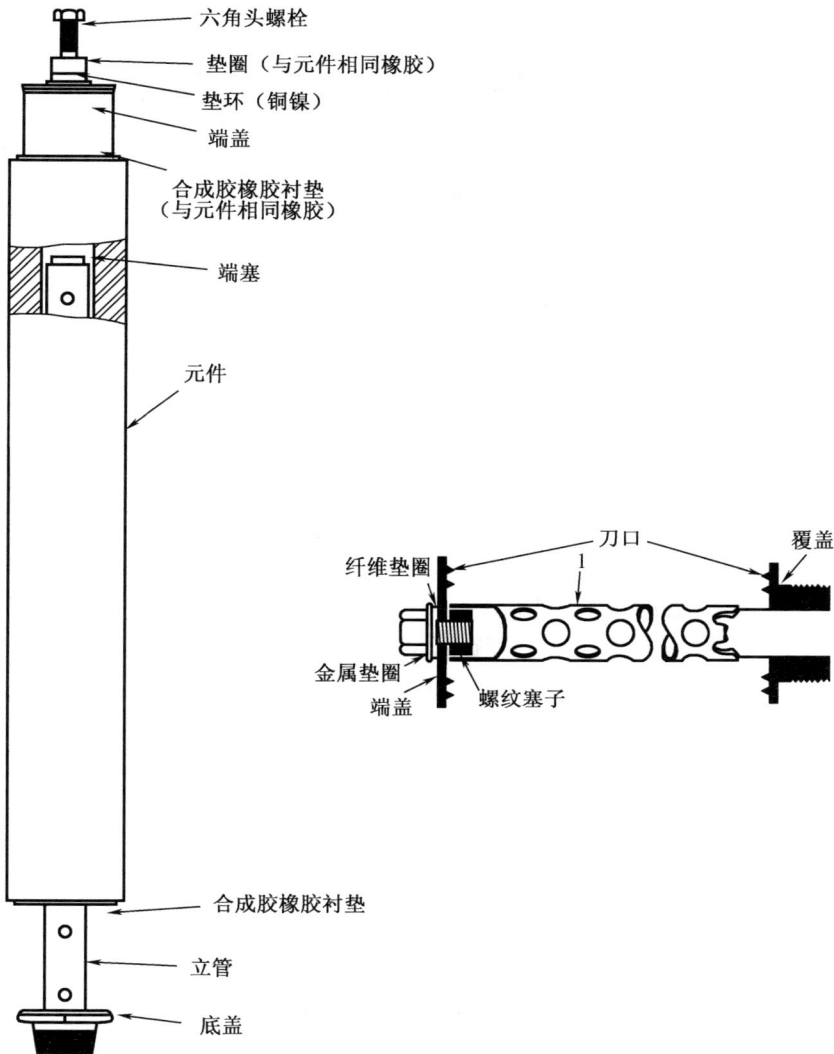

图 2.39　元件安装总成

（2）分离元件

　　分离元件的尺寸基本上与聚结元件的尺寸相同,但是分离元件由另一种不同的材料做成。分离元件由一个穿孔的内部铜芯盖组成,铜芯盖有一个 200 目、蒙乃尔合金材料的特富龙[1]涂层筛子。这个筛子也封装在一个铝筛中。一般认为分离元件可以永久使用,除非损坏否则只需要进行清理即可。分离器元件内的流动

----

[1]　特富龙是杜邦氟碳树脂的注册商标。

方向是从外向内。

（3）安装元件

当需要在元件安装总成上安装一个元件时,请按照如下步骤进行:

①确保垫片已经就位,然后将元件滑到穿孔竖管上。

②连接端盖,将金属和纤维垫片放置就位,并安装有螺纹的螺栓,用手拧紧。

③将元件放在元件安装总成的中心,将端盖螺栓拧紧。螺栓的扭矩应为 12 英尺/磅或者 144 英寸/磅。

④检查元件的密封情况。

3.过滤器进油腔

燃油最初从进油腔进入到过滤器中。过滤器的进油腔呈圆顶形,这样就可以同时为所有聚结元件提供均匀的燃油流量。燃料从进油腔通过管板进入到沉淀槽内的聚结元件中。

（1）沉淀槽

沉淀槽是滤壳的中心部分,是三个过滤器室中最大的一个。沉淀槽的作用是当聚结水从聚结元件流向分离器元件时,使聚结水在重力的作用下,从燃油流中脱落出来。两组过滤器元件都安装在这个室内。

沉淀槽还包括一个人孔盖、过滤通风管和接水槽。

聚结层级是过滤的第一级。这一层由多个独立的聚结元件组成,聚结元件对称安装在进油管板上。离开进油室的燃油必须从内向外通过这些元件,然后才能进入到沉淀槽。当燃油通过这些元件时,它们起到了两重作用,一个是清除燃油中的固体污染物,另一个是聚结燃油中的水。

在滤壳侧壁上,安装了一个有垫片的螺栓人孔盖。这个开口的作用是使人能够进入到沉淀槽内进行元件替换和维护操作。在较新的 2 000 型号的燃油过滤器中,设计了两个人孔盖,这样就可以更加方便地进行维护操作。

过滤通风管线安装在沉降物室的最顶部。这根管线安装了一个靶心视镜、两个切断阀(视镜的两侧各装一个)和一个单向截止阀。这根管线能够导引燃油返回进入到被污染燃油沉淀池中。过滤器将始终保持通风,直到在视镜中观察到连续的燃油流为止。

分离器层级是过滤的第二个层级,这个层级由多个独立的分离器元件组成,分离器元件呈对称布局,安装在出口管板上。

离开沉淀槽的燃油必须从外向内通过这些分离器元件,然后才能进入到出口室。当燃油通过这些元件时,它们将燃油流中最后残存的水挡在外边。除了基本功能之外,如果一个或者多个聚结元件破裂,那么过滤器元件还发挥最终过滤器的作用。但是,过滤器元件只能过滤尺寸大于 10 微米的固体物质。

（2）过滤池

过滤池位于过滤容器的底部,用于接收从燃油中分离出来的水。

在过滤池的一侧,安装了一个反射式视镜,目的是通过视镜观察过滤池内部水的液位。关断阀安装在连接管道内,它的作用是在维护过程中隔离视镜。

在过滤池一侧或者底部的中心,安装了一个法兰开口,在法兰开口上通过螺栓连接了一个旋转控制阀。这个旋转控制阀与一个浮球连接,并通过浮球进行机械操作。浮球装在过滤池内。由浮球操作的旋转控制阀是过滤器自动液压装置的一部分。

在新一代航母上,安装了新型旋转控制阀,将旋转控制阀移到了过滤池的外侧。这样就可以更加容易地操作控制阀,便于维护。

（3）出口室(清水池)

过滤器的出口室通常被称为"清水池",因为此处的燃油没有污染物。出口室有一个圆形的顶部,这样从分离器过来的燃油就可以均匀地不受限制地流动。

在出口室底部,有一个检测接点,可以通过这个接点获得流出的燃油样品。当有必要将过滤器彻底排空时,出口室通过这条管线接入到容器内。

在过滤室内,有一个方便取用的仪表板,其上安装了两个压力表(一室一个)和一个差压计。这些仪表的作用是确定穿过过滤元件的压力。在每个压力表的管线上,安装了一个截止阀,这样就可以将压力表取出,进行维护。

4. 主燃油过滤器的操作

过滤器需要适当的通风,这样过滤器元件才能被充分利用。JP -5 燃油进入过滤器的进油室至聚结元件的内部,在这里直径大于 5 微米的固体被保留在元件的内壁上。当 JP -5 燃油通过元件进入沉降物室时,所有的水都在元件外部聚结成为较大的水滴。当 JP -5 燃油通过沉降物室进入分离器元件中时,这些水滴在重力的作用下从 JP -5 燃油中沉降析出,进入过滤池中。JP -5 燃油从外部进入到分离器元件中,通过分离器元件进入到出口室,而最后剩余的少许已聚结且未沉降析出的水将被排斥析出。然后 JP -5 燃油从顶部离开过滤器的出口室,经过自动关断阀,进入终端。额定容量是 2 000 加仑/分钟。

[警告]任何时候,在打开和关闭控制过滤器内燃油流动的阀门时,都应该格外小心,这样才能避免对过滤器形成液压锤冲击作用。如果造成液压锤冲击效果,可能会使壳体受到过度应力,或致过滤器元件破裂。

在将过滤器放置就位准备操作时,如果过滤器安装了新元件,那么必须立即读取压力表读数并记录在日志文件中。进油和沉降物室之间的压力差应引起重视。压降会随着时间增加,这是聚结元件的内壁上固体污染物积聚的结果。

（1）压力检查

读取进油压力表、出口压力表和压差计的读数,并将显示的读数记录在过滤器操作日志中。当固体在过滤器元件上积聚时,过滤器上的压降开始增加。压差计确定整个过滤器组件上的实际压差。聚结元件上的压差最关键。

当达到聚结元件上允许的最大压差时,聚结元件就无法执行各自的设计功能,必须将聚结元件替换掉。关于聚结元件的最大允许压差,可以在制造商包装箱上的说明中找到。尽管压降限值可能有所不同,但是 15 磅/平方英寸是绝对适用的压降限值。

(2)样品检查

在初始流量开始时,每日对过滤池和出口室内的燃油进行检查,每隔 15 分钟检查一次。实验室样品取自初始流量,当更换日用油柜或者不论何时需要重新检查样品时,在连续流动的条件下,每隔四小时取一次样品。每份样品的含量应记录在操作日志中。可以利用这些样品来确定聚结元件和分离器元件的状况。

如果从过滤池取得的样品包含固体,那么很有可能表明聚结元件出了故障。如果从出口室取得的样品已被污染,那么很有可能表明聚结元件和/或分离器元件出了故障。不论是属于哪种情况,都应该对元件进行检查,必要时予以替换。而且,每次大修和重新部署前,都应该替换聚结元件。如果不进行大修或者重新部署,那么应该按照预防性维护计划的规定替换聚结元件。替换完聚结元件后,应该清理并检查过滤器元件。只有有故障的过滤器元件需要替换。可以将某厂家的聚结元件与另一厂家的过滤器元件搭配使用。

5. 过滤器液压控制系统

过滤器液压控制系统是一个安全装置,所有燃油过滤器都安装了这个装置。过滤器液压控制系统的功能是将过滤池中积存的水自动排出,如果积存的水量超过过滤器可以排出的量,那么液压控制系统将切断过滤器的流通。

过滤器液压控制系统由三个液压控制阀和一个浮子操作的控制阀组成。两个液压控制阀(自动关断阀和导向阀)位于过滤器放油管线上。另一个液压控制阀(自动排水阀)安装在过滤池放油管线上。浮子操作的控制阀(旋转阀)安装在过滤池的侧面或者底部。

(1)自动关断阀

自动关断阀是一款改装的球心阀,在自动关断阀中,以隔膜作为工作装置,隔膜有良好的支撑性,且已被强化。在上半个阀室(载隔膜之上)内,有一个张紧弹簧,可以在关闭阀门时起到帮助阀门就位的作用,同时在阀门打开时起到减震的作用。阀门由过滤器放油压力打开,在阀盘下动作。阀门由过滤器放油压力关闭,与阀盖室内隔膜顶部的张紧弹簧一起动作。导向阀和喷射器均安装在引动管线上,它们的作用是控制自动关闭阀的开闭。

引动管线从自动关断阀体的进油侧行至放油侧(绕过阀座)。

（2）导向阀

导向阀是一款改装的球心阀设计,它有一个双动式隔膜来充当工作装置。当燃油压力施加到隔膜的顶部时,阀门关闭(关闭引动管线)。当燃油压力施加到隔膜的底部时,阀门打开(允许燃油在引动管线内流通)。

喷射器安装在引动管线上,引动管线介于导向阀和关断阀的进油侧之间。喷射器吸油管线与关断阀盖室的顶部连接。当导向阀打开时,喷射器可以从主燃油盖室离析燃油,从而降低燃油施加在隔膜顶部的压力。当隔膜上方燃油压力下降时,因为过滤器放油压力在关断阀盘下动作,所以过滤器放油压力能够打开阀门。当导向阀关闭时,引动管线内的过滤器放油压力被导引通过喷射器吸油管线,到达关断阀盖室的顶部。隔膜顶部燃油压力增加后,就超越了燃油施加在阀盘上的压力,从而导致阀门关闭。简而言之,如果导向阀是打开的,那么自动关断阀就是打开的;如果导向阀是关闭的,那么自动关断阀就是关闭的。

（3）自动排水阀

这个阀门位于从过滤池引出的排水管线上,功能与导向阀相同。当燃油压力施加在自动排水阀上的隔膜顶部时,阀门关闭,过滤池的燃油流动停止。燃油压力释放完成后,阀门打开,这时水将从过滤池排出。立式过滤器有两个自动排水阀。

（4）浮子操纵的旋转控制阀

旋转控制泵位于过滤池的侧面或者底部,由浮球的升降进行操纵,浮球设置在过滤池内。

浮球通过浮臂和齿轮传动装置附接到旋转阀上。按照设计,浮球在水中时漂浮在水上,在 JP - 5 燃油中则完全浸没。这里介绍的旋转控制阀安装在立式过滤器上。

旋转控制阀有三个操作位置,即低位、水平和高位。阀体有 4 个端口,其中 3 个端口通过管道与如下内容相连:

①排水(通风)孔,行至自动排水阀侧排水管线;

②端口 1,行至导向阀隔膜顶部;

③端口 2,行至自动排水阀隔膜顶部;

④供给接点端口在旋转阀顶部,旋转阀位于过滤容器内。此端口安装了一个丝网过滤器。

旋转控制泵通过浮球的动作,控制自动排水阀和导向阀的开闭。

在新一代航母上,为外部浮子控制阀增装了 X - 75 浮法检测仪,因此就能够以 JP - 5 作为检测试剂(而不是滤槽内的水),来检测 JP - 5 值勤过滤器/分离器的自动装置。X - 75 浮法检测仪提供了一种方式,可以通过机械方式操纵浮球控制阀(提高或者降低浮球控制阀),通过这种方式来打开、关闭自动排水阀。这个操作须在有实际流量的情况下进行。通常情况下,在进行补油站冲洗作业时进行这项操作,操作时须监测系统压力是否有变化。

(5)过滤器液压控制系统的操作

只要通过过滤器的燃油含有微量的水或者不含水,此时旋转控制泵将维持其低位位置。当浮子到达低位时,旋转控制阀导引燃油到达自动排水阀(使该阀门保持关闭)隔膜的顶部,并从导向阀隔膜顶部释放燃油压力。直接施加在导向阀隔膜底部燃油上的压力将打开阀门,这样过滤器放油压力就会打开自动关断阀。

当聚结水在过滤池聚集时,浮子升高到水平位置。当浮子到达水平位置后,旋转控制泵将排空自动排水阀的顶部,这样就允许直接施加在燃油上的压力将其强行打开,将积聚的水排出。当继续向导向阀隔膜底部的燃油直接施加压力时,导向阀隔膜顶部将继续通风,保持导向阀打开状态,这样放油压力就会打开自动关断阀。

如果水在过滤池积聚的速度超过排出的速度,那么浮子将上升至高位。当浮子到达高位后,旋转控制泵将压力导引到导向阀的顶部(关闭导向阀),这样致使自动关断阀随之关闭,从而停止燃油排出。自动排水阀的顶部将继续通风,这样直接施加在燃油上的压力使其处于打开状态,从而排出积聚的水。

①当浮子位于低位时:导向阀打开;自动关断阀打开;自动排水阀关闭。

②当浮子位于水平位置时:导向阀打开;自动关断阀打开;自动排水阀打开。

③当浮子位于高位时:导向阀关闭;自动关断阀关闭;自动排水阀打开。

(6)过滤器液压控制系统故障排除

如果系统不能正常运行,那么请检查如下项目:

①检查自动关断阀、导向阀、自动排水阀上的箭头,确保它们安装正确。

②确保所有手动操作阀都正确对齐。

③检查管道是否有凹陷、扁平斑或内部堵塞物。

如果进行了上述检查后效果仍不理想,那么应该将旋转控制泵取下,进行检查和进一步的检测。请查阅相应的技术手册。

2.4.2 第一级过滤器

第一级过滤器(图2.40)通常称为回收过滤器,这是因为这些过滤器用在JP-5燃油回收系统中,过滤被污染燃油罐内的燃油,然后再将燃油泵回储油罐。

通常这些过滤器的额定容量为300加仑/分钟,工作压力为125磅/平方英寸(压力的变化取决于系统的工作压力)。按照设计,如果固体直径为5微米或者大约5微米,那么过滤器能够清除掉98%(质量分数)的固体,或者99.9%的水。过滤器有一个圆柱形、焊接结构、铜镍材质的外壳,安装在三条支撑筋上。在外壳的侧面有一个螺栓连接的人孔盖总成,通过这个人孔可以取下或者替换聚结元件、分离器元件。外壳的内部分成三个室,即进油室、沉降物室和出口室。进油室位于外壳的顶部,沉降物室包括聚结元件和分离器元件;而出口室(清水池)与放油管道连接。

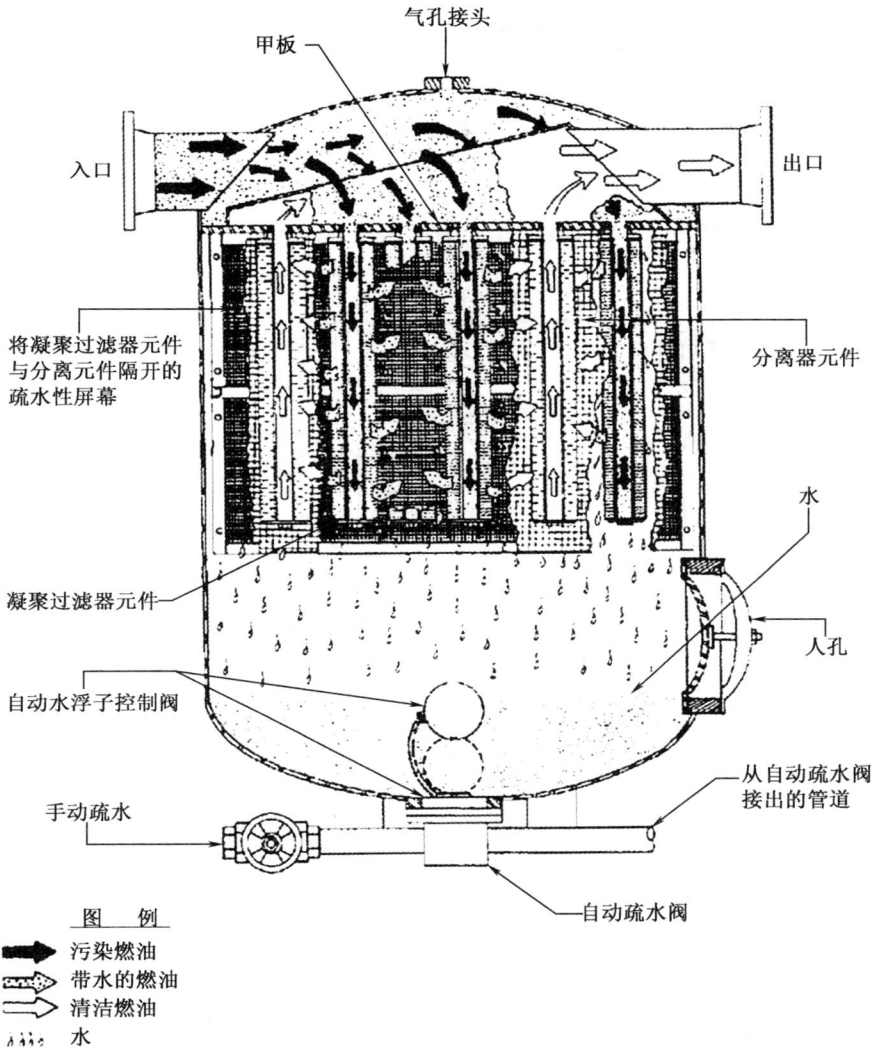

图 2.40　第一级过滤器

　　外壳的外部包含一个反射式视镜、差压表和出口压力表。视镜可以显示沉降物室内的水位。

　　压差计表示聚结元件上的压降。出口压力表显示已过滤燃油的压力,即燃油通过分离器元件后离开过滤器之前的压力。

　　在过滤器的阀板上,有 20 个聚结元件,它们垂直安装。燃油从进油室通过聚结元件,进入沉降物室。

　　在出口室上,附接了多个独立的安装总成,有 9 个分离器元件垂直安装在总成上。通过分离器元件燃油从沉降物室流动,进入到出口室。

浮球控制阀通过螺栓与法兰连接,法兰焊接在外壳上,浮球控制阀控制着自动泄水阀和自动关断阀。实际上,这个过滤器与主要的值勤过滤器的运行原理,唯一的区别在于额外功率不同。

2.4.3 预过滤器

预过滤器(图2.41)安装在第一级过滤器的上游,作用是减小第一级过滤器上的聚结元件的负载,同时延长这些元件的使用寿命。

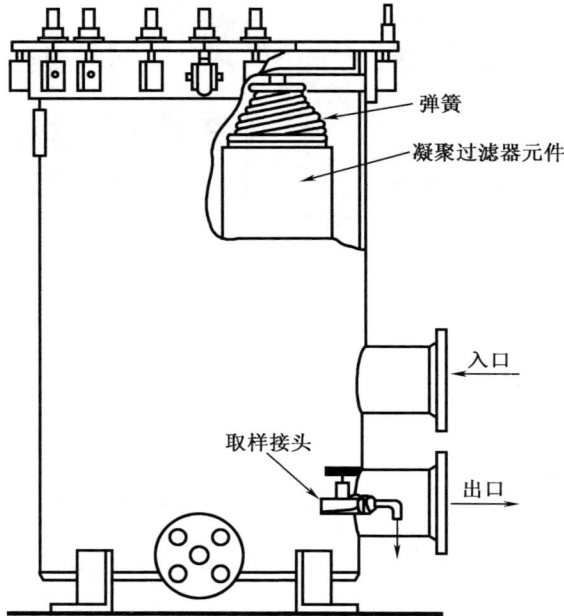

图2.41 预过滤器

一般来讲预过滤器的额定容量为300加仑/分钟,工作压力为125磅/平方英寸。在过滤器的进油侧安装了一个节流孔,目的是增加机组的工作压力。过滤器是专门为过滤掉固体污染物而设计的。

预过滤器基本上由圆柱形外壳、排水管接点、进油压力表、出口压力表和压差计构成。圆柱形外壳上有阀排气孔。这些元件构成一次性设计聚结式过滤器。在壳的顶部有一个螺栓盖总成,通过它可以取下或者替换聚结元件。不论什么时候,当给这个过滤器加压时或者在使用之前,必须完全排空,从而将过滤器内的所有污染物清除掉。

压差计的作用是监测过滤器入口压力和出口压力的变化情况。如果入口压力和出口压力之差达到20磅/平方英寸,那么应将元件取出并替换掉。安装的聚结元件的数量,因航母而异,具体取决于机组类型。请查阅相应的技术手册,了解航母安装的机组类型。

2.4.4　思考题

（1）在元件安装总成上，有一个部件，它能够对竖管的两端进行紧密密封，请问这是什么部件？

（2）当在元件安装总成上安装过滤器元件时，应该施加一个多大的扭矩才是正确的？

（3）在值勤燃油过滤器上进行日常燃油提取作业时，应该从哪里提取？

（4）在进行实验室分析时，需要从出口（清水池）提取样品，请问按照什么频率提取样品？

（5）在过滤器液压控制系统中，有两个液压控制阀，它们位于过滤器出口管线的什么位置？

（6）浮球与旋转阀连接，连接的旋转阀有 4 个端口，请问这 4 个端口分别是什么，在什么位置？

（7）增加 X－75 浮法检测仪的主要目的是什么？

（8）第一级（回收）过滤器的额定容量和工作压力是多少？

2.5　JP－5 燃油系统离心式过滤分离器

【学习目标】认识并解释 JP－5 燃油系统喷气式净化器的各个组件。介绍它们的功能、操作、运行限值和预防性维护措施。

离心力的定义是，从一个旋转中心向外推动一个物体（可以是物体的任意部件或者整体）的力。当人体快速转动时，身体向前倾的过程，实际上都是一个制衡离心力的过程。人体向前倾多少，由转身时施加的离心力的大小决定。大多数人都能自然而然地做这个动作，那是因为离心力还有重力，是施加在我们人类和所有物质上的最普遍的物理力。

在 JP－5 燃油加注和输送系统中，当 JP－5 燃油从储油罐输送到日用油柜时，离心净化器（图 2.42 和图 2.43）的作用就是清除掉 JP－5 燃油中的水、固体和乳液。碗盖式离心机是一款"恒定效率"分离器。也就是说，碗盖式离心机从运行开始到运行结束时的效率相同。之所以能够实现恒定的效率，是因为积聚的固体已经从分离区中分离掉。分离操作在碟片间隙内进行，分离出来的液体从出口排出，在这个出口中，燃油不会再受到积存固体的污染。

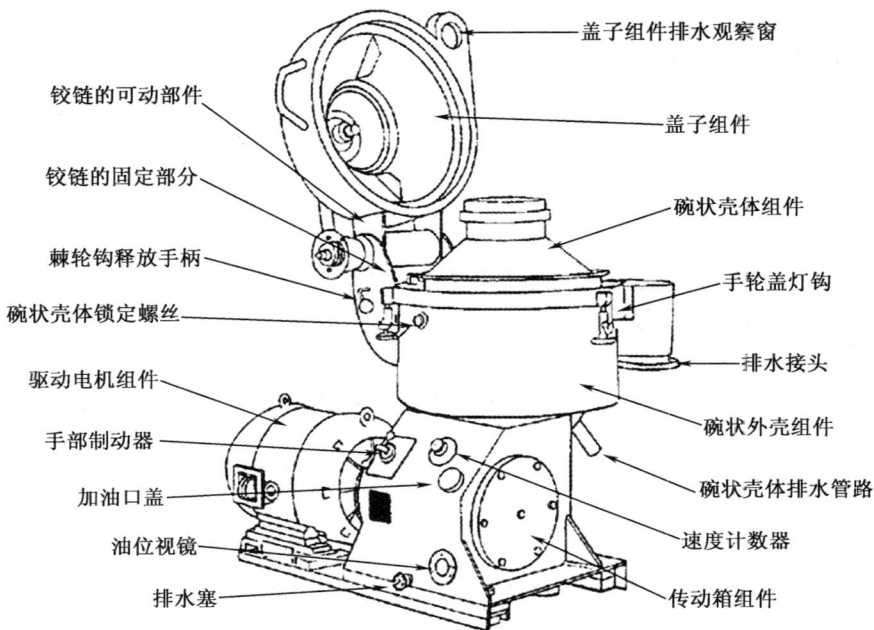

盖子组件排水观察窗

铰链的可动部件

铰链的固定部分

棘轮钩释放手柄

碗状壳体锁定螺丝

驱动电机组件

手部制动器

加油口盖

油位视镜

排水塞

盖子组件

碗状壳体组件

手轮盖灯钩

排水接头

碗状外壳组件

碗状壳体排水管路

速度计数器

传动箱组件

(a)

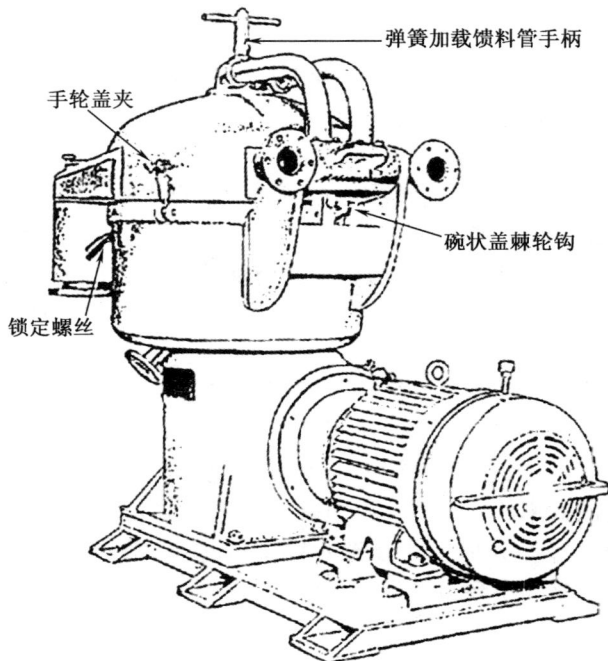

弹簧加载馈料管手柄

手轮盖夹

碗状盖棘轮钩

锁定螺丝

(b)

图 2.42 离心净化器

(a)前视图;(b)后视图

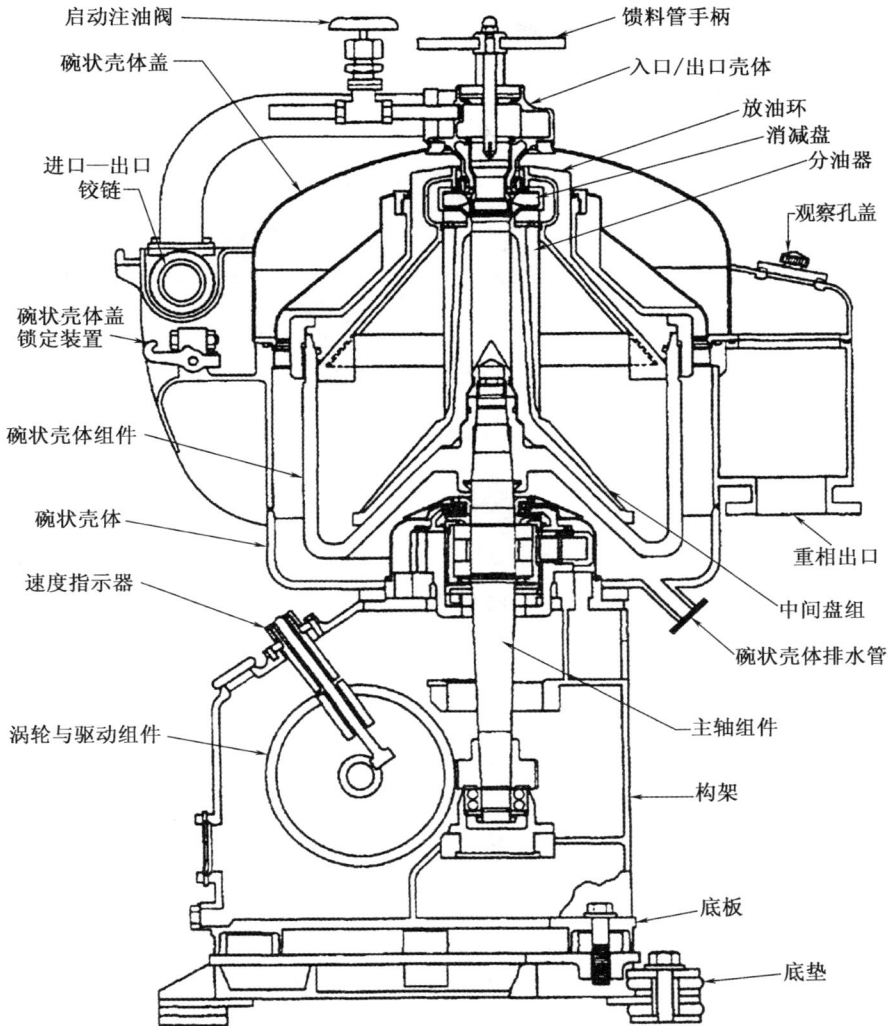

图 2.43　离心净化器(分解图)

2.5.1　操作原理

被水和固体污染的燃油通过入口—出口总成的馈料入口,被送至净化器(图2.44)中。然后被污染的燃油通过馈油管子,进入到碗离心机的顶部,被污染的燃油在管状轴内向下运动,由分配器底部磁盘组下的分配椎体向外向上抛出。燃油被迫通过中间盘中的分配孔向上运动,中间盘的离心作用将燃油、水和固体分离开。

固体被直接抛向分离筒壁,然后这些固体在分离筒壁内部垂直表面上的一个均匀表面上聚集。而水则被抛向外边,与馈送进来的原料相遇并被原料移位,迫使水在顶盘的外边缘向上溢流并超过外边缘,并将水通过放油环和重相出口放掉。

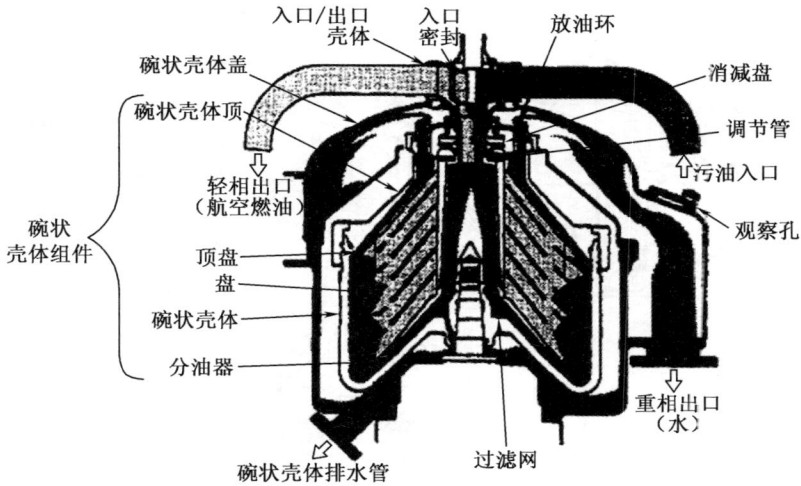

图 2.44　净化器运行时燃油流动情况

　　清洁的燃油密度较小,因此会沿着分配器的外侧向内向上移动,排出至配对盘室中,在配对盘室中旋转的燃油接触到固定配对盘的边缘。然后,配对盘充当起泵的作用,将燃油放出到净化器燃油出口。

　　我们将 200 加仑与 300 加仑离心净化器的特点做了对比,结果见表 2.6。

　　[注意]应始终以相应的技术手册以及航母航空燃料操作排序系统为依据,了解所在航母系统的操作变更。

表 2.6　200 加仑离心净化器与 300 加仑离心净化器对比

特性	200 加仑离心净化器的特点	300 加仑离心净化器的特点	备注
容量	200 加仑	300 加仑	净化 JP - 5 燃油温度为 60 ~ 90 华氏度
馈料入口压力	4 ~ 10 磅/平方英寸	15 ~ 25 磅/平方英寸	
排出的 JP - 5 燃油的反压	25 磅/平方英寸	15 磅/平方英寸	最小
	30 磅/平方英寸	20 磅/平方英寸	理想
	35 磅/平方英寸	25 磅/平方英寸	最大
转速	4 100 转/分钟	4 100 转/分钟	

2.5.2 盖子组件

盖子组件封装在旋转的分离筒壁组件的顶部(图 2.45)。盖子通过铰链连接到分离筒套上,这样就可以将盖子升起,拆卸并清理分离筒。盖子铰链、入口和出口总成的功能是在不断开管道的情况下实现的。铰链的固定部分已经焊接到分离筒套上,铰链的移动部分则焊接到盖子上。在铰链的固定部分有一个棘轮钩,目的是在铰链开位时锁定盖子。可以通过手柄来解开棘轮钩,以便关闭盖子。入口和出口管道通过铰链与入口和出口管件连接起来。管道是固定的,但是管子随着盖子旋转。在管道和管件之间,安装了一个 V 字形、耐油的橡胶密封件,目的是防止泄漏。

[**警告**]馈料管子有左旋螺纹,盖子打开前,必须将馈料管子从配对盘上脱开。

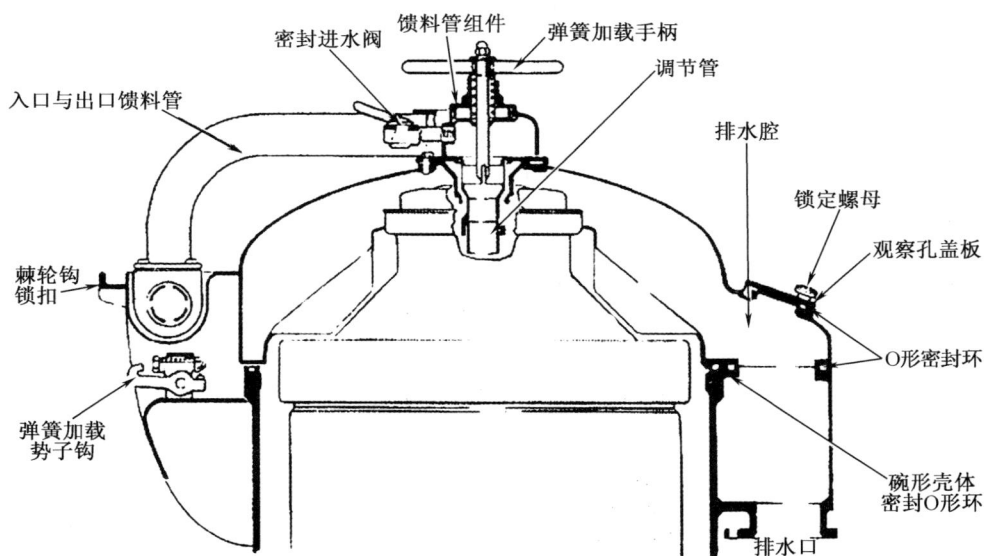

图 2.45 盖子组件

燃油产生的压力会扩展 V 字形密封环,从而获得紧密的密封效果。当限制燃油流动时,压力也随之停止,V 字形密封环充分松开,这时就可以将盖子旋转到开位。

馈料管以及净化后的 JP−5 燃油放油管都连接到馈料管总成上,馈料管位于盖子顶部。通过一个耐油密封件(O 形环),来防止各管路与馈料管总成之间的液体渗漏。馈料管总成导引进燃料进入到旋转的分离筒中,并将净化后的 JP−5 燃油导引出分离筒。

在进油管和放油管之间有一个防水入口,它的作用是导引淡水进入到旋转的分离筒中,使之起到密封介质的作用。由一个 0.75 英寸的旋塞阀和不锈钢丝编织的软管将防水入口连接到泵舱内的淡水供应源。

从内部结构讲,馈料管组件的作用是导引进燃料和密封水进入一个尼龙调节管中,然后调节管导引液体进入到管状轴(分离筒壁总成的一部分)的中心。

馈料管也是配对盘的轴。弹簧加载的手柄延伸超出馈料管总成的顶部,它的作用是将馈料管拧到配对盘上。当馈料管拧到配对盘上之后,手柄将保持在下方位置。如果馈料管未拧到配对盘上,那么弹簧将迫使手柄和馈料管向上离开配对盘。

在盖子底部周围有三个等间距的手轮盖抓钳(勾型)。这些钩型抓钳的作用是在关闭位置将盖子锁住。

圆顶形盖内部是泄水舱。泄水舱接收来自旋转筒排放的水。这股水被导引进入泄水舱的泄水出口区域。可以通过观察端口,对排放水进行目测检查。端口有一个金属盖,当端口打开时,盖子摆动到一侧。

2.5.3　分离筒套

分离筒套是一个圆形固定桶,其中设有旋转的分离筒壁总成。盖子铰链、进油和出口总成的固定部分焊接到分离筒套的外侧。

三个手轮盖抓钳之间间距相等,布置在分离筒套顶部四周,作用是在盖子关位时锁紧盖子。每个手轮盖抓钳都有一个钩子,它能够啮合盖子上的抓钳。旋转手轮将钩子向下旋落在抓钳上,抓钳反过来将盖子拉下。在关闭位置锁紧盖子时,只需要用手就足以把盖子锁紧。当盖子关闭时,用一个大型耐油环,作为盖子和分离筒套之间的液体密封件。

在分离筒套的上半部分,设有两个分离筒壁锁止螺丝(图2.46),在拆卸和组装过程中,这些锁止装置的作用是锁定分离筒壁,以此来阻止分离筒壁总成转动。在分离筒套内有一个螺纹套管,它能够使带螺纹的锁止螺丝从锁止位置拧入或者拧出。当锁止螺丝处于关闭位置时,它们将啮合旋转分离筒壁总成内的一个狭槽。

[警告]在启动净化器前,必须将两个分离筒壁锁止螺丝取下。这两个分离筒壁锁止螺丝的作用是,当锁止螺丝取下时,堵塞分离筒套的螺纹孔。

在分离筒套的上半部分,焊接了一个泄水接点。当盖子关闭时,这个接点与盖子总成上的泄水接点对齐。当盖子关闭时,耐油O形环在盖子泄水接点和分离筒套之间形成了防泄密封。分离筒套泄水接点的下半端则通过法兰连接到泄水管线上。泄水管线引导水进入废油罐内。泄水管线在净化器和连接管道之间设有一个挠性管道接点,连接管道已经牢固地焊接到航母的结构中。因为有这种灵活性,所以在启动和关停净化器时,可以在临界振动范围内安全运行。

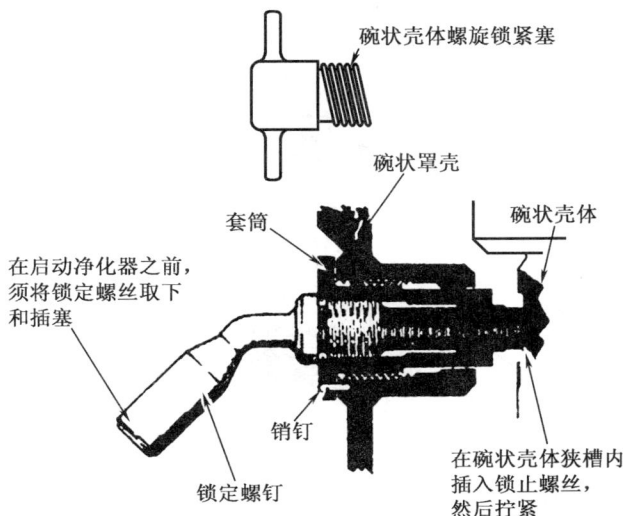

图 2.46　碗形壳体锁定螺钉和塞子

[说明]直升机船坞登陆舰(Landing Helicopter Dock,简写为 LHD)配置的净化器都配置了一个震动开关,如果净化器内震动过度,这个震动开关就会启动。它的作用是向控制器和净化器提供电力保障。

分离筒套排水管线从分离筒套底部突出。有可能进入到旋转的分离筒壁总成和固定的分离筒套之间环形空间的任何液体,都将从这根排水管线中排出。分离筒套排水管线导引排出的液体进入废油罐中。在这根排水管线上,安装了一小段挠性橡胶软管,目的是发挥与泄水管线上挠性管道接点相同的功能。

2.5.4　传动箱及组件

传动箱通过多个螺栓连接到分离筒套、盖子和分离筒壁总成上,并起到支撑分离筒套、盖子和分离筒壁总成的作用。传动箱包括主轴总成、直驱式总成、速度计数器、制动器和润滑系统。

主轴总成(图 2.47)是分离筒壁总成的立式驱动轴。它由三组滚珠轴承支撑主轴总成:一组位于顶部,一组位于中心,另一组位于底部。所有三组滚珠轴承都通过机油润滑。在中心轴承组的上部轴承和下部轴承之间,是一个大型立式弹簧。这个弹簧起到减震器的作用,当净化器启动时,它能够吸收轴芯主轴产生的任意垂直推力,由 6 个等间距的卧式弹簧围绕着位于顶部的滚珠轴承组,吸收并缓冲分离筒壁总成的任意水平运动,从而能够减少震动。轴芯主轴的下半部分通过涡杆齿轮与直驱总成的水平驱动轴连接。

直驱总成将驱动马达产生的动力传送给轴芯,而轴芯又反过来将动力传送给分离筒壁总成。直驱总成(图 2.48)通过一个挠性联轴器将净化器与马达轴连接起来。联轴器由两个半球联轴器组成。

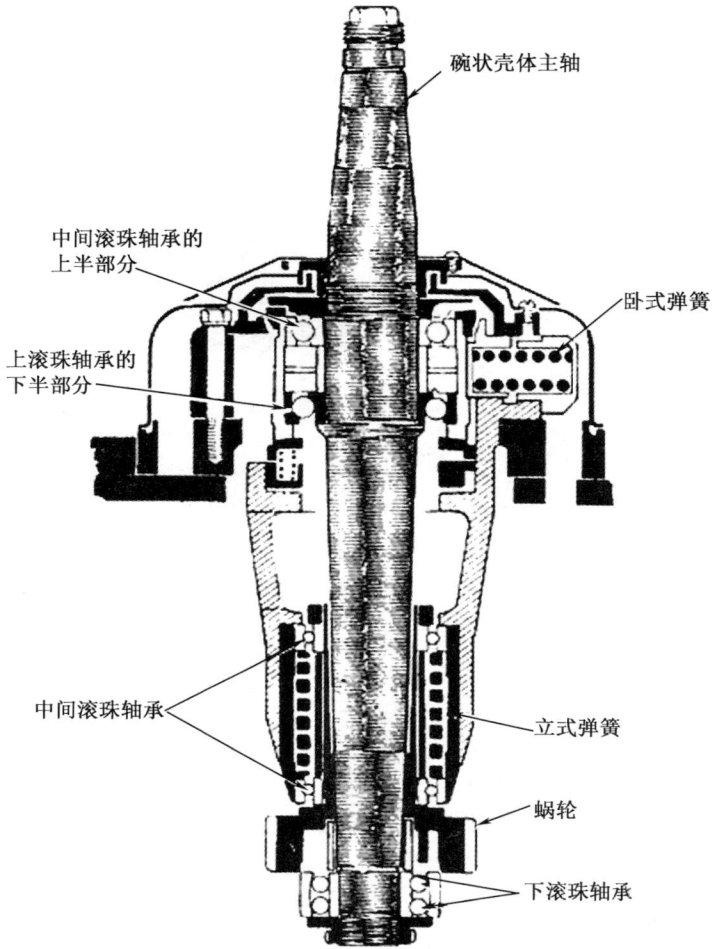

图 2.47　主轴总成

标注：碗状壳体主轴、卧式弹簧、中间滚珠轴承的上半部分、上滚珠轴承的下半部分、中间滚珠轴承、立式弹簧、蜗轮、下滚珠轴承

　　马达末端安装在马达轴上,净化器末端通过 4 个螺栓安装在制动鼓上。每个半球联轴器都有多个凸钉(这些凸钉相互错开),用来啮合两个半球联轴器之间的橡胶垫。

　　驱动马达轴转动联轴器,联轴器又反过来转动水平驱动器轴。水平驱动器轴由两个滚轴轴承支撑,即一个外部滚轴轴承和一个内部滚珠轴承,这两个轴承均由机油润滑。在驱动器轴上键合了一个涡轮齿轮,用来啮合轴芯总成底部的齿轮(涡杆齿轮)。此外,还要用一个小型齿轮来驱动速度计数器,这也是涡轮齿轮的一部分。

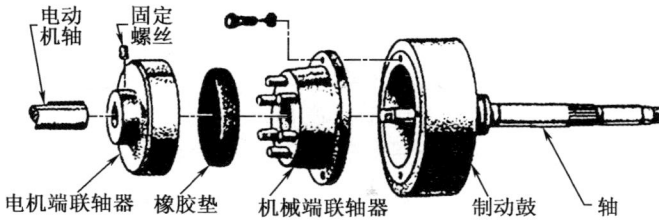

图 2.48　直驱总成

电动机轴　固定螺丝

电机端联轴器　橡胶垫　机械端联轴器　制动鼓　轴

　　用速度计数器(图 2.49)来确定分离筒壁总成每分钟的转数。速度计数器由一个轴组成,轴穿透传动箱。速度计数器的一端位于传动箱内,另一端在传动箱外。传动箱内的一端与涡轮齿轮连接,因此当直驱总成转动时,速度计数器轴也跟着转动。但是受齿轮传动比的影响,速度计数器转动的速度要慢很多。一个附加的盖子盖住了速度计数器轴的外部端。盖子在顶部受的一侧有一个突起物,当操作人员要确定分离筒的转速时,就将手指放在盖子外边缘上,然后计算突起物在一分钟时间内碰到手指的次数。当分离筒全速转动时,碰到操作员手指的计数应为 146～152 转/分钟。

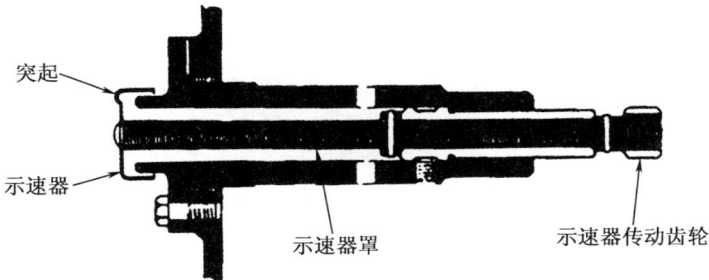

突起

示速器

示速器罩　　　　　　　示速器传动齿轮

图 2.49　速度计数器

　　因为齿轮传动比的缘故,驱动马达的转速是 1 770～1 775 转/分钟,分离筒的转速是 4 100 转/分钟,而速度计数器的转速是 146～152 转/分钟。可以通过手部制动器(图2.50)来关停净化器。这个手部制动器只能在紧急情况下才能使用。手部制动器由一个偏心手柄和一个弹簧加载的闸瓦组成。闸瓦的键合刹车片是可更换的。当手柄在低位时,手部制动器关闭;当手柄被提升到高位时,手部制动器打开。当手部制动器打开时,弹簧向制动鼓的外表面挤压闸瓦和刹车片,产生的摩擦使得净化器停止。需要说明的是,某些 300 加仑/分钟(B214AS－300 型)的净化器没有装配制动器总成。

　　在传动箱的底部有一个机油槽,这个机油槽是专门为润滑系统(图 2.51)准备的。润滑系统的机油用来润滑轴芯和驱动轴上的轴承。传动箱分成两个隔舱,由一张金属板分割,其中一个隔舱包含直驱式总成联轴器,另一个隔舱包含由机油润滑的齿轮和轴承。直接驱动轴穿过金属隔板,并在其四周安装了垫片,目的是阻止机油泄漏进入到直接驱动联轴器舱中。驱动轴上的涡轮齿轮有一部分浸入到机油中。转动涡轮齿轮时,使得机油在润滑舱内四溅,通过这种方式为轴承和齿轮提供机油。机油槽能够容纳 8~8.5 夸脱的 90 号齿轮润滑机油。为了确定正确的机油油位,可以观察传动箱侧面上的圆形视镜。视镜固定环有两个刻度线,通过刻度线来标示机油油位。白色线(顶线)是高油位或者满油位刻度线;红色线(底线)是低油位刻度线。

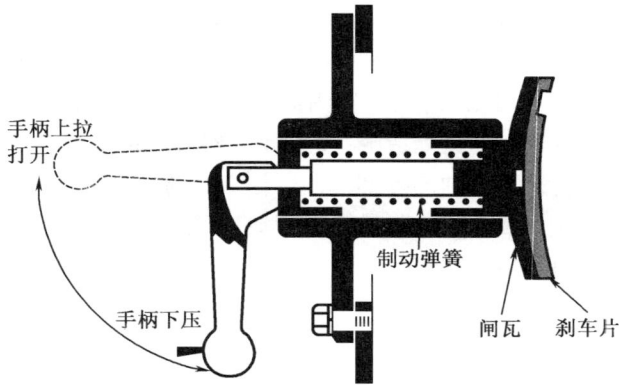

图 2.50　手部制动器组件

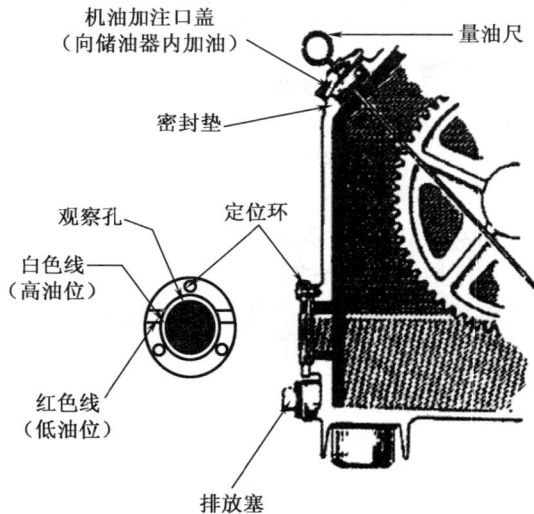

图 2.51　机油润滑系统

在有些装置中,无法在正常位置直接看到机油视镜,在这种情况下可将视镜延长并转动,从而使操作人员获得一个清晰的视角。在机油加注口盖上还增加了一个量油尺,并有两个标记位,若机油液面下降到下标,表示此时应该增加润滑机油,操作员应向机组内填补机油,使润滑油达到上标位置。为了检查油位,将量油尺从盖子中完全拉出,用一块干净且干燥的抹布擦拭量油尺。之后将量油尺从盖子中完全推入,再将其拉出,然后读取读数。一定要确保量油尺始终靠在盖子上。有些 300 加仑/分钟(B21AS－300 型)的净化器只有机油视镜,已经摒弃了量油尺计量方法。

在靠近传动箱顶部的地方有一个机油加注盖。机油排放塞位于油槽的底部。

2.5.5　碗形壳体组件

碗状壳体组件(图 2.52)为从 JP－5 燃油中除掉污染物提供一个工作区。整个碗状壳体组件位于主轴组件的顶部。主轴组件会致使碗状壳体组件旋转,从而使传送的燃油获得离心力,发生离析。在运行期间,碗状壳体组件内含有淡水密封,可防止 JP－5 燃油流失。大多数分离出来的固体和乳液完全脱离了液体流通管路,保留在了碗状壳体组件内。

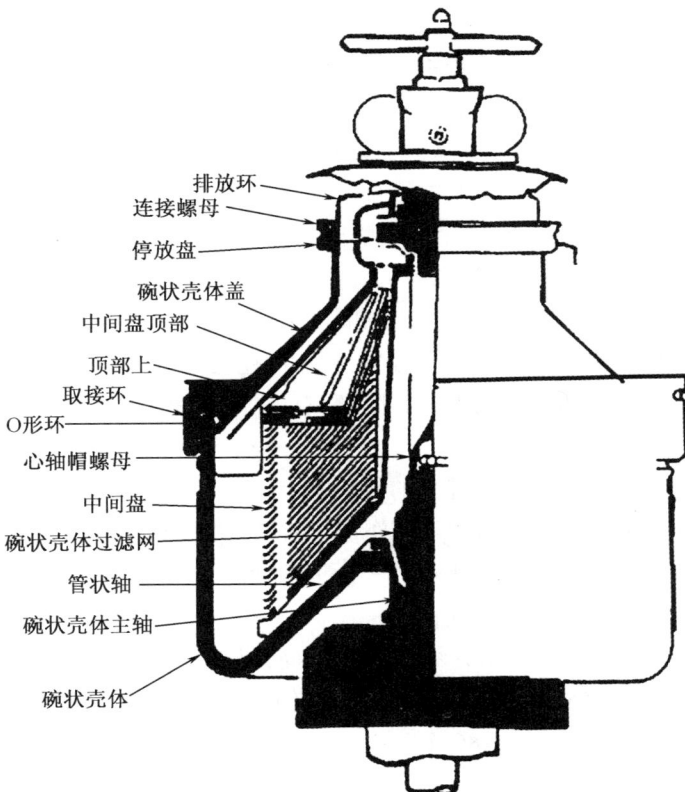

图 2.52　碗状壳体组件

碗状壳体能够把分离出的液体关闭在其内。在"桶状"分离筒壁内,设有过滤网、盘组、配对盘和放油环。

分离筒壁有 8 个等间距的排放孔,8 个排放孔环绕着分离筒底部凸起中心布设。当净化器不工作时,可以通过这些孔方便地排空分离筒。引流液将被导引进入到一个环形空间(环形空间介于分离筒壁和分离筒套之间)内,之后被导引从分离筒排放管线排出。

为了保证排放孔不被分离筒壁上的尘土堵塞,在排放孔上安装了一个锥形的过滤网。

分离筒壁安装在轴芯轴顶部的锥形部分上。轴芯轴的顶部有螺纹,轴芯轴从分离筒壁的凸起中心向上凸起。在轴芯轴的螺纹上的轴盖螺母,使分离筒壁向下落在轴芯轴的锥形部分上。

在靠近分离筒壁顶部的外表面上,在两侧各设置了一个狭槽,在安装和拆卸分离筒壁时,这两个狭槽的作用就是啮合分离筒壁的锁止螺丝。在分离筒壁的上部或外侧边缘有一个凹槽,凹槽的作用是啮合分离筒的顶部。

管状轴是盘组的基础和中心,它在入口液体与配对盘盘组排出液之间形成一个圆形舱壁。

管状轴的基础上有 3 个间距不等的销子,在分离筒壁内侧底部有一个凸起的中心,在凸起中心四周有 3 个间距不等的狭槽,这 3 个销子与狭槽互锁。这样,管状轴就只能安装在一个位置上,从而保证管状轴能够旋转。

管状轴的喇叭形底座是盘组的底部。在分离筒壁和管状轴底座的底部之间,有 12 个内部隔圈,液体从这 12 个内部隔圈中通行。内部隔圈是管状轴的一部分,有两个主要作用:可以使管状轴离开分离筒壁,从而使液体通行;使液体进行圆周运动,其作用相当于旋桨。这 12 个内部隔圈从管状轴的内侧顶部开始,沿着管状轴的轮廓向下到达喇叭形底座以下,最后到达底座的外边缘。

在管状轴的喇叭形底座的外边缘附近,有 12 个等间距的孔,这些孔位于 12 个内部隔圈之间。

管状轴在喇叭形底座以上部分的外边缘有 12 个等间距的外部隔圈。这些外部隔圈对净化后的 JP-5 燃油产生的作用,与内部隔圈对进料进油液体产生的作用相同。在其中一个外部隔圈上,有一个键,盘组中所有的盘都通过这个键与外部隔圈锁定。这样就保证盘会旋转。

中间盘是盘组的主要部分。每个盘的上面,靠近外边缘的地方都印了一个编号。对于 200 加仑/分钟的净化器而言,共有 127 个独立的中间盘。对于 300 加仑/分钟的净化器而言,共有 186 个独立的中间盘。盘的编号是从 1 到 186。1 号盘位于底部,第 127 号(200 加仑/分钟净化器)和/或 186(300 加仑/分钟净化器)则位于顶部。

[**说明**]可以向中间盘组的顶部再增加中间盘。这样就可以保证能够维持正确的盘组压缩。

中间盘都是一样的,唯一的区别在于盘号。从形状来讲,中间盘就像是一个金属灯罩,底座大而顶部小。一个小的唇缘从底座呈喇叭形向外张开,一个小的唇缘在顶部呈喇叭形向内收紧。

在盘底座周围,有 12 个等间距的孔。一个薄的金属片(厚 0.050 英寸)从每个孔向内部唇缘收紧。这些金属片位于每个中间盘的顶部,作用就相当于隔圈。因为每个盘都固定在另一张盘的顶部,因此各盘之间的空间厚度由隔圈的厚度确定。

在每个中间盘内部的顶部唇缘上,都有一个凹槽,凹槽与管状轴上的键互锁。这种互锁保证中间盘会转动而且盘孔能够竖直对齐。

有些净化器有一个固定在最高的中间盘顶部的中间盘,它的作用也是保证正确的盘组压缩。这个盘在构造上与 127 号(200 加仑/分钟净化器)和 186 号(300 加仑/分钟净化器)中间盘相似。唯一的区别在于底座周围的喇叭形唇缘仅有中间盘的喇叭形唇缘的一半那么大,而且它也没有标号或者凸肋。

顶盘安装在中间顶盘的顶部,是盘组的顶盘。因为比盘组内其他盘要宽一些,所以顶盘就像一把伞一样覆盖着盘组。这是唯一一个底座周围没有孔的盘。顶盘内部的上部是配对盘的泵壳。泵壳的下半部分有一个凹槽,凹槽与管状轴上的键互锁,从而保证顶盘可以旋转。

在顶盘顶面周围有 12 个等间距的外部隔圈,它们从底座的外边缘向内延伸到达泵壳的顶部。每个外部隔圈的外端向下延伸,部分高于顶盘的底面,功能是将水分离出来。

配对盘实际上就是一个叶片型离心泵,设置在顶盘的泵壳区域内。配对盘不会旋转;配对盘拧接(逆时针拧紧 3～3.5 个整圈即可)到馈料管总成(参考盖子总成)上。在这个泵中,泵壳绕着叶轮旋转。这样,液体的流动方向就是从外向内;这种流动是向心的,与离心泵的情形正好相反。馈料管总成是泵的轴。一个尼龙环紧紧地套在配对盘的顶部。当馈料管拧入配对盘时,配对盘上升直到尼龙圈接触到泵壳的上部或是内部区域为止。在这个位置上,尼龙圈的作用就是充当配对盘的耐磨环。

一个分离筒顶部安装在顶盘隔圈的顶部。排放水从顶盘和分离筒顶部之间的空间向上流。锥形分离筒顶底部厚而部薄一些,比较厚的底部的一部分落在分离筒壁顶部,另一部分向下延伸进入分离筒壁内。

分离筒顶的一部分向下伸出进入到分离筒壁内,这部分有一个 O 形环固定槽,以便在分离筒顶和分离筒壁之间形成了一个油性密封件。这个密封件保证参与净化过程的液体按照正常流速通过分离筒壁总成。

一个大的联轴器环从分离筒顶部向下拧,拧至分离筒壁的上部或是外部边缘。这个环将分离筒顶固定就位。

在分离筒顶外边缘的底面,有一个突出的长方形标志,它与分离筒壁的凹槽啮合,从而保证分离筒顶可以旋转。

分离筒顶的顶部边缘有一个固定槽,在这个固定槽内插有一个耐油橡胶密封环。放油环安装在这个密封环的顶部。

在分离筒顶的顶部周围,有一圈外缘,外缘上有螺纹可以接受连接螺母。连接螺母从上向下拧在放油环上,这样就迫使放油环向下落在橡胶密封环上。这个密封环的作用是保证放出的油会向上流动并通过放油环的中心。

如前所述,联轴器环迫使分离筒顶向下降落在分离筒壁的顶部,完成一次密封。当向下拧联轴器环时,它迫使分离筒顶向下落在盘组上。这个动作压缩盘组保证每个盘都会紧紧地落在邻近的盘上,并保证各盘之间的空间是合适的。

为了保证盘组上有正确的张力,在联轴器环和分离筒顶上印有对齐标线。当拧紧联轴器环时,这两个标线必须在一条直线上。在联轴器环的顶部还有指示箭头和"打开"字样。这些标线显示取下联轴器环时正确的旋转方向。

如果联轴器环对齐标线超过分离筒顶对齐标线 20 ~ 25 度(4.5 英寸)或者更多,那么应立即联系型号指挥官。这种情况表明分离筒螺纹出现了过度磨损,对于设备和人员来说非常危险的。

[**警告**]联轴器环和连接螺母有左旋螺纹。

在联轴器环的外部或者上部边缘周围,有四个等间距的狭槽,这些狭槽需要使用专用扳手,才能取下或者安装联轴器环。

放油环安装在分离筒顶顶部,充当一个坝体,维持分离筒壁总成内水和 JP - 5 燃油之间的正常分离管线。

每个净化器都配有一套外部直径相同的放油环,但是内部直径不同。内部直径尺寸蚀刻在各个环上,从 200 毫米到 250 毫米不等,以 5 毫米为一个增量。

连接螺母将放油环固定就位。与连接环一样,连接螺母的顶部也有一个指示箭头和"打开"字样。

连接螺母的外边缘有四个等间距的圆形槽,需要使用专用扳手进行拆装操作。

2.5.6　净化器操作

本节介绍的净化器操作包括两种不同条件下的操作,即干净的分离筒和不干净的分离筒。

1. 启动净化器前的预备步骤

不管分离筒的状况如何,在启动净化器前都有一些预备步骤要遵守。具体的预备步骤如下：

①打开分离筒盖。

②确保手闸处于关位。

③将分离筒壁的两个螺丝取下。

④插入两个分离筒壁锁止螺丝塞子。

⑤用手转动分离筒。如果分离筒不能转动自如，找出原因并予以更正。

⑥检查机油槽内的机油油位情况。如果机油油位在红色线水平或者红色线水平以下，那么需加注大量机油，使机油位升至白色线水平。

⑦关闭分离筒盖，接合并拧紧三个手轮盖夹子。

⑧将馈料管与配对盘接合（逆时针转动 3~3.5 圈即可）。

⑨确保密封进水软管与净化器密封进水阀门连接。

⑩确保净化器废油罐是空的。

可以通过一个驳油泵和左舷净化器将燃油从一个左舷机翼储油罐输送到一个左舷机翼日用油柜中。由于燃油输送的流程是从同组储油罐内的一个翼罐到另一个翼罐，而且在航母的同侧进行，所以航母的倾斜和平衡系统不会出现大的变化。此时，可以在右舷按照同样的方式对右舷日用油柜进行同样的操作。但是，因为输送时只用一个驳油泵向净化器内泵送燃油，所以它们的容量相同。

2. 使用干净分离筒净化器筒的步骤

使用干净的分离筒时请按照如下步骤操作。

注：这里讨论的流程仅适用于 200 加仑/分钟净化器，请查阅航母的航空燃油操作排序系统，了解使用其他类型的净化器的正确流程。

①关闭下列阀门：

a. 样品接点；

b. 净化器进油阀门；

c. 净化器放油阀门；

d. 净化器密封水入口阀门。

②打开下列阀门：

a. 指定的歧管箱侧阀门；

b. 指定的歧管输送总管侧阀门；

c. 指定的驳油泵进油阀门；

d. 指定的驳油泵放油阀门；

e. 指定的驳油泵进油和放油压力表阀门；

f. 淡水供给阀门（密封水供应）；

g. 分离筒套排水阀（锁定打开）；

h. 指定日用油柜的加注阀门;

i. 净化器放油阀门。

③启动净化器(按下开始按钮)。

④当净化器分离筒壁总成达到 4 100 转/分钟(在 11 分钟 ±1 分钟的时间内,146~152 转/分钟)时,打开密封水入口阀门。

⑤打开盖子总成上的总放油观察端口。

⑥当水通过观察端口时,关闭密封水入口阀。

⑦启动指定的驳油泵(按下开始按钮)。

⑧慢慢地打开净化器进油球心阀,调节油门使进油压力维持在 4~10 磅/平方英寸。然后调节净化器放油球心阀,使反压维持在 30 磅/平方英寸。

⑨记录时间,并打开如下项目:

a. 驳油泵;

b. 净化器。

⑩当净化器运行时:

a. 记录指定驳油泵进油表和放油表的读数;

b. 记录净化器进油表和放油表的读数。

c. 提取排放的样品。用 AELMK III/CCFD(复合污染燃油探测器)分析样品,并记录分析结果。

⑪当指定的驳油泵在储罐侧失去吸力时:

a. 关闭净化器进油阀;

b. 打开歧管阀,对下一个储罐进行清空;

c. 关闭已经清空储罐的歧管阀门;

d. 重复第⑧步。

⑫当加油泵已达到容量的 95% 时,停止输送。请按照如下步骤关停净化器:

a. 关闭净化器的进油阀门;

b. 关停指定的驳油泵(按停止按钮);

c. 关停净化器(按停止按钮);

d. 不要接合制动器;

e. 净化器将自然停止(大约 45 分钟);

f. 当净化器速度减慢时离心力消失、馈料入口压力降为零、放油压力降为零;

g. 关闭净化器放油阀门;

h. 关闭所有已经打开的阀门;

i. 记录时间,关停指定的驳油泵和净化器。

j. 记录从储油罐内移走的燃油总加仑数;

k. 记录输送到日用油柜内的燃油净加仑数。

3. 紧急情况

遇有紧急情况时,请按照如下步骤关停:

①按下净化器关停按钮;

②操作手制动器(手柄向上);

③关停驳油泵(按下关停按钮);

④关闭净化器放油阀和进油阀。

[说明] 因为净化器放油阀和进油阀按照上面给出的顺序关闭,所以困在净化器内的 JP - 5 燃油给旋转造成了额外阻力,这样做就有助于关停净化器。

[警告] 在某些情况下,需要让净化器在没有燃油流动的情况下继续运行一小段时间。然后,净化器将进入到待机模式,从而避免内部部件过热。

4. 使净化器进入待机模式的操作步骤

请按照如下步骤,使净化器进入待机模式:

①关闭净化器的进油阀;

②关停指定的驳油泵(按下关停按钮);

③手动打开净化器的密封水阀,让密封水涓流流入到净化器中;

④ 5 分钟后进行检查,此后每隔 5 分钟检查一次,确保入口/出口外壳和净化器转筒盖是凉的,可以用手触碰;

⑤如果外壳和盖子不够凉无法用手触碰,那么应增加密封水的流量。

5. 使净化器从待机模式中退出的操作步骤

请按照如下流程,将净化器从待机模式中退出:

①预备步骤完成后即可重新启动净化器;

②当净化器达到最大转速时,按照干净分离筒的启动步骤,完成第⑤~⑫步。

6. 启动不干净分离筒净化器的步骤

请按照如下流程,启动不干净分离筒净化器:

①完成所有预备步骤;

②和启动干净分离筒净化器一样,完成第①~③步;

③打开净化器密封水入口阀门。当净化器增速时,流入净化器内的密封水使分离筒保持平衡;

④当净化器获得最大转速时,和启动干净分离筒净化器一样,完成第⑤~⑫步。

JP - 5 燃油和水之间分离管线的位置,对于正确净化非常重要。要想达到好的净化效果,这根管线应在盘组外部,顶盘的正下方。如果分离管线太靠外,那么部分或者全部 JP－5 燃油将随水一起放掉。如果分离管线太靠内,那么水就会随着 JP－5 燃油一起放掉。分离管线的位置取决于正确的放油环的选择,放油环取决于 JP－5 燃油的相对密度。一旦 JP－5 燃油的密度相对确定,请参考图 2.53 确定放油环的尺寸。

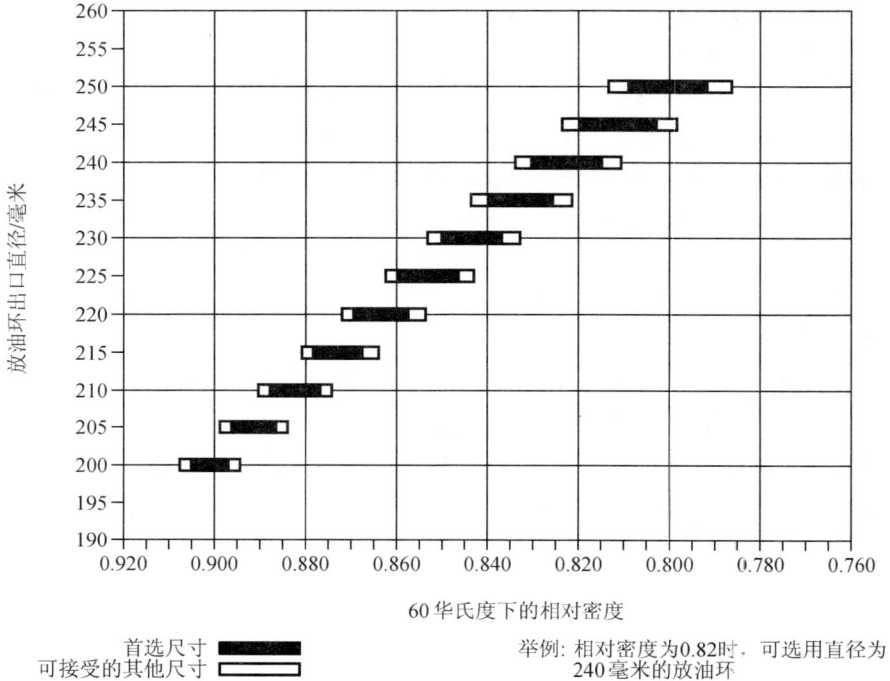

图 2.53　放油环尺寸图

为了确定放油环的正确尺寸,质量控制人员需要进行密度测试。请参考本书第 1 章,API/SECIFIC GRAVITY 检测一节,了解如何确定相对密度。在获得了燃油的相对密度数据后,可以利用净化器技术手册以及海军海上系统司令部 S9086—SN—STM—010/CH—541 中的表 541—10—4,来转换相对密度读数。

沿着图表最下边查找相对密度值。沿着图中标记的相对密度水平轴,定位燃油的相对密度值。循着垂直线找,与粗黑水平线交汇的点即是。如果交汇点标示的放油环尺寸与净化器上已有的任意一个尺寸都不能完全匹配,那么应该使用下一个较大的尺寸。由此可知,沿着水平线找到标记为放油环尺寸的垂直轴,即可获得需用放油环的正确尺寸读数。

在净化器上安装这个尺寸的放油环。操作净化器,并观察 JP－5 燃油和水排放视镜。如果所有排放物(水和燃油)都从水排放口泄出,那么就说明放油环太大了。需关停净化器并更换一个较小的放油环,再试一次。如果有必要,重复几次直到 JP - 5 燃油能够正常地从分离筒壁总成上放掉为止。如果需要多次试验,那么就说明在确定密度的正确值或者读取放油环图表读数时出现了错误。

如果水随着 JP - 5 燃油一起放掉,则说明放油环尺寸过小,需要换较大的放油环。

[警告]当密封水冷却后,一开始会有少量 JP - 5 燃油随水一起放掉。当水、JP - 5 燃油和净化器的温度升高后,这种现象就会停止。在这种情况下,无须替换放油环。

当安装了合适尺寸的放油环后,尽量不要换掉。一般的原则是,当使用最大尺寸放油环且不造成 JP - 5 燃油流失时,可以达到最佳净化效果。

在正常操作过程中,在水出口可能会有少量燃油被放掉。而批量燃油排放应通过净化器的 JP - 5 燃油出口排出。

如果在水出口观察到大量燃油,即表明加注的水太多了,或者水密封件已经丢失。操作人员应该立即确定过量排放的内容是水还是 JP - 5 燃油。

如果过度排放的内容是 JP - 5 燃油,那么表明分离筒的密封件已经丢失,须停止进料流,给分离筒再加一个密封件,然后慢慢地恢复进料流。

如果密封件再次丢失,那么应立即关停净化器,并检查放油环尺寸以及分离筒壁总成的两个橡胶密封环的情况。更正原因后再恢复运行。

如果过度排放的东西是水,确保操作安全并确定水的来源。用水检测膏检测储罐,并在必要时对储罐重新进行扫舱操作。

[说明]如果储罐已经完成正确的沉淀和扫舱操作,那么进料中不会带有水。

如果日用油柜中加入了水,也必须扫出。如果储油罐中未发现水,那么应检查舱底管道和洞隙,看看是否有泄漏或者其他水源。

2.5.7　净化器维护

当制订长期执行的常规清洁计划时,请考虑如下因素:

①如果分离筒壁内积累大量固体物质,将致使分离筒运行不平稳。当分离筒内的湿块超过 30 磅或者在最厚点的厚度达到 1.5 英寸时,必须先进行清理。

②如果净化器停止服务的时间低于 12 小时,必须在净化器尚且运行时,用淡水对净化器进行冲洗。

③如果净化器停止服务的时间超过 12 小时,那么必须将净化器拆开并进行彻底清洗。

④不论是哪种情况,每周应将分离筒拆卸下来至少一次,并按照预防性维护计划指导进行彻底清洗。

应检查净化器的分离筒,查看分离筒是否有点蚀。如果发现有点蚀,那么应该用轻度腐蚀性清洁剂和不锈钢丝及海绵球彻底清理。如果发现还是有点蚀,那么应在第一时间对分离筒进行翻新。当点蚀增厚到 0.25 英寸时,应该替换掉分离筒。

[**警告**]如果继续使用点蚀已经很严重的分离筒将会导致潜在危险发生。

当拆卸分离筒筒壁进行清理并在清理后进行组装时,应牢记一点:分离筒部件都非常重。正因为如此,所以提供了一个环链电动葫芦和小车,用于提升部件并将部件运送至一个深水槽内。在提升、降落和运输这些部件时应格外小心。有一点至关重要,即在通过环链电动葫芦提升或者降落任意部件前,应将环链电动葫芦直接安放在主轴中心上方的中心位置上。

当需要拆卸净化器进行清理时,请按照如下步骤操作:

①当关停分离筒后,将塞子取下并插入锁止螺丝。将两个锁止螺丝(在净化器的一侧一个)插入分离筒壁的狭槽内,然后将它们锁止固定。

②用顶部的弹簧加载手柄,拧开(顺时针方向转动3~3.5圈即可)馈料管,直到馈料管与配对盘分离为止。

③松开手轮盖上的3个夹子,将分离筒壁盖向回旋,直到分离筒壁接合棘轮钩为止。这样就可以自动将盖子锁定在打开位置上。

④用专用工具拧开碗形壳体顶的连接螺母(图2.54),然后取下放油环和橡胶环。

图2.54 用专用工具取下碗形壳体顶的连接螺母

⑤先用齿轮扳手拧松连接环(图2.55),然后再用专门工具拧下连接环。

⑥取下连接环后,将升降机用螺丝拧到分离筒顶部。当松开升降机顶部的T形手柄千斤顶顶丝时,分离筒顶将从分离筒壁松动下来。利用环链电动葫芦,将分离筒顶吊起,取下分离筒的橡胶环,将其放平。

[**说明**]净化器压缩工具已经集成到净化器专用工具中。允许通过手动净化器专用工具,取下连接环副,连接环副的作用是可以减少对净化器组件的磨损。

当使用净化器压缩工具(图2.56)时,请遵循如下步骤:

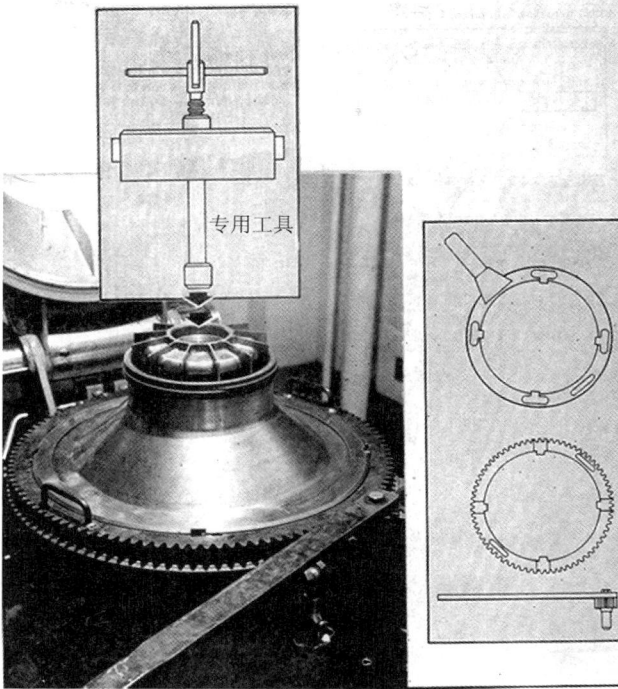

图 2.55　用专用工具取下连接环

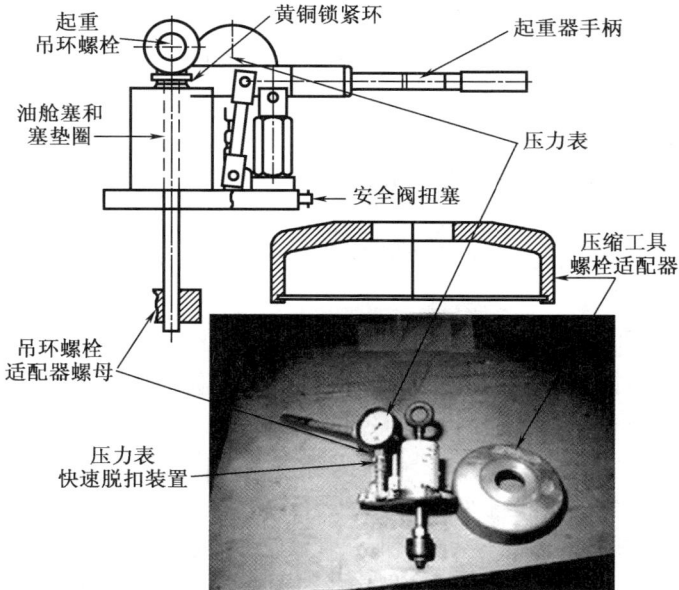

图 2.56　净化器压缩工具

129

a. 将连接环手动扳手放在连接环上；

b. 当连接螺母、放油环和橡胶已经取下后，再将压缩工具连接器放在分离筒顶罩上；

c. 确保螺口连接器在吊环螺栓上的位置，因为压缩工具和管状轴螺纹将影响正面螺纹啮合。而且，一定要确定吊环螺栓锁紧螺母是否紧固；

[警告]如果压缩工具上的螺口吊环螺栓总成无法通过配对盘与管状轴螺纹啮合，说明配对盘或者管状轴螺纹损坏。切勿用力操作吊环螺栓。如有需要，可用净化器手动专用工具来拆卸分离筒。

d. 将分离筒压缩工具放置在压缩工具连接器的导向直径上；

e. 将分离筒压缩工具吊环螺栓插入到管状轴内，并顺时针方向（CW）固定；

f. 验证分离筒压缩工具吊环螺栓的侧翼是否距离工具的液压油缸 0.25 英寸远；

g. 将压力表安装到千斤顶上，并确保下降阀顺时针方向（CW）关闭；

[说明]净化器压缩工具的减压阀设置在 8 000 磅/平方英寸。如果压缩工具在 8 000 磅/平方英寸时不减压，那么按照预防性维护计划重新设置，将减压压力设置为 8 000 磅/平方英寸。

h. 插入手柄并慢慢地操作千斤顶，直到压力表的读数接近 7 800 磅/平方英寸为止；

i. 用手动扳手顺时针方向（CW）转动连接环，并完全松动连接环；

j. 慢慢地逆时针方向（CCW）打开千斤顶上的下降阀，释放压力；

[警告]必须释放残压，在将压力表从千斤顶上取下时，须将千斤顶顶头完全缩回。

k. 将压力表从千斤顶上取下；

l. 逆时针方向（CCW）将分离筒压缩工具吊环螺栓拧下，取下千斤顶总成和分离筒连接器；

m. 从连接环中取下连接环手动扳手；

n. 取下连接环。

有了净化器压缩工具，就可以轻而易举地拆卸连接环，而且净化器压缩工具还延长了螺纹元件的使用寿命。这个方法不会取代净化器手动专用工具，只是依靠蛮力的一个备选方案。记住：工具的使用状况反映了一个人的综合素质，因此要正确使用工具。净化器是工作人员每天都需要操作处理的设备之一，拆卸净化器时，须遵循相应的操作指南小心谨慎地进行。

⑦用专用工具通过环链电动葫芦取下管状轴、顶盘、配对盘和中间盘（图 2.57）。

⑧如果需要拆下分离筒，应先将分离筒滤网吊出。拆下主轴螺帽，取下两个锁止螺丝。将升降机（图 2.58）拧到分离筒壁上，然后拧开千斤顶顶丝，分离筒壁将从主轴上松开。用环链电动葫芦将分离筒壁吊起离开机架。

将分离筒部件拆下后,取下橡胶环,以 JP - 5 燃油作为清洗液,通过刷子清理管状轴和盘片。按照相反的顺序安装。

图 2.57　取下盘组

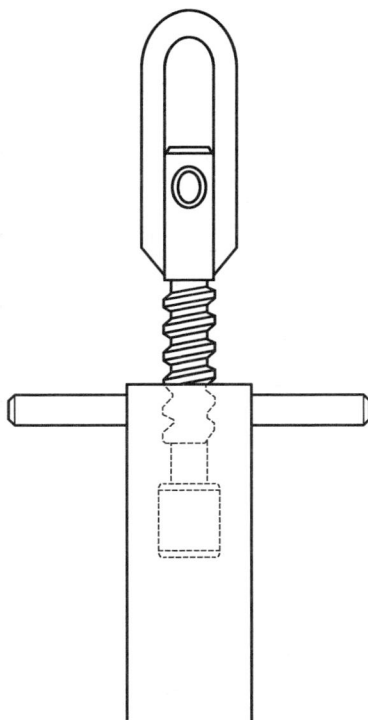

图 2.58　分离筒壁升降机

请参考表2.7,了解 JP - 5 燃油净化器操作的一些常见问题、可能的原因、应该立即采取的行动以及通过何种纠正措施改正这些问题。记住:应始终以相应的技术手册为依据来确认航母上安装的净化器的型号。

禁止将 O 形环和垫圈垂直悬挂,应将它们整齐地放置在干净平坦的表面上,因为悬挂会造成 O 形环和垫圈严重变形。当安装 O 形环时,应检查它们是否有划痕、割伤或者擦伤。检查 O 形环的固定槽和其他接触表面,看看是否有划痕和毛刺。在安装 O 形环和垫圈前应纠正任意偏差。安装前,确保固定槽和接触表面都是干净的,并在 O 形环上涂敷一薄层机油。

应使润滑系统处于理想状态。请参考制造商说明书和当前指令,了解润滑油的类型和用量。

表2.7 JP-5燃油净化器故障排除表

故障	应立即采取的纠正行动	可能的原因	补救措施
净化器无法启动或运行	1. 检查电源控制器; 2. 检查电源负荷中心; 3. 将电源关闭,并放置"暂停使用"标签	1. 控制器无电力供应; 2. 负荷中心断电; 3. 接线错误; 4. 马达故障	1. 恢复控制器的电力供应; 2. 恢复负荷中心的电力供应; 3. 验证接线是否正确; 4. 修理、替换马达
马达声音嘈杂	1. 一旦条件具备,执行关机流程; 2. 关闭电源,并放置"暂停使用"标签	1. 轴承故障; 2. 马达故障	1. 替换轴承; 2. 验证接线连接是否正确;修理、替换马达
漏水。一启动水就从1.5英寸排水管中泄露出来	1. 一旦条件具备,执行关机流程; 2. 关闭电源,并放置"暂停使用"标签	分离筒壁O形环故障	替换分离筒壁O形环
分离筒通过1.5英寸分离筒套排水管溢流;	降低放油压力	放油压力太高	降低放油压力
燃油通过4英寸排水管溢流	1. 关停驳油泵,使净化器进入操作待机模式; 2. 执行关机流程; 3. 关闭电源,并放置"暂停使用"标签	1. 放油压力太高; 2. 启动时燃油诱导导太快; 3. 过产存吐量; 4. 放油环尺寸不合适; 5. 放油环O形环故障或者丢失	1. 打开反压阀降低放油压力; 2. 给分离筒再加一个密封件,以更慢的速度重新启动燃油流动; 3. 用旁通道降低流量; 4. 选择合适的放油环尺寸,并替换放油环; 5. 替换放油环O形环

表 2.7（续 1）

故障	应立即采取的纠正行动	可能的原因	补救措施
排除的水中有过量燃油	1.一旦条件具备,执行关机流程; 2.关闭电源,并放置"暂停使用"标签	1.放油环尺寸不正确; 2.入口/出口外壳上配对盘和O形环之间的密封件不好	1.选择合适尺寸的放油环,并替换油环; 2.检查O形环,并在必要的情况下替换O形环;确保配对盘和馈料管总成之间的配对螺纹没有疤痕或者擦伤
在净化后的燃油中有过量水	1.一旦条件具备,执行关机流程; 2.关闭电源,并放置"暂停使用"标签	放油环尺寸不正确	选择合适尺寸的放油环并替换
净化器发出过度噪音或者产生异常振动	1.确定制动器是否接合; 2.一旦条件具备,执行关机流程; 3.关闭电源,并放置"暂停使用"标签	1.使用了制动器; 2.主轴轴承故障; 3.驱动尺寸故障; 4.分离筒不平衡; 5.底座螺栓扭转过度; 6.马达和驱动联轴器之间的缝隙不够; 7.电气连接不正确; 8.配对盘未接合	1.松开制动器; 2.替换主轴轴承; 3.替换驱动齿轮; 4.将故障上报给型号指挥官(TYCOM); 5.重新拧紧座底螺栓; 6.重新调整驱动联轴器; 7.重新验证配对电器连接是否正确; 8.拆开并检查配对盘,分配器是否损坏;必要时进行修理或者替换;重新组装并接合配对盘
净化器在规定的时间内无法提速	1.确定制动器是否接合; 2.一旦条件具备,执行关机流程; 3.关闭电源,并放置"暂停使用"标签	1.使用了制动器; 2.Agastat定时器设置不正确; 3.控制器和马达之间接线错误; 4.轴承故障	1.松开制动器; 2.验证Agastat定时器设置是否正确; 3.验证电器连接是否正确,以及电线状况; 4.替换轴承

表 2.7（续 2）

故障	应立即采取的纠正行动	可能的原因	补救措施
进料压力损失	使净化器进入操作待机模式	1.驳油泵丧失吸力; 2.通过海军座舱逻辑控制器开关关闭驳油泵; 3.驳油泵断电; 4.驳油泵故障	1.恢复吸力; 2.将满载罐与驳油泵对准; 3.确定断电的根源,恢复供电; 4.切换馈料泵
排放损失	1.关停驳油泵,使净化器进入操作待机模式; 2.关闭进料泵	1.馈料压力丧失; 2.水封丧失	1.重新设置馈料压力; 2.重新设置水封和馈料供给压力
净化器转速突然减慢	1.停止向净化器内馈料,使净化器进入操作待机模式; 2.一旦条件具备,执行关机流程; 3.关闭电源,并放置"暂停使用"标签	1.水封丧失; 2.马达断电; 3.马达或者净化器驱动总成故障	1.重新设置水封和馈料供给压力; 2.确定是否是电源问题。恢复电力供应; 3.替换轴承
在干燃料排放视镜中观察到空气	验证净化器是否在规定的4~10磅/平方英寸压力下规定的参数范围内运行	放油压力与4~10磅/平方英寸压力下规定的运行参数不符	慢慢地关小净化器放油阀直到气泡从燃油中消失
4英寸防水管和分离套筒排水管中,存在过量燃油被吹回的情况	1.停止向净化器内馈料,使净化器进入操作待机模式; 2.一旦条件具备,执行关机流程; 3.关闭电源,并放置"暂停使用"标签	1.排水槽已满; 2.排水槽的铰链阀故障	1.排空排水槽; 2.验证是否安装了铰链阀
重新组装净化器时,连接环无法落座正确对齐	1.取下连接环、分离筒顶、盘组合分配器	1.分配器轴未正确对齐; 2.盘片与分配器轴键未对齐; 3.分离筒顶键与分离筒壁键未对齐	1.使分配器轴正确对齐; 2.使盘片与分配器轴对齐; 3.使分离筒顶与分离筒壁正确对齐

2.5.8　思考题

(1)300 加仑/分钟净化器的进油压力应该是多少?

(2)有一种挠性软管,导引密封水从淡水供给点至净化器,请问是哪种类型的挠性软管?

(3)涡轮齿轮与驱动轴键合,它将与主轴总成底座上的哪个元件接合,来驱动净化器的分离筒?

(4)操作人员如何通过速度计数器确定净化器的分离筒是否在全速旋转?

(5)在 300 加仑/分钟净化器中,有多少个中间盘?

(6)将馈料管拧入配对盘时,需要转动几圈,才能保证馈料管和配对盘能够正确接合?

(7)为了保证净化器盘组上的张力正确,当拧紧连接环时,连接环和分离筒顶上的两条对齐线必须成一条直线。允许连接环对齐线超过分离筒顶对齐线的最大读数是多少?

(8)在净化过程中,通过水观察端口发现大量水和燃油排出,但是在靶心视镜中未观察到任意排出物,造成这种现象的原因是什么?

(9)当通过净化器压缩工具进行拆卸维护时,应在工具上施加多少磅的压力来松动连接环,才能轻而易举地用手转动连接环手动扳手?

2.6　JP-5 系统压力和容量精确计量设备

【学习目的】介绍由海军航空兵负载油料的军事长使用的不同类型的压力表、油舱、油舱液位指示设备和燃油供给控制系统。阐明它们的功能、操作原理,以及如何通过它们验证 JP-5 系统压力和精确计量燃油容量。讨论燃油造成的内在环境影响。

2.6.1　压力表

在整个航空燃油系统内,都需要使用压力表,目的在于通过它们测量和显示压力情况,这样操作员才能够使压力保持在安全、有效的运行水平。压力指示出现错误,通常是设备出现故障的第一个信号。如果压力过度或者不足应马上进行彻查。

海军航空兵负责油料的军事长操作航空燃油系统时通常使用的压力表可以分成三种类型,即普通压力表、复合压力表和差压计。

普通压力表只能测量压力。这种压力表的读数范围介于零至压力表的最大额定压力之间。普通压力表有两个指针:一个指针通常为黑色或者白色,用来表示与压力表连接的系统的实际工作压力;另一个指针通常为红色,这个指针可以手动定位,用来标示与压力表连接的系统的正常工作压力。这些压力表通常安装在泵的放油侧。

复合压力表与普通压力表基本上是完全一样的,仅有一点例外,即复合压力表能够测量真空压力。压力表的读数通常从 30 英寸真空开始,增加至压力表的最大额定压力。这些压力表通常安装在泵的吸油侧以及主甲板上的加注接点上。

差压计的作用是测量两条压力管线之间的压力。差压计只有一个指针,不能测量系统的实际压力,而是测量两个不同压力源之间的压差。差压计通常安装在立式和回收过滤器上。

2.6.2 燃油舱

在航空母舰上储存航空燃油始终伴随着严重火灾和爆炸危险。当引入 JP - 5 燃油作为主要的喷气燃油后,进行燃油操作时的火灾和爆炸危险减小了,而且由于 JP - 5 燃油(最小 140 华氏度)的闪点较高,所以也不再需要监护封存。

可以将 JP - 5 燃油舱分为四类,即储油翼舱、中线储油深舱、双层底储油舱和储油尖舱。请参考图 2.59 了解 JP - 5 燃油舱的类型和位置。

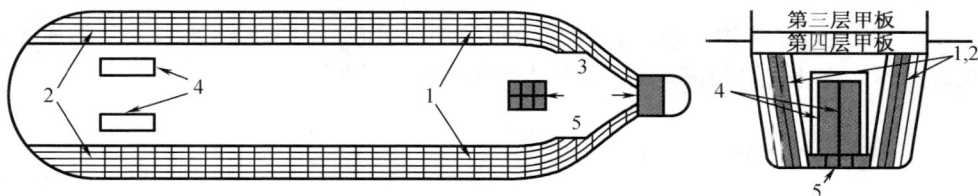

图 2.59 JP - 5 燃油舱的类型

1—JP - 5 储油翼舱(艏组);2—JP - 5 储油翼舱(艉组);3,4—储油尖舱;5—双层底储油舱

一般来讲,油舱的类型与油舱在航母中的相对位置有关。

储油翼舱属于深舱,位于艏部和艉部,这类油舱沿着航母左舷、右舷轮廓布设。通常左舷和右舷均有两排储油翼舱。这些翼舱位于空舱之间,是航母水下防护系统的有机组成部分。翼舱顶部位于第四甲板层,翼舱底部落在航母壳体上。左舷、右舷的艏与艉翼舱的数量相同。无论是从形状还是容量来讲,左舷每个油舱都有一个完全相同的备份,备份位于对面的右舷上。对这些备份翼罐执行机组操作,将它们视为一个油罐进行燃油加注和清空操作,从而使舰船保持平衡。

本书中提到的深中线油罐指的是航空母舰上原来的航空汽油罐(AVGAS)改装而成的 JP - 5 油罐。一般来讲,所有左舷油罐和右舷油罐都是经过改装的。改装后油罐的潜水箱要么加注淡水,要么作为日用油柜或者储油罐。

在海域航行的船只有两层底,即一层外底和一层内底。双层底之间的空间被分割成多个防水舱,这些防水舱的作用是存储燃料、水或者进行压舱。这些防水舱又被称为双层底油罐,其底部就是航母的底或者外壳,而油罐的顶部则为内底用作舱底用板的。出于必要,双层底油罐为浅层油罐。

尖舱油罐属于深层罐,尖舱油罐位于航母水线以下船头和船尾的最末端。目前,只用船头的尖舱油舱来存储 JP－5 燃油。航母的外壳构成每个尖舱油罐的两侧和底部。

燃油罐与航母上所有舱室一样,都有标号以便识别它们的位置。每个油罐都对应着一个编号,第一个数字表示甲板层,第二个数字表示机壳,第三个数字表示油罐相对于航母中心线的位置。了解油罐的位置对于了解航母的燃油系统非常重要。它能够帮助定位每个油罐测深管的测深帽。一般来讲,测深帽位于其配对油罐之上一层或者两层甲板的正上方。每个测深帽上都有油罐编号。测深帽属于 X 射线配件,每次使用后必须严严实实地封好保证安全。

从设计和构造上讲,JP－5 燃油舱将满足特定用途,并被划分为两类,即储油罐和日用油柜。

储油罐指的是用于大量存储 JP－5 燃油的任意油罐。机翼油罐、深中心线油罐、双底层油罐和尖舱油罐都可以用于大量存储 JP－5 燃油。日用油柜指的是存储适用于输送给飞机的 JP－5 燃油的任意油罐。日用油柜内的 JP－5 燃油要么已经经过过滤器过滤,要么已经经过离心净化器净化,然后才可以泵入到日用油柜内。一般来讲,只有机翼油罐或者深中心线油罐才能用作此目的。日用油柜只有一个用途,即为飞机输送燃料。但是,储油罐可以有多个用途,每个罐的名称就反映了它的用途。

2.6.3　JP－5 储油舱

JP－5 储油舱以及相关管道系统如图 2.60 所示。每个 JP－5 储油舱以及舱内管道的裸露金属都已经过喷砂处理,且涂敷了一层保护涂层,目的是使锈蚀最小化。

在储油舱上有一个透气管,它的作用是对储油罐进行通风。空气逃逸立管从储油罐顶部向上延伸,伸入到空气脱除总管中,空气逃逸总管在主甲板下从船头行至船尾。当向储罐内加注燃油时,空气脱除立管(通风管)可以阻止压力积聚,而且当清空储油罐时,它能够防止形成真空。

通常来讲,由 4 个空气脱除总管为船头和船尾储油罐组进行通风。两个在船头(左舷一个,右舷一个),两个在船尾(左舷一个,右舷一个)。从每个总管上,向上伸出一个藤状通风管,由第二层甲板下绕回至第一层甲板下,最后汇入到一个排风藤管中。空气脱除管道穿透航母的外壳,通向大气中。外侧端覆盖了一个有螺栓的防鼠屏,内侧端设置了一个圆锥形的 60 目的筛子,目的是方便空气流通。空气脱除屏每半年清理一次。

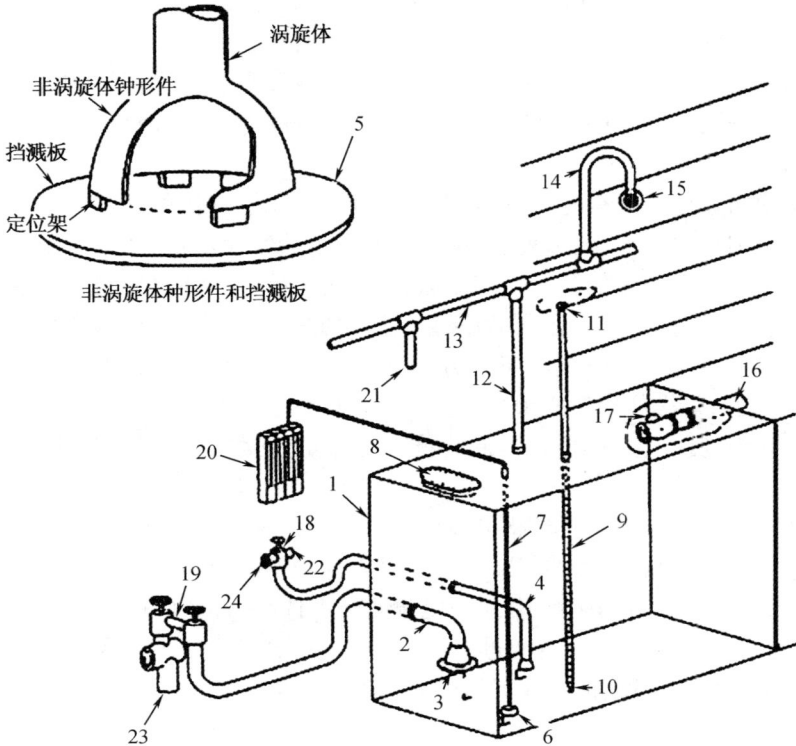

图 2.60 JP-5 储油舱

1—油舱;2—加注和吸入尾管;3—非涡漩体钟形件和挡溅板;4—清舱尾管;5—非涡漩体钟形件;
6—磁浮子;7—TLI 发射器;8—人孔;9—测深管;10—撞针挡板;11—探深管帽;12—排气立集管;
13—排气总管;14—通气口;15—火焰清除器;16—溢流管;17—单向截止阀;18—清舱歧管;
19—抽出和加注歧管(双阀和单阀);20—TLI 接收器;21—连接到其他油舱的排气立管;
22—连接至其他油舱阀上;23—连接到输送总管支路集管上;24—连接到溢流和放油歧管上

[**警告**]当船侧清洁人员在这些通风口附近喷漆时,需要将通风口盖起来。因为喷出的漆料会堵塞筛子,从而阻塞空气从中流动通过。

在靠近储油舱的顶部的位置,伸出一根溢流管,溢流管与溢流箱连接。这根管要比油舱加注管大很多,这样当在高压下过度加注燃油时,就可以避免储油舱破裂。当油舱已满时,燃油会从一个单向截止阀中溢流,进入到该舱的溢流箱,再流入溢流油舱中。

[**说明**]罐巢是一组罐中的一个小部分,它由一个溢流罐提供燃油。船头和船尾储油罐组都由多个罐巢组成。

可以通过一个有螺栓的人孔盖子,对油罐进行检查、清理和维护。一根测深管从油罐的最低端一直延伸到第二或者第三甲板处。测深管的下端与一个挡料板固定,而测深管的上端由一个有螺纹的接入帽封闭。在测深管位于油罐内的部分中有等间距的孔,以保证管内燃油液位与油罐内燃油液位一样。测深管的底端安装了一个移除关节,可以通过这个移除关节来检索在测深管内起制动作用的测深锤或者钢皮尺。测深管的作用是测量油罐内 JP - 5 燃油的数量、检测水含量并提取样品。

吸油和加注尾管从歧管处伸出,在油罐最下端距离底部 6~24 英寸的位置终止。在尾管的末端,安装了一个无涡流的承口接头和一个防溅板。当加注燃油时,承口接头能够减小湍流,并在清空油罐时防止形成涡流,还能够阻止吸油管直接从油罐底部吸油。储罐都是通过这根尾管来加注燃油并进行清空操作的。

从设计上讲,扫舱尾管与吸油和加注尾管相同。唯一的例外在于,扫舱尾管要小一些,而且也没有防溅板。扫舱尾管从扫舱歧管处伸出,伸至距离油罐最下端底部 1.5 英寸的位置截止。扫舱尾管的作用是清除油罐底部的水和淤泥,并在合并载油量时完全清空油罐。

[说明]JP - 5 储油罐的填充率为 500 加仑/分钟,一般来讲,每次最少填充 6 个油罐。

2.6.4   JP - 5 燃油溢流罐

溢流罐(图 2.61)也有与储油罐一样的配件,这些配件前面已经讲过,不同之处在于溢流罐多了一根溢流管,而且溢流罐通风管的布局也不一样。除了兼做常规的储油罐外,溢流罐还有一个设计目的就是接受各自罐巢中其他储油罐的燃油溢流。

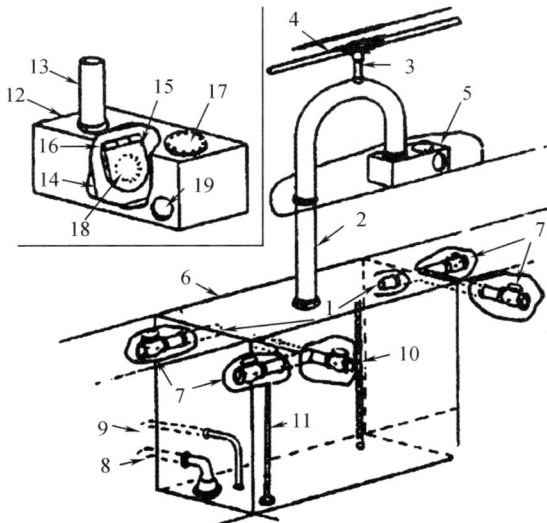

图 2.61   JP - 5 燃油溢流罐

1—储油舱溢流进入该油箱;2—溢流油;3—排气立管;4—排气主管;5—溢流油箱;6—溢流油舱;
7—单向截流阀;8—有非涡漩件的加注、抽吸尾管;9—清舱尾管;10—测深管;11—TLI 发射机
12—溢油箱;13—溢流管;14—分隔壁;15—舌阀;16—铰链;17—人孔盖;18—穿过分隔壁的孔;
19—穿过船体外壳板的孔

溢流罐实际起到保障安全的作用,在燃油加注操作中,可防止储油罐过度加压而导致的罐体破裂。当溢流罐装满时,燃油就会从溢流罐中向外流。溢流管线从油罐的顶部向外伸出,伸至第二甲板正下方截止。在第二甲板正下方,溢流管线向下循环回落,向第三甲板上的一个溢流盒中排放燃油。溢流盒上有一个挡板止回阀,这个止回阀使得 JP-5 燃油能够向外排放,但是可以阻止海水进入到油罐内。在挡板止回阀的正上方安装了一个检查板,这样就能对油罐进行清理和维护操作。为防止由于腐蚀、冰冻等原因致使挡板止回阀打开等原因,导致 JP-5 燃油被海水污染,这些阀门必须每 6 个月检查一次(必要时可以多于 6 次)。

溢流罐通过一根空气脱除立管进行通风,空气脱除立管位于溢流管线回路的顶部,溢流管线则与一根共用的空气脱除总管连接。当在航空母舰上加注燃油时,应最后一个向溢流罐加注,而当输送燃油时应首先输送溢流罐中的燃油。

2.6.5　被污染 JP-5 燃油沉淀池

被污染 JP-5 燃油沉淀池是一个特别指定的油罐,用于接受软管冲洗、抽油、油罐扫舱操作以及海上补油操作初始流中的 JP-5 燃油。除了标准管道,这些沉淀池还有从抽油总管连接过来的支管。进入被污染燃油沉淀池的每根抽油管道的各个支管,均在沉淀池底部上方48英寸的位置终止,其中一段大约24英寸长的多孔横向支管的作用是减小湍流。

扫舱完成后,沉淀池中的 JP-5 燃油将通过一个 JP-5 燃油回收系统预置过滤器以及 JP-5 燃油回收系统过滤器/分离器进行过滤,然后输送至选定待加注储油罐的歧管中。

2.6.6　JP-5 燃油日用油柜

日用油柜(图2.62)中的多数设备与储油罐和溢流罐中的设备相似,只是管道布置不一样,而且日用油柜还需要一些额外设备。

日用油柜有一根独立的加油尾管和一个独立的吸油尾管。加油尾管在 JP-5 泵舱日用油柜加注管集管处分支,在一个无涡流承口接头处终止,无涡流承口接头距离储罐底部 6~24 英寸。

此外,加注尾管终止的高度应比吸油尾管低至少 3 英寸。禁止通过油轮、驳船、码头直接对日用油柜加油。日用油柜只能通过储油罐利用离心净化器进行加油。

吸油尾管从加油泵的共用吸油集管向外伸出,在无涡流承口接头处终止,无涡流承口接头距离储油罐底部 12 英寸或 24 英寸,吸油尾管位于加注管线的相对端。截止阀安装在吸油尾管上,介于加油泵共用吸油集管和日用油柜之间。

[说明]关于通用型航空母舰/核动力航空母舰、LHA 和 LPH 航母上日用油柜吸油尾管在罐底上方的终止高度,如果是机翼油罐,那么终止高度为 24 英寸;如

果是内底层油罐,那么终止高度则为 12 英寸;对于其他类型的舰船,终止高度为 12 英寸。

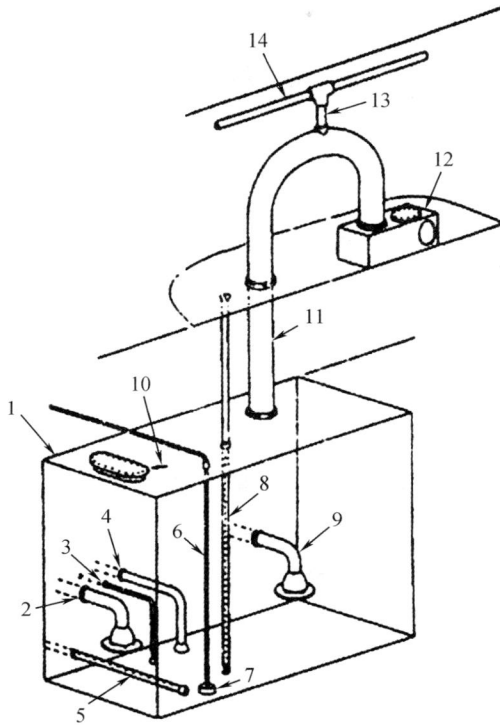

图 2.62　JP−5 燃油日用油柜

1—日用燃油柜;2—加注尾管(带无涡流配件);3—手动泵扫舱尾管;4—马达驱动扫舱尾管;
5—水平再循环管线;6—TIL 发射器;7—磁浮;8—测深管;9—测深尾管(带无涡流配件);10—人孔;
11—溢流管;12—溢流槽;13—空气逃逸立管;14—空气逃逸总管

　　每个日用油柜上都安装了两个独立的扫舱系统,即一个手动扫舱系统,一个马达驱动扫舱系统。手动扫舱系统用于日用油柜的正常扫舱作业,手动扫舱泵的尾管距离日用油柜底部的最大高度是 0.75 英寸,伸至泵舱内的手动泵上。

　　日用油柜的电动扫舱系统主要用于彻底清空储罐,并在清理操作完成后清除掉洗涤用水。马达驱动扫舱系统的尾管距离油罐底部的最大距离是 1.5 英寸,伸至马达驱动扫舱泵的共用吸油集管上。扫舱系统的尾管包括一个截止阀、一个单向截止阀还有一个盲板法兰。

　　在吸油尾管的对面,距离罐底 18 英寸的位置,沿着水平方向安装了一个再循环管线,以便将再循环的燃油从加油泵的放油侧返回到日用油柜中。在再循环管线的顶部,有很多等间距的 1 英寸的孔洞,它们使得 JP−5 燃油能够返回到油罐内,而不会扰乱油罐内的燃油。因为再循环管线始终都用 JP−5 燃油封头,所以很少发生起泡现象。

2.6.7 油罐检查和清理

[警告]未严格达到汽油清除检测工程师(或者工程师的授权代表)规定的可安全进入条件且未获得指挥官的明确同意之前,严禁进入 JP-5 燃油罐进行检查或者清理作业。

在海上进行操作时如果检查结果证明,在舱壁、加强件以及平坦表面上有明显可见的固体物质聚集,那么应用消防水带输送海水对储油罐进行清洗。一般来讲,日用油柜的清洁,只能通过擦拭完成。但是如果需要进行冲洗,则只能用淡水。通过主要的排水喷射器将冲洗用水从指定的 JP-5 储油罐或者压舱罐中清除掉,用 JP-5 马达驱动扫舱泵将日用油柜和储油罐(只能是指定的 JP-5 油罐)内的冲洗用水清除掉。

如果在港口进行油罐的检查和清理工作,则需要由岸上活动进行辅助,而且冲洗用水清除流程也需要适当调整,以防止港口污染。

在清除 JP-5 燃油罐内的沉积物时,禁止使用汽化操作,以防损坏油罐涂层。

严禁用溶剂-乳化剂类化合物通过化学清洗工艺清洗 JP-5 燃油罐。即使油罐内有非常小量的化学类清洗剂,也会污染过滤器/分离器中的聚结元件,并损坏过滤器/分离器的聚结能力。

按照典型周期对 JP-5 燃油罐进行清理,清理周期需遵循如下指导原则:

①日用油柜、被污染燃油罐和净化储槽应每 18~21 个月清理一次;

②储油罐每 36~39 个月清理一次。

安排油罐清理作业应考虑如下因素:在航期间、停工时间、港口时间和人力资源。

[注意]一旦航空母舰上装载了弹药,那么就不能打开此类空间的 JP-5 燃油罐进行常规检查。

当对 JP-5 燃油罐进行检查和清理时,请参考相应的维护要求卡,了解正确的流程和注意事项。

2.6.8 GEMS 燃油舱油位指示(TLI)系统

1. 系统组成

GEMS 燃油舱油位指示系统(图 2.63)由发射机、跳线电缆、接收机和磁铁浮子组成。

发射机通过支架或法兰垂直安装在储油舱内。其中有一个分压器网络,延展在发射器组件的整个长度上。分压器网络由磁簧开关组成,磁簧片以 1 英寸为间隔,插在开关中心。反过来这些开关通过串联电阻连接到一个公共导体上,并通过电缆系统连接到接收机的指示表上。分压器的端部与电源输出连接。通过主要接收机的校准电位计,将电源输出调整为 10 伏直流电输出。

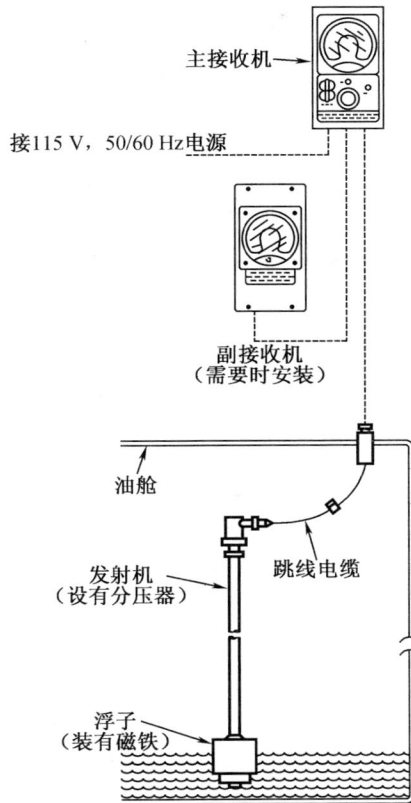

图 2.63　GEMS 燃油舱油位指示系统

　　根据进行测量的储油舱的尺寸和形状,发射机组件可以是一个单一机组,也可以是多个连接在一起的机组。图 2.64 显示利用两个发射机精确计量储油舱。

　　当液位水平变化时,磁铁浮子随着发射机来回移动。当浮子移动时,浮子的磁场图案操作抽头切换开关。根据抽头切换开关在发射机内的情况,当浮子的行程达到 0.5 英寸时,就可以在接收机上读到压降数。

　　主接收机通过电缆系统连接到发射机上。因为接收机表显示从分压器底部到抽头切换开关的封闭点的压降情况,所以压降读数与液位直接相关。在主接收机的外壳内,除了指示表外,还有直流电源、电气晃动阻尼控制器以及所有系统和报警控件。请参考图 2.65,了解各种类型的主副接收机。

　　主接收机还有一个作用就是连接一个或者多个次接收机。如果使用次接收机,它只能包括一个指示表。

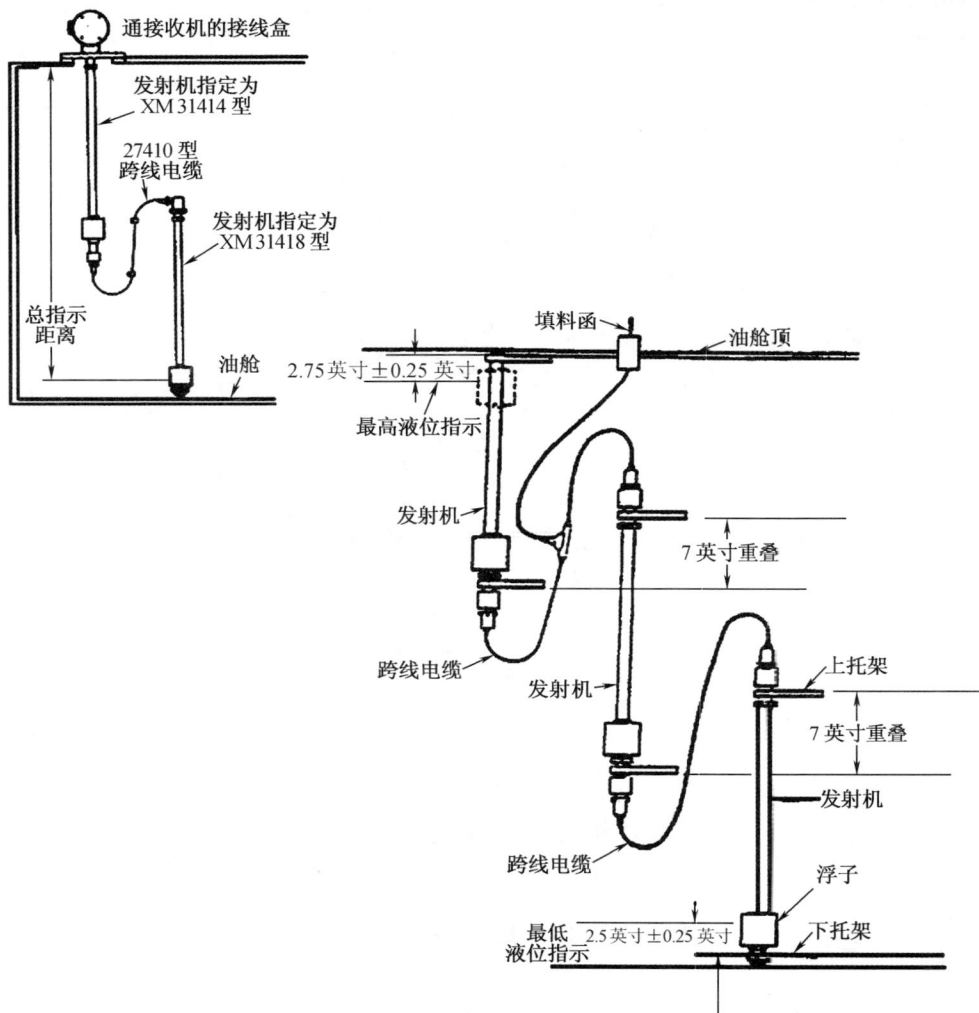

图 2.64　多发射机布置

这个系统是安全的,因为发射机内的电流很低,不足以引起爆炸,即使当发射机位于最具挥发性或者最危险的油气中时亦是如此。

[注意]除非以操作和维护手册为指导,否则严禁以任意方式拆除或者改装发射机、接收机。

[说明]1995 年 4 月,美国海军水面作战中心发布了一项咨询公告,建议在 JP-5 燃油箱中停用丁腈护套的阻水 FSS-2 型电缆(必要时进行替换)。在燃油箱中,只能使用热塑性夹套阻水电缆(图 2.66),电缆上应带有重新设计的连接器。海军要求使用电缆支撑托架和防护电缆的腈化物套管,以便防止电缆组件损伤。

损伤电缆可以引起油舱中液位指示器系统失灵。

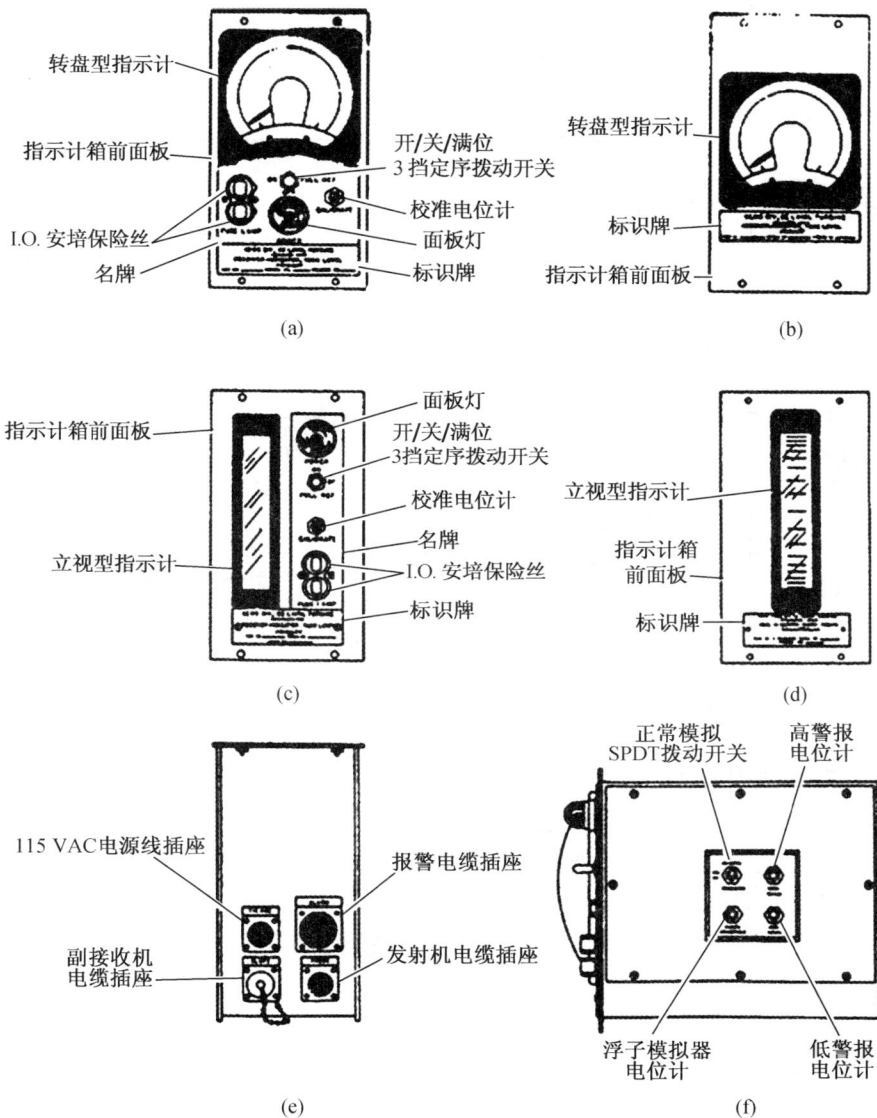

(a)

(b)

(c)

(d)

(e)

(f)

图 2.65 主接收机和副接收机

（a）指定 RE－31320 型主接收机；（b）指定 RE－31330 型副接收机；（c）指定 RE－31360 型主接收机；
（d）指定 RE－31370 型副接收机；（e）主接收机底部电缆连接插座；（f）侧面板（可移动）或主接收机

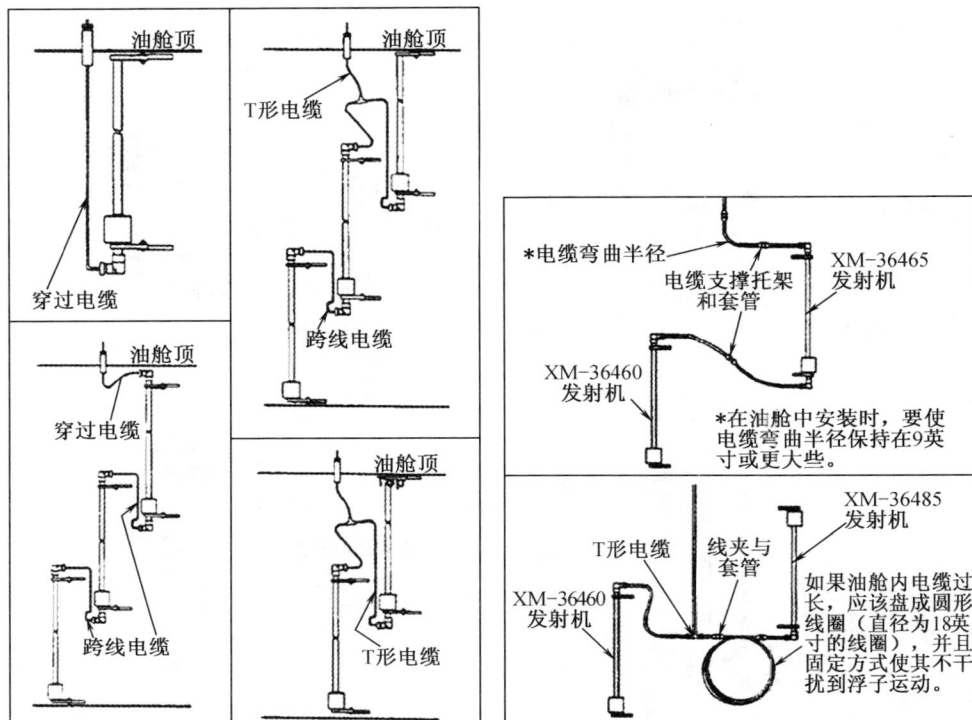

图 2.66　安装热塑性夹套"Rachem"罐内油位指示电缆

电缆故障排除温馨提示。

1. 检查整根电缆是否存在如下情形：

①检查电缆外径是否过度膨胀。FSS－2 型电缆的外径应用 0.500 英寸 +0.040 英寸热塑形塑料护套电缆的外径应为 0.259 英寸 +0.040 英寸。

②电缆套管下表面扭结情形。如果存在这种情形，那么则表明可能导致内部导体短路。

③外部套管是否有切口或者扭结。

2. 检查电缆头区域内部和 O 形密封环周围是否有腐蚀、湿气或者污染物等情况（如果电缆状况很好，那么清理并替换 O 形密封环）。

3. 检查电缆导线的连续性。

2. 系统控制件

（1）开/关/满位切换开关

请按照如下指导操作，来控制电源以及显示仪表电路的交流输入。

①在 ON 档切换（正常操作）：电源调为 115 伏，50/60 赫兹；指示电压表通过串联电阻连接到发射器抽头切换开关上。

②在 OFF 档切换：电源线和指示仪表电路打开，系统关闭。

③在满位切换（必须保持在这个位置上）：交流线电压应用到电源中，指示表连接到整个发射器分压器和电缆上，用于进行系统校准。

（2）校准电位器

用螺丝刀进行调整，将切换开关保持在满位，正如满位量程读数所示，调整后为整个发射器、分压器和电缆提供 10 伏直流电源。

正确调整电位器的指针，当切换开关位于满位时，满位量程读数显示所有电缆和电气连接均良好。

（3）电器晃动阻尼

为了避免油罐晃荡导致浮子无规律运动，进而造成指示表波动，在指示表上连接了一个电容器，来延迟（通常为 0.75 秒）指示表对发射器信号的响应情况。

（4）报警控制系统

SENS－PAK 报警系统的控制功能与储罐液位指示系统有机地集成在一起，能够感知油罐内燃油的高位、低位和中间水平（根据具体情况），并制动报警。

SENS－PAK 报警系统是一个模块化插入式机组（图 2.67），由指示系统发射器的压力信号制动。

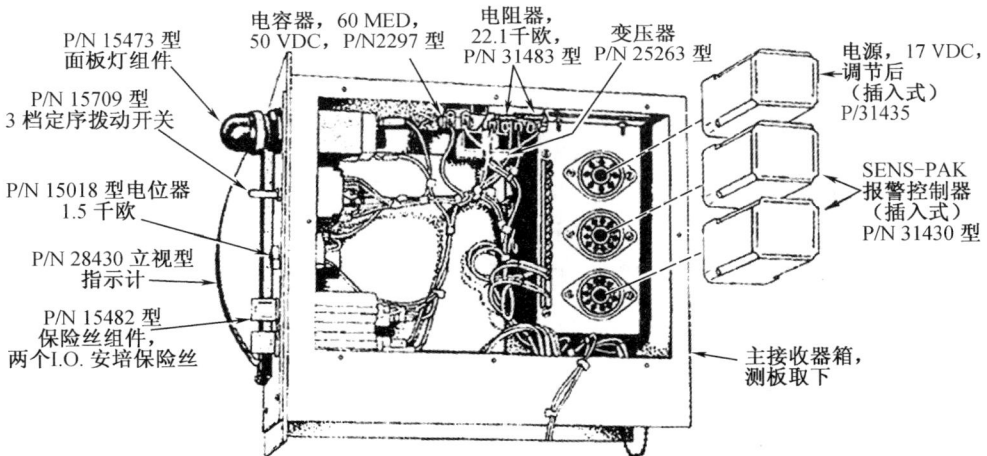

图 2.67　主要接收机的内部结构

这些机组可视情况来确定是否包括在主接收器内。

尽管所有主接收器都已经预先接好线，最多能够连接两个 SENS—PAK 机组，通常用于高压和低压报警，但是根据工厂的建议，可以在同一系统内，在单独外壳下再加入额外控制件。

SENS－PAK 报警控制调节件位于接收器的侧面，具有如下功能。

①普通模拟开关：替换发射器指示表电路中用于报警调整的浮子模拟电路。

②浮法仿真电位器:模拟在整个浮子行程内,发射器分压器的整个电阻变化情况。

③高电位报警:设置 SENS – PAK 的高位报警制动电压。

④低电位报警:设置 SENS – PAK 的低位报警制动电压。

这些系统超过了军用规格中规定的3%精准度要求。但是,精准度会变化,这取决于测量的储罐的尺寸以及接收器的类型。

[说明]经批准还可以使用 GEMS 油箱油位指示系统,用以指示密度不同的两种液体的界面水平。

当主接收器上的开/关/满位切换开关处于开档时,系统运行是完全自动的(如果有报警的话,报警也是完全自动的)。按照要求,油箱液位可以从主接收器或者次接收器的指示表上直接读取。不需要额外注意,因为 GEMS 油箱液位指示系统可以无限期运行,不会造成任意元件劣化。当油罐打开进行检查和清理时唯一需要的维护就是清理发射器和浮子。

(5)监控台

海军航空兵负载油料的水手长可以通过监控台控制并监测所有操作。

每个监控台(图 2.68 和图 2.69)由模拟板、各种选择器开关、报警装置和指示器组成。

具体而言,每个监控台包括如下内容:

①调好色的模拟图。该模拟图能够指示监控台操控和(或)监测的各个系统,包括 JP – 5(紫色)燃油、排水(绿色)、扫舱(红色)和其他(黑色)系统。模拟图还能够指示航母的轮廓,并显示元件的相对位置。监测和控制装置出现在服务标志附近或者服务标志内。每个监控台的模拟图只显示邻近泵舱值勤的系统,但是加注和输送总管除外;第二甲板和主甲板的加注系统在两个监控台上都显示。监控台显示的排水和压舱系统为 JP – 5 罐或者压舱罐以及 JP – 5 溢流罐或者压舱罐提供配套。

②液位监测仪。适用于 JP – 5 油罐、JP – 5 压舱罐、JP – 5 溢流罐、JP – 5 日用油柜、JP – 5 抽油罐和被污染 JP – 5 沉淀池。

③"满位"指示器(红色)灯。适用于所有油罐。这些指示灯位于液位指示器附近,当油罐接近其运行容量时指示灯亮。

④海水探测器(绿色)灯。适用于 JP – 5 油罐、压舱罐以及 JP – 5 溢流罐。这些灯在液位指示器附近,当罐内有海水时海水探测器灯亮。当绿灯(海水指示器)点亮时,无法从控制台上打开油罐顶部的阀门。这些罐必须用扫舱系统进行扫舱,直到绿灯指示器的灯不亮时,即表明所有海水都已经从油罐内清除掉。这些罐还有白色指示灯,用来显示在油罐内存在 JP – 5 燃油。

⑤控制开关。可以启动或者关停 JP – 5 燃油加油泵。

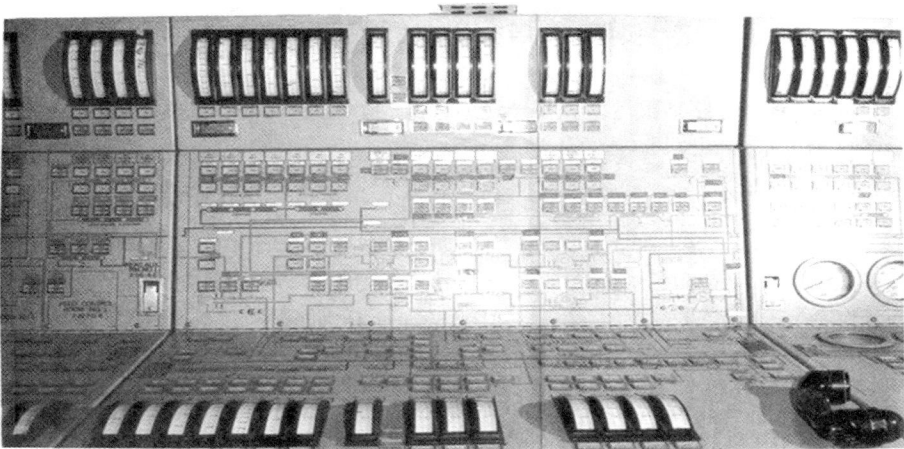

图 2.68　JP-5 燃油监控台(一)

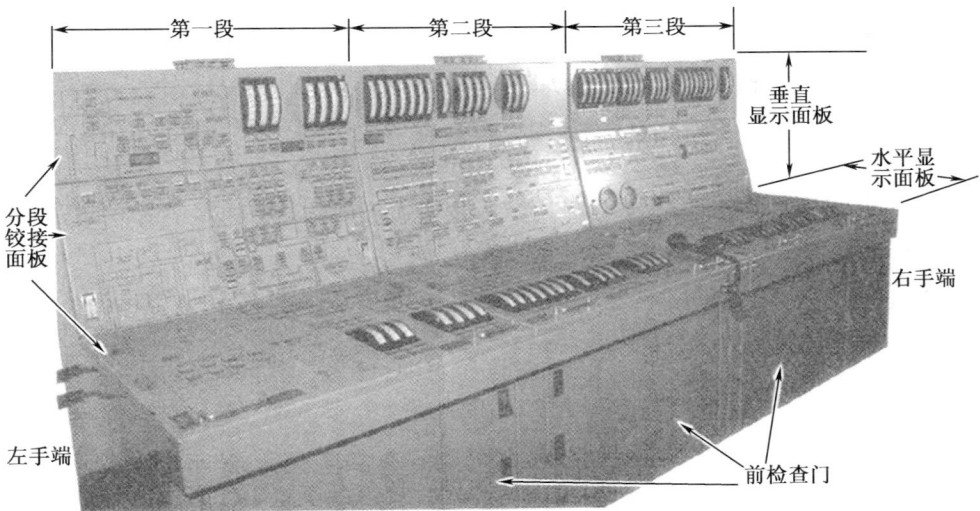

图 2.69　JP-5 燃油监控台(二)

⑥阀位(打开/关闭)指示灯。适用于所有马达驱动阀门和其他必须在控制台监测的阀门(手动阀门)。

⑦电源指示灯。适用于 JP-5 燃油净化器和泵机(辅助泵和 JP-5 抽油泵除外)。

⑧溢流声光报警。对于有单独溢流管的油罐,当向外溢流量达到 98% 满位时,溢流声光报警会发出报警。设置了一个控制开关,可以使声光报警静音。

⑨海水离析指示灯。适用于已污染 JP-5 燃油沉淀池。当沉淀池内的海水达

到6英寸、2英尺、4英尺和6英尺位置时,指示灯将陆续点亮。

⑩控制开关(打开/关闭)。作用是定位选定的电动操作阀。

⑪超控开关。当油罐达到运行容量时,关闭油罐截止阀给电路断电。超控开关可以使油罐完全加满。一个超控开关可以控制特定区域。

⑫压力表。压力表设置在控制台的仪表盘上,因此控制台操作员可以有效地监控系统压力并安全地开展燃油输送进程。火灾总水管表与喷射器和喷射器吸水管连接。利用这些喷射器来卸载 JP-5 燃油或者压舱罐物,以及卸载 JP-5 溢流罐或者压舱罐。还可以用这些喷射器,使所有 JP-5 泵向下列泵放油:加油泵、驳油泵、扫舱泵、值勤扫舱泵、辅助泵、JP-5 进油和放油表。

(6)电路说明

控制台操作人员需要了解 JP-5 控制台的控制电路,以便能更好地完成工作。每个控制台的电路操作如下。

①JP-5 燃油罐(压舱罐)以及 JP-5 溢流(压舱)歧管阀门电路与歧管根部阀电路交叉连接。这个电路可以通过控制台上的一个开关,来制动歧管阀门,打开或者关闭阀门。

该电路还具备如下功能:

a.通过高电平检测器电路自动关闭歧管。

b.将根阀操作与歧管阀联锁。当任意歧管阀打开时根阀打开;当所有歧管阀门都关闭时根阀关闭。

c.如果海水监测电路显示在燃油罐内有海水,那么该电路将不允许打开歧管阀。

d.该电路通过控制台上的打开和关闭灯来监测阀门的位置。

②JP-5 日用油柜吸油阀和再循环阀电路可以通过控制台上的一个开关制动吸油阀门,打开或者关闭阀门。该电路将同一油罐的再循环阀和油罐吸油阀联锁,使这两个阀门可以同时开闭。电路具备通过控制台上开闭指示灯来监测阀门位置的功能。

③JP-5 燃油罐和 JP-5 日用油柜的加注歧管阀和闸阀电路可以通过控制台上的一个开关来制动阀门(打开或者关闭阀门)。该电路将通过高电频检测器电路自动关闭阀门,而且该电路还可以通过控制台上的开闭指示灯来监测阀门的位置。

④排水喷射器制动和舷外放油阀电路可以通过控制台上的一个开关来制动阀门(打开或者关闭阀门)。该电路还具有如下额外功能:

a.该电路可以在任意中间位置关停制动阀,通过制动供给实现喷射器节流。

b.将制动阀与舷外放油阀互锁,从而避免制动阀被打开,直到舷外放油阀打开为止。

c.将舷外放油阀与制动阀互锁,从而避免舷外放油阀被关闭,直到制动阀关闭为止。

d. 该电路通过控制台上的开闭指示灯来监测阀门位置。

⑤扫舱阀、压舱阀和放油阀电路,在放油系统中这 3 个阀门互锁歧管。这些电路可以通过控制台上的开关来制动阀门(打开或者关闭阀门)。该电路还具有如下额外功能:

a. 这 3 个系统互锁在一起,同一时间只能打开一个阀门。如果 3 个阀门中的任意阀门打开,那么该电路将使另外两个阀门保持关闭。

b. 扫舱阀电路绕过海水检测器电路,使 JP-5 燃油或者压舱罐排放歧管阀保持打开状态。

c. 该电路通过控制台上的开闭指示灯来监测阀门的位置。

⑥JP-5 燃油罐和 JP-5 日用油柜的电动扫舱歧管阀电路可以通过控制台上的一个开关来制动阀门(打开或者关闭阀门)。该电路还可以通过控制台上的开闭指示灯来监测阀门的位置。

⑦JP-5 燃油罐、JP-5 压舱罐以及 JP-5 溢流罐的排水马达驱动歧管阀电路。这个电路可以通过控制台上的一个开关来制动阀门(打开或者关闭阀门)。这个电路与储罐上的海水检测器互锁,从而可以避免在油罐内有 JP-5 燃油时打开阀门。当 3 个互锁的放油歧管中的扫舱阀打开时,则绕过海水检测器联锁。该电路还可以通过控制台上的开闭指示灯来监测阀门的位置。

⑧选定 JP-5 燃油罐和放油截止阀电路可以通过控制台上的一个开关来制动阀门(打开或者关闭阀门)。该电路还可以通过控制台上的开闭指示灯来监测阀门的位置。

⑨阀门位置监测电路控制的阀门为手动操作阀门,并且在打开和关闭位置上有限位开关,能够制动"打开"和"关闭"指示灯。当阀门处于中间位置时,电路制动"打开"和"关闭"指示灯;当阀门关闭时,电路关闭"打开"指示灯;当阀门打开时,电路关闭"关闭"指示灯。

⑩JP-5 燃油加油泵启动和关停电路能够通过控制台上的一个开关,来制动打开和关闭加油泵。该电路还可以通过控制台上的"打开"和"关闭"指示灯来监测泵的运行情况。

⑪选定油泵和净化器的位置监测电路,在设备运行时,可制动"打开"指示灯;当设备停止运行时,可制动"关闭"指示灯。

⑫通过高电平检测器超操作电路可以对油罐油位表系统的高电位电路进行超操作,从而可以在油罐外输送液体,或者将储罐加注到 100% 满位。

⑬1 号和 4 号轴隧上马达驱动 JP-5 闸阀电路可以通过船头控制台上的一个开关来制动阀门(打开或者关闭阀门)。该电路还可以通过船头和船尾控制台上的开闭指示灯来监测阀门的位置。

2.6.9　思考题

（1）在 JP-5 燃油泵的吸油侧,通常安装哪种类型的仪表?

（2）JP-5 燃油罐分为四种,分别是哪四种?

（3）JP-5 燃油罐划分为哪两大类?

（4）哪种 JP-5 储罐补充发挥安全功能充当罐巢中其他罐的减压罐,并且当加注操作导致过压现象时,能够阻止储罐破裂?

（5）GEMS 油箱油位指示系统发生器总成上连接了一个分压器网络,且分压器网络与电源输出连接,该电源的输出压力为多少伏?

（6）油箱油位指示发生器上的浮子能够制动发射器内部分线开关的磁场。当浮子沿着发生器的长度上下移动时,这个磁场将受到干扰。浮子移动的时间间隔应该是多少,才能在接收器上读到压降读数?

（7）主接收器内设有一个油箱油位指示系统,通过这个系统可以与次接收器进行连接。那么这个次接收器都包括哪些部分?

（8）在主接收器内有一个元件,该元件控制 JP-5 燃油罐内的高位和低位报警制动,请问是哪个元件?

（9）主接收器的电器晃动阻尼器能够延迟指示表对发射器信号的响应,这样就可以对油罐内晃动导致浮子无规律运动的情况进行弥补。那么设定的延迟响应时间是多少?

（10）主接收器上有一个元件,通过它可以将电源输出校准为 10 伏直流输出,请问是哪个元件?

（11）可以通过 JP-5 燃油控制台上的一个元件,启动并关停加油泵,请问是哪个元件?

（12）当油罐内的油位达到 6 英寸、2 英尺、4 英尺和 6 英尺时,被污染的 JP-5 燃油沉淀池指示灯持续点亮。JP-5 燃油控制台上的这些指示灯分别是什么?

2.7　JP-5 燃油系统操作

【学习目标】认识并解释 JP-5 燃油系统的各种操作。介绍航空燃油操作定序系统的操作流程。说明如果未遵循操作流程可能出现的后果。

航行补给、驳油以及向飞行甲板和机库甲板加油等操作是海军航空兵负责燃油的水手长的日常作业。如果遵循正确的流程,那么就可以顺利且安全地开展操作;但是如果未遵循正确的流程,那么操作将变得非常危险。

2.7.1　航空燃油操作定序系统(AFOSS)

航空燃油操作定序系统(AFOSS)是为各舰上装配的设备,可提供量身定制的正确的书面技术操作流程。海军航空兵负责燃油的水手长进行的每次燃油操作都有固定的航空燃油操作定序系统流程,必须严格按照固定的流程进行燃油作业。

航空燃油操作定序系统分为 3 个操作等级。实际上,这 3 个操作等级是航空燃油操作定序系统的 3 个操作版本,每个操作等级都是围绕着设计目的制订的。3 个操作版本包括:部门长版本、工作中心版本和工作站版本。

部门长版本包括如下内容。

①索引页,赋予每次加注燃油过程一个标题和编号。

②燃油系统所有作业的逐步操作流程。

③液位状态图:

a. 按照油舱编号列出所有油舱;

b. 显示油舱的相对位置;

c. 标示每个油舱的名称;

d. 提供每个油舱的容量;

e. 提供一个空间,显示每个油舱内的当前燃油量。

④培训图示和图表:

a. 显示各个系统;

b. 标出组件的位置;

c. 提供管道总布置图;

d. 显示各子系统如何相互关联。

部门长版本是该部门的主要航空燃油操作定序系统。以这个航空燃油操作排序系统为基准,进行燃油作业培训、排班和协调,并以此为基础保证作业正常开展。

工作中心版本放置在具体的工作中心,且只适用于具体的工作中心(飞行甲板或者甲板下)。工作中心版本包括适用于该工作中心的上述信息。

工作站版本放置在具体的工作站,且只适用于具体的工作站(JP-5 燃油过滤器、JP-5 泵舱、润滑油泵舱)。工作站版本包括只适用于该工作站的上述信息。

航空燃油操作排序系统操作流程按照一定的逻辑编辑,内容非常详细,其中覆盖每个燃油作业全程和使用的具体设备。还可以将航空燃油操作定序系统操作流程作为故障排除指南,以及探究燃油伤亡事故深层原因的参考资料。

下面将要讨论的操作流程的目的在于培训,以典型流程为基础。具体舰的具体操作流程在相应舰的航空燃油操作排序系统中有详细说明。请遵循航空燃油操作排序系统进行操作。

2.7.2　测量油舱的深度

虽然当下使用的油舱油位指示设备已经非常可靠了,但是要想知道油舱内燃油的确切数量,唯一正确的办法还是对油舱进行测深操作。测量油舱的深度是一个标准流程,自从舰在海上适航以来,一直都使用这种方式。在下面的段落中,我们将讨论测深设备和流程。

1. 测深设备

测深卷尺有多种长度可供选择,25 英尺、50 英尺以及 75 英尺,具体使用哪个长度的卷尺,取决于要测量的油舱的尺寸。图 2.70 中列举的测深尺是一个 50 英尺长的钢制卷尺,以英尺和英寸(英寸精确到 0.125)为刻度。测深尺的索端装了一个扣钩,用于附接铅锤或者取样器。测深尺的前 9 英尺由一个铅锤和扣钩组成。这些测深尺通常为素色,例如白底黑字测深尺或者黑底白字测深尺,也可以订购彩色的测深尺。借助水指示贴和燃油指示贴,可以准确识别测深尺上的“湿”标记。在出现燃油/水界面的位置及出现燃油/空气界面的位置,燃油指示贴将改变颜色。

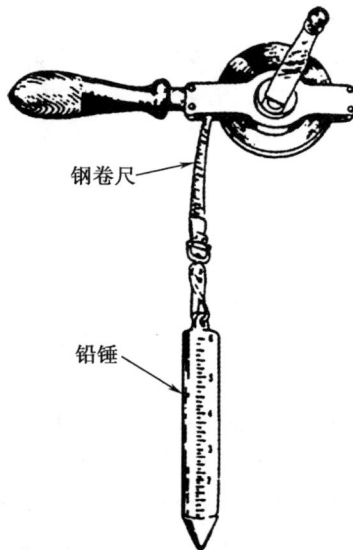

图 2.70　测深尺

2. 测深流程

在铅锤尖上,涂上薄薄的一层水指示贴,涂至测深尺的 2 英尺标记位附近。将铅锤插入测深管子中,直到铅锤触碰到挡料板为止。必须使挡料板保持绷紧,因为松弛会导致读数不准确。慢慢地抽回测深尺,读出 JP - 5 燃油使测深尺“变湿”的最高位,精确到英寸。如果“变湿”标记难于辨认,那么利用燃油指示贴。将测深尺擦干,在第一个“变湿”标记的附近区域,涂上薄薄的一层燃油指示贴。当测深尺取出时,请画线标记燃油指示贴上颜色变化的位置。

然后借助储罐容量表,将读数转换成加仑数。当铅锤取出后,请画线标记水指示贴颜色变化的位置。使用时的正常颜色是灰色。标记位的读数精确到英尺和英寸,将读数转换成加仑数,并将读数从 JP - 5 燃油读数中减掉,从而确定油罐内 JP - 5 燃油的量。

[说明]水指示贴和燃油指示贴的颜色不同,最后显色也不同,它们是不可互换的。

如果在测深或者底部取样过程中,发现测深尺上有水滴或者颜色变化,则表明油罐内有附带水或者游离水。如果出现这种情况,必须提取综合样品。

综合样品指将从某一储罐的上、中、下层分别提取的样品进行混合形成的混合样品。与仅从油罐顶部或者底部取得的样品相比,这种样品更具有代表性。在盘导杆上附接一根绳,便可以用与底部样品取样器同类的取样器来提取综合样品。只要在绳子上动一动,就可以在各个位置打开取样器。被附带水污染的油罐应该多沉淀些时间,然后再进行燃油输送。

2.7.3　在航空母舰上接收 JP - 5 燃油

1899 年,美国海军在海上进行了第一次重大燃料补给作业,当时美国运煤船"马塞勒斯"号向美国军舰"马萨诸塞"号输送燃料。从那时起,就已经尝试并摒弃了很多种燃料补给作业方法和流程。本节介绍的典型燃料补给作业方法和流程目前仍然在舰队中使用。航空母舰油料员在作业过程中,只涉及加注接点的内部连线,以及在舰上接收 JP - 5 燃油。

在航母上接收航空燃油这个问题一直困扰着舰队工作人员,一方面是由于燃油本身具有危险性,另一方是由于现代飞机对燃油的需求量不断增加。

另外,诸如操作类型和操作位置、每个操作分配得到的时间以及操作涉及的人员数量庞大等因素,对于在航母上接收航空燃油问题的影响也同样重要。

在任何补油操作中,时间永远都是一个非常重要的因素,海上作业尤其如此。需安排整个特遣部队在某一日期进行燃油补给操作,在燃油补给作业中,航母不仅时刻面临着火灾或碰撞的威胁,而且正在补给燃油的航母很容易成为攻击的目标。

相对来讲,JP - 5 燃油在存储状态下比较安全(最低闪点为 140 华氏度)。但是,同样还是 JP - 5 这种燃油,如果在高压下进行操作,即使只是 JP - 5 燃油的细雾或喷雾释放到大气中,也非常危险。因此,应对 JP - 5 燃油进行相应处理,并采取预防措施,避免泵送燃油时可能发生的火灾或者爆炸事故。

这里介绍如何通过油轮进行燃料补给操作,因为这种操作可以覆盖燃料补给作业的各个阶段。

基本上,在所有等级的航母上接收 JP - 5 燃油的流程都是一样的。本节将介绍接收 JP - 5 燃油的一般性流程、使用的设备以及 JP - 5 燃油接收或者拒收标准。

使用双管钻机可使燃油接收率增加。双管钻机中的两个软管悬挂在单跨线上,一个在上一个在下。有了双管钻机后,可以在同一加油站同时接收两种燃料,或者可以通过两支软管同时泵送一种燃料。

在航母靠岸从油轮上接收燃油之前,有必要采取某些预防措施,从而能够安全高效地加速燃油补给作业。

2.7.4 压舱卸载和清舱作业

一旦燃油补给作业的日期和时间确定后,应尽快卸载所有已压载的 JP - 5 燃油舱的压载物并进行清舱作业。向工程部的人员寻求帮助,他们能够按照要求调整主排水系统,并操作主排水喷射器。

泵舱或者歧管操作员应按照如下步骤调整清舱系统:

①解锁并打开防溢和放油歧管上的主截止阀(重新锁止歧管)。

②找到待卸载的油罐,油罐与扫舱歧管相连,打开单阀扫舱歧管上的阀门。

[说明]可以同时将与防溢和放油歧管交叉相连的所有油罐的压载物卸载掉。在消防总管压力下(大约150磅/平方英寸),每个喷射器每分钟平均可以卸载掉1 000加仑燃油。

因为主放油喷射器需要巨大吸力,所以在油罐完全清空之前,极有可能发生吸力丧失的情况。如果出现这种情况,那么重新调整油罐歧管,并按照如下方式使用油罐扫舱系统:

①关闭单阀扫舱歧管上的所有阀门。

②关闭主放油截止阀,并打开扫舱总管吸油截止阀(重新锁止歧管阀),这样就可以解锁并重新调整防溢和放油歧管阀。

③将溢流和放油歧管上的管道与马达驱动扫舱泵的吸油侧对齐。

④征得指挥官同意后,调整马达驱动扫舱泵放油管道,向被污染燃油罐或者舷外泵送。

⑤按照要求,打开单阀扫舱歧管上的阀门。

⑥启动扫舱泵,一次只对一个罐进行扫舱作业,直到所有罐内的压载水都被清空为止。

⑦固定防溢和放油歧管,并关闭单阀歧管上的所有阀门。

由于使用了马达驱动的扫舱系统,所以在航母上接收 JP - 5 燃油之前,所有油罐须完成了扫舱作业,不论是用于燃油接收操作的油罐还是用于内部传输操作的油罐均如此。借助水指示贴,对油罐进行测深操作,通过这种方式验证所有扫舱操作是否成功。

利用手动扫舱系统或者马达驱动的扫舱系统,对半载日用油柜进行扫舱作业。

[**说明**]准备在港口进行燃油补给的航母,必须在进港前将压载物卸载掉。

1.内部传输

将所有半载日用油柜加满燃油。对于接收的 JP–5 燃油,需要留出更长的沉淀时间。合并载油量方法是传输半载油罐内的燃油,将燃油储罐填满,填满的储罐数量越多越好。这样做就可以减少待补给储罐的数量,而且如果收到的燃油是被污染的,还可以使受被污染燃油影响的储罐数量最小化。

[**注意**]当需要在内部进行燃油输送或者在航母上接收燃油时,在向每个罐巢中泵送燃油之前,每个罐巢中安排接收燃油的溢流罐必须是空的。

2.加注顺序

在接收燃油之前,JP–5 燃油甲板下系统督导应该掌握所有储油罐和日用油柜的测深结果或者读数。需要向 V–4 师级官提交一份清单,说明航母上所有 JP–5 燃油罐的数量和位置。燃油甲板下系统督导的职责之一就是了解航母上现有的燃油量、存放在哪个位置、还可以接收多少燃油、储罐接收燃油的顺序,以及接收燃油作业大致将持续多长时间。

为了确定还可以接收的 JP–5 燃油的数量,可以加仑为单位,将每个空罐的总容量加上任意半载燃油罐的待补给量。确定了加注顺序后,每次补给作业时,都可以一次性最少对 6 个(左舷 3 个,右舷 3 个)油罐进行补给作业。提前知道油罐的加注顺序后,就可以部署安排油罐测深作业团队、歧管操作员和舷外放油观察员就位。

在确定接收操作将持续多长时间时,涉及如下三个因素:待接收燃油的数量(前面已经确定)、每个航母的最大接收率以及油轮的正常泵送率。后两者可以通过经验以及接收日志中记录的信息获取。

但是,如果此次接收作业为第一次从油轮上接收燃油,那么可以提前与油轮进行无线电通信,获得油轮的泵送率。

3.人事准备工作

至少应在燃油补给作业之前 24 小时公布补给清单。除了公告的清单外,应明确告知每个人他们各自的岗位和职责。在告知期间,应将重点放在安全、紧急处理流程以及其他可能存在的危险上。必须指派有经验且有能力的人员来实际履行这些职责。要限制学员的数量,特别是接点位置学员的人数。需安排有经验的人员在各站之间轮流工作。这样不仅能给个体提供最广泛的培训,而且还能够形成更加灵活的分工。

一般来讲,在加油操作前 1 小时,加油站应有人驻守。

需要派人驻守的燃油补给站以及驻守位置如下:

①甲板下办公室是甲板下督导协调航母上燃油载荷的地方。

[**警告**]负责舷外放油值守的人员以及在加注接点工作的人员必须穿戴救生衣(只能是木棉材质)、建设型(安全)头盔或者战斗头盔、口哨和滑动标记灯。

②舷外放油值班员按照要求在指定位置就位,例如狭窄过道、舷台或者露天甲板上,职责是观察并上报溢流罐中的溢流情况。

③加注接点人员(修理人员)在舷台上加注接点处就位。

④化验员在航空燃油实验室内就位。舷台上将设置信差岗位,他们的职责是向实验室传递样品。

⑤测深团队按照要求在指定位置就位。给测深团队配备测深工具包,工具包应包括如下内容:

a. 航空燃油操作排序系统(告知储罐容量达到80%,90%和100%时测深管子的位置,以英尺和英寸为单位)测深流程;

b. 测深卷尺(铅锤安全地接线到测深尺上);

c. 水指示贴;

d. 抹布;

e. 铅笔;

f. 储罐测深卡;

g. 手电筒(防爆型);

h. 声控电话耳机;

i. T形扳手(测深帽专用);

j. 备用垫片(测深帽专用)。

⑥歧管操作员在泵舱或者歧管空间内就位。

不论是从哪个方面来讲(工作量还是耗时程度),V-4部门人员在补给舷台上进行的准备工作,远不如甲板下人员进行的准备工作复杂,因为接收油轮的实际吊索工作是甲板部门的职责。但是,有些设备必须由补给舷台上或者补给舷台附近的修理团队组装,只有这样才能安全高效地加速补给作业。

修理团队人员应该保证加注接点有如下物件:压力表、温度计、取样接口、低压空气接口和冲洗阀。

需要修理人员在补给舷台上或者附近组装的设备如下:

①适当的手动工具;

②油滴盘;

③抹布;

④棉签;

⑤桶;

⑥5加仑安全罐;

⑦声控电话;

⑧干净的取样瓶。

靠近补给站的消防设备需要的物件类型和数量必须符合航母的燃油处理单。

在 4JG 流程的如下位置,设置了电话传令员岗位:

①甲板下办公室;

②加注接点;

③飞行甲板控制点;

④有测深管子的地方;

⑤舷外放油值班室;

⑥泵舱;

⑦歧管空间;

⑧损害控制中心。

在接收燃油之前,应提前测试,确保全部电话机功能良好。

4. 接收操作

一旦加油站派人值守后,应立即进行沟通。

当所有加油站都已经派人值守且准备就绪后,JP-5 燃油加注和输送系统应一字排开准备接收 JP-5 燃油。请依次打开下列阀门:

①舷台底座上第二甲板加注隔离阀;

②将降液管底座上第七甲板的加注和输送阀连接到船头和船尾,将隔离阀连接至左舷和右舷;

③所有输送总管舱壁截止阀;

④连接至待加注油罐歧管的输送总管支路集管;

⑤已选定待加注油罐输送总管侧阀门;

⑥已选定待加注油罐的罐侧歧管阀门。

[说明]在补给操作中,首先对深中线储罐和双底层油罐进行补给作业。

甲板下管道和阀门调整就绪后,就可以在航母上接收 JP-5 燃油。

在靠近油轮从油轮上接收燃油之前,需由甲板官负责控制吸烟灯。操作监察人员确保加油站附近的某些高频发生器、雷达和其他电子设备都已妥善处置。损害控制监察官确保其他消防管泵已在加注管路中放置就位,而且 AFFF 泵送站已派人值守。航空燃油官确保在加油站 50 英尺范围内没有移动设备或者电力绞车(燃油补给作业不需要)运行。

当航母最终靠近并稳稳地停靠在油轮旁时,各个站纷纷发出加重抛绳。与加重抛绳附接后,带回了电话线、堵漏垫上的角索以及软管引绳。当各站之间建立通信后,JP-5 燃油甲板督导将对油轮核对最后信息,例如油轮的最大泵送率放油压力以及航母的最大接收率和接收压力。

[说明]甲板部门的人执行加油软管内部连线的实际操作。

通过冲洗阀接收 JP－5 燃油的初流,然后将初流导引至被污染燃油沉淀池中。在向油罐中接收 JP－5 燃油之前,从允许进行目测检查的容器的主甲板加注接点提取燃油样品。如果接收的燃油达到标准,那么打开降液管并关闭冲洗阀。以缓慢的速度开始燃油补给作业。

当 JP－5 燃油进入油罐后,正如油罐油位指示器或者测深团队指示的那样,命令油轮按照正常速度开始泵送燃油。记录开始时间,并不断提取样品,保证接收到的燃油是干净、明亮、不含水的 JP－5 燃油。将提取样品的质量以及接收 JP－5 燃油时加注接点的压力记录下来。

加注接点的接收压力应该在 40 磅/平方英寸左右,这样才能获得设计好的最大加注速度。当两个加油站同时进行时,通用型航空母舰或核动力航空母舰可以以每小时 360 000 加仑的速度接收 JP－5 燃油。

当对油罐加注燃油时,应观察油罐的油位指示器并对油罐进行测深操作,通过这种方式来检查燃油量。一般来讲,离降液管最近的储罐最先加注燃油。

从初始流开始测深。应当定期进行测深,直到达到油罐容量的 80% 为止。当加注的燃油达到油罐容量的 80% 之后,应连续进行测深操作。

当第一罐的加注容量达到油罐容量的 80% 之后,同时打开与下一罐巢(至少 6 个油罐:左舷 3 个,右舷 3 个)相连的罐侧阀门,拧小第一罐巢的罐侧阀门,将第一罐巢的油罐至少加至其容量的 95% 。所有油罐(溢流罐除外)基本上都可以加注到油罐容量的 100% ,这样就可以增加航母上的载油量。

一个罐巢中的所有储油罐,包括左舷和右舷,可以同时打开,同步进行加油作业,但是在进行加满操作时必须非常小心,否则会导致溢流管线负担过重。

[注意]溢流罐的溢流总管的设计溢流量为 1 500 加仑/分钟,每个储油罐的溢流量为 500 加仑/分钟。

当每分钟接收到的 JP－5 燃油量确定后,那么就可以告知油轮预估的"停止泵送"时间。

所有安装有两个或者多个降液管的航母,均可以使用任意降液管来加速燃油补给作业。可以打开接收燃油的油管的数量以及接收燃油的方法因航母而异,具体取决于航母上歧管操作员的人员数量、测深团队人数,以及多次燃油补给操作后积累的经验。

[说明]必须确保有足够数量的油罐,以盛放被污染的燃油,以便利用它们接收从可拉伐补给站进行再循环的燃油。

当左舷和右舷待加注燃油的最后一个油罐达到容量的 80% 时,可告知油轮降低泵送率,将最后一个油罐加满。当溢流罐达到其容量的 95% ,告知油轮停止泵送燃油。

当油轮停止泵送燃油后,关闭舷台上的加注接点闸阀。

燃油补给操作结束后,向甲板官报告泵送开始和结束时间,并记录接收的总加仑数。这些信息将记录到航空母舰日志中。

　　妥善处置并重新配载所有设备。关闭加注和输送系统中的所有阀门。对油罐进行测深操作,以便准确了解航母上配载的燃油量。在最后的测深操作中,将读数与油罐油位指示器进行对比,必要时进行调整。

5. JP - 5 燃油接收或者拒收标准

　　在燃油清洁度标准(表 2.6)中,给出了在岸边对航母进行航空燃油补给作业时污染物的最大限值。

表 2.6　燃油清洁度标准

来源	目标	最大沉积物①	最大水量②
岸上储油罐	驳船、油轮、舰队油船、航母	8.0 毫克/升	不可见
舰队油船、驳船、油轮	航母	10.0 毫克/升	不可见
航母、舰队油船、驳船、油轮	岸上储油罐	10.0 毫克/升	不可见

注:①沉积物水平需要通过实验室分析确定,或者通过 CCFD(复合污染燃油探测器)确定,或者通过 AEL MK III(已污染燃油检测仪)确定;
　　②游离水的含量通过 AEL Mk I 和 AEL MK II 游离水探测器工具包检测,而且还可以通过实验室分析检测。

　　一般来讲,污染物水平基本上维持在上述给定限值以下。

　　泵送燃油操作开始时,需要从燃油加注接点持续不断地提取燃油样品,直到获得清洁的燃油样品为止。此后,在燃油补给操作中,每隔 15 分钟取一次样品。不论何时,当发现样品中污染物量超过表 2.6 中给出的污染物最大限值时,必须即刻停止泵送操作。到底是接收还是拒收燃油,由指挥官做最后定夺。

6. 紧急断开

　　当在海上进行燃油补给作业时,任何不可预见的情况都有可能发生,此时,进行紧急断开就非常必要,但必须有指挥官的指令才能紧急断开(既可以是接收航母的指挥官下令,也可以是输送航母的指挥官下令)。当下令进行紧急断开时最重要的莫过于留足充分的时间,这样航母就可以有条不紊地断开索具。如果收到断开信号时,未正确松开加油索具,将会致索具严重损坏,而且有可能对人员造成严重伤害。

　　接收油站的工作人员按照正确的操作规程可以顺利、快速、安全地完成所有紧急断开操作。燃油补给舷台上的 V - 4 人员应进行如下操作:

　　①当油轮停止泵送燃油后,关闭加注接点的闸阀;
　　②清理场地;

161

③甲板下人员应和正常情况下一样,在主甲板下妥善处置系统。

7. 沉淀和扫舱

从在航母上接收 JP-5 燃油开始,到向舰载飞机交付燃油为止,这段存储期间是燃油清洁工艺的关键一环。除了正确的扫舱,这段沉降期也将起到给系统中其他清洗工艺减负的作用。因此,对于燃油操作人员来讲,至关重要的是熟悉航母上的沉淀和扫舱流程。

8. 沉降期

使燃油达到最大程度的沉降,通过这种方式来分离燃油中的固体和水。JP-5 燃油的沉降速率为 3 英尺/小时。要想获得 JP-5 油罐的最大沉降时间,须遵循如下流程:

①严禁向正在使用的日用油柜泵入净化后的 JP-5 燃油。

②彻底清空正在使用的日用油柜,再从另一个日用油柜抽油。

③避免搅拌已完成沉降的燃油罐,方法是使 JP-5 燃油输送最小化,合并燃油负载或者调整航母平衡。在正常操作的输送作业中,遵循正确的清空顺序,以及在左舷和右舷同时抽吸同等数量的储罐,可有助于避免这种情况。

④协调燃油补给日期,确保在接收燃油补给之前,航母上始终有足量的 JP-5 燃油储备,足以给所有日用油柜加满燃油。

⑤当从燃油储罐向日用油柜中输送 JP-5 燃油时,在安排罐巢油罐清空顺序时,应始终首先清空溢流罐,然后清空半载罐(如果有的话),沉降时间最长的油罐最后清空。

在不同罐巢中轮换油罐清空顺序,确保所有油罐都有机会使用,而不仅仅是针对有泵舱操作员最方便取用的油罐。

9. 扫舱安排

在多艘航母上都出现过 JP-5 燃油严重污染的情形,结果致使价值数百万美元的飞机受损,甚至付出生命的惨重代价。如果燃油中的水和固体没有进入到飞机燃油室内,则可避免此类事故的发生。

这些导致 JP-5 燃油污染的无用的废物主要是由于不正确操作设备、对扫舱需求理解不到位,或是在某些情况下由于无视扫舱设备及其操作流程造成的。因此,严格遵守如下扫舱计划和流程非常重要。

在下列时间,利用马达驱动扫舱泵,对燃油储罐进行扫舱作业:

①接收燃油前;

②在航母上接收 JP-5 燃油的次日;

③每周;

④向日用油柜泵入燃油的前一日；

⑤向日用油柜泵入燃油的前一刻。

在下列时间，用手动扫舱泵或者马达驱动扫舱泵（航母上配置的）对日用油柜进行扫舱作业：

①每日；

②临用前；

③每周（在港口）。

10. 扫舱流程

在进行任意输送操作前，待进行 JP－5 燃油输送的储油罐必须进行扫舱作业，用马达驱动扫舱泵，扫除所有的水和淤泥。

扫舱系统的配置与压舱罐扫舱作业的配置方式基本相同。请按照如下步骤进行：

①打开待扫舱油罐上单阀歧管上的阀门；

②打开通向扫舱总管的防溢和放油歧管上的阀门；

[说明]只有指定的 JP－5 燃油或者压舱罐必须进行第②步操作。

③打开通向扫舱泵吸油集管的扫舱总管上的必要阀门；

④打开扫舱泵进油阀门；

⑤打开扫舱泵放油阀门；

⑥打开放油集管上通向被污染 JP－5 燃油沉降池的截止阀；

⑦启动马达驱动扫舱泵。

连续地从放出的 JP－5 燃油中提取样品。当获得干净、明亮不含水的 JP－5 燃油时，油罐扫舱完成。关闭单阀扫舱歧管上的阀门，并打开下一个待扫舱油罐的阀门。按照相同的方式对所有油罐进行扫舱作业。

[说明]保留在单阀扫舱歧管和扫舱泵之间的系统内，从前面已扫舱油罐中获得的干净 JP－5 燃油，必须通过检测接点放出，然后才可以从下一个待扫舱油罐中提取准确的样品。对两点之间扫舱系统管道的容量以及扫舱泵容量有一个一般性的了解，就可以实现上述要求，相应地运行油泵。为了安全起见，应该让泵多运行些时间。举例来讲，如果管道的容量是 160 加仑，泵的额定容量是 50 加仑/分钟，那么应该让泵先运行 4 分钟，然后再从下一个油罐中提取样品。

当所有油罐都完成扫舱作业后，关停泵并关闭系统中的所有阀门。

可以利用航母上装配的马达驱动值勤扫舱泵，按照与燃油罐扫舱作业同样的方式，对日用油柜进行扫舱作业。在进行维护、清理等操作前，完全清空日用油柜（最后 24 英寸深的燃油），然后轮换马达驱动扫舱泵和马达驱动值勤扫舱泵的双环法兰，并在清理操作完成后清除掉冲洗用水。

如果储油罐已经进行足够长时间的沉降，也经历了正确的扫舱作业，而且离心净化器运行正常,那么在日用油柜中就不会有多余的水。

日用油柜通过手动扫舱泵进行扫舱作业,具体流程如下:

①打开扫舱泵吸油侧通向待扫舱日用油柜的阀门;

②打开扫舱泵放油侧的阀门;

③操作泵的手柄,直到在放油管线(如靶心视镜指示的情况)中观察到干净的燃油为止;

④打开检测接点,频繁地提取样品。让泵始终运转着直到获得干净、明亮、不含水的燃油为止。

2.7.5 输送系统操作

通过船头或者船尾泵舱内 3 个独立的驳油泵,即可以完成 JP-5 燃油的内部输送。

当从储油罐向日用油柜中输送燃油时,请遵循如下流程。

①对输送作业将涉及的所有油罐进行扫舱作业,储油罐和日用油柜均如此。

②清空净化器废油排放槽。

③安排油罐清空顺序。首先清空溢流罐,然后清空半载罐,沉降时间最长的油罐最后清空。

④打开下列阀门:

a. 选定罐的罐侧歧管阀门;

b. 选定的输送总管侧阀门;

[说明]确保警报阀门已关闭。

c. 输送总管支路集管上的所有阀门,介于歧管和泵吸油集管之间;

d. 吸油集管上的阀门;

e. 指定驳油泵之间的进油阀和放油阀;

f. 所有阀门,从油泵放油集管通向指定的净化器;

g. 日用油柜截止阀,通向待加油的油罐;

h. 指定净化器放油阀。

⑤启动净化器。

⑥当净化器的速度达到 146～152 转/分钟时,打开净化器上的密封水阀。

[说明]为了避免启动不干净分离筒时出现的震动,在按下开始按钮时,加入密封水。

⑦打开盖子总成上的主排水观察端口。当水流过这个端口时,关闭净化器和供给端的密封水进水阀。

⑧启动指定的驳油泵。

⑨当泵的放油压力积聚时,慢慢地打开净化器进油球心阀,并拧转阀门使球心阀进油压力保持在 4～10 磅/平方英寸。然后拧小净化器放油球心阀,保持 30

磅/平方英寸反压(±5 磅/平方英寸)。

⑩记录驳油泵和净化器的启动时间。

⑪当系统运行时,向日志中输入下列额外条目:

a. 驳油泵进油和放油压力;

b. 净化器进油和放油压力。

⑫提取进油和放油样品。

a. 将样品交给航空燃油化验室,通过 CCFD,AEL 污染燃油探测器 Mk III 和 AEL 燃油水仪工具包 Mk I/Mk II 对样品进行分析;

b. 记录分析结果。

[说明]建议从刚打开歧管阀门时抽吸燃油的储罐中提取样品用于目测检查。可以通过警报阀抽吸样品。

⑬如果在加油泵加满前驳油泵失去吸力,请采取如下行动:

a. 关闭净化器进油阀门;

b. 关闭与空舱连接的歧管阀;

c. 向本条管线中增加额外油罐;

d. 当驳油泵放油压力恢复后,重复第⑩步。

⑭当日用油柜达到其容量的95%时,妥善处置该系统。请按照如下步骤关停净化器:

a. 关闭净化器进油阀;

b. 关停驳油泵;

c. 关停净化器;

d. 严禁接合制动器(大约45分钟后,净化器会自然停止);

e. 当净化器速度减慢时,离心力逐渐消失,入口和出口压力将降为零;

f. 当出口视镜中的挡板停止时,关闭净化器放油阀;

g. 关闭加注和输送系统中的所有阀门;

h. 向日志中填写关停驳油泵的时间、关停净化器的时间、从储油舱内清理掉的燃油总加仑数,以及从日用油舱中接收燃油的净加仑数。

在输送操作中,用于目测检查的样品必须从净化器出口、按照相应航母操作说明在固定的时间间隔内提取。样品必须干净明亮,而且不含任意游离水。如果燃油中有气云、水雾、沉积物斑点或者附带水,那么就表明燃油很有可能不适宜,而且净化操作中一定会出现故障。如果出现这种情况,必须保证输送操作正常进行,直到涉及的油罐重新扫舱完成为止;在扫舱泵的出口侧接收到干净、明亮不含水的样品;离心净化器检查完毕,差异已修正。

2.7.6　在储油罐之间进行驳油

如果已经正确确立并遵循清空顺序,那么必须进行这个操作的情况就非常少

（除非接收燃油前进行燃油合并操作需要这样做）。如果需要进行这项操作,而且在操作过程中,多数情况下是需要从左舷向右舷输送燃油,或者从右舷向左舷输送燃油,通过这种方式来更正舰船的倾斜平衡;也有可能是从船头向船尾输送 JP-5 燃油,或者反方向输送燃油,通过这种方式来更正舰船的平衡系统。

这个操作的流程与从储油罐向日用油柜中输送燃油一样,但下列情况除外:

①无需进行净化和取样流程;

②驳油泵的出口集管上连接了输送管道,输送管道已经调整就位,向对面的输送总管支路集管内排放。

[注意]在向某一个罐巢中任意罐输送 JP-5 燃油之前,必须清空该罐巢中用于接收燃油的溢流罐。

1. 合并燃油

当任意输送操作完成时,要尽最大可能地合并储油罐内剩余的最后 24 英寸 JP-5 燃油(当驳油泵失去吸力后,在某些大型油罐中,剩余燃泄量高达 5 000 加仑)。马达驱动扫舱泵可以完成这个合并使命。

合并最后 24 英寸 JP-5 燃油的流程与扫舱作业中略述的流程一样,唯一的例外是调整扫舱泵出口集管,调整后的集管将导引排出的燃油进入到输送总管中,而不是被污染的 JP-5 燃油沉淀池中。

JP-5 燃油被从输送总管导引进入预先选定的储油罐中。在开展的扫舱作业中,应给合并后的燃油留出最长沉降时间。

2. 压舱操作

给空的压舱罐压载(填充海水),通过这种方式对航母的水下保护系统进行维护。必须按照航母的压舱指导,进行压舱操作。

通过防溢和放油歧管上的通海阀以及单阀扫舱歧管,对通用型航空母舰/核动力航空母舰上的油罐进行重力压舱。在 LPH 和 LPD 上,海水是从航母的消防总管系统供给的。

压舱流程如下:

①遵循损害控制中心安排的油罐加注顺序,维持航母的正确平衡。

②打开单阀扫舱歧管上的阀门,扫舱歧管与待加注油罐连接。

[注意]在航母对侧打开相同数量的油罐。

[说明]通过一个防溢和放油歧管控制的所有油罐,可以同时进行加注操作。

③调整防溢和放油歧管上的阀门,为压舱做准备。

a. 解锁滑锁杆,方法是松开长圆形槽上方的两个螺栓;

b. 定位滑锁杆,使得锁孔槽中的圆孔在通海阀杆上凸出轴环的正上方;

c. 通过螺栓将锁杆重新定位。

④打开通海阀。

⑤测量油罐的深度,来确定油罐何时注满。

⑥当所有油罐都注满后,油罐测深团队会给出指示,关闭单阀扫舱歧管上的阀门。

⑦当所有油罐都完成压舱操作后,关闭通海阀并重新定位锁杆。

⑧关闭位置锁止罐侧阀门(在双阀加注和吸油歧管上)。

⑨打开双阀歧管上的警报阀,并排放阀内物,然后关闭阀门。

[注意]当用海水对油罐进行压舱操作时,要定期打开警报阀,来确定罐侧阀门以及输送总管阀门的状况。

[说明]多数压舱油罐都不会注满,由于油罐高度和航母吃水的缘故,有些油罐只加注一半的容量。压舱液体会找到相应的位置。

2.7.7　卸载 JP-5 燃油

当卸载 JP-5 燃油时,由于加油泵的容量增加,所以可以发挥驳油泵的作用。通过输送总管、降液管、加注接点,将航母上的 JP-5 燃油卸载到驳船、油轮或者油库中。因为加油泵此时发挥驳油泵的功能来卸载 JP-5 燃油,所以必须调整加注和输送系统以及值勤系统中的管道和阀门,使得加油泵作为驳油泵能够从同一管道中抽吸燃油并排出燃油。

假设在这个操作中,所有燃油负载都需要卸载掉,包括日用油柜中的 JP-5 燃油。那么应该首先清空日用油柜,从日用油柜中抽吸燃油没有需要额外注意的事项。

1. 从日用油舱中卸载 JP-5 燃油

请按照如下步骤调整管道和阀门:

①打开日用油舱的吸油截止阀(介于日用油舱和日用油舱吸油集管之间)。

②打开日用油舱的进油阀门。

③取下螺栓,转动双环法兰(或者管线盲板阀)至打开位置。双环法兰(或者管线盲板阀)位于交叉连接的管道内,它介于日用泵出口集管和驳油泵出口集管之间。解锁并打开同一条管线上的闸阀。

④打开驳油泵出口集管与输送总管之间的阀门。

⑤打开通向降液管的输送总管舱壁的截止阀。

⑥打开降液管底座上的闸阀。

⑦打开加注接点的闸阀。

当卸载燃油的准备工作已经完成后,启动加油泵。

当泵出口压力达到 80 磅/平方英寸时,慢慢打开泵出口侧的球心阀,使泵减速避免形成气穴,同时维持最小 35 磅/平方英寸的反压,这样泵机马达控制器就可以自动运行。

现在,日用泵从日用油柜中抽吸燃油,并通过日用泵出口集管、驳油泵出口集管和输送总管,向舷外排出,向上通过降液管,从加注接点排出。

按照上文所述,继续进行泵送操作,直到所有日用油舱都清空为止。然后,妥善处置油泵并调整系统,准备清空储油舱。

[说明]借助马达驱动清舱泵,将日用油柜中剩余的 24 英寸 JP – 5 燃油合并到预先选定的储油舱中。

2. 从储油舱中卸载 JP – 5 燃油

在燃油补给加油站,从加油泵出口集管到加注接点的管道布置保持不变。

请按照如下步骤,将加油泵的吸油集管管道对准储油罐:

①取下螺栓并转动双环法兰,或者打开加油泵吸油集管和驳油泵吸油集管之间交叉连接管道中的管线盲板阀,解锁并打开同一管线中的闸阀。

②打开选定的输送总管侧的歧管阀门。

③打开选定的罐侧歧管阀门。

[说明]加油泵的吸油集管是直径为 8 ~ 10 英寸的管线,与储油罐连接的所有加注和吸油管线都是直径为 5 英寸的管线。因此,必须一直同时打开足够数量的油罐,否则加油泵将丧失吸力。

④打开输送总管支路集管上的所有阀门,支路集管与驳油泵的吸油集管相连。

⑤将出口球心阀关闭,这样就可以启动加油泵。当加油泵的出口压力达到80磅/平方英寸时,慢慢地打开出口球心阀。

继续泵送直到卸载掉全部燃油为止。在加载和卸载燃油过程中,都必须遵循油罐清空顺序,这样才能维持航母的平衡。

2.7.8 JP – 5 燃油值勤系统操作

这里介绍的值勤系统操作包括如下内容:

①冲洗值勤系统;

②向飞机加油;

③从飞机上抽油。

在给飞机加油前,如果下列任意情形发生,那么必须对整个 JP – 5 燃油值勤系统进行彻底冲洗:

①在船厂进行大修后(包括新建或者重新改装的航空母舰);

②对 JP – 5 燃油值勤系统进行了任意重大的修补工作;

③维修之后,将系统重新投入使用。

进行冲洗操作的目的是清除掉在船厂进行大修期间,安装和(或)修理系统时,在管道内积聚的大量固体和冷凝液。冲洗操作还可以清除掉微生物生长形成的松散堆积物,它们可以在系统内有水的任意位置生长。

要对值勤系统进行操作,就需要在高压下泵送大量燃油,因此,必须严格遵守所有注意事项。

通过如下方式完成冲洗操作,即从日用油柜通过值勤系统管道泵送干净的JP－5 燃油,干净的 JP－5 燃油通过值勤过滤器和分配管道,进入到每个加油站中,然后再返回到被污染燃油沉淀池中。在整个冲洗操作中,参与冲洗操作的 JP－5 燃油基本没有损失。

从管道布置和操作流程来讲,为进行冲洗操作,泵舱和加油站之间的管道布置和操作流程与对飞机加油操作的布置和流程完全一样,应予遵守。为减少重复,这里介绍的两点之间的操作适用于上述两项作业。

下面只介绍一个象限的管道布置,其他象限可以按照同样的方式安排。

请按照如下步骤设置泵舱。

①对在用日用油柜进行扫舱作业。

②打开吸油管线中的截止阀,该截止阀介于加油泵和在用日用油柜之间。

③将再循环集管与在用日用油柜对齐,此时在用日用油柜正在进行吸油操作。

④打开加油泵再循环截止阀。

[注意]确保加油泵放油阀门已经关闭。

⑤将泵舱内的分配管道与预先选定的值勤过滤器对齐。

⑥调整过滤室内的分配管道,按照如下步骤激活主燃油过滤器:

a. 调整自动排水系统;

b. 打开过滤器进油和放油阀门;

c. 打开过滤器通风管线;

d. 有两个截止阀通向舷外分配总管的船头和船尾支撑筋打开这两个阀门;

e. 打开左舷和右舷交叉连接的截止阀。

⑦请按照如下步骤,调整第一个待冲洗的加油站:

a. 打开加油站立管阀门和截止阀门,介于加油站和软管卷盘之间;

b. 将全部加油软管展开,将软管一端的压力加油喷嘴附接到抽油总管上。

[说明]抽油总管与被污染燃油沉淀池对齐,并且已经打开。

⑧启动一个加油泵。当出口压力达到 80 磅/平方英寸时,慢慢地打开泵出口的阀门。观察过滤器出口中的观察镜。当管道中的 JP－5 燃油连续不断地排出时,关闭通风阀门。

⑨当过滤通风阀门已关闭时,启动值勤加油站的抽油泵。

⑩关闭压力加油喷嘴上的喷嘴切换开关,使加油站处于加油位。

进行冲洗直到在压力加油喷嘴的检测接点得到干净、明亮、不含水的样品为止。用 AEL 检测仪分析样品。逐站进行这项操作,直到每个软管卷盘都彻底冲洗完成。

对飞机进行加油操作与冲洗软管的操作基本相同,不同之处在于在飞机加油操作中,喷嘴是附接到飞机上的。飞行甲板上具体的冲洗、加油和抽油操作将在本书第 5 章中详述。

2.7.9 辅助系统操作

JP - 5 燃油辅助系统将 JP - 5 燃油交付给应急柴油发电机组、小船加油接点和黄色装备加油站。请按照如下流程,向辅助系统总管输送 JP - 5 燃油:

①打开选定日用油柜与辅助泵吸油系统连接的罐顶阀门和截止阀;

②确保与输送操作无关的所有日用油柜阀门都已关闭;

③打开辅助泵与辅助总管之间排放管线上的阀门;

④打开辅助系统与待加油站之间支路上的阀门,并确保所有不需要加油的支路阀门已经关闭;

⑤在泵舱和待加油站之间建立通信;

⑥启动 JP - 5 辅助泵;

⑦当输送操作完成时,妥善处置 JP - 5 燃油辅助泵,并关闭其吸油和排油管线中的所有阀门。

2.7.10 污染物控制

海军必须具备在陆地、海上和空中进行日常操作的能力。海军致力于以与环境相容的方式操作舰船和岸上设施。国防和环境保护是必须兼容的,指挥系统必须保证所有海军人员都具有环保意识,并在实际行动中表现出来。

油类污染是海军面临的最大一类污染问题。航空母舰油料员随时掌控着几百万加仑的石油产品,负责每一加仑石油产品的安全存放和处理。

OPNAVINST 5090.1B 是海军的环保和自然资源项目手册。在这本手册中,海军作战部长提供了具体的指导方针和策略,划分了责任并根据环保策略设置了海军应遵循的标准。

涉及航空母舰油料员的具体策略如下:

①任意海军活动或者任意海军舰船,在向任何海岸线周围 92.6 千米的范围内排放油类或废油时,排放量以不在水中留下光泽为宜;

②工作人员应阻止或者遏制任意意外排放,以避免污染;

③提供废油产品处置流程;

④解释说明指挥系统污染减排的具体责任。

作为一名航空母舰油料员,有责任了解并遵循海军污染防治政策。

2.7.11　思考题

(1)航空燃油操作排序系统包括三个操作等级,分别是哪三个?

(2)航空燃油操作排序系统中包括哪类信息?

(3)在进行测深操作时,发现测深尺上有大量水滴,这是燃油中可能夹带水的证据。需要提取哪种样品来验证这个假设?

(4)将决定海上燃油加注/补给作业的持续时长的因素有哪些?

(5)航空燃油操作排序系统测深系统包括哪类信息?

(6)对于岸边油轮沉积物,可接受的要求是什么?

(7)按照扫舱流程,必须利用马达驱动扫舱系统,来清除掉燃油储罐中的所有水和淤泥。那么燃油储罐的扫舱要求是什么?

2.8　总　　结

本章介绍了构成 JP－5 燃油甲板下系统的各种设备和子系统,以及典型操作流程和排除轻微故障的方法。

海上 JP－5 燃油甲板下系统是一个庞大、复杂的系统,学习掌握起来难度很大。必须严格遵循设备技术手册中的操作流程以及所在航母的航空燃油操作排序系统。督导应向初级人员再次强调这一点。

第 3 章 JP - 5 飞行甲板燃油系统

在航母的飞行甲板上工作,既让人兴奋不已又让人胆战心惊。由于海军航空兵负责油料的水手长在工作中接触的是高度易燃的燃料,虽然甲板下系统更为复杂,但是在甲板上工作的海军航空水手长也同样应掌握丰富的关于飞行甲板系统以及该系统的组件和正确操作流程的知识。

在本章中,我们将认识飞行甲板和机库甲板操作中使用的各种组件,并解释它们的正确操作流程。正如甲板下系统一样,各舰上的飞行甲板系统布置也有所不同。本章中提供的信息以典型布置为依据。

3.1 飞行甲板和机库甲板加油/排油阀(可拉伐)

【学习目的】 认识构成 JP - 5 燃油飞行甲板、机库甲板加油/排油阀(可拉伐)的各个组件的操作流程和故障排除流程。

飞行甲板和机库甲板加油系统都是围绕着可拉伐加油机组建设的。这些机组的数量和位置因航母而异。一般来讲,每个加油站包含 3 个或者 4 个软管卷轴(图 3.1),每个软管卷轴都有各自的可拉伐。

可拉伐加油机组(图 3.2)是 JP - 5 加油站的核心部分,可拉伐是一个三端口、双向、加油/排油阀,采用改进后的球心阀设计,是 JP - 5 燃油分配系统的有机组成部分,可在舰上使用。这个阀门有如下四个截然不同的功能:

①充当一个减压阀,保持恒定的排油压力,使压力不超过 55 磅/平方英寸;

②充当一个电磁操作的紧急断流阀;

③当排油压力上升超过预先确定的压力值时,充当一个减压阀;

④充当排油阀,排空阀门出口以外管道和软管内的燃油。

3.1.1 主(加油/排油)阀门

主阀门(图 3.3)实际上是两个单座球心阀安装在一个公用的壳体内。两个阀门分别具有独立的、截然不同的功能,其中一个充当加油阀,另一个充当排油阀。

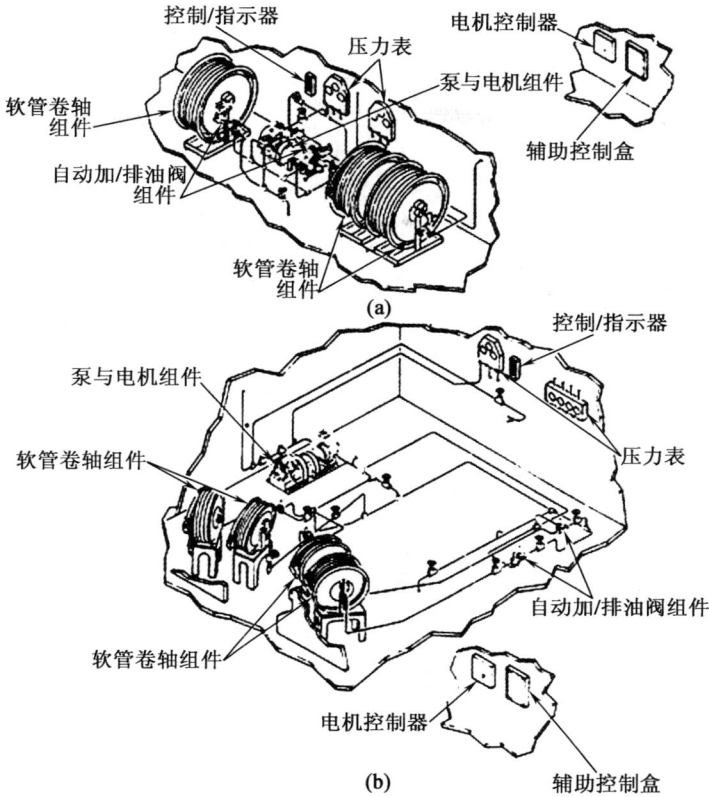

(a)

(b)

图 3.1　飞机加油/抽油站布置

(a)三卷轴布置；(b)四卷轴布置

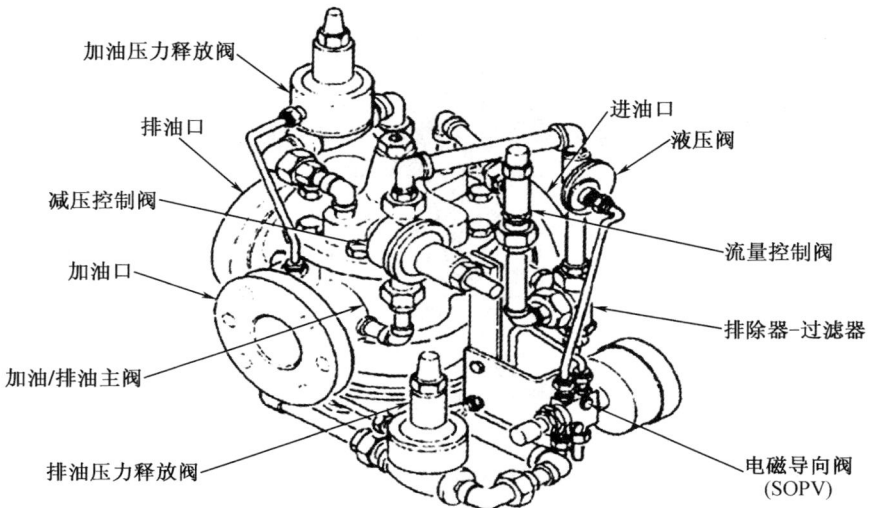

图 3.2　可拉伐(CLA－VAL)加油/排油阀组件

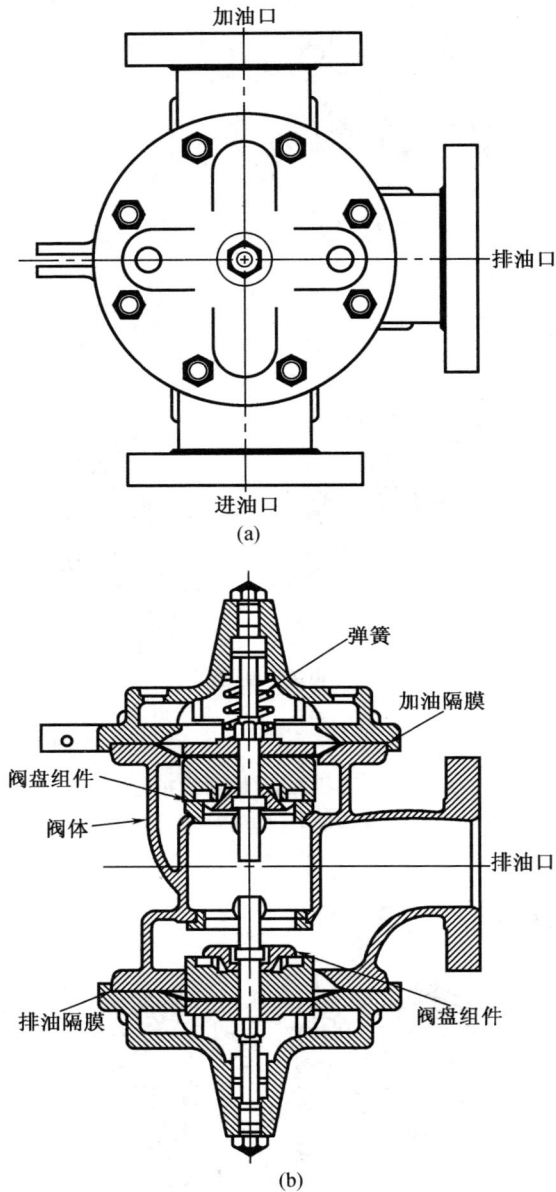

图 3.3　主阀门

（a）顶视图；（b）侧视图

　　每个阀门都采用了一个支撑良好的、强化隔膜来充当其运行工具。加油阀通过弹簧加载方式关闭，因此，它通常是关闭的。排油阀是倒置的（上下颠倒）并在其自身所受重力的作用下保持打开状态。

加油时主阀门引导燃油从进油口流至加油口,排油时燃油从加油口流至排油口。加油和排油阀门由作用在强化隔膜上的压力操控。从加油模式变成排油模式是通过给电磁导向阀(SOPV)通电、断电,或者通过过度交油压力实现的。

当加油隔膜的压力释放掉时,加油隔膜上的进油压力将加油隔膜的阀盘组件抬起,从而打开加油阀。与此同时,对排油阀隔膜底部施加了一个压力,压力使阀盘组件落座就位并关闭排油阀。

当排油隔膜以下的压力释放掉时,排油隔膜阀盘组件下落,排油阀门打开。与此同时,对加油阀门隔膜(既包括管线又包括弹簧)的顶部施加了一个压力。当这个压力超过进油压力时,阀盘组件落座复位,从而关闭加油阀门。

主阀门由一组小型阀门通过管线压力控制,这样就可以提供全自动操作。电磁导向阀转换可拉伐组件,从排油模式转为加油模式,以及从加油模式转为排油模式。流量控制阀调节主阀门加油侧的打开速度。

液压(Hytrol)阀门有两个功能:一是隔离开来自减压控制阀上的进油压力;二是将进油压力释放给减压控制阀和主阀的加油端口。减压控制阀调节交油压力。喷射器滤网的作用是帮助释放加油阀隔膜之上的压力,同时阻止杂质进入到减压控制阀内。如果交油压力超过预设的限值,那么压力释放阀打开,切入到抽油模式。

3.1.2 泄压阀

当释放压力超过预先调整值时,压力释放阀(图 3.4)打开,将主阀门转入抽油模式。每个可拉伐加油机组都有两个压力释放阀。一个压力释放阀为加油阀释放压力,另一个压力释放阀为抽油阀释放压力。

每个压力释放阀都包括阀杆、隔膜、弹簧和调节螺钉。每个阀门都是一个直动式的弹簧加载阀门,且配有相对于气门座接触面来讲较大的振膜工作区,通过这种方式即可保证正向操作。阀门在压缩弹簧产生的力的作用下保持关闭。通过旋转调节螺钉,来改变隔膜上的弹簧压缩情况,这样就可以实现压力调整。当压缩弹簧时,造成压力增加,增大的压力导致阀门打开。此时,可以调整弹簧,设定介于 20~70 磅/平方英寸之间的压力释放值。压力释放阀上的调整螺钉由一个青铜外壳保护。当隔膜下的控制压力超过设定的弹簧弹力时,阀盘被向上提升离开阀座,此时允许流量通过。

按照设定,抽油阀门的压力释放值比交油压力高出 7.5 磅/平方英寸。加油阀门的压力释放值比交油压力高 2.5 磅/平方英寸左右。当打开加油阀门的压力释放阀时,会加快加油阀门的关闭速度。当打开抽油阀门的压力释放阀时,可以从抽油阀门隔膜底部释放压力使抽油阀门打开。

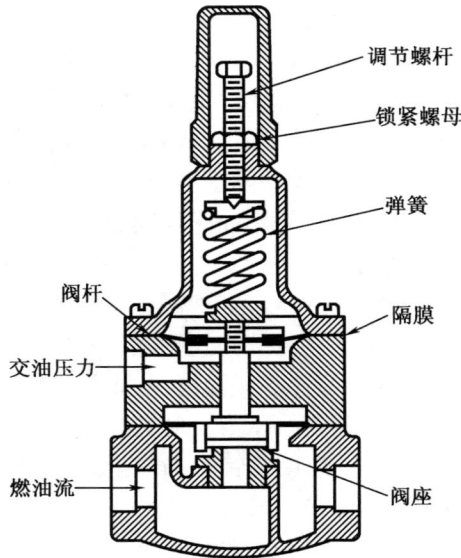

图 3.4　压力释放阀

3.1.3　减压控制阀

减压控制阀(图3.5)稳步地将较高的初始压力降为较低的压力,并当主阀门处于加油模式时调节交油压力。

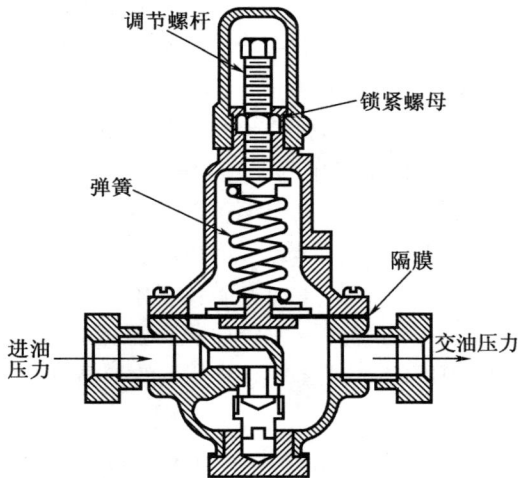

图 3.5　减压控制阀

减压控制阀是一个直动式、弹簧加载的阀门,并设有相对于气门座接触面来讲较大的振膜工作区,它的作用是通过这种方式来保证对交油压力进行灵敏控制和精确调控。

通过旋转调节螺钉来改变隔膜上的弹簧压缩情况,这样就可以实现压力调节。当压缩弹簧时,就增加了交油压力设定值。此时,可以调节弹簧,提供一个介于 15 ~ 100 磅/平方英寸之间的交油压力。减压控制阀上的调节螺钉由一个青铜外壳保护。

通常情况下,减压控制阀在压缩弹簧弹力的作用下保持打开状态。当作用在隔膜下侧的交油压力超过压缩弹簧产生的力时,阀门关闭。

反过来,当交油压力降低到弹簧设定值以下水平时,阀门打开。这样,通过弹簧压力抗衡交油压力,就可以获得恒定的交油压力。通过转动调节螺钉可以轻松地调节阀门,阀门提供了一种调节压力的简单方法。

3.1.4　液压阀(Hytrol)

液压阀(图 3.6)可以实现两种功能,即隔断来自减压控制阀的进油压力,或将进油压力释放到减压控制阀以及主阀门的加油端口上。从螺管磁铁操作的导向阀疏导到隔膜顶部的压力使液压阀保持关闭状态。当压力释放掉后(通过螺管磁铁操作的导向阀),通过进油压力打开液压阀,允许燃油流动。无须调整液压阀,其状态或是打开或是关闭。

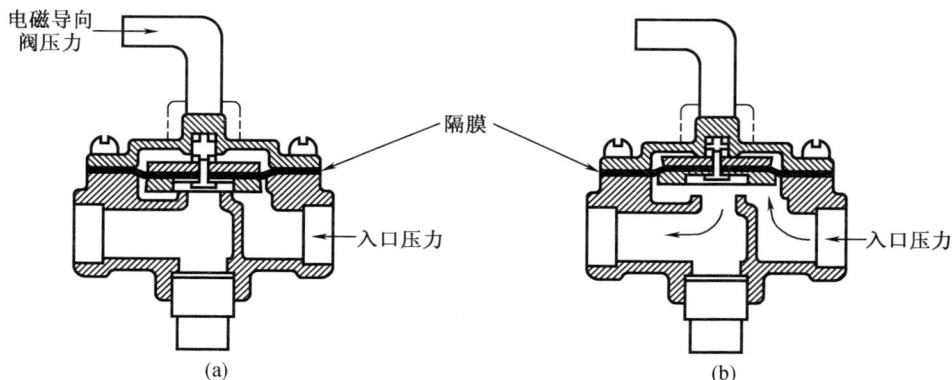

图 3.6　液压阀
(a)A 视图;(b)B 视图

3.1.5　抽吸器的过滤器

抽吸器的过滤器(图 3.7)可以降低施加在减压控制阀上的进油压力,并过滤燃油。它由一个节流塞和一个 60 目蒙乃尔铜镍合金过滤网组成,过滤网位于进油口和 3 个排油口之间。节流塞可以通过提高燃油流速(类似喷射器)的方式降低压力,这种情况有助于排空加油阀的气门盖室。蒙乃尔合金过滤网能够捕捉外来颗粒和污染物质。3 个放油口导引过滤后的燃油进入到减压控制阀、流量控制阀和电磁导向阀中。

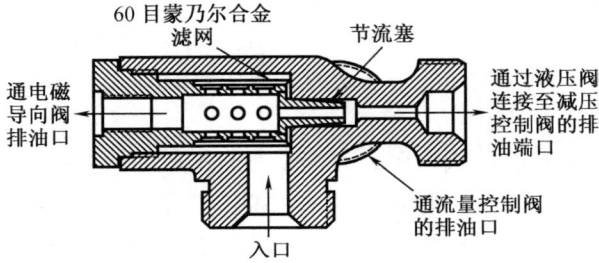

图 3.7 抽吸器的过滤器

3.1.6 电磁导向阀(SOPV)

电磁导向阀(图 3.8)将可拉伐组件从抽油操作模式转换到加油操作模式中,反之亦然。电磁导向阀是一个直动式、电磁制动的阀门。它是一个四向阀门,有一个有槽阀杆,这个阀杆在阀体加工孔内做前后往复移动。当螺线管在加油模式中得电时,阀杆在螺线管磁拉力的作用下,被拉向弹簧压缩装置的相反方向。当螺线管在抽油模式中失电时,阀杆由于弹簧芯的扩展而回复。阀门活塞的运动导引燃油沿着一个方向满流量流动。

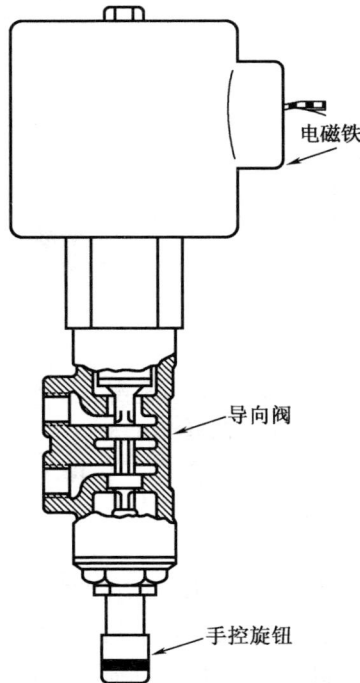

图 3.8 电磁导向阀(SOPV)

　　在电磁铁操作的导向阀中没有关闭端口位。这个阀门还配置了一个手动控制器。通过如下方式,可以对该阀门进行手动操作:在控制器的下端,将旋钮向上推。顺时针方向旋转四分之一圈,就可以将手动控制器锁定就位。

　　电磁铁设置在一个防爆外壳中,并且满足危险环境中的使用要求。

3.1.7　流量控制阀(针型阀)

　　流量控制阀(图 3.9)由一个针型阀组成,在外壳内有一个弹簧和阀盘组件。外壳盖取下后就可以调整针型阀。流量控制阀安装在喷射器 - 过滤器与加油阀盖室之间的管线上。

　　流量控制阀能够控制来自加油阀盖室的燃油流,燃油流控制着加油阀的反应时间。这一步是通过限制流过针型阀和阀盘组件的燃油流量实现的。而反方向的燃油流则将阀盘从阀座上提起,从而允许燃油流不受限制地通过。

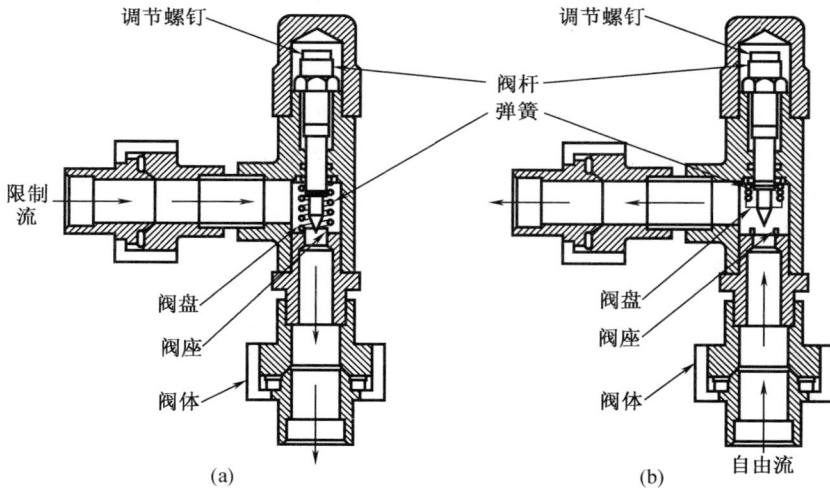

图 3.9　流量控制阀(针型阀)

(a)A 视图;(b)B 视图

3.1.8　操作可拉伐

1. 可拉伐分步操作

阀门的分步操作详解如下。

①螺线管通电。

②螺管磁铁操作的导向阀,导引压力从主阀门入口进入到抽油阀的盖室,通过这种方式使螺管磁铁操作的导向阀保持关闭状态。

③螺管磁铁操作的导向阀,也向抽油管线释放液压阀盖室内的压力。这样,减压控制阀就可以接管控制加油阀。

④当减压控制阀开始运行后,高压燃油进入到加油阀中,并绕过喷射器－过滤器抵达减压控制阀,减压控制阀在压缩弹簧的作用下保持打开状态。当减压控制阀上的压力降到调整后的设定值以下时,通过喷射器－过滤器的燃油流量达到最大。此时,在主阀门盖室内形成压降,压降使加油阀打开,在下游系统中积聚压力。下游压力不断增加,并通过减压控制阀传输到减压控制阀隔膜的下侧。

⑤当减压控制阀隔膜下的压力达到一个点,即隔膜下压力与玉缩弹簧上加载的力达到平衡时,此时减压控制阀开始关闭,充分限止通过喷射器－过滤器的燃油流量,通过这种方式来增加主阀门盖室内的压力。因为盖室内压力增加了,迫使阀盘向阀座运动,直到主阀门中通过足量燃油维持下游压力不变为止,下游压力能够平衡减压控制阀压缩弹簧产生的力。

任何后续的燃油需求变化都可能导致下游压力出现细微变化,这种细微变化将导致减压控制阀和主阀门找到一个新位置,按照需求提供燃油。

⑥只要正常加油操作正在进行,而且燃油流动速率未快速变化,那么加油阀将发挥上述功效。如果燃油流速突然降低,则有可能是发生了如下两种情况:

a.由于打开抽油阀,导致任何压力的上升都被抵消;

b.加油阀迅速关闭。

⑦交油压力反映在两个压力释放阀的隔膜下,反作用于弹簧施加的力。当出现下游压力上升的情形时,而且压力上升足以克服弹簧产生的力时,抽油阀的减压控制阀打开,来释放抽油阀门盖上的压力。可拉伐加油运行图如图3.10所示。

[说明]流量控制阀控制着燃油的流速,即从加油阀盖室中排空燃油的速度,同时还控制着加油软管充油的速度。调节流量控制阀,使燃油软管可以缓步输送燃油。如果通过燃油软管输送燃油很有困难,那么设备损坏的可能性将增加。

⑧当压力和流量条件都回归到正常情况时,所有阀门恢复各自正常的功能。

2.可拉伐的抽油操作

下面将介绍可拉伐的抽油操作。图3.11给出了处于抽油位的可拉伐排油运行图。

①螺线管失电。

②螺管磁铁操作的导向阀将主阀门入口的压力,导引进入液压阀盖室中,使液压阀保持关闭状态。这个操作通过喷射器－过滤器,将高压转移到加油阀盖室中,使加油阀保持关闭状态。这样就使得抽油阀门打开,从而将过剩的压力释放到抽油管线中。

③螺管磁铁操作的导向阀也向抽油管线释放盖室的抽油压力。当盖室的压力释放后,抽油阀门由于自身重力的作用以及反向结构设计而打开。在从盖室接

出的管线中,安装了一个限流管弯头,因此可以控制抽油阀的打开速度。

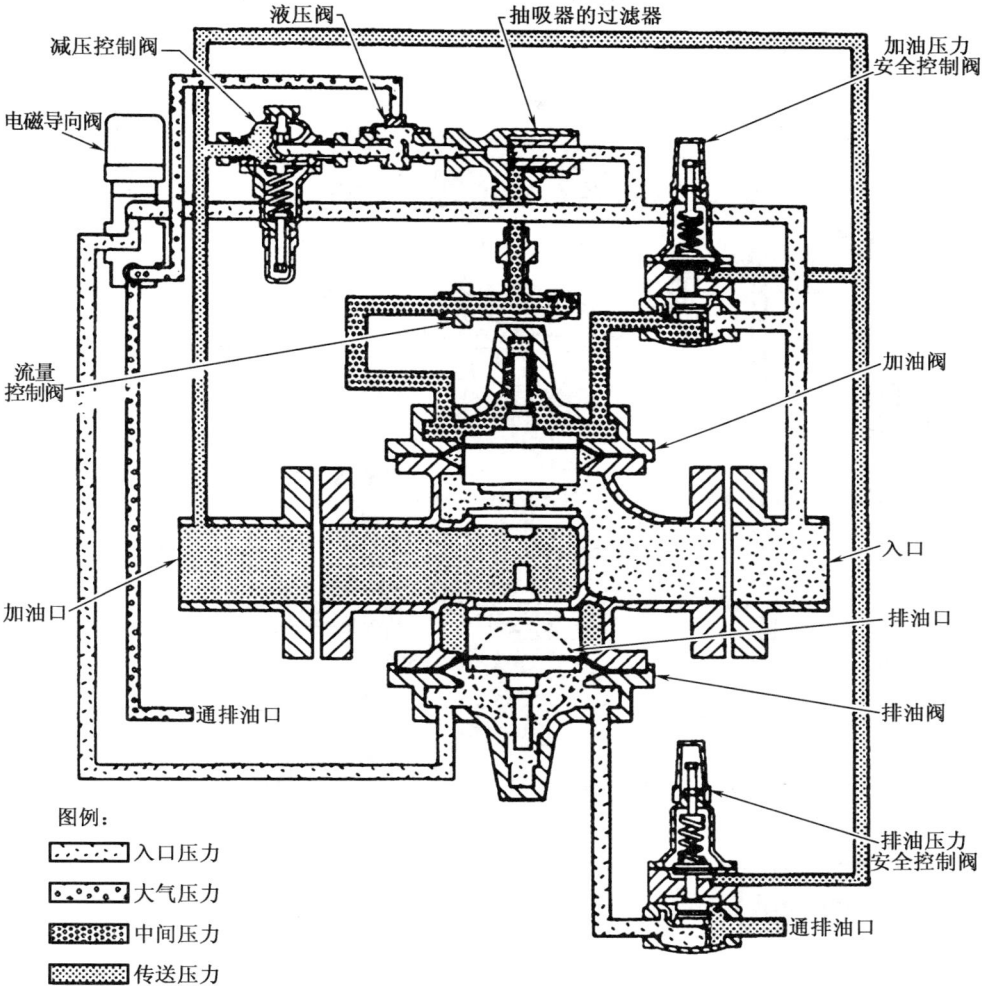

液压阀　抽吸器的过滤器

减压控制阀　　　　　　　　　　　　　　　　加油压力
安全控制阀

电磁导向阀

流量
控制阀

加油阀

入口

加油口

排油口

排油阀

通排油口

排油压力
安全控制阀

通排油口

图例:

⟨点线⟩ 入口压力
⟨点⟩ 大气压力
⟨黑⟩ 中间压力
⟨网格⟩ 传送压力

图 3.10　可拉伐加油运行图

3. 可拉伐加油/抽油压力设定流程

所有压力设置操作的流程都一样,唯一的区别在于设置的压力值。以 50 磅/平方英寸的最终交油压力为例来介绍压力设置流程,具体如下:

①在加油/抽油阀和软管之间,必须安装一个压力表;

②取下调节螺钉以及压力释放阀和减压控制阀的外壳;

[说明]当感到调节螺钉已经拧紧后,禁止继续向拧紧方向用力,否则可能会导致内部部件损坏。

③将三个锁紧螺母都松开,轻轻地将调节螺钉拧在两个压力释放阀上,一直拧到底;

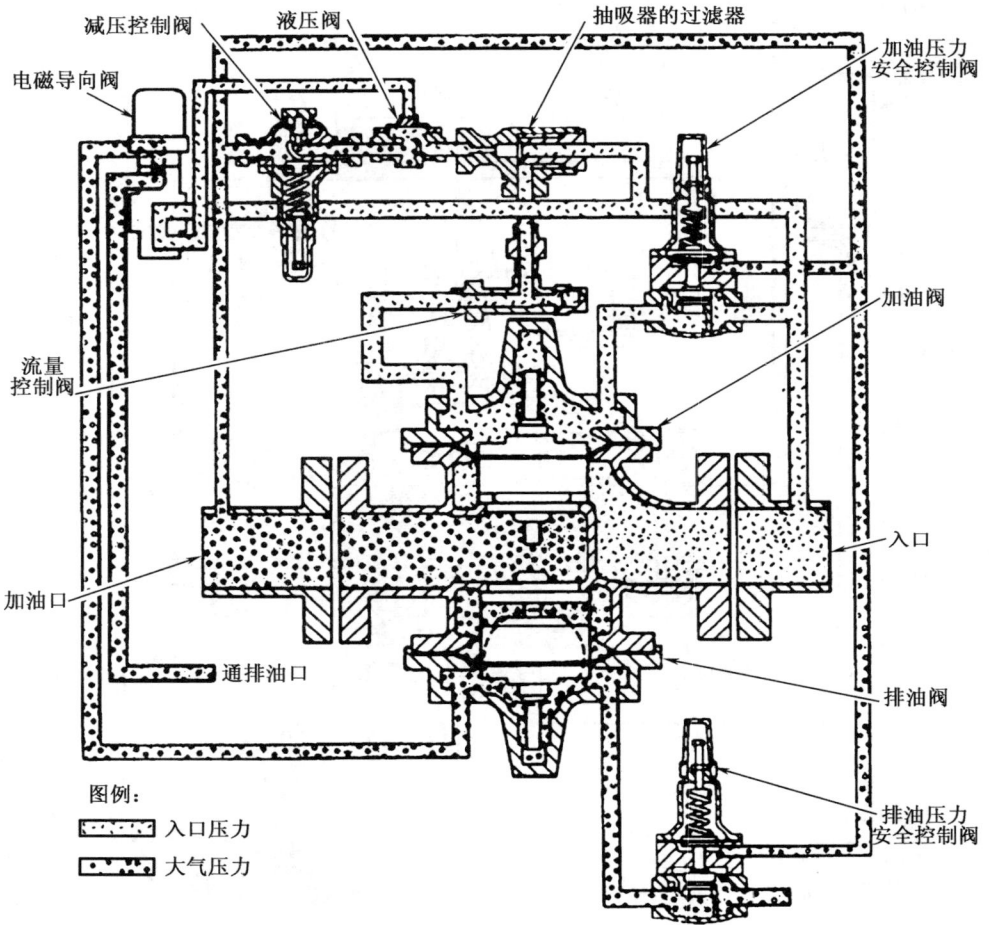

图3.11 可拉伐排油运行图

④布置好值勤系统并加压;

⑤将软管卷盘打开,将喷嘴连接到抽油总管上(用正确的接地步骤);

⑥启动抽油泵;

⑦将切换开关放在打开位;

⑧慢慢地转动减压控制阀上的调节螺钉,直到交油管线中压力表的读数比预期的压力(在本例中为60磅/平方英寸)高10磅/平方英寸为止;

⑨拧紧锁紧螺母,来锁定调节螺钉;

⑩慢慢地转动压力释放阀上的调节螺钉,直到交油压力表读数下降大约2.5

磅/平方英寸左右(在本例中为 57.5 磅/平方英寸);

[说明]给抽油阀的压力释放阀设置的值应比交油压力高 7.5 磅/平方英寸。

⑪拧紧锁紧螺母,来锁定调节螺钉;

⑫松开锁紧螺母并慢慢地转动减压控制阀的调节螺钉,直到交油压力下降到高于预期交油压力(在本例中为 55 磅/平方英寸)5 磅/平方英寸的某个点为止;

⑬拧紧锁紧螺母;

⑭慢慢地转动压力释放阀的调节螺钉,直到交油压力表读数下降大约 2.5 磅/平方英寸(在本例中为 52.5 磅/平方英寸);

[说明]给加油阀的压力释放阀设定的值应比交油压力高 2.5 磅/平方英寸。

⑮拧紧锁紧螺母,来锁定调节螺钉;

⑯松开锁紧螺母,慢慢地转动减压控制阀的调节螺钉,直到交油压力降低到预期压力值为止(50 磅/平方英寸);

⑰拧紧锁紧螺母,来锁定调节螺钉;

⑱将所有调节螺钉外壳重新盖上;

⑲妥善处置加油站。

4.可拉伐故障排除流程

要想排除故障,必须清楚可拉伐的功能。在着手进行任意机械调整之前,请执行如下步骤:

①确保当交油开关处于打开位时,螺管磁铁操作的导向阀运行,同时当交油开关处于关闭位时,螺管磁铁操作的导向阀失电(这种情况通常被称为"点击"测试)。

②确保进油压力足够高,能够维持要求的交油压力。进油压力应比预期的交油压力高至少 10 磅/平方英寸。

③检查防护外壳是否丢失或者损坏。如果丢失或者损坏,即表明控制阀的调节可能不正确。

④确保控制阀系统内所有部件都未拆掉、扰动或者损坏。

在上述检查中,有可能发现导致故障的根源。如果未找到根源,可以遵循下述段落中的分步流程,来找到问题的根源所在。

排除设备的故障时,请参考适用的技术手册。

3.1.9　加油阀故障

1.加油阀无法打开

如果螺管磁铁操作的导向阀不能正常运行,请执行如下步骤:

①给螺管磁铁操作的导向阀通电,并向主阀门的入口施加压力;

②松开液压阀盖上的管子配件;

③如果燃油中存在压力,那么螺管磁铁操作的导向阀很有可能卡在失电位;

④按照操作说明中的操作指南,手动运行螺管磁铁操作的导向阀;

⑤当手动制动螺管磁铁操作的导向阀时,如果松动配件上燃油的压力消失,那么螺管磁铁操作的导向阀必须修理或者替换。

如果液压阀无法打开,请执行如下步骤:

①松开液压阀盖上的管子螺母(这个位置没有压力);

②确保下游加油管线中没有压力,打开加油压力释放阀和液压阀之间的接头;

③如果断开的接头上没有压力,则表明液压阀的隔膜出现故障;

④取下盖子的螺钉以及液压阀的盖子;

⑤取下隔膜组件,如果隔膜已破裂则需进行替换隔膜;

⑥重新组装液压阀,将接头和管子配件重新接上。

2. 加油阀无法关闭

如果螺线管失电而且主阀门入口有压力时,螺管磁铁操作的导向阀不能正常运行,则需执行如下步骤:

①松开液压阀盖子上的管子螺母,来确定在松开接点处,燃油是否受到压力;

②如果在压力情况下没有燃油流动,则表明螺管磁铁操作的导向阀出现了故障;

③按照操作说明中的操作指南,手动操作螺管磁铁操作的导向阀;

④当手动制动螺管磁铁操作的导向阀时,如果在松动的管子接头处受到压力,就表明螺管磁铁操作的导向阀必须进行替换或者维修。

若喷射器 - 过滤器堵塞,请执行如下操作:

①当阀门入口没有压力时,取下喷射器 - 过滤器末端较大的盖形螺母;

②检查过滤网,如果过滤网已堵塞则需进行清洗;

③检查二次燃油喷流,确认是否堵塞。

3. 加油阀无法维持设计的供油压力

如果减压控制阀无法正常运行,请执行如下操作:

①取下调节螺钉的外壳;

②松开锁紧螺母,并顺时针方向转动调节螺钉;

③如果在这个过程中加油阀打开,并在压力增大且恒定后开始交付燃油,则表明减压控制阀的压力调节不正确;

④要纠正这种情况,请遵循操作指南中给出的"压力设置流程"。

加油压力释放阀可以保持打开状态。这个阀门的正确压力设定值应比减压控制阀设定值高 2.5 磅/平方英寸。如果调整后加油压力释放阀的压力值等于或者低于预期的交油压力,那么加油压力释放阀将保持打开状态。如果加油压力释放阀打开,那么进油压力将流入加油阀的盖室中,并使加油压力释放阀保持关闭状态。如果这正是问题的根源所在,则需取下调节螺钉的外壳,松开锁紧螺母,并顺时针转动调节螺钉直到拧到底为止。这个操作应关闭压力释放阀,并按照操作手册中的操作指南重新调整压力设定值。

　　如果所有其他步骤都已执行,但是主阀门仍然有故障,那么就要考虑加油阀隔膜可能破裂(尽管这种可能性非常小),请执行如下步骤:

　　①从加油阀门的盖子上,取下所有配件;

　　②取下固定盖子的螺母,将盖子提起;

　　③将隔膜组件从阀门中提出,并检查隔膜是否有孔洞;

　　④如果有必要,用新隔膜替换旧隔膜;

　　⑤当将隔膜组件从阀门中取出时,检查阀盘状况是否良好;如果有必要,请替换阀盘;

　　⑥当重新组装阀门时,确保内部弹簧装配到其在盖子内的凹槽中;

　　⑦当阀门恢复使用时,请遵循操作手册中给出的操作指南。

　　请参考表 3.1,了解一些非常常见的问题以及建议的改正行动,并以具体设备适用的技术手册为依据来解决问题。

表 3.1　可拉伐(加油/抽油)阀故障排除表

症状	可能的原因	排故步骤
单个自动加油阀(或抽油阀)组件无法转入加油模式	1. 螺管磁铁操作的导向阀线圈电路保险丝熔断; 2. 螺管磁铁操作的导向阀卡在失电位; 3. 飞机和加油/抽油继电器之间的电气接地电路断开; 4. 螺管磁铁操作的导向阀故障	1. 替换保险丝; 2. 手动操作螺管磁铁操作的导向阀; 3. 检查并拧紧软管卷盘组件中的所有接点、软管、速断耦合和压力加油喷嘴; 4. 修补(或替换)螺管磁铁操作的导向阀
	1. 液压阀故障; 2. 流量控制阀失调或者故障; 3. 喷射器过滤网组件堵塞; 4. 减压阀失调或者故障; 5. 压力释放阀失调或者故障; 6. 加油(抽油阀)故障	1. 修补(或替换)液压阀; 2. 调节流量控制阀; 3. 清理并检查喷射器－过滤网组件; 4. 调节减压阀; 5. 调节压力释放阀和(或)修补(替换)部件; 6. 修补(或替换)加油(或抽油阀)和/或加油阀(或抽油阀)部件

表 3.1（续）

症状	可能的原因	排故步骤
自动加油阀（或抽油阀）组件在加油模式中无法维持正常的交油压力	1. 减压阀失调； 2. 喷射器－过滤网组件局部堵塞	1. 调节减压阀； 2. 清理并检查喷射器－过滤网组件
旋转泵在加油模式中无法维持正常的交油压力	1. 泵机压力释放阀失调或者故障； 2. 泵机叶片磨损或者轴承故障； 3. 加油阀（或抽油阀）故障	1. 调节泵机压力释放阀； 2. 修理（或替换）泵机和/或泵机部件； 3. 修理（或替换）加油阀门（或抽油阀门）和/或加油/抽泄阀门部件
自动加油阀（或抽油阀）无法转入到抽油模式中	1. 螺管磁铁操作的导向阀暂时卡在得电位； 2. 速断耦合切换开关故障； 3. 速断耦合上的切换开关故障； 4. 螺管磁铁操作的导向阀故障； 5. 压力释放阀失调或者故障； 6. 加油阀门（或抽油阀门）故障	1. 手动操作螺管磁铁操作的导向阀； 2. 排除速断耦合的故障； 3. 修理（或替换）切换开关组件； 4. 修理（或替换）螺管磁铁操作的导向阀； 5. 调节压力释放阀； 6. 修理（或替换）加油阀（或抽油阀）
泵机和马达组件振动或者发出过量噪音	1. 安装硬件松动； 2. 马达未对准； 3. 泵机未对准； 4. 马达轴或者轴承故障； 5. 泵轴、轴承、叶片、推杆或者气缸故障，或者叶片装反了； 6. 减速齿轮输出轴、轴承、齿轮或者小齿轮故障； 7. 挠性联轴器故障	1. 拧紧所有有头螺钉和锁紧螺母，将马达、泵机和减速齿轮固定到底座上； 2. 将马达轴与减速小齿轮对齐； 3. 将泵轴与减速齿轮输出轴对齐； 4. 修理（或替换）马达和/或马达轴承； 5. 修理（或替换）泵机和/或泵机部件； 6. 修理（或替换）减速齿轮和/或部件； 7. 修理（或替换）挠性联轴器和/或部件
泵机漏油	1. 密封件上的润滑剂过量； 2. 密封件故障	1. 清理并检查密封件以下的放压配件； 2. 修理（或替换）泵机密封件
软管卷盘组件漏油	铰接体和铰接套之间的毡填料磨损，或者铰接体和铰接肘之间的毡填料磨损	替换密封装置
软管卷盘组件滚筒无法正确旋转	1. 轴制动器总成拖曳； 2. 驱动轴或者轴承故障	1. 确保轴制动器总成完全释放并且不受阻碍； 2. 修理（或替换）软管卷盘组件

3.1.10　思考题

(1)可拉伐有两个主要功能,可以致使主阀门组件从加油模式换入抽油模式,反之亦然,请问是哪两个主要功能?

(2)可以调整压力释放阀的弹簧压力范围,请问有效的弹簧压力范围是多少?

(3)在喷射器过滤器的节流塞上安装了一个蒙乃尔合金过滤网,请问这个过滤网的尺寸是多少?

(4)如果需要在危险环境中使用,那么螺管磁铁操作的导向阀应满足什么要求?

(5)流量控制阀(针型阀)位于可拉伐机组的什么位置?

(6)在可拉伐上有一个阀门,在向飞机上补充加油时,这个阀门控制着燃油软管的加油速度,请问这是什么阀门?

(7)如果由于某些原因(例如故障排除),必须手动操作螺管磁铁操作的导向阀,那么需征得谁的同意?

3.2　飞行甲板系统压力加油嘴

【学习目标】认识在飞行甲板和机库甲板上使用的压力加油/抽油喷嘴。介绍它们的组件以及发挥功能的方式。解释每个喷嘴在不同类型的加油和抽油操作中是如何使用的。

加油喷嘴对接到北约军用飞机上,按照设计能够在喷嘴和飞机之间提供一个防漏密封件用于进行高容量交油操作。高容量交油操作指在压力条件下向飞机交付燃油,以及吸出飞机中的燃油。

3.2.1　注油接头

注油接头的法兰侧通过螺栓连接到喷嘴上。公端开口提供了一种方式,通过它可以在喷嘴组件中安装一个 100 目的过滤网。这个过滤网由一个止动环使其保持在适当的位置上,止动环装配到公端内一个凹槽上。

3.2.2　速断连接器(QDC)

按照设计,速断连接器(图 3.12)将提供一种方式,将燃油喷嘴附接到软管上。速断连接器还包括一个开关,可以通过这个开关给电磁导向阀通电或者断电。当操作速断连接器时,不要使开关失灵,也不要将连接器扔在甲板上。

带切换开关的速断耦合(图 3.13)在一侧有一个内螺纹,内螺纹的作用是配合软管的阳螺纹。另一端有一个母轴承速断装置,它能够接收注油接头的公端。

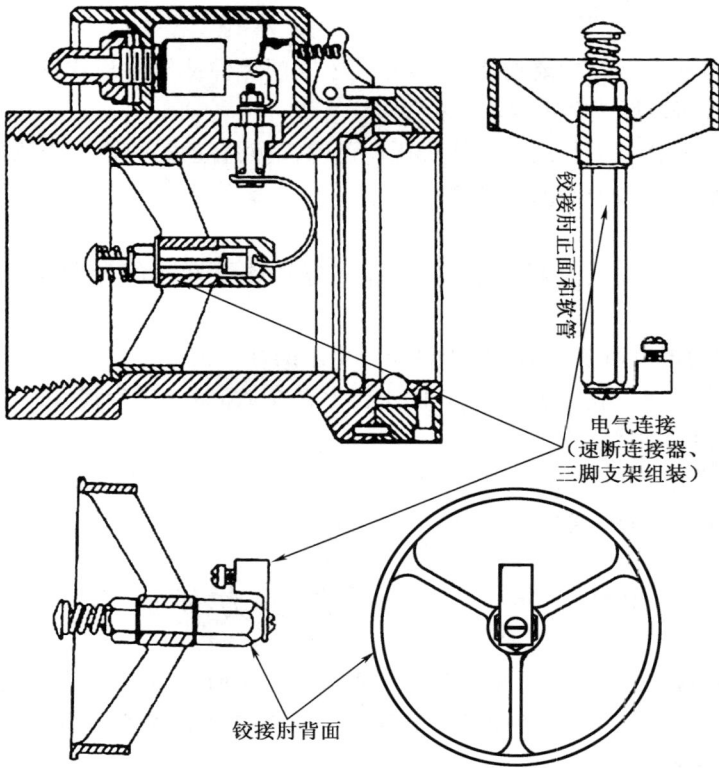

铰接肘正面和软管

电气连接
（速断连接器、
三脚支架组装）

铰接肘背面

图 3.12　速断连接器分解图

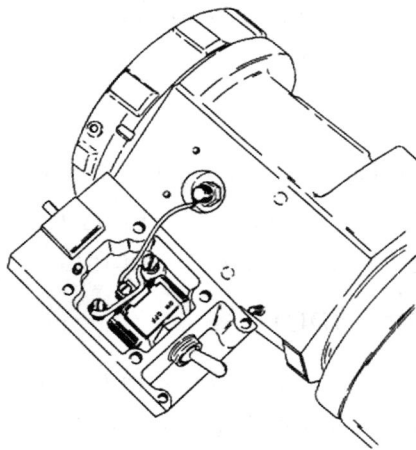

图 3.13　带切换开关的速断耦合

喷嘴出口与飞机补油接头紧紧地附接在一起。操作员可以正确地将喷嘴与飞机加油接头(图3.14)牢固地接好。接头配有盖装。

燃油流由一个流量控制杆控制,有一个手柄将喷嘴保持或者锁定在适配器上,流量控制杆独立于这个手柄。当压力式喷嘴附接到加油软管上时,流量控制杆锁定在关闭位无法打开,直到喷嘴附接到飞机加油接点为止。相反地,在流量控制杆关闭前无法断开喷嘴。

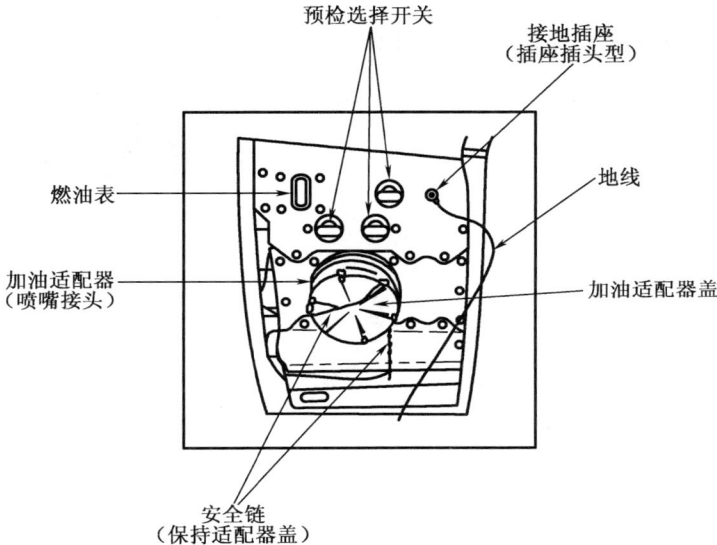

图 3.14　飞机加油接头(喷嘴接收器)

3.2.3　压力加油接头(SPR)

利用单点加油接头在压力条件下给飞机补充燃油。单点加油接头设有一个取样接点。样品接点为嵌入式接点或干分离速断接点,例如如图3.15所示的黄铜曲柄阀和不锈钢球阀样品组件。

每个压力式喷嘴都有一个塞入式取样端口,用于接收取样耦合器和促动器组件,它们的作用是在加油操作时获得燃油样品。取样组件由速断耦合器和促动器构成,促动器的作用是吸取样品。促动器插入到耦合器中,耦合器被旋入喷嘴取样端口中。

如果耦合器出现故障,那么耦合器组件可能会进入到飞机燃油管线中。为了避免这种情况,只有验证后的取样组件才可以使用。非旋转式喷嘴使用 GTP(Gammon 技术产品)和耦合器。

旋转式喷嘴使用 GTP-NPT 耦合器,促动器为 GTP 促动器。

压力条件下的单点加油喷嘴是为高容量加油操作设计的,既可以在压力条件下向飞机(还包括 LCAC,LHA,LPH,LPD 和 LHD 级航母上)交付燃油,又可以通过航母航空燃油系统抽吸出飞机中的燃油。这种类型喷嘴是在甲板上向飞机输送

JP - 5 燃油操作中使用的主要喷嘴。

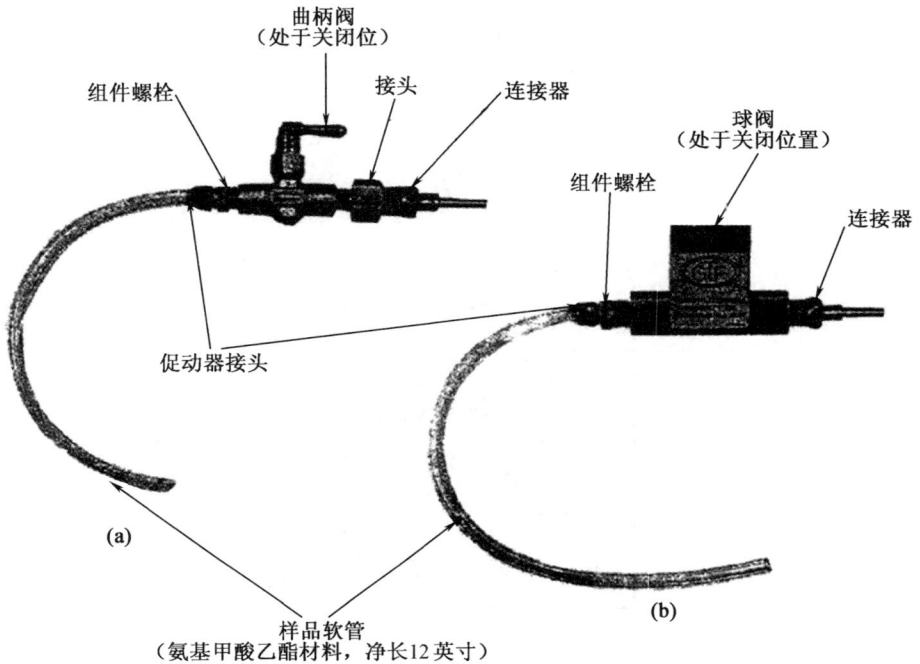

图 3.15　黄铜曲柄阀和不锈钢球阀样品组件

（a）黄铜曲柄阀；（b）特氟纶密封，不锈钢球阀

J. C. Carter 和惠特克（Whittaker）是舰队中应用最广泛的压力加油喷嘴制造商。

D - 1 型喷嘴（图 3.16）为标准喷嘴。虽然从外部来讲与 D - 1R 喷嘴（图 3.17）相似，但是内部不同，因为 D - 1R 喷嘴环独立于喷嘴旋转。在 D - 1 喷嘴上，喷嘴主体和喷嘴环是一体的。

D - 1 型喷嘴由四个主要组件构成，分别是喷嘴环组件、鼻子密封组件、喷嘴体和阀门操作联动装置。

3.2.4　注油嘴接头组件

注油嘴接头组件支持着防尘盖和减震器。防尘盖的作用是将灰尘、污垢和湿气挡在注油嘴外。减震器的作用是提供额外保护，防止注油嘴意外损坏。注油嘴接头通过 49 个滚珠轴承与喷嘴主体附接在一起。

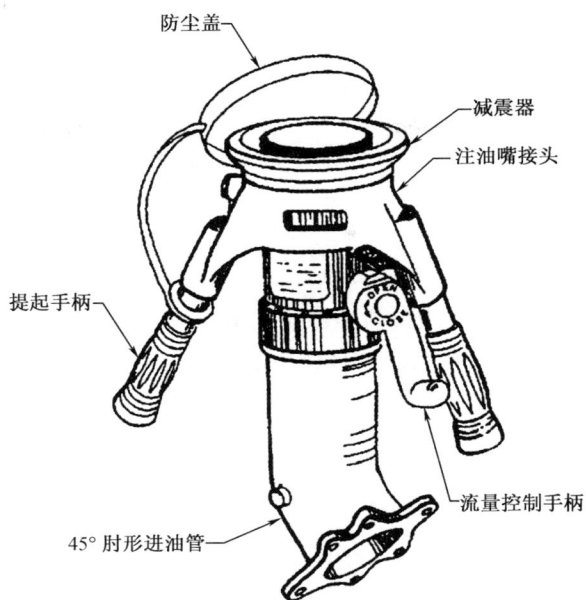

图 3.16　D－1 型喷嘴

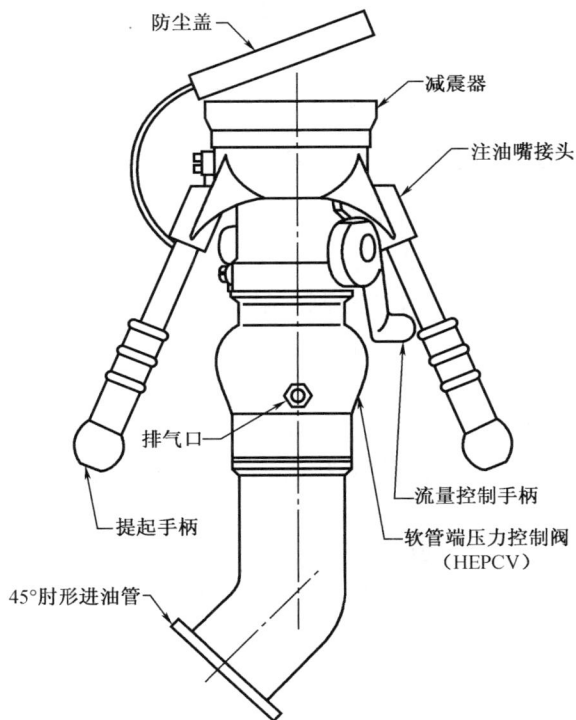

图 3.17　D－1R 型喷嘴

3.2.5　油嘴密封组件

油嘴密封组件的作用就像一个改进后的 O 形环,负责喷嘴与飞机加油接点之间的密封工作,同时阻止接点出现泄漏。油嘴密封组件由金属和一个 O 形环组成,它还能够充当提升阀的外壳。

3.2.6　主体

主体设有制动连杆、索引销、轴环锁定销和套环锁销弹簧。主体也有一个开口,将样品接点和另一个接点与制动杆连接起来。

主体的底部通过 39 个轴承,附接到进油肘形管上。O 形环可以避免喷嘴主体和喷嘴其他附接部件之间的泄漏。

3.2.7　阀门操作联动装置

阀门操作联动装置将促动杆与提升阀连接起来。当促动杆向上向前运动时,联动装置将提升阀推出去并打开喷嘴。当促动杆向后向下运动时,联动装置将提升阀拉回进入鼻子密封组件中并关闭喷嘴。

提升阀由特氟龙(特氟龙是杜邦氟碳树脂产品的注册商标)涂层铸铝材料做成。在加油操作时,提升阀底部的护罩可以消除湍流。喷嘴提升阀打开时,推动飞机加油接头提升阀,从而打开飞机加油接头。

3.2.8　软管末端压力控制阀(HEPCV)

软管末端压力控制阀(HEPCV)的作用是当无法通过其他方式控制 55 磅/平方英寸交油压力时为飞机提供保护。一个带法兰的接头 QDC(速断耦合)将喷嘴旋转附接到软管上。软管末端压力控制阀附接到 D-1R 喷嘴上或者是 D-1R 喷嘴的有机组成部分上。有软管末端压力控制阀的 D-1 喷嘴被指定为 D-1R 喷嘴。

软管末端压力控制阀(HEPCV)是专门为预防飞机燃油管道内形成过度压力设计的。软管末端压力控制阀安装在压力式喷嘴入口,位置非常靠近飞机的快速关闭阀,因此它能够快速响应,防止破坏性冲击压力形成。当软管末端压力控制阀入口的压力达到为其设定的压力值时,一个内部弹簧/活塞结构反应,来降低软管末端压力控制阀内部的流通面积,这样就可以限制输出压力,防止其超过设定的压力值。当入口的过度压力减小时,弹簧将活塞组件返回到全开位置,这样就可以自动将软管末端压力控制阀恢复到正常无管制条件下。

3.2.9　重力加油喷嘴

机翼上方喷嘴被称为"重力加油"或者"开端"喷嘴。MD-3 重力加油喷嘴和

OPW 重力加油喷嘴为指定的 JP - 5 辅助加油专用,用于在航母上为船只进行 JP - 5 燃油加油操作,例如小船、辅助设备、战车等,以及当其他喷嘴不合适时对飞机进行补充加油作业。

MD - 3 重力加油喷嘴(图 3.18)设有一个尺寸为 1.5 英寸 ×2 英寸的套管,套管拧入喷嘴的入口中。在喷嘴的出口端,拧入了一个挠性或者刚性管子,管子上装配了一个接头。喷嘴的接地线紧扣在飞机的金属部件上或者带夹子或千斤顶的输送车上。

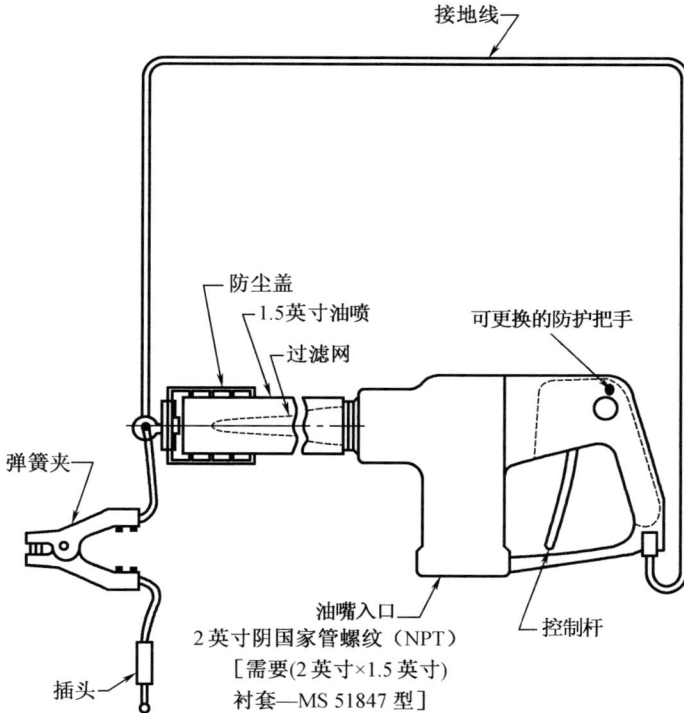

图 3.18　MD - 3 重力加油嘴

在喷嘴上安装了一个 60 目的过滤网,它的作用是阻止任意灰尘或异物进入飞机燃油箱内。当准备通过喷嘴对飞机进行加油时,严禁将过滤网从喷嘴中取出。

OPW 重力加油喷嘴(图 3.19)的构造允许它接收一个 0.75 英寸的燃油软管和端部接头。喷嘴配置了一个 100 目的过滤网、一个接地线夹和一个防尘帽;喷嘴的重量非常轻而且也非常耐用。喷嘴还具有浪涌抑制设计,以防止溢漏。

喷嘴附接到装有各种合适型号接头的加油软管上,具体取决于软管的类型以及软管与喷嘴的附接配置。

两种重力加油喷嘴都是可以手动控制的。注油接头和速断耦合可以将它们附接到燃油软管的端部。喷嘴出口直接插入到燃油罐中。两种喷嘴的作用都相当于阀门,可以控制燃油的流速,当释放手柄上的压力时它们可以自动关闭。

当向喷嘴主体的反方向向上挤压控制杆时,燃油就可以流动通过。在喷嘴内有一个双阀,它的作用是允许逐渐地打开或者关闭喷嘴。控制杆按下阀杆的端部并将上半个阀盘提起,使其在压缩弹簧的作用下紧靠着阀座。控制杆按下阀杆并将一个小阀盘提起,小阀盘在压缩弹簧的作用下紧靠着阀座。

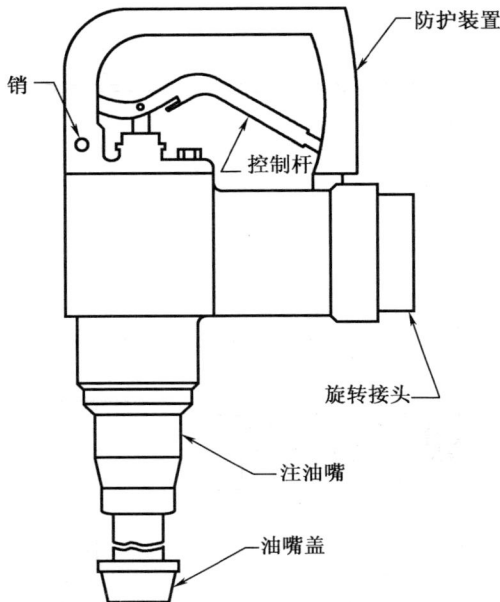

图 3.19　OPW 重力加油喷嘴

打开小阀门就可以阻止燃油的突然流动,这种动作被称为"撞击"阀门。

继续"撞击"阀门或者挤压手柄可以进一步压下阀杆,最终阀杆的法兰接触到下半个阀盘组件。当出现这种情况时,就可以获得燃油的全流量。当释放控制杆时,操作颠倒过来,下半个阀门先关闭。小阀门在大盘座之后关闭,然后喷嘴完全关闭。

当重力加油喷嘴处于打开位时,严禁堵塞重力加油喷嘴。在手柄上安装棘轮后,操作员就可以在打开位锁定手柄,但是应坚决禁止这种行为。必须始终手动控制喷嘴,这样才可以在必要时即刻断开燃油流。

3.2.10　思考题

(1)在 D-1(单点加油)喷嘴中有一个喷嘴过滤网,这个喷嘴过滤器在注油接头中是如何保持在适当位置上的?

(2)通过什么将燃油喷嘴附接到软管上?

（3）在喷嘴主体上提供了一个元件,通过它可以获得燃油样品,请问这是什么元件?

（4）舰队中用途最广泛的两种 SPR(单点压力加油)喷嘴分别是什么?

（5）当 D - 1 喷嘴附接到飞机加油适配器上时,D - 1 喷嘴的哪种元件可以阻止接点泄漏?

（6）在喷嘴上有一个元件,它将操作联动装置与提升阀相互连接起来,通过这种方式来保证燃油喷嘴的开闭,请问这是哪种元件?

（7）为什么将重力加油喷嘴称为阀门?

3.3　飞行甲板系统加油和抽油设备

【学习目标】认识飞行甲板和机库甲板加油站使用的各种不同设备。介绍飞行甲板和机库甲板加油站中使用的设备的功能和操作原理。

3.3.1　软管卷盘

每个软管卷盘组件(图 3.20)可以存放长为 150 英尺(直径为 2.5 英寸的可折叠软管或者直径为 1.5 英寸不可折叠)的软管。软管卷盘组件由鼓状物、可转接头和肘形管组件、支撑架和手动制动器组成。鼓状物的作用是定型、卷起、开卷软管。可转接头和肘形管组件允许软管环着鼓状物中轴转动,并设有一个可实现电路连接的星形轮组件。支撑架为每个鼓状物提供永久固定。当鼓状物不用时,手动制动器可以阻止鼓状物旋转。

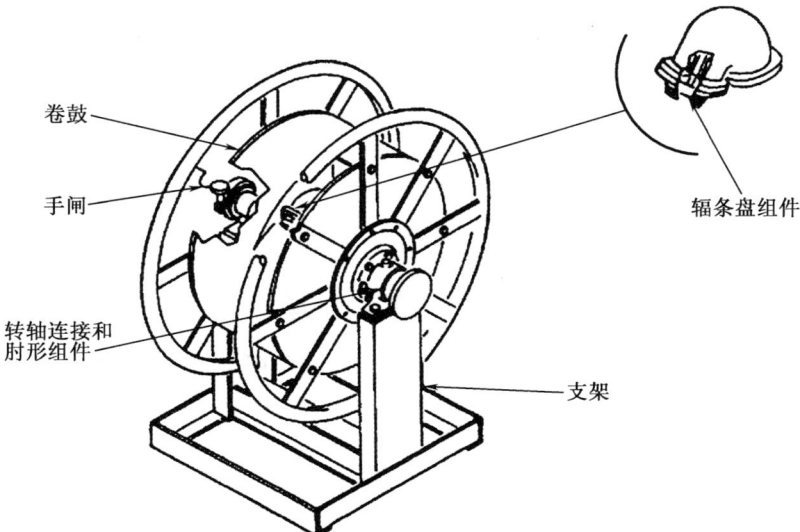

图 3.20　软管卷轴组件

可转接头(图 3.21)由黄铜材料制成,具有耐腐蚀性。连接线接入法兰顶部,法兰位于可转接头的进油侧。连接线与一个安费诺螺柱连接,安费诺螺柱用铜隔离开,目的是阻止安费诺螺柱完全接地。螺柱的两端都有非常小的 O 形环,O 形环通过一个平垫圈固定到位。而平垫圈则由螺母拧在安费诺螺柱上的螺母固定。

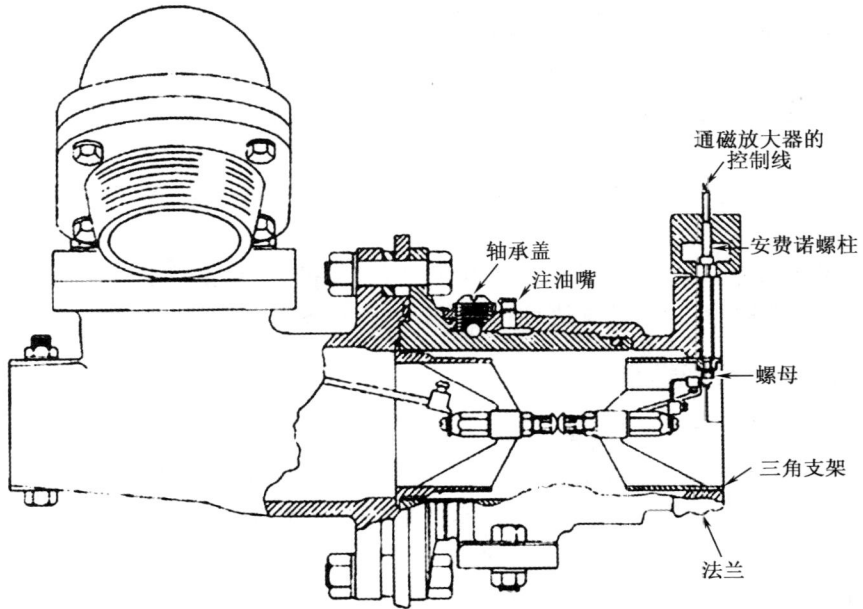

图 3.21 可转接头

[说明] O 形环的作用是阻止安费诺螺柱周围出现燃油泄漏。如果在安费诺螺柱周围用了一个锁紧垫圈和双螺母,那么由于振动导致螺母后退的可能性将减小。

安费诺螺柱在可转接头内部与星形轮组件连接。在软管卷盘内部,通过星形轮的直接接头,将星形轮从可转接头连接到星形轮上。通过一根硬导线可在鼓状物区内将其他星形轮连接起来。

软管卷盘公端(即附接软管的位置)的星形轮组件,与燃油软管母端的星形轮组件直接连接。燃油软管的每端都安装了一个星形轮组件。

3.3.2 燃油软管

设计航空燃油软管的目的是在压力条件下快速安全地给飞机加油。以下是航空母舰油料员在航母上会用到的燃油软管的典型类型和尺寸。

①直径为 2.5 英寸、4 英寸、6 英寸和 7 英寸的燃油软管。输送和加油软管的作用是从驳船或油轮上,向航母的接收接点交付 JP-5 燃油。输送和加油软管都

是耐油、防油和合成橡胶材质的管子,并且由织物与橡胶的交替层强化。

② 2.5 英寸可折叠燃油软管用于给飞机补充加油。这种软管用于给飞机补充加注 JP - 5 燃油,而且必要时还将用于抽油操作。当软管中的燃油清空时,整根软管都可以展平,然后在飞机加油软管卷盘上将燃油软管卷好。

③ 2.5 英寸不可折叠燃油软管,用于对飞机进行抽油操作。现有尺寸为 1.5 英寸的不可折叠的燃油软管,是 JP - 5 燃油抽油操作的首选软管类型。这个软管由耐油、防油和合成橡胶材料的内盖和外盖组成,内盖和外盖由浸渍棉和合成橡胶的交替层以及螺旋线圈分离,防止燃油软管瘪掉。

④ 1.5 英寸不可折叠燃油软管,用于给飞机进行抽油操作、小船加油、牵引机加油等操作。这个软管属于不可折叠的橡胶软管,目前有 1.5 英寸和 0.75 英寸两种尺寸,可用在 JP - 5 辅助系统加油站和动力汽油应用中。

[说明]只要正确冲洗,那么加油站中用于抽油操作的软管也可以用于加油操作。

所有软管的标准长度都是 50 英尺或者 100 英尺。50 英尺长度构成一个完整的组件,100 英尺长度仅为软管长度,需要安装接头和连接线。

软管的一端有一个公接头,另一端有一个可转型母接头(图 3.22)。在可转型母接头中有一个 O 形环,它能够阻止接头之间的泄漏。两个接头都进行了机械加工,能够接收尼龙星形轮(尼龙星形轮的作用是充当不导电支架,用于连接连接线)。连接线从软管中穿过,并且比软管稍长,为软管伸缩留出余量。

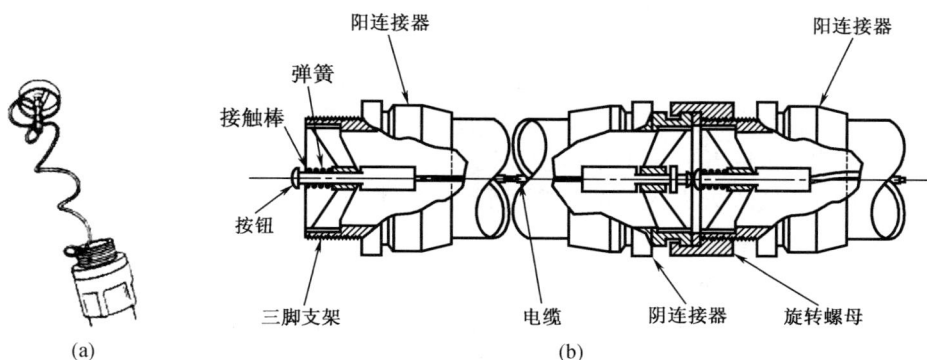

图 3.22　燃油软管接头

(a)连接线;(b)分解图

[说明]按照 MIL—H—17902 标准生产的新软管必须冲洗并检测后才可以投入使用。

新软管和长时间内不会使用的软管必须进行水压试验并冲洗,然后才能投入使用。请遵循如下流程:

①打开软管包装,目测检查软管是否有损坏;

②在 150% 的工作压力条件下,对软管进行水压试验;

③进行水压试验后,将软管完全展开,提升以便排出其中的水;

④安装软管并将软管和其他新软管或者在用软管一起放置在软管卷盘上,然后按照航空燃油操作排序系统进行冲洗,一直冲洗直到样品满足每升允许最大污染物 2 毫克以及含水量 5×10^{-6} 的标准为止;

⑤用 CCFD 检测燃油直到获得限值为止,此时软管达到使用标准。

由于其本身的使用环境,所以燃油软管必须非常耐磨。每次使用时都应该进行检查,看软管上是否有浅层割伤、破损或者气泡、导致钢丝增强层或内层包装暴露的深层割伤以及接头是否泄漏。

如果存在上述任意现象,请立即告知飞行甲板督导或飞行甲板控制部门和飞行甲板修理部门。

在使用过程中不得扭曲或扭结软管、不得将扭曲或扭结的软管铺上软管卷轴,不允许飞机、牵引车或者其他机车车辆在软管上碾压,以便延长软管的使用寿命。

避免过度磨损软管,特别是在飞行甲板边缘上传递软管时更应该注意。避免直接接触喷气发动机的排气管。

当加油操作结束时,应始终将软管重新盘到指定的软管卷盘上。如果软管未正确盘卷,则可能导致内部或者外部损坏。

[说明] 应该按照预防性维护计划要求检查软管,检查不可折叠软管导电丝的连接或者可折叠软管的电路情况。如果不可折叠软管失去连接,那么表明软管拉伸过度,可能会致使导电丝折断,令软管不能再用。

如果软管在靠近端接头的位置损坏,仍然可用,补救办法就是将损坏的部分切掉,这种情况被称为"削减"软管。要削减燃油软管,请执行如下操作。

①从软管上断开并取下星形轮和连接线。

②将扳手式耦合夹入与图 3.23 所示支架类似的支架内(六角型耦合不需要支架)。

③将耦合从损坏端取下:

a. 从耦合端拧下外部锥套,将外部锥套向下滑通过损坏部分;

b. 将螺旋线(螺旋状)向下拧,从耦合端拧下;

c. 取下耦合端;

d. 取下螺旋线。

④确保将软管摆平整,在软管上标记要切割的部分,用锥套做切割指导。标记完成后,取下锥套。

⑤先用淡水把刀浸湿,然后用刀切下纤维增强软管。用一把新的或者锋利的钢锯切割钢丝增强软管,锯齿要锋利。向软管内插入一个圆木塞,避免在切割时致使内衬松动或者损坏钢丝网配筋,从而引发危险。

⑥给新切的软管端唇缘涂上一层薄薄的环氧树脂或铬酸锌底漆,作为潮气隔

离层。

⑦将外部锥套再重新放回软管上。

⑧将螺旋线(螺旋状)拧上并定位,使它在软管端下 6 英寸。

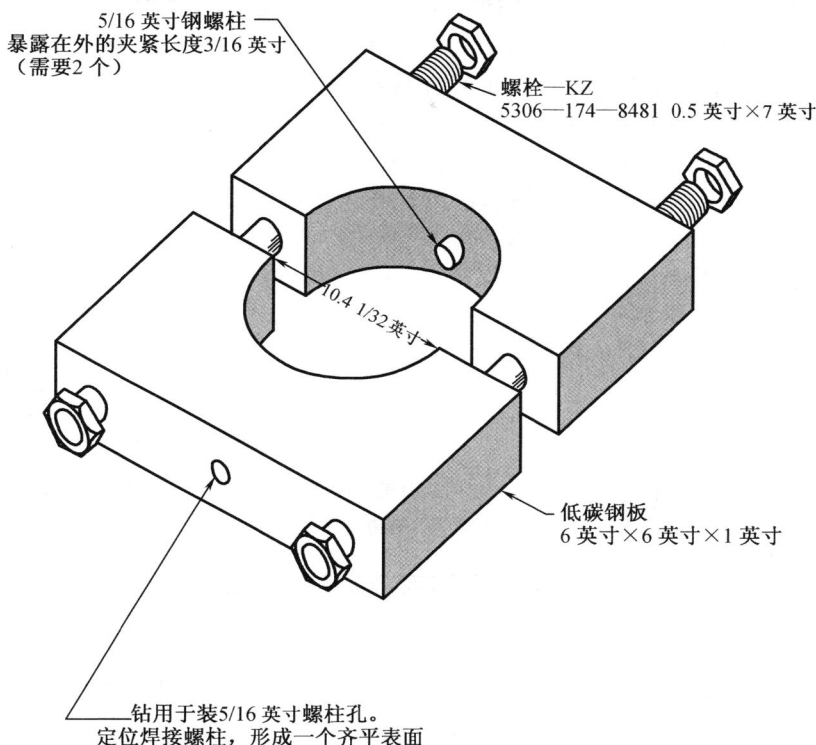

图 3.23　燃油软管修理夹具

⑨将耦合插入到软管中,确保软管的底部落在耦合端的唇缘上。

⑩将螺旋线向上拧,并攻入到耦合端插入部分的上方。一定要小心不要过度扩张螺旋线。

⑪将锥套滑入位,并将它拧紧到耦合端上。

⑫按照预防性维护计划对软管进行静水力试验。

⑬切开连接线,使它比软管长 10~12 英寸,弥补软管伸缩量。

⑭重新安装连接线和星形轮。用一个欧姆表检查软管端部触点按钮之间的电触头。最大允许读数为 40 欧。

⑮在加油站重新安装软管时,要冲洗软管直到获得的样品达到可接受的标准为止。

3.3.3　电气连接

对于所有加油站来讲,电气连接是一个硬性要求。由于电气连接的必然存在性,它必须受到很好的维护,以确保人员安全、设备良好和加油操作高效。

有了电气连接作为支撑,给飞机加油的喷嘴操作员便能够直接控制燃油流量。当铺设好了线路并安装好了开关,允许电流从控制器流出,并通过一个固体金属路径流回到控制器中时,这种情况下就表明电气连接已完成。

电气连接电路如图 3.24 所示。从抽油泵开始,抽油泵接通固态继电器的电源。此时,一定要确定与甲板的地线连接在金属上,而不能通过钩子连接到飞机上。取下防尘盖并连接喷嘴,将速断外壳中的开关翻转到开位,在开位时关闭电路。最后地线返回通过速断耦合中的星形轮,连接到软管中的连接线上。地线返回至软管卷盘毂和可转接头,行至通过安费诺螺柱,然后进入接线盒,与固态继电器连接(固态继电器也接地连接到航母上),然后从固态继电器返回至电磁线圈处,电磁线圈伸入燃油位。

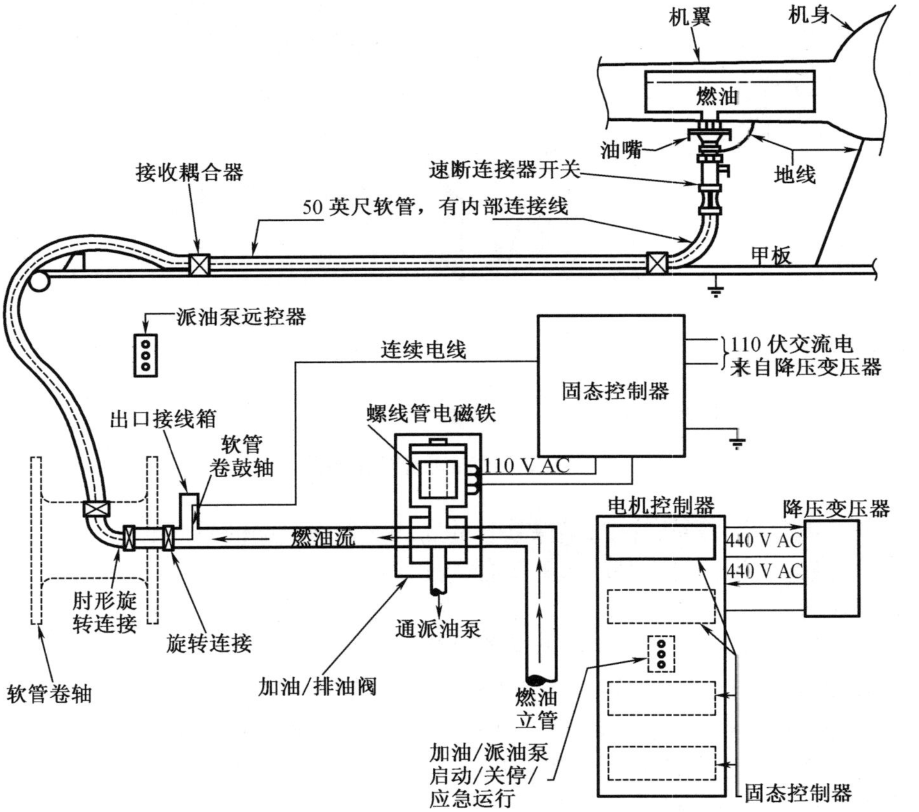

图 3.24 可拉伐加油站的电气连接控制图

如果连接电路在任意位置断开,螺线管会即刻失电,可拉伐将进入抽油模式。

[说明]很多时候,当加油开关被拨至开启位置时,如果软管未充电,原因都是因为接地不好。此时,要仔细检查所有接地连接,确保金属间触点已正确接地。

[**注意**]如果在加油操作时软管破裂但是连接电路未断开,那么燃油将会通过软管继续被泵送,并从破裂处流出。这时喷嘴操作员需要立即拨动速断外壳开关,进行关闭操作,给螺管磁铁操作的导向阀断电,这样可拉伐将进入到抽油模式中。如果喷嘴操作员无法做到这一点,那么加油站操作员应关闭抽油泵(也可以断开连接电路),并关闭加油站的立管阀门。

3.3.4　抽油泵

可拉伐加油站中使用的抽油泵实际上是百马旋片泵,这是一种正排量泵。在本书的第 2 章中有对这种泵的详细介绍。

飞行甲板和机库甲板加油站上使用的抽油泵(图 3.25)都是马达驱动、恒容、叶片式泵,设计泵送容量为 100 加仑/分钟。

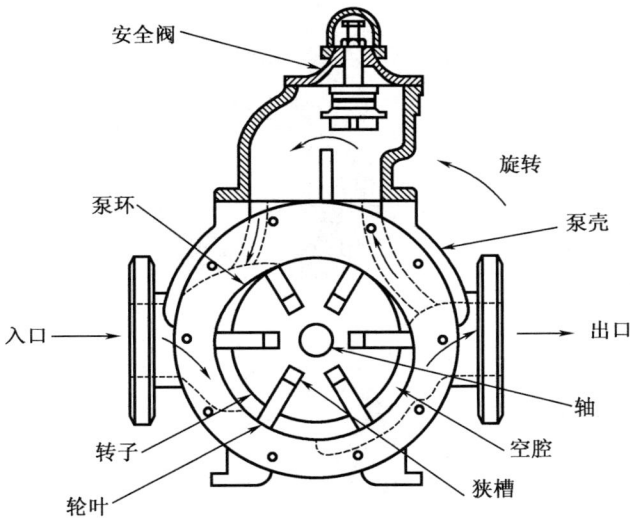

图 3.25　抽油泵燃油流动和组件运行视图

在泵孔内有一个带叶片补偿的转子,由这个转子实现抽吸动作。当转子转动时,叶片在转子的狭槽内动作,而叶片的外尖端在泵孔表面运动。转子旋转时叶片伸出或缩回,构成或者消除叶片之间的空腔。

当叶片伸出至泵孔时,空腔最大。当空腔尺寸增大时,燃油通过进油端口,被抽入空腔内。当空腔尺寸减小时,燃油通过放油端口被排出。空腔尺寸减小后,造成燃油加压。

泵上的压力释放阀可以阻止压力过度积聚,压力过度可能损坏泵或者相关设备。如果通过高压制动,那么阀门会将放油端口的高压返回到进油端口。

3.3.5 便携式燃料泵

航空母舰油料员使用的便携式燃料泵一般为空气马达驱动的内齿轮泵和安装在手推车上的空气双隔膜泵。便携式燃料泵可以在航母的低压空气系统外操作。

3.3.6 威尔顿 M－8 泵

在抽油车或者飞机对飞机燃油输送车中,威尔顿 M－8[图 3.26(a)]隔膜气动、正排量、自吸泵是用途最广的泵。这种泵具有易于操作、价格合理、且维护简单的特点。威尔顿 M－8 泵的流体流动示意图如图 3.26(b)所示。

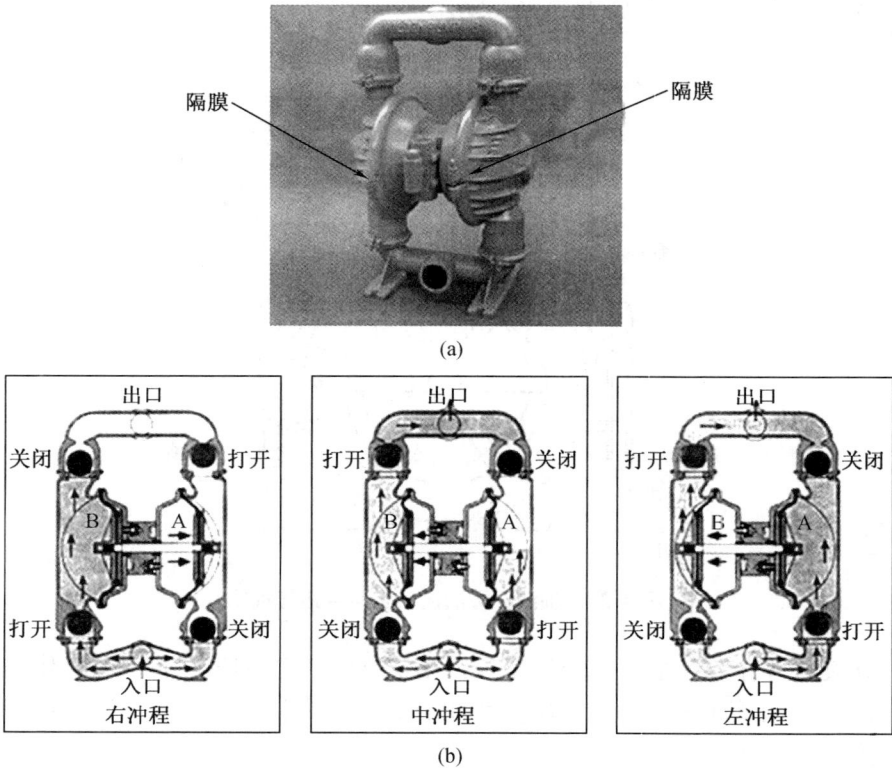

(a)

(b)

图 3.26 威尔顿泵
(a)M－8 空气操作式泵;(b)流体流动图

威尔顿 M－8 泵由 7 个主要元件组成,分别是压力释放阀、轴衬套组件、轴、放油通路、滑动检查组件、活塞环和环形槽。工作人员可以利用泵移送任意类型的液体。由于泵在设计、运行和维护方面都非常简单,所以是航母上便携式泵应用的首选。

在图 3.27 中给出了当使用威尔顿 M - 8 泵作为泵源时的基本工程推荐配置。

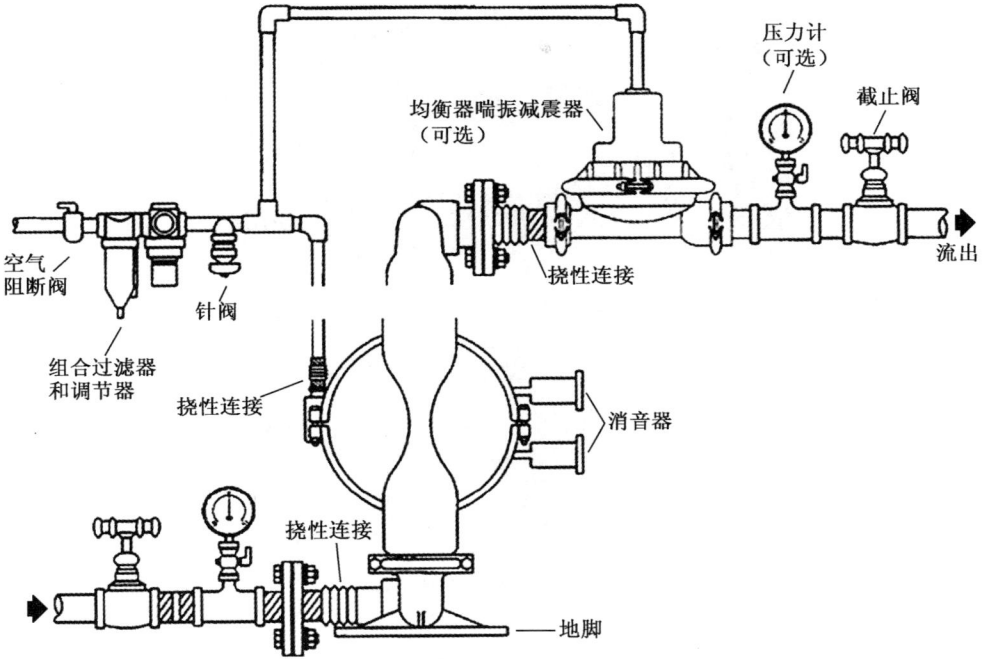

图 3.27　便携式抽油车功能配置图示例

3.3.7　软管

在抽油机组中使用了三种类型的软管:空气软管(内径为 0.5 英寸或者 0.75 英寸)和另外两种抽油软管(内径分别为 1.5 英寸和 2.5 英寸)。若考虑用途,其中一个抽油软管可作为吸油管,那么该软管应足够长,能从飞机伸至抽油机组。但不益过长,软管越长,抽油机组的效力就越差。另一根抽油软管用作抽油机组放油软管。只要不扭结在一起,这根软管的长度对抽油机组的运行产生几乎不产生影响。

抽油操作中的吸油软管,可以通过多种方式与飞机连接。对于具备单点加油/抽油能力的喷气式飞机而言,这根软管通过一个压力加油喷嘴与飞机连接。对于飞机副油箱而言,则可将没有配件的软管插入到油箱的加油开口中,或者从油箱底部放油配件向上推。工作人员可将抽油操作中的吸油软管,通过油箱加油开口,插入到油箱中。如果要抽掉所有的燃油,那么通过飞机的压力加油接头抽油。从抽油机组连出的放油软管通过一个螺旋配件连接到加油接点上。

实际上,便携式抽油手推车的作用和飞机对飞机燃油输送车(图 3.28)的作用一样,唯一的不同在于飞机对飞机燃油输送车在两个软管卷盘之间需要燃油过滤器。

关于威尔顿 M－8 泵运行和维护的详细信息请查阅相应的操作员手册。

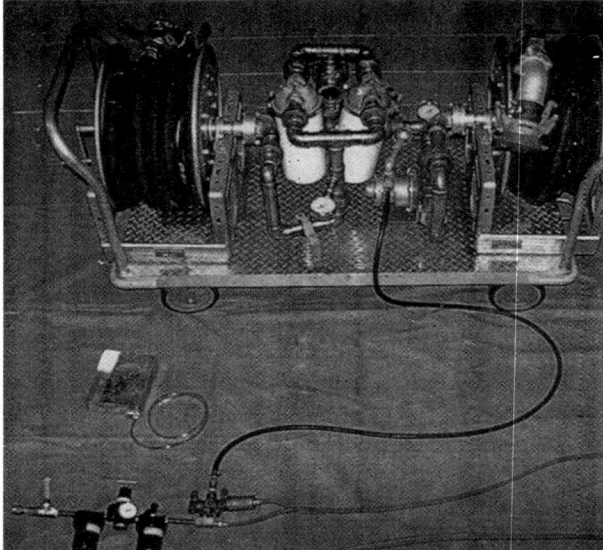

图3.28　飞机对飞机燃油输送车

3.3.8　飞机对飞机燃油输送车

如前所述,抽油手推车和飞机对飞机燃油输送车在设计和运行方面都非常相似。对于使用这种设备的航母来讲,应保持与飞行甲板维修车间沟通,了解两种车的使用和维护信息。因此,我们将只讨论它们之间的主要区别,也就是飞机对飞机燃油输送车在两个软管卷盘之间需要燃油过滤器这一情况。切记,没有适合的燃油过滤机组,就无法实现两架飞机之间的燃油输送。

在已经降落或者已在空中加载了非 JP－5 燃油的飞机中,要想使燃油的闪点达到 120 华氏度以上,最主要的方法就是向飞机中补充加入 JP－5 燃油。如果这种做法不切实际,那么将飞机中的燃油卸载掉的首选方法就是使用飞机对飞机燃油输送车。这种输送车由带压力加油喷嘴的两个软管卷盘组件、一个空气式离心泵、两个 Velcon Aquacon 过滤机组以及一个故障自动刹车装置组成。

3.3.9　德国欧克(Aquacon)过滤器

德国欧克过滤器的过滤筒有一个独特的高容量内部过滤介质,这个介质可以清除掉向下流动的烃类燃料中的所有游离水和乳化水,使流出的燃料中水含量低于 5×10^{-6}。由于吸附水已经通过化学方式锁定在过滤介质中,因此无法被挤出。

当过滤筒达到其持水量时,过滤筒的可折叠褶膨胀紧闭,阻断流通。这种“正紧闭"阻止含有水的燃油向下游流动至饱和盒。这样就导致差压增加,向操作员发出一个信号,即替换饱和盒。

过滤筒有两个独特的过滤介质层,它们能够清除掉固体污染物。可折叠褶的设计为最大纳污能力提供了一个大的表面。现有型号可过滤尺寸在 5 微米或者 1 微米的微粒,效率达到 98% 以上。即使有表面活性剂,性能也不受影响。

燃油输送车属于 V-4 部门。所有飞机对飞机燃油输送请求都应该通过航空燃油官,从中队逐级上报给飞机处理官(ACHO)。

3.3.10　思考题

(1)安装了一个什么元件,来隔离可转接头的安费诺螺柱,而且它还能够阻止安费诺螺柱完全接地?

(2)在加油/抽油阀中有一个元件,如果连接线中断,它能够将加油/抽油阀放置在抽油模式中,请问这是什么元件?

(3)航母上首选的 JP-5 抽油软管是哪种?

(4)在新软管投入使用之前,首先必须进行什么操作?

(5)如果不可折叠软管的连接中断,那么表明它出了什么问题?

(6)当对燃油软管进行"削减"维护时,那么连接线应该留多长,才能对软管伸缩量进行弥补?

(7)必须具备什么条件,给飞机进行加油操作的喷嘴操作员才能够在加油喷嘴处进行积极的燃油流量控制?

(8)抽油泵的额定容量是多少,压力为多大?

(9)在抽油手推车和飞机对飞机燃油输送车上最常用的是哪种类型的便携泵? 利用什么系统来给这些泵提供动力?

(10)在抽油手推车和飞机对飞机燃油输送车上最常用的是哪种类型的泵?

(11)在飞机对飞机燃油输送车必须安装一个元件,这样才能进行飞机对飞机燃油输送,请问是什么元件?

(12)按照设计,Velcon Aquacon 过滤器能够清除掉 JP-5 燃油中多少游离水和乳化水?

3.4　航母上飞机加油的操作流程

【学习目标】认识飞行甲板和机库甲板各种加油和抽油操作流程,并论述各个操作的正确流程。

当加油或者抽油操作发生时,实际上是多个动作的最终集成。与甲板下操作不一样,飞行甲板上的操作很少是常规操作。

3.4.1　手动加油信号

由于飞行甲板通常非常嘈杂,因此工作人员无法与飞行员或者加油机组队员直接交谈。因此必须使用手势,请参考图3.29,了解好学易用的交流操作手势信号。作为航空母舰油料员,了解加油操作的正确手势信号尤为重要。

请仔细研习加油操作手势信号图。因为航空母舰油料员需要不断地使用手势。当飞机在甲板上着陆时,首先要问的一个问题是:"你的燃油负载是多少"?而提问和回答都是通过手势进行的。

3.4.2　飞机加油

航空燃料飞行甲板操控传令员(Aviation Fuels Flight Deck Control Talker)负责布置飞行甲板和机库甲板上的加油作业。操控传令员与操作员和CAG维护主任紧密合作,确保飞机和配套设备都能够安全快速地完成加油作业。

下面给出的船上操作流程,只涉及与飞机加油操作直接相关的部分,未囊括必须与飞机加油操作同步进行的甲板下操作。

图3.30是一份流程图,给出了燃油如何通过甲板下的具体设备,从JP-5燃油泵舱流出,以及最终如何在飞行甲板或者机库甲板加油站接收燃油。这里给出的流程是船上使用的典型流程。

具体的船上操作流程,包括甲板下活动以及飞机加油操作,都涵盖在航空燃油操作排序系统中。和所有的加油循环作业一样,操作人员需要使用所在航母航空燃料操作排序系统中给出的具体的流程进行加油作业。技能、经验和良好的判断都是顺利开展飞行甲板作业的关键。

1. 飞机压力加油操作/发动机关闭(冷加油)

在对飞机进行交油作业时,至少需要三个人在场:加油舰员、加油站操作员、机长。建议配置一名带班长(安全员),以便监督多个加油作业。

飞机加油作业须按照如下顺序进行。

①妥善处理飞机上与加油操作无关的所有电器和电子开关。一旦加油循环作业开始,严禁改变飞机的电源状态和连接情况,直到加油循环作业完成为止。具体解释如下:

a. 严禁启动或者关闭任何飞机发动机或者辅助动力装置;

b. 严禁连接、断开、打开、关闭外部电源;

c. 改变飞机的电源状态可能形成明显的点火源。

②当飞机在航母上着陆并且满足飞行甲板加油操作条件后,需验证本区域内是否有人值守消防设备。换言之,就是是否已派救助打捞员驻守飞行甲板P-25。在机库甲板上,如果无人值守粗砂消防设备,那么燃油机组必须在近旁放置便携式灭火器。

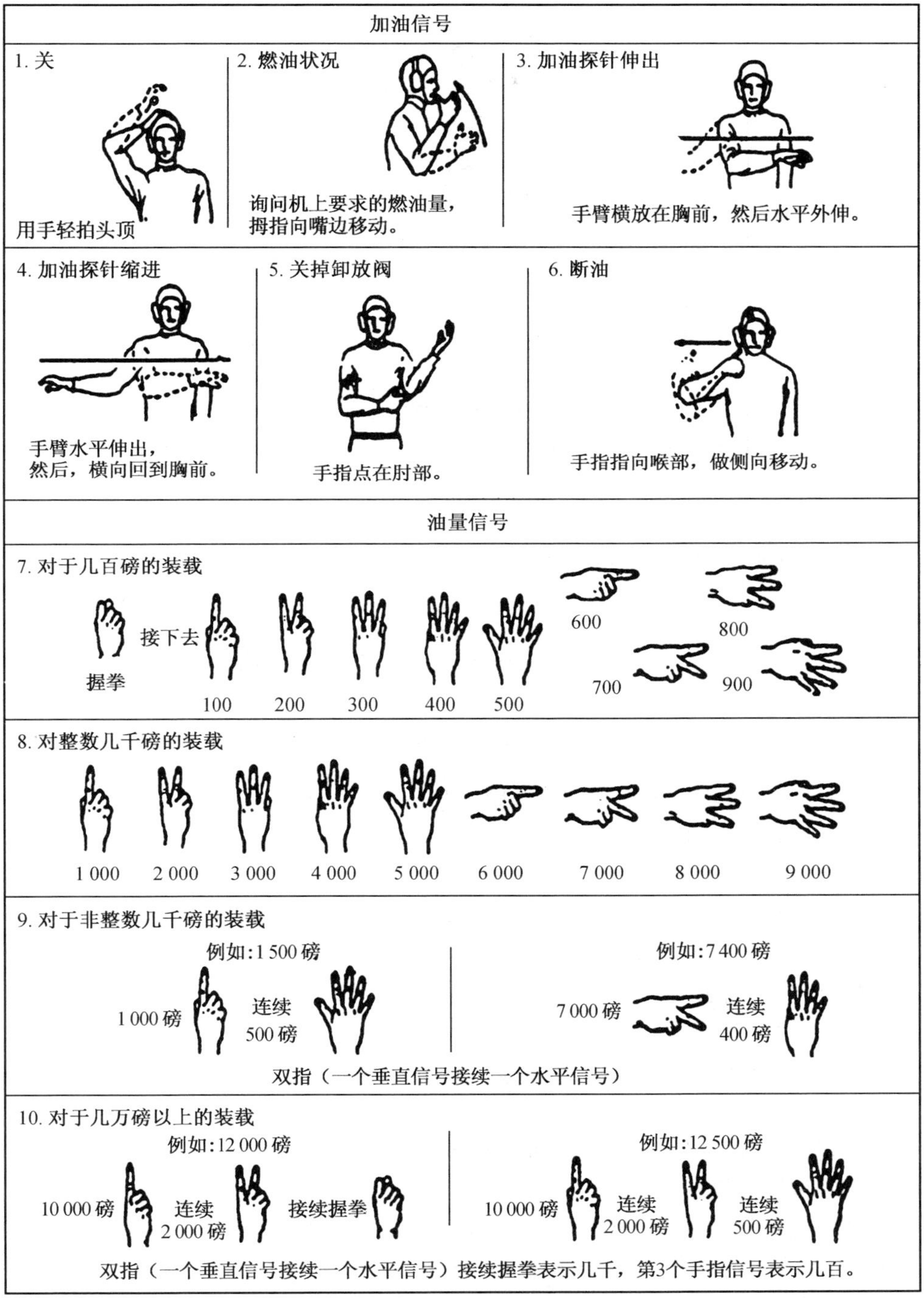

加油信号		
1. 关 用手轻拍头顶	2. 燃油状况 询问机上要求的燃油量，拇指向嘴边移动。	3. 加油探针伸出 手臂横放在胸前，然后水平外伸。
4. 加油探针缩进 手臂水平伸出，然后，横向回到胸前。	5. 关掉卸放阀 手指点在肘部。	6. 断油 手指指向喉部，做侧向移动。

油量信号

7. 对于几百磅的装载

握拳　接下去　100　200　300　400　500　600　700　800　900

8. 对整数几千磅的装载

1 000　2 000　3 000　4 000　5 000　6 000　7 000　8 000　9 000

9. 对于非整数几千磅的装载

例如：1 500 磅　　1 000 磅　连续 500 磅　　例如：7 400 磅　7 000 磅　连续 400 磅

双指（一个垂直信号接续一个水平信号）

10. 对于几万磅以上的装载

例如：12 000 磅　10 000 磅　连续 2 000 磅　接续握拳　　例如：12 500 磅　10 000 磅　连续 2 000 磅　连续 500 磅

双指（一个垂直信号接续一个水平信号）接续握拳表示几千，第3个手指信号表示几百。

图 3.29 加油操作手势信号

207

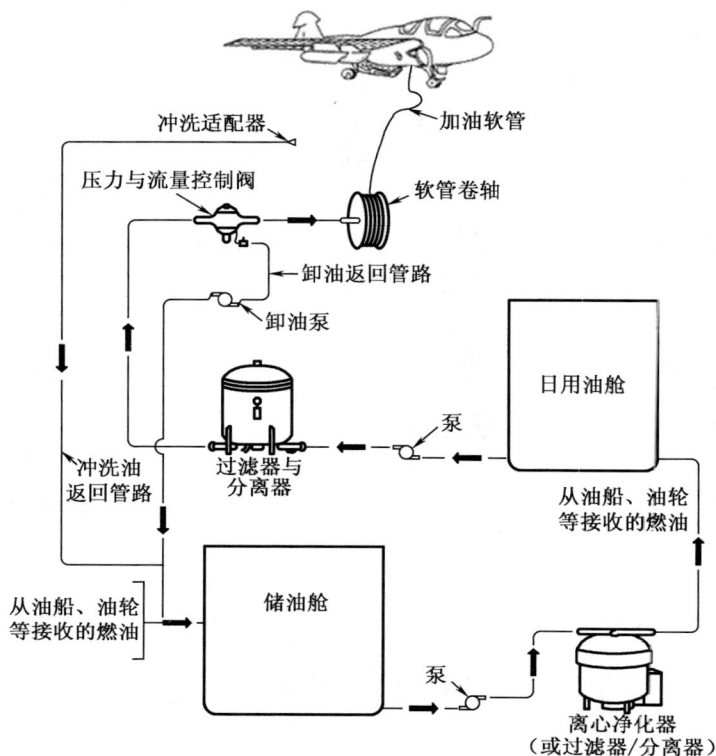

图 3.30   舰上飞机加油系统流程图

③必要时,可提取燃油样品进行质量监督检查。如果在 24 小时之内,在正常流动条件下提取到可供使用的燃油样品,则可以认为燃油软管(而不是整个加油站)已达到使用状态。在未达到这种状态之前,必须通过冲洗接点冲洗软管,将冲洗软管与选定的污染罐连接,并且在向第一架飞机补充加油前,提取样品进行检测。在获得可供使用的样品前,严禁进行加油操作。沉积物和水污染物的最大允许限值是:沉积物 2 毫克/升,游离水 5×10^{-6}。

④检查"热制动"状况(机长)。

⑤确保飞机满足"初始"系紧要求。在飞机加油循环中,不会取下或者改变飞机系紧装置。

⑥将接地线从甲板附接到飞机上。必须与裸露金属进行接地连接。

⑦定位燃油软管。

⑧从飞机上取下加油接头帽,然后从压力式喷嘴上取下防尘盖。检查喷嘴的正面,确保喷嘴是干净的;检查分度盘销区是否有过度磨损;验证流量控制阀的手柄是否在完全关闭且锁定位。

⑨目测检查飞机的接头(插座),是否有任意损坏或者明显的磨损。如果对接

头的完整性有任何疑问,应上报中队代表。

[说明]除非有中队员在场,否则不得进行加油作业。

[注意]如果接头磨损或者损坏,那么将击垮加油喷嘴的安全联锁装置,这种情况下提升阀会打开,燃油将喷洒或者溢出。

⑩确认喷嘴速断耦合(QDC)上的开关是否在关闭位置。

⑪用手柄提起喷嘴;将喷嘴上的凸块与飞机接头上的狭槽对齐;用力将喷嘴按压到接头上,顺时针旋转直到正停,通过这种方式将喷嘴与飞机连接起来。

[说明]喷嘴必须牢牢地固定在接头上,不得歪斜。

⑫在收到喷嘴操作员连接装置已连接完毕的信号,并收到机长可以开始加油操作的信号后,加油站操作员方可打开抽油泵放油阀门、可拉伐截止阀、软管卷盘截止阀。检查完加油站供油立管的压力表确保有燃油压力后,加油站操作员启动抽油泵。在加油操作过程中,加油站操作员必须在加油站坚守岗位。

⑬将速断开关放在打开(加油)位置,就可以给可拉伐的螺管磁铁操作的导向阀(SOPV)通电,并将它置于加油位。

[注意]压力式喷嘴的流量控制手柄必须位于两个锁定位置中的一个位置上。这个手柄不能用来标示燃油流量情况。如果手柄在未锁定位"浮动",那么将导致飞机接头或者燃油喷嘴提升阀的过度磨损。

⑭当软管已经完全充满,将喷嘴流量控制手柄旋转至全开位置。手柄必须旋转180度,才能保证提升阀已完全打开并锁定。

⑮一旦燃油流量确定,中队人员将运行飞机预检系统。

[说明]预检系统将模拟加油作业完成,方法是关闭飞机内的所有油罐截止阀。流向飞机内的所有燃油应在几秒到一分钟的时间内停止,从而制动预检系统。

成功预检的主要检测手段是观察飞机上的流量指示器。如果飞机没有配置这种流量指示器,则可以观察加油软管的挺举和加劲情况或者加油站出现的压力峰值。

如果飞机没有通过预检,则需按照该飞机的海军航空训练作战程序标准(NATOPS)要求,进行冷加油操作。

⑯按照飞行计划指导对飞机进行加油操作。机长将监测飞机排气孔、油罐压力表并在必要的情况下监测警示灯。机长还负责保证飞机加载正确的油量。

⑰按照机长的指示,旋转喷嘴流量控制手柄至关闭和全锁位。

⑱将速断开关放置在关闭位,则螺管磁铁操作的导向阀(SOPV)将失电,且可拉伐被放置在抽油位。

⑲当软管被抽空时,从飞机接头上断开喷嘴,重新盖上接头帽,并从飞机上移除地线,然后再从甲板上移除地线。

⑳移向下一架待加油的飞机。

㉑将软管堆装好。

2. 在发动机运行的情况下给飞机压力加油(热加油)

热加油操作流程和上面描述的冷加油操作流程相同,但下列补充和注意的事项除外:

①飞机飞行员将选择燃油加载量,确保驾驶舱开关位于正确的位置上,并通过 UHF 电台与主飞行操纵系统(飞行长)保持联系。

②飞机飞行员将妥善处置与加油操作无关的所有电子和电气设备。

③飞机飞行员将所有武器装备切换放置在安全位。

④除非按照飞机加油海军航空训练作战程序标准程序的要求特别注明,否则飞机机篷和直升机侧门将保持关闭。

下列信息专门适用于直升机登陆突击舰(LHA)、两栖直升机攻击舰(LPH)、两栖船坞运输舰(LPD)和直升机船坞登陆舰(LHD)型航母,它们搭载 AV – 8B 型飞机。在给这种飞机加油时,必须加倍小心。

[警告]未经授权,不得在加油区操作 AV – 8B 的注水系统/罐。

a. 如果飞机未通过预检,那么不得进行热加油操作。未通过预检表明飞机燃油系统中存在故障,且这种故障可能导致燃油溢出和火灾。

b. 在飞机加油操作的整个循环中,飞机篷和直升机侧门/窗(如果已安装)应始终保持关闭。如果飞机篷打开,那么应保障飞机加油操作的安全。

c. 后货舱门(窗)以及飞机加油接头对面的门(窗)可以打开,前提是考虑加油软管的位置(例如,喷嘴/适配器故障或者软管破裂时,则喷射而出的燃油不会进入到飞机客运/货运驾驶舱)。

d. 如果高温和湿度适合,那么按照飞行员的指示,可以在飞机篷打开的情况下对 AV – 8B 飞机进行加油作业,因为如果轮子上有重物,飞机的环境控制系统就不起作用。

e. 应保障最靠近飞机加油插座带螺旋桨或者通风口的发动机的安全。当某个飞机的海军航空训练作战程序标准程序声明让两个发动机都保持运行时,可以与上述要求稍作偏离。

⑤假设双引擎飞机的两个发动机都运行,那么就要格外关注进气口和排气口。尽管有些飞机(F – 14)可以关闭加油接头所在侧的发动机,但是目前多数飞机(F – 18 型和 EA – 6B 型)无法达到这一点。

⑥在加油操作过程中严禁替换机长。

⑦冲洗完成后以及按照预防性维护计划/航空燃油操作排序系统指令开始飞机加油操作之前,应从每个飞机的加油喷嘴中提取样品。在飞行甲板操作过程

中,在用喷嘴中定期随机提取样品。

[说明]在静态(无流动)情况下提取的样品不能代表燃油的整个流动情况,而且可能提供虚假的高污染结果。

热加油只能通过压力式喷嘴进行。

3. 翼上加油

翼上(重力)加油只能在发动机关闭的情况下才进行。当通过翼上喷嘴加油时,对技能和耐心的要求都非常高,则燃油溢出的可能性增大。当通过这种方式加油时,应始终做到格外小心,严禁遮挡打开位的翼上喷嘴。翼上加油流程与冷加油流程一样,但是下列补充条件除外:

①确认喷嘴速断耦合上的开关处于关闭位置(只装配了喷嘴速断耦合的航母)。

②按照图 3.31 所示,将翼上喷嘴与飞机进行接地操作,然后从飞机上取下加油口盖。

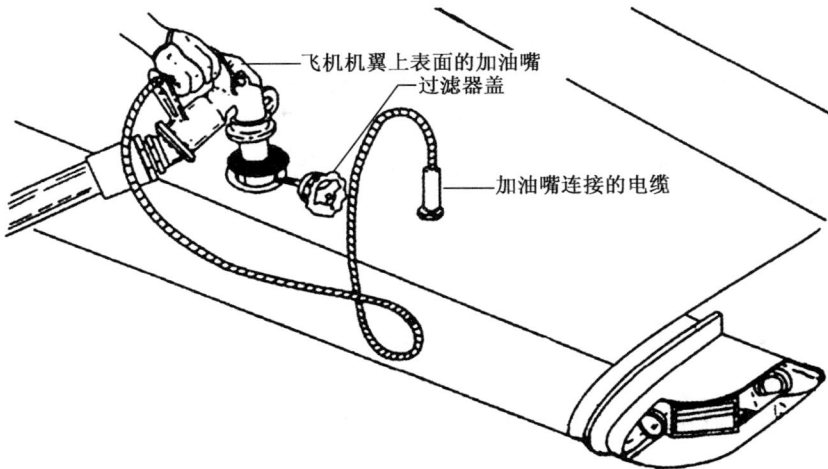

图 3.31　翼上喷嘴接地操作

[警告]应先将喷嘴与飞机进行接地操作,然后再取下加油口盖。接地连接应保持原位直到整个加油操作完成为止。如果接地操作失败,那么燃油罐内可能出现危险的静电火花。

③将翼上喷嘴插入到飞机的加油端口中,并且在整个加油操作过程中,保持翼上喷嘴与飞机加油端口之间直接的金属接触。

④在收到喷嘴操作员的信号并且机长已做好准备可以开始加油操作后,加油站操作员打开恰当的阀门。在整个加油操作过程中,加油站操作员必须驻守操作岗位。

⑤将速断耦合开关放置在打开(加油)位置(只适用于安装了喷嘴速断耦合的

航母)。

4. 在辅助动力装置(APU)运行的情况下给飞机加油

可以利用飞机辅助动力装置为军用飞机提供电力,前提是军用飞机安装了此类装置进行压力加油作业。严禁在机库甲板上进行辅助动力装置运行状况下的飞机加油作业。在正常的加油操作流程之外,还必须遵守如下注意事项:

①驾驶舱内由一人负责辅助动力装置的操控。

[说明]飞机附近的人员必须穿戴全套飞行甲板装备。

②在驾驶舱和执行加油作业的人员之间,必须通过使用手势信号或信号指挥棒的方式,保证出现紧急情况时可以立即关闭。

5. 空中加油探头热加油操作

现在,海军航空系统司令部(海军航空系统司令部)飞机采购规范要求所有飞机都必须具备通过各自单点加油喷嘴接头进行热加油的能力。A-4是现用库存中唯一一种不具备这种能力的此类飞机。A-4飞机可以通过空中加油探头进行热加油操作,前提是局部燃油指令已制订,并且具体的局部加油操作流程已经公布。

此时,需要一个专用加油接头,附接到飞机的空中加油探头上。因为飞机的空中加油探头距离地面七英尺高,因此需要使用维护平台或者其他移动设备,来定位热加油接头处理器。

[说明]这个专用的加油接头以及相关的修理部件应由舰载空军大队(CAG)或中队维护/提供。

在"在发动机运行的情况下给飞机进行压力加油(热加油)"部分中讨论的所有正常流程和注意事项均适用于A-4探头加油操作,但是那些专门适用于AV-8B飞机的内容除外。此外,还应该遵守如下流程和注意事项。

[警告]由于这个流程高度危险,所以只有在必要时才进行这项操作。泄漏或者溢出的燃油很容易进入到发动机中,引发火灾。

①飞机的空中加油探头在发动机燃油入口正前方。设备故障或者连接错误都有可能导致燃油溢出或者泄漏。

[警告]如果出现燃油泄漏,必须马上采取措施保证燃油作业安全,因为燃油极易进入发动机中,产生灾难性后果。

②在适配器/探头接合和解除的整个加油操作过程中,维护平台(或者位于在靠近飞机加油探头附近定位热加油接头处理器的其他装置)应锁定就位,避免移动。

[警告]在所有加油操作中,不得使用牵引车作为维护平台。

③如果适配器有压力,那么飞机空中加油探头和热加油适配器之间的连接难

度将非常大。

当将压力加油喷嘴附接到加油软管的端部,而加油软管反过来又被附接到热加油接头上时,那么在热加油接头被附接到飞机的探头上的时候,应将压力加油喷嘴上的流量控制手柄锁闭就位,并在连接完成后才能将它打开。

④当加油循环完成时:为确保热加油接头已经卸压,应遵循如下步骤:

a. 关闭压力加油喷嘴的流量控制手柄;

b. 排空软管;

c. 从飞机探头上取下接头;

d. 从接头上取下压力加油喷嘴。

即使在理想的条件下,接头与空中加油探头之间的连接难度也极大,因此建议由双人进行这项作业。

新派来执行这项任务的加油操作员,应首先在冷(未运行的)飞机上进行连接练习,或者在专为此目的设置的专用空中加油探头上进行练习。

3.4.3　飞机抽油操作

抽油操作属于技术难度高、潜在危险性大的众多操作之一,很多飞机抽油设备抽油的速度都比飞机放油的速度快很多。将泵的放油管节流来实现进油平衡(来自飞机的燃油),从而避免泵出现气穴或丧失吸力(如果出现这两种情况,泵必淹无疑)的情况。一旦实现了平衡,在整个抽油操作中,操纵泵下游侧的阀门,就可以维持这种平衡。

在通用型航空母舰、核动力航空母舰以及两栖突击航空舰上,抽油操作的优先性通常低于加油操作。除非额外要求或确实实属紧急,否则应以书面形式提出抽油操作申请,并由飞机处理官(ACHO)批准。如果飞机出现燃油泄漏情况提出抽油请求,此种情况属于紧急情况,应即刻处理。

1. 飞机抽油操作的原则

下列原则适用于每个抽油操作。

①中队指挥官(队长)的授权代表可以通过如下方式提出飞机抽油请求,即填写《飞机抽油证明》(表3.1)并提交飞机处理官。

②在抽油操作中,无需对待进行的抽油操作提供任何其他直接维护工作。

③现在认为从涡轮发动机飞机上抽出的燃油都是低闪点燃油。在没有确认燃油的闪点为大于等于140华氏度之前,严禁将抽出的涡轮发动机燃油再返回到航母JP－5燃油系统中使用。

④在进行任何抽油操作之前,要先检验燃油中是否有颗粒和游离水,同时还要检测燃油的闪点。最终处置方法将取决于随后的实验室检测结果。

表3.1　飞机对飞机混合燃油输送证明

飞机抽油作业申请单

日期：	时间：
1. 中队： 待抽油油罐： 待抽油油罐内的当前燃油重量： 差异： 申请人：	A/C 侧编号：
2.（A）批准： 通用型航空母舰 W－2 维护主任 （B）批准： 飞机操控员	

3. 要求从所有待抽油的油罐中提取燃油样品。中队代表、空中部以及航空/燃油代表对此负责。

样品结果

（A）燃油类型：

（B）燃油质量：

（C）取样日期/时间：

（D）说明：

批准：

V－4 部门质保代表

4. 抽油操作只能由航空/燃油代表团队开展。

抽油操作开始日期/时间：

完成的日期/时间：

抽油量：

说明：

修理主管：

[**警告**]如果某种燃油的闪点低于140华氏度，那么严禁将这种燃油抽入航母JP－5燃油系统中。JP－5燃油系统不适用于处理较低闪点的燃油。如果将闪点低的燃油放入JP－5燃油系统中，将增加爆炸和火灾风险。

[**说明**]包含泄漏检测染料的燃油不能返回到航母系统中。

　　⑤如果在抽油操作过程中，泵出现液体丧失或者气穴现象，应中断操作直到问题解决为止。

　　⑥每个抽油操作都需要建一份特殊日志，日志中应包括如下信息：

　　a. 发生的所有异常情况；

　　b. 飞机 Buno 号；

　　c. 加油站/便携式抽油；

d. 目测/闪点；

e. 计划抽出的燃油量以及实际抽出的燃油量；

f. 产品处置；

g. 开始以及完成抽油操作的时间/日期；

h. 在抽油操作中,参与抽油操作的操作员和中队人员姓名。

⑦抽油机组人员必须穿戴合适的安全服和护目镜。

⑧机长在飞机上留守,飞机发动机关闭。必须保障与抽油操作无关的所有电子和电气开关的安全。

⑨在待抽油飞机的上风向,必须配置消防装置。

2. 用单点加油(SPR)压力式喷嘴进行抽油操作

(1)按照如下流程开展抽油操作

①验证飞机是否已经接地。如果未接地,将地线与甲板连接起来。

[说明]必须与裸露的金属进行接地连接。

②将水带开卷,引向待抽油的飞机。

③确保速断连接开关处于关闭(抽油)位置。

④从飞机上取下压力式喷嘴插座盖。

⑤从压力式喷嘴上取下防尘盖。

⑥用提手提起喷嘴,将喷嘴上的凸块与飞机接头上的狭槽对齐,并将喷嘴与飞机挂接在一起,方法是用力将喷嘴按压到接头上,顺时针旋转直到正停。

[警告]喷嘴应该稳稳地安装在接头上,不得歪斜。

⑦打开加油站的抽油阀门。

⑧旋转喷嘴的流量控制阀手柄至全开位(手柄必须旋转 180 度,才能保证提升阀被切换动作完全打开并锁止)。

⑨启动抽油泵。

⑩按照指示对飞机进行抽油操作。

⑪当抽油操作完成时,旋转喷嘴流量控制手柄 180 度至闭锁位,关闭喷嘴阀门。

⑫关停抽油泵并关闭抽油阀门。

⑬断开喷嘴与飞机的连接。

⑭将飞机上的喷嘴插座(接头)帽重新盖上。

⑮重新盖上压力式喷嘴的防尘盖。

⑯从飞机上摘掉地线,然后摘掉金属甲板上的地线。

⑰将软管重新堆放。

(2)通过翼上喷嘴进行抽油操作

用翼上喷嘴进行抽油操作的流程与用压力式喷嘴进行抽油操作的流程一样,但是增加了下列补充内容：

[说明]如果使用翼上喷嘴对副油箱或者其他类似容器进行抽油操作,必须在喷嘴上安装一小段软管。软管的底部必须有缺口,保证吸油不受阻碍。

①将水带开卷,引向待抽油的飞机;

②确保速断耦合(在配置了速断耦合的喷嘴上)位于关闭(抽油)位置;

③将翼上喷嘴与飞机进行接地操作,然后从飞机上取下加油口盖。

[警告]应先将喷嘴与飞机进行接地操作,然后再取下加油口盖。接地连接应保持不变直到整个抽油操作完成为止。如果接地操作失败或者保持接触失败,那么燃油罐内可能出现危险的静电火花。

④从副油箱或其他类似容器上取下加油口盖;

⑤打开加油站的抽油阀门;

⑥启动抽油泵;

⑦按照指导对副油箱或其他容器进行抽油操作;

⑧关停抽油泵并关闭抽油阀;

⑨断开喷嘴与副油箱或其他类似容器的连接;

⑩将加油口盖重新盖在副油箱或其他类似的容器上;

⑪断开喷嘴的地线。

3.4.4 操作包含非 JP-5 燃油的飞机

如果认为已经在地面着陆的飞机,或者已经由美国空军、美国商业机场或其他设备/设施完成空中加油的飞机的油箱中包含的是其他类型的燃油而不是 JP-5 燃油,那么应注意如下事项:

①载有混合燃油且在航母上回收的飞机应通知该航母的第一个监控组(到达时间、编列、飞行管制室),然后再进行回收。

②在甲板上,将横跨飞机头的左舷和右舷侧,标记一个大写 X。X 将用军械型胶带标记,并将始终保持在飞机上,直到认证结果显示它的闪点大于等于 140 华氏度。

③严禁将载有低闪点燃油的飞机停在热弹射轨道上。将安装弹射槽密封件固定后才能开始加油循环(仅通用型航空母舰或核动力航空母舰)工作。

④在进行任何抽油操作前,航空燃料员必须确保抽掉的燃油能够达到航母存储的闪点要求。

[注意]如果燃油的闪点低于 140 华氏度,则严禁将此种燃油抽入航母系统中。航母上的航空燃油系统不适用于处理这种低闪点燃油,如果将低闪点的燃油载入这种系统,将增加爆炸和火灾的风险。

1. 包含非 JP-5 燃油的飞机的入库操作

如果包含疑似低闪点燃油的飞机必须降落在机库甲板上,那么必须从该架飞机的所有低位放油点提取燃油样品,并检测燃油的闪点。如果发现任何样品的闪

点介于 120～140 华氏度之间,那么可以允许该飞机降落在机库甲板上,但是须遵循如下注意事项:

①确保飞机舱内的所有自动喷水灭火组都必须具有可操作性;

②将在某个位置安置一个人为操纵的 MFVU/TAU,由它负责关联飞机;

③如果飞机舱内有关联飞机,那么飞机舱内的 CONFLAG 站将人为操纵;

④在包括关联飞机的飞机舱内或者飞机舱附近,不得开展高温作业。

2. 利用一架飞机对飞机燃油输送车在飞机之间输送低闪点燃油

①以表 3.2(飞机对飞机混合燃油输送证明)的形式,将批准的燃油输送请求,提交给飞机处理官(ACHO)和航空燃料员。

[警告]严禁在未经授权的情况下用飞机对飞机燃油输送车给飞机进行热加油操作。当软管与飞机附接时,不能启动正在进行燃油输送的飞机的发动机。

[说明]确保以下内容:

a. 放油飞机和接油飞机彼此靠近;

b. 飞机妥善地楔住并系紧;

c. 飞机上与输送操作无关的所有电器和电子开关都已经关闭;

d. 在进行输送操作前,飞机的低位放油点已排空水和固体。

②在放油飞机上进行燃油闪点检测,并记录结果。

③验证输送车和组件的所有维护要求是否都为当前要求。检查低压空气歧管润滑器的油位是否正确。

④安全地连接空气供应出口和输送车进油歧管之间的低压空气软管和配件。

⑤在飞机之间定位输送车。

⑥将输送车固定到甲板上,并进行接地操作。

⑦确保布设了 P－25 移动式灭火装置。

⑧检查并验证区域内是否没有明火或者火花产生装置。

⑨确保具体的输送岗操作员和机长到位。

⑩检查喷嘴和速断耦合连接好,然后再附接到飞机上。

⑪开卷吸油管和放油管,对整盘卷盘进行检查。验证软管的完整性。

⑫目测检查飞机的接头是否有损坏或者明显的磨损。将喷嘴和地线与两个飞机连接起来。

[警告]确保喷嘴稳稳地安装在飞机接头上,不歪斜。

⑬检查喷嘴和飞机插座是否有泄漏。

⑭打开空气输送出口阀。

⑮打开输送车空气歧管阀。

⑯验证空气压力是否足够(通过调节器调节空气压力,调整到 80 磅/平方英寸。不得超过 100 磅/平方英寸)。

⑰当喷嘴操作员和机长都到位就绪后,打开喷嘴流量控制手柄至全开位。手

柄应该旋转 180 度,确保提升阀全开并锁闭。

⑱故障自动刹车装置操作员制动故障自动刹车装置,开始输送操作。

⑲当机长授意时(故障自动刹车装置操作员将释放故障自动刹车装置),停止输送操作置。

⑳当输送操作完成时,旋转喷嘴的流量控制手柄至关闭和全锁位。

㉑从飞机上取下喷嘴、装载软管、断开输送车的空气供给,并在指定位置存放输送车。

表3.2 飞机对飞机混合燃油输送证明

日期:	时间:
1.中队: 待输送油罐: 待输送油罐内的当前燃油重量: 维护差异: 接收飞机舷号: 接收飞机的当前燃油重量:	A/C 侧编号:
2.(A)批准: 通用型航空母舰 W - 4 维护主任 (B)批准: V - 4 维护主任 (C)批准: 飞机操控员	
3.要求从所有待输送油罐中提取燃油样品。中队代表、空中部以及航空/燃油代表对此负责。 (A)燃油类型: (B)燃油质量: (C)取样日期/时间: (D)闪点: (E)低点放油: 目测检查: (F)说明: 批准: V - 4 部门质保代表	
4.输送操作只能由合格的输送车团队开展。 输送操作开始日期/时间:完成: 输送油量: 输送完成时接收飞机的闪点: 说明:	

3. 检查并记录载油量

飞行甲板上的燃油检查员将亲自督查所有注入燃油的飞机,检查载油量并在检查卡上记录该架飞机加油前和加油后的燃油量。接收燃油的量以及在检查卡上记录的燃油量都以磅为单位,不用加仑表示。

而航空母舰油料员,将把用磅数表示的燃油转换成用加仑表示,方法就是用加油前质量和加油后质量之间的差除以 6.8(一加仑 JP-5 燃油的质量)。举例来讲,如果一架飞机的加油前质量是 2 800 磅,加油操作完成后燃油质量是 9 700 磅;那么差值为 6 900 磅。当你用 6 900 磅除以 6.8 时,就能够得到燃油的加仑数。在预设的时间结束后,中队将得到一份清单,具体说明已经接收的燃油量。

4. 安全注意事项

在加油或者抽油操作开始前,应先告知值更官(OOD),在获得批准后,开始操作并熄灭吸烟灯。操作结束后,告知值更官并打开吸烟灯。在计划飞行区,由于加油和抽油操作都会进行,因此没有必要请示值更官批准加油抽油操作,但是应报告值更官吸烟灯的运行状况。

在进行燃油操作的地方,应谨小慎微,避免产生火花。应派一位合格的士官来监督加油和抽油操作,从而保证所有安全注意事项都得到执行,而且操作过程应按照正确的方式进行。

所有参与航空燃油操作的人员,必须非常清楚各类火灾险情,并经过全面消防训练。此外,他们还必须知道并遵循所有注意事项和正确的操作流程。

负责燃油机组的士官,需要与机长或者机组的其他授权代表确认飞机上没有电子设备正在通电或者正在使用,但是加油或者抽油操作以及质量计量系统检查需要的情况除外。此外,在飞机内或者飞机附近,不得有由外部电源(电线、吊灯和泛光灯等)供电的电子设备。在夜间进行加油和抽油操作时,只能使用批准的手电筒。

航空燃油机组处理飞机的加油和抽油操作时需听从燃料官的命令。只有航空燃油机组成员才能进行飞机的加油和抽油操作。

与加油和抽油循环作业直接相关的所有人员必须穿戴正确的安全装置,即使航母不在飞行区也是如此。在加油/抽油操作时,必须穿戴头盔、护目镜、手套、紧身衣、救生衣。

任何飞机不得在通电的情况下进行加油操作。只有在通用型航空母舰手册以及飞机加油 NATOPS 手册规定的授权情况下,才可以进行同步的加油、加载或卸载操作。

如果燃油喷洒而出(例如软管或者垫片破裂)或者吸水(例如燃油浸润的抹布或者衣物),则 JP-5 燃油将变得高度可燃。如果出现这种情况要特别谨慎小心。

如果飞机、软管和接点出现泄漏,或者如果加油设备出现故障,那么应立即上报给航空燃油飞行甲板督导。

3.4.5　思考题

（1）在飞行甲板操作过程中,飞行甲板人员（飞行员与加油机组人员）之间的主要沟通方式是什么？

（2）负责根据 ACHO 和 CAG 维护主任的信息分配加油任务是谁的职责？

（3）在任意类型的加油操作中,哪种移动消防装置由人操控？

（4）除了加油机组人员、机组人员领导、加油站操作员,还有哪些重要成员必须到岗后,加油循环操作才能开始？

（5）如果飞机未通过预检,那么它什么时候才能进行冷加油操作（发动机关闭）？

（6）在热加油（发动机运行）操作中,飞行员需要与一个人保持无线电沟通,请问这个人是谁？

（7）当飞机蓬打开时,飞机什么时候可以进行"热加油"操作？

（8）翼上（重力）喷嘴只允许进行那种加油操作？

（9）在通过翼上喷嘴进行加油操作时,要严格遵循并保持正确的接地流程,不得有偏差,这一点为什么很重要？

（10）在飞机加油操作中,什么时候需要使用一个辅助动力装置（APU）？

（11）目前海军库存中仍有这种飞机,要求通过其空中加油探头进行热加油,请问这是哪种飞机？

（12）飞机抽油证明上必须集齐三个人的签字,才能对任意飞机进行抽油操作前,请问是哪三位？

（13）在怀疑包含非 JP－5 燃油的飞机机头两侧标记的"X"符号要求用哪种类型的材料？

（14）在飞机降落进入飞机舱之前,如果怀疑机上包含的燃油闪点低,那么从该飞机上取下的所有样品的最大温度是多少？

（15）在通过飞机对飞机燃油输送车进行加油操作时,最小空气压力是多少？

（16）在操作飞机对飞机燃油输送车时,允许的最大空气压力是多少？

3.5　总　　结

本章介绍了飞行甲板燃油操作中使用的设备和操作流程。和甲板下操作一样,甲板上燃油操作也必须遵循正确的流程。所有飞行甲板督导都应该保证新到岗人员进一步接受有关飞行甲板危险培训,使其了解将要使用的设备、知道正确的操作流程。

第4章　舰上航空润滑油及动力汽油系统

航空燃油分队(V-4)维持航母上弹射气缸的润滑系统。动力汽油系统也由负责油料的海军航空兵水手长维护和操作。

4.1　弹射器润滑油系统

【学习目标】介绍海上航空润滑油系统。熟悉润滑油系统的操作流程。

航空润滑油系统(图4.1)是一个单独的系统。尽管航空润滑油系统因航母的不同而异,但是只要是能够胜任某一个航空润滑油系统,负责油料的海军航空兵水手长就能够快速胜任其他航空润滑油系统的操作和维护工作。航空润滑油系统通常独自地向舰载弹射器提供润滑油。

4.1.1　航空润滑油系统的构成

航空润滑油系统由储油舱、(或两台)泵、阀门和管道等组成。

管道布置是为2个(或者4个,取决于航母的类型)准备就绪的日用油柜提供润滑油,这些日用油柜位于舰载机起飞弹射器区内。油泵从航空润滑油储油罐内吸入润滑油,并通过一根立管放出,立管与已经准备就绪的润滑油日用柜连接。这个系统非常简单,且易于操作和维护。

1. 润滑油泵

在向舰载机起飞弹射装置系统交付润滑油作业中,使用了两种类型的泵,即百马旋片式润滑油泵和德拉瓦尔螺杆泵(De Laval)(这种泵是核动力航母专用的润滑油交付泵,在某些常规动力通用型航母上使用)。

(1)百马旋片式润滑油泵

请参考本书第2章,了解百马旋片泵组件、运行和维护的相关信息。但是,用于航空润滑油交付的百马旋片泵有一些明显的、截然不同的区别,具体如下:

①泵的运行能力为20加仑/分钟;

②泵的工作压力为70磅/平方英寸;

③泵的释放压力设定在为80磅/平方英寸;

④设计提起高度为10英寸汞柱。

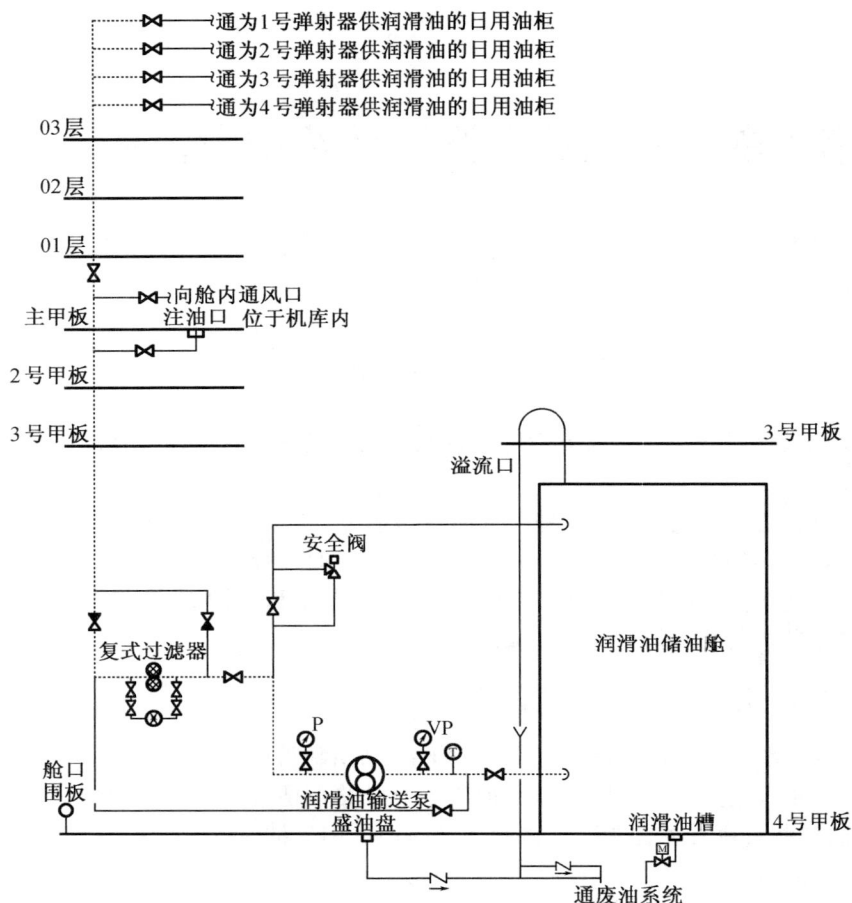

图 4.1　航空润滑油系统

在泵组件方面的主要区别在于(润滑油应用):

①航空润滑油旋片泵有 4 个叶片(而不是 6 个叶片,在 JP 燃油应用中需要 6 个叶片)。

②航空润滑油旋片泵有 2 个推杆(而不是 3 个推杆,在 JP - 5 燃油应用中需要 3 个推杆)。

③航空润滑油旋片泵安装了 1 个雷克斯(rex)链型耦合(请参考本书第 2 章,了解详细信息)。

(2)德拉瓦尔螺杆泵

在某些常规动力通用型航母上,目前仍然使用德拉瓦尔螺杆泵。当常规动力通用型航母转入服役寿命延长计划(SLEP)而且此类航母平台停产时,旋片泵最终将会被淘汰出局,退出历史舞台。德拉瓦尔 31P156 是一个立式、单极、正排量旋转螺杆泵(图 4.2 和图 4.3)。该泵由 1 个动力转子(动力转子推动油)、2 个惰转子(作用是密封)、外壳、推力元素,轴填料以及管道接头组成。

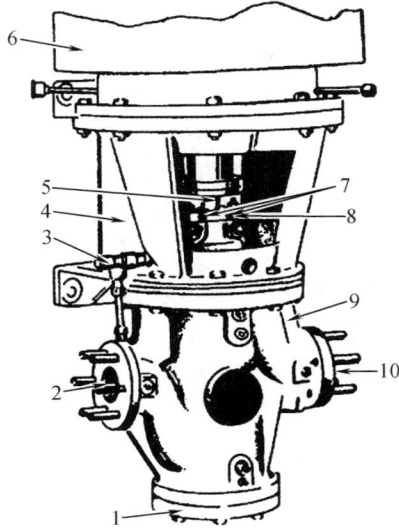

图 4.2   旋转螺杆润滑油泵

1—下端盖;2—抽润滑油接头;3—安全阀;4—轴套;5—轴;6—动力装置;
7—调节螺栓;8—填料压盖;9—泵壳;10—润滑油放油接头

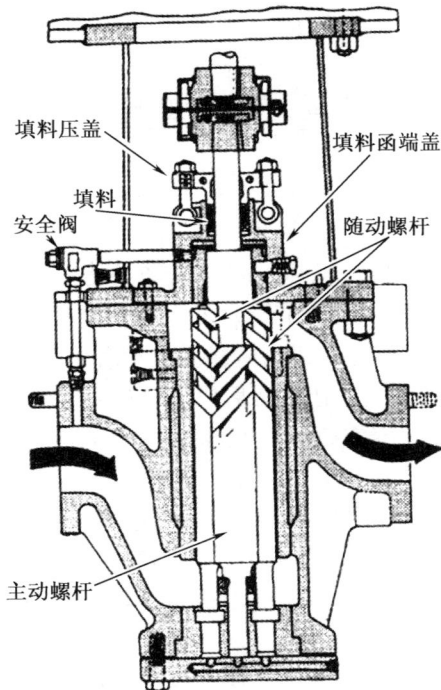

图 4.3   旋转螺杆泵(剖面图)

223

在某些 LHD 型航母上,德拉瓦尔螺杆泵被用作 JP-5 燃油驳油泵。旨在在提高螺杆泵的效率。

①当首次启动泵或者长时间闲置后重新启动泵时,请遵循下面给出的初始启动指南:

a. 初始启动　在启动泵之前,应将泵的所有外部表面认真地清理干净。如果没有扰动原厂装配,那么就没必要拆开机组进行清洗。完成出厂试验后,在泵的内部涂有一层特殊的防锈化合物。在机组的正常运行过程中,将这层化合物完全清除掉即可。

确保已经安装了轴填料,而且压盖螺母仅为手指拧紧强度。

在启动泵之前,给泵注液,方法是向泵壳以及尽量多的润滑油吸油管线加注润滑油。如果润滑油吸油管线内的空气没有清除,那么机组的性能将会不稳定,或者根本无法抽吸。

打开润滑油吸油阀门、润滑油放油阀门和排气阀,并启动马达。如果泵能够正常地推动润滑油,那么运行几分钟后就可以关闭排气阀。在运行刚开始的 15 分钟内,允许轴填料自由泄漏。然后,用手拧紧压盖螺母直到填料上只有轻微的泄漏为止。

如果泵启动后无法排油,则需要停止发动机、给泵重新注液然后再重新启动泵。如果仍然无法立即上油,则吸油管线中可能有泄漏,或者可以追根溯源,查看泵内是否吸入过量的障碍物、节流阀是否故障或者是否有其他原因。当泵运行时,在吸油管线的多处安装压力表,这样就可以轻松地定位问题所在。如果管道内有阻塞物,那么在阻塞物所在位置可以观察到明显的压降,较低的压力位于泵侧。

[注意]如果无油运行,则将导致泵壳和轴承快速磨损,因此,必须快速完成故障排查。

b. 例行启动　打开吸油和放油阀,同时启动马达。确保泵正常抽吸润滑油,而且轴填料上只有些微泄漏。读取泵压力表上的吸油和放油压力读数,并确保泵正常运行。如果泵不抽吸润滑油,那么请遵循初始启动指令进行操作。

c. 运行　当润滑油泵进入工作状态后(除非进行正常的预防性维护计划),润滑油泵将持续运行,基本上不需要或者只需很少的维护。至少每 10 分钟检查一次吸油和放油压力,通过这种方法来验证泵的性能。每天应检查一次轴填料,确认填料调整是否适当。如果出现任何异常情况,都应该引起重视并进行彻查。

d. 安全保障　停止马达并关闭吸油和放油阀门。

②维护。除非无油情况运行或者油中包含磨料颗粒,否则德拉瓦尔螺杆泵基本上可以实现无大修运行。

德拉瓦尔螺杆泵上装配了一个放压阀,作用是避免过度压力积聚。

在填料盒端盖内,有一组填料。安装了四个挠性金属填料环,对接环缝错开,这些金属填料环由一个填料压盖固定到位。填料压盖一分为二,这样就可以填充填料,而不会扰动泵的其他组件。填料压盖的两部分通过两个螺钉固定在一起,压盖的压力通过两个压盖螺母调整。压盖螺母调整应该非常充分,从而只允许非常小量的润滑油泄漏来润滑填料。

③检查。在泵运行状态下对泵进行检查,就可以发现端盖和泵壳之间是否存在泄漏,或者管道接点之间的泄漏状况。如果发现有泄漏,有可能是因为垫片上有异物、垫片故障、螺母或者螺栓松动所致,只需按照要求替换垫片或者拧紧螺母和螺栓即可。

④润滑。泵不需要润滑,因为泵抽吸的润滑油就可以对泵的所有部件起到润滑作用。

每个机组均配备了一份驱动装置润滑说明。

⑤运行故障。有些运行故障可能表现为放油压力低、驱动单元过载,过度或者不正常的噪音。在下面的段落中,我们将讨论可能导致运行故障的主要诱因。

a. 放油压力低　一般来讲,放油压力低表明抽吸的润滑油量不够。存在这种情况可能是因为泵需要注液或者因为有泄漏。如果经过一段时间后,放油压力逐渐降低,那么通常是因为抽吸的润滑油中包含研磨颗粒,这种研磨颗粒导致外壳和转子磨损。

b. 噪音　冷油、过滤网不干净、润滑油中含有空气、由于温度增加导致润滑油汽化或者耦合错位都会导致过度或者异常噪音。

c. 驱动单元过载　如果泵或者驱动单元出现过度摩擦,可能导致驱动单元过载。重新组装泵时,如果部件未对齐将会增加摩擦。过载还有可能是由于系统的操作故障、重相油或者冷油以及并非由泵的实际故障导致的其他原因引起。

4.1.2　储油罐

航空润滑油储油罐的功能与常规动力通用型航母上润滑油储油罐的功能相同,只是在容量、油箱计量设备以及储罐溢流处理方式方面存在一些小的差异。一般来讲,在常规动力通用型航母上德拉瓦尔螺杆润滑泵非常常见。

航空润滑油储油罐位于核动力航母型的主要机械室(MMR)内。在常规动力通用型航母上,航空润滑油储油罐位于辅助机械室(AMR)内。因此,通用型航空母舰和核动力航母的储油罐容量存在差异。以下信息适用于核动力型航母。

1. 特点

航空润滑油储油罐具备如下特点:
①容量——6 000加仑;
②储油罐溢流管——放油到废油系统中;
③人孔盖——位于主空间内罐顶。

2.计量设备

储罐计量设备包括以下内容:

(1)测深管子盖

测深管子盖永久性地附接到人孔盖上。在储油罐内没有管子,在对储油罐进行测深操作时,必须非常小心,因为测深卷尺上的测深锤可以轻易地进入到储油罐中。

(2)储油罐液位指示器

储油罐液位指示器安装了巴顿规,以加仑为单位来表示储油罐的容量。

(3)蒸汽阀

蒸汽阀安装在储油罐的一侧,作用是给润滑油升温,使交付润滑油变得容易。

(4)温度计

温度计安装在储油罐的一侧,同时在吸油管线上也安装了一个温度计,从而能够测量储油罐内润滑油的温度。

4.1.3 双工过滤器

航空润滑油系统使用双工过滤网(图4.4),在润滑油通过一个可动元件时便可清除润滑油中的固体颗粒,可移动元件由金属丝网或者一个冲孔板组成。润滑油通过一个篮状元件从内向外流入过滤网中,颗粒被捕获在篮子内。双工过滤网组件包括两个篮式元件,润滑油同一时间只通过一个篮子。

旋转制动器可以从一个过滤网换入另一个过滤网,一个用于当时使用,另一个用作备份,以便堵塞时使用。而且,可以将另一个投入使用,这样就可以清洗堵塞的过滤网篮子。凭经验可以判断某个过滤网多久会堵塞。除非预防性维护计划要求,否则双工过滤网可以长时间运行而无须清洗。

过滤网组件使用球阀转换篮子之间的润滑油流动。球阀通过一个制动器传动机制连接,制动器传动机制可以减小转换篮子需要的作用力。每个篮子上的外壳盖通过锁盖/定位板固定就位,并通过O形环密封。排气阀包含在过滤网组件内,当给机组施加过度压力时,排气阀便将润滑油排放到废油系统中。放油阀也是过滤网组件的一部分,其作用是在维护过程中排空过滤网组件。

这些阀门也向废油系统放油。对于某些过滤网组件装置而言,排气阀和放油管线还可以向滴油盘放油。排出的润滑油会被倒入漏斗中,从漏斗流入废油系统。

只有在紧急情况下,才可以在系统内有压力时,清洗双工过滤网(按照正确的预防性维护计划排程,在系统存在压力的情况下无需清洗双工过滤网,这样就可以有效地避免润滑油泄漏)。当清洗双工过滤网时,请遵循如下步骤。

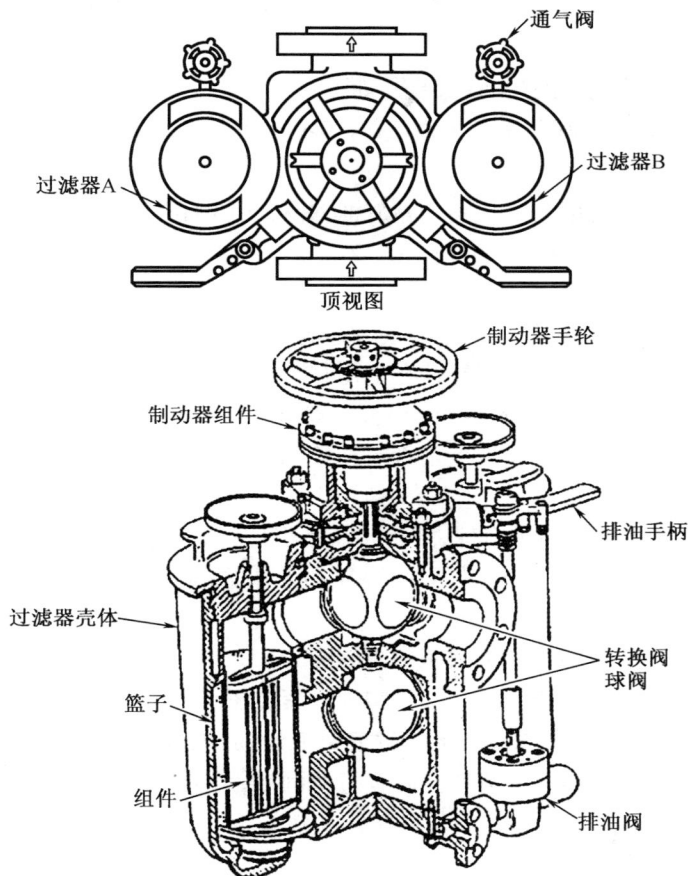

图 4.4　复式过滤器组件

①检查休班滤网的盖子是否能够正确配合及其密封性。

②对休班过滤室进行压力检测：

a. 摘开排气阀门；

b. 轻轻地拉下变速杆,给休班滤网加油(制动器手轮)；

c. 当观察到润滑油流动时,关闭排气阀；

[**注意**]如果给休班滤网加油时,发现油泄漏现象,那么应立即转回到当班过滤室。

d. 检查休班过滤室是否有泄漏,将变速杆(制动器手轮)返回当班过滤网位。

③切换过滤网,步骤如下：

a. 慢慢地操作手柄/变速杆,达到其行程的满位,即可将润滑油切换到过滤网的洁净侧(如果正常水平之上的压降超过 1.5 磅/平方英寸,那么返回到当班过滤网上)；

b. 观察双工压力表,了解清洁篮的正常压差(介于 1.5 ~ 3 磅/平方英寸之间)。

④检查并清洗闲置的过滤网,步骤如下:

[警告]在闲置滤网上没有压力之前,不要试图拆解闲置滤网。

a. 取下闲置过滤室盖;

b. 打开闲置过滤室的防油阀开始放油,并关闭防油阀;

c. 取下盖子密封垫或 O 形环;

d. 取下篮子组件;

e. 清洗过滤篮,检查是否有裂痕或者过滤网是否断裂;

f. 检查盖子垫片或 O 形环是否有割伤和劣化;

g. 检查盖子垫片或 O 形环表面是否有刻痕、裂纹、凹痕、凹陷;

h. 检查盖子固定夹或定位板是否有裂缝和变形,以及螺柱(或螺栓)是否有螺纹损坏;

i. 在过滤室内安装篮子组件,并旋转篮子组件,保证它们正确定位;

j. 重新安装过滤室盖子垫片或 O 形环和盖子,并旋转垫片或 O 形环和盖子,检查它们是否正确定位;

[注意]不能过度拧紧固定夹或定位板螺柱。

k. 重新安装固定夹或定位板并牢牢地拧紧盖子。

[警告]做好准备,如果发现休班过滤网有泄漏,返回到当班过滤室。

⑤重复②a 至②d 各步,清洗完闲置过滤网后,对它进行压力检测。

4.1.4　管道和阀门

装载航空润滑油的加油接头是一个平甲板形盖子,位于机库甲板左舷侧。目前处于设计阶段,计划将加油管线接头重新走线并扩展,使加油管线从第二甲板下通过,并从位于右舷侧的 JP – 5 燃油加油舷台出来。这样,当通过油罐车补充润滑油时,就可以轻松连接,而且当通过油罐车或者 55 加仑油桶装载润滑油时,还可以限制占用的空间。航空润滑油系统由一系列闸阀、蝶阀和一个单向截止阀组成。

在第二甲板、右舷侧、靠近主要机械室的左舷侧入口的位置,有一个加油接头蝶式隔离阀。另一个蝶式隔离阀,用于将润滑油排放到舰载机起飞弹射装置已经准备就绪的日用油柜中,这个蝶阀隔离阀位于主甲板上,恰好在加油接头的内侧。只有当其中之一的阀门打开时,才可以调整润滑油系统,进行装载/卸载操作以及为已经准备就绪的弹射装置值勤润滑油罐输送润滑油。只能在进行各个阀门的指定作业时,才能打开两个阀门中的一个(如果两个润滑油阀门同时打开,则将发生重大润滑油溢出事故)。

在航空润滑油系统中使用了多种阀门。通常情况下,用于润滑油加注和卸载的阀门为闸阀。润滑油泵上安装的多数放油阀都是球心阀。分配管道中可能包括闸阀、球心阀、截止阀或者蝶阀。相关人员应该了解所在航母上安装的阀门类型和位置,以及这些阀门是如何与系统相互连接的。

1. 操作步骤

核动力型航母上的航空润滑油系统操作是按照航空润滑油业务排序系统进行的。按照泵舱内的管道布置方式,可以开展如下操作:

①润滑油泵可以从储油罐吸入润滑油(如果使用两台泵,可同时进行),同时从向任意准备就绪的日用油柜中排出。

②润滑油泵可以从加油管线中吸入润滑油(如果使用两台泵,可同时进行),同时在加油操作时放出到润滑油储油罐中。

③润滑油泵从储油罐中吸入润滑油(如果使用两台泵,可同时进行)然后放出,从而完成润滑油卸载。

④在给弹射装置已经准备就绪的日用油柜加注润滑油时,要与 V - 2 人员保持沟通。如果在进行这项操作时,V - 4 和 V - 2 人员之间没有沟通,那么将导致润滑油输送作业即刻停止。直到问题得到彻查并解决,否则不得恢复操作。

⑤在润滑油作业区域内,安装了一部 4JG 声控电话,供润滑油泵泵舱操作员和弹射装置人员在向日用油柜进行实际泵送作业时进行沟通。

⑥当向弹射装置已经准备就绪的润滑油日用油柜中加注润滑油时,要求管道必须穿过润滑油双工过滤网,但是从圆桶或者油罐车中接收润滑油时则不做此要求。

2. 为储油罐加注润滑油的方法

可以通过以下任意方式,向储油罐中加注润滑油:

(1)从圆桶中倾倒

将一个大漏斗拧入加注接头内,用一个叉车或其他装置,将圆桶提升到加注接头之上并打开大盖子(大盖子应该在底部,靠近漏斗并在漏斗之上)。下一步,打开顶部的小盖子,让空气进入到圆桶内。打开和关闭顶部的盖子就可以控制从圆桶中流出的润滑油量。

(2)从圆桶中虹吸

架设一根直径为 1.25 英寸的润滑油吸油软管,附接到黄铜管道的末端,软管要足够长,能触及圆桶的底部。然后将吸油软管和管道组件通过锁具接入加油接头内。通过这个方法,可以利用润滑油泵形成的真空进行加载。

(3)在码头上从油罐车上加载

直接从油罐车向加油接头架设一根管子。通过这种方法,可以利用油罐车上的泵将油罐车上的润滑油泵送到加油接头内。

[说明]当在码头上通过油罐车加注润滑油时,一定要非常小心,确保油罐车与润滑油系统之间的压力不足以导致软管、管道或者泵机损坏。

当系统接收润滑油时,并非必须使用排气孔,因为系统将通过油罐溢流管线排气,并将过量润滑油排入一个废油系统中。为了给扩展留出余量,油罐加注量不得超过其容量的90%。

4.1.5 思考题

(1)在航空润滑油系统中使用了两种类型的泵,请问是哪两种?
(2)在旋片润滑油泵中使用了一种接头,请问是哪种接头?
(3)核动力型航母的润滑油储油罐的容量是多少?
(4)测深管应该位于润滑油储油罐的什么位置?
(5)在进行操作切换从一个过滤网切换到另一个过滤网之前,在双工过滤网之间必须保持一个最小压降,请问这个压降是多少?
(6)在将润滑油泵送到弹射装置已经准备就绪的润滑油日用油柜时,必须遵循什么要求?

4.2 海上动力汽油系统

【学习目标】认识与海上动力汽油系统相关的操作原理,论述这些操作原理如何指引并影响动力汽油系统内的加油操作。

作为受命在两栖舰上工作的航空母舰油料员,需为美国海军和美国海军陆战队远征军提供支持服务,因此在日常工作中必然要和动力汽油(MOGAS)系统打交道。正如JP-5燃油系统的情况一样,该系统在航母上不尽相同,即使是同型号的航母也不完全一样。当旧设备被新设备取代时,只有完成标准化演进后,才能增加航母间的一致性。

在这一节中,我们将讨论海上动力汽油系统的主要方面,以及该系统特有的设备。请记住:动力汽油系统因航母型号不同(例如LHA,LPD,LPH型航母)而异,但是,操作原理都是一样的。如果你希望了解您所在航母的动力汽油系统的具体信息、操作和维护流程,请参考您所在舰的航母信息手册(SIB)、CFOSS(货运燃油操作排序系统)和预防性维护计划手册。

液压系统研究的是工程应用中的液体行为。17世纪法国科学家帕斯卡(Pascal)发现了构成整个液压学科基础的液压学基本定律,即帕斯卡定律:"不论容器的尺寸和形状如何,向密闭液体施加的任意压力或者力将在各个方向上均匀传递而且不会减少。"

举例来讲,液体总会自行流平。以茶壶内的水位为例,壶嘴和壶身中的水面同高。当将一种液体倒入多种不同形状的、开口连接的罐中时,这个原则也同样适用。在相互连接的罐内,液面在同一水平上。这个物理原理和定律适用于所有燃油系统。

4.2.1　储罐补偿系统

储罐补偿系统配置了海水补偿系统或者惰性气体补偿系统,旨在实现大容量动力汽油存储。在海水补偿系统中,当汽油被抽出时海水将取代汽油的位置;当给动力汽油罐进行补给时,汽油将取代海水的位置。在惰性气体补偿系统中,惰性气体将填充罐内汽油之上的蒸气空间。

1. 海水补偿存储

设计海水补偿系统的目的是使汽油储油罐在任何时候都完全充满液体,要么在海水之上充满汽油,要么完全由海水填满。当汽油从储罐内排出时,海水将替代汽油。

通过这种方法,就不会形成爆炸性蒸气死角。

海水补偿汽油存储的原理如下:

①因为单位体积的汽油质量要比海水轻,因此,汽油将漂浮在海水上;

②在 U 形管内,指定高度的海水可以与更高高度的一段汽油实现重量平衡。

海水补偿存储罐是按照 U 形管原理设计的。如果将汽油置入 U 形管的一侧,在另一侧放入同等体积的海水,它们的位置将类似(图 4.5)。包括海水和汽油的储罐构成 U 形管的底部,海水管道构成 U 形管的一侧,而汽油构成另一侧。

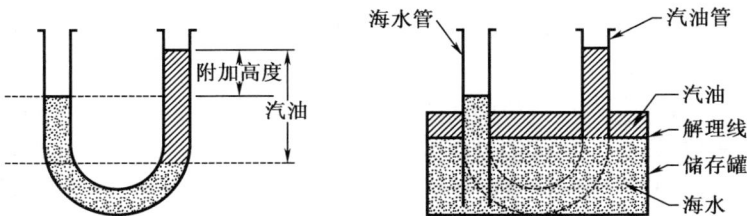

图 4.5　动力汽油系统 U 形管模拟

注:从图中可以看出,在 U 形管中装有同等容积的汽油和水,汽油的高度略高,这是因为在体积相同的情况下水比汽油的质量高。

利用海水补偿储罐,便可在 LHA 和 LPD 型航母上实现动力汽油的大量存储。每个罐都包括一个抽油罐,抽油罐位于一个外部储罐内。它们之间通过闸管互相连接,发挥一个罐的作用,这样两个罐都通过抽油罐发挥加注和吸油功能。汽油管道连接到抽油罐的高点上。海水补偿罐可以是航母结构的一个组成部分。

海水补偿罐在补给作业时通过加注接头排气,并在给无人机加油前通过加油站喷嘴排气。CO_2 补偿罐通过一个排气管进行排气,排气管从第三甲板上的舷外油罐连接过来。

2. 惰性气体补偿存储

因为空气中包含氧气,而氧气是燃烧的必要条件。所以当汽油蒸气与空气混合时便存在燃烧的可能性,如果氧气的比例不正确,就不会发生火灾或者爆炸。二氧化碳惰化系统(图4.6)可以预防空气与汽油蒸气混合,还可以降低氧气的比例,以此来保护汽油系统。

二氧化碳在靠近电子设备附近使用时非常安全,因为它是非导体。惰性气体置换储罐由一个单罐组成,而且不需要抽油罐。二氧化碳惰性气体补偿罐用于在LST型航母上使用。在这种存储类型中,使用二氧化碳作为汽油之上的保护层。当汽油被抽出时,二氧化碳将填充罐内空白区域;或者,当储罐内填充了汽油时,二氧化碳被逼出储罐。因此,除非罐内充满燃油,否则应始终充满惰性气体。

(1)隔离舱和管路的氮气惰化

氮气(N_2)是一种无臭、无色、无味的气体,可在最低97%的纯度下存储,用于给动力汽油系统提供保护,具体如下:

①在隔离舱内,氮气存在于汽油储油罐周围,作用是使这个空间内的大气不易燃且不可燃。隔离舱内必须充入至少50%的惰性气体,以便携式惰性分析仪(PIA)确定的氮气体积计算。

②存在于双壁汽油管道的外部部分。

③用于在操作结束后,给汽油管道和过滤器进行清扫和惰性化操作。

压力为3 000磅/平方英寸或者5 000磅/平方英寸的氮气存储在氮气瓶内,可按需取用。氮气从存储瓶进入到减压面板上。在每个面板上都有一个调节阀,可以将压力从储存压力降低到300磅/平方英寸。在每个面板上,还有三个额外的压力调节阀,能够进一步将压力降到所需的压力水平。低压管道从调节阀伸至隔离舱,再伸至汽油双壁管道,最后伸至汽油分配管道。通过减压面板,将隔离舱的氮气压力降低到3磅/平方英寸。低压管道直接从面板通向泵舱进入隔离舱中。在泵舱内有一个截止阀,负责控制向隔离舱内的氮气释放。在分配管线的末端有一些扩散器,可以将惰性气体均匀地分布在空间内。

隔离舱的通风管道通向航母之外。在通风管道上有一个截止阀,位于汽油泵舱内。放压阀的值设定为7磅/平方英寸,安装在截止阀周围的一根旁通管线上,作用是抵消隔离舱内的过度压力。还有一个额外的放压阀,安装在一个交叉接点上,交叉接点介于氮气供气管线和通风管线之间,它的作用也是抵消隔离舱内的过度压力。通风管道上还有压力表和惰性分析仪接头。

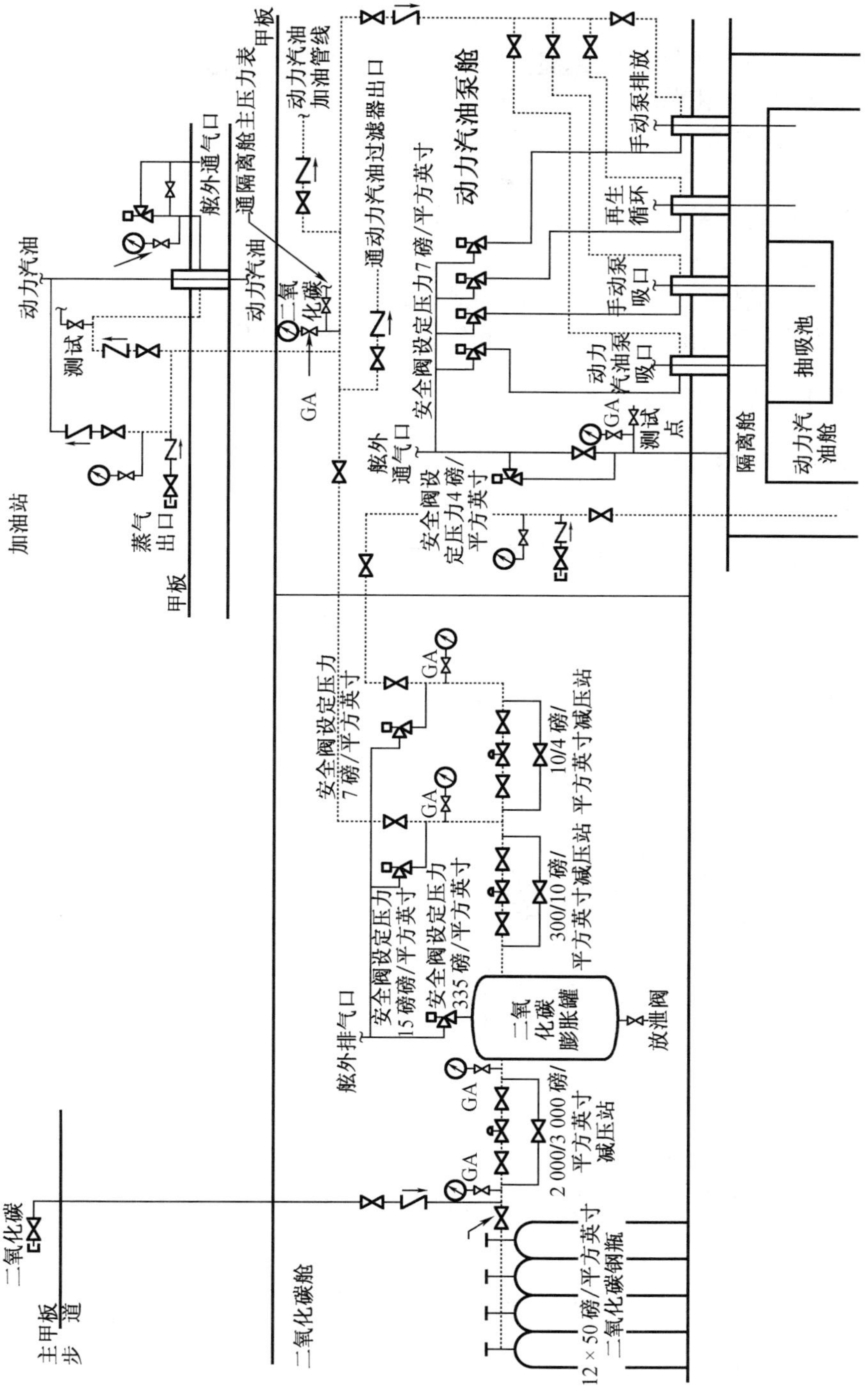

图 4.6　惰性气体系统

233

（2）向隔离舱和管道内充填二氧化碳惰性气体

使用二氧化碳惰化系统给隔离舱和管道进行充填惰性气体操作,二氧化碳惰化系统的操作和之前介绍的氮气惰化系统很像。至少需要35%体积的二氧化碳才能发挥作用。惰化系统的二氧化碳瓶被涂成红色,且安装了一个手轮操作的阀门,但是没有虹吸管。通过管道将二氧化碳以气态形式通过减压阀馈入到300磅的膨胀箱内。

二氧化碳防火系统中使用的二氧化碳钢瓶和阀门禁止与二氧化碳惰化系统的二氧化碳钢瓶和阀门互换使用。

如果供应商供应的是液体的二氧化碳,在充入航母上隔离舱内的惰化管道内之前,需要用一个汽化器将液态二氧化碳转化成气态二氧化碳。

4.2.2 无人机加油站

所有无人机都是在汽油加油站进行加油和抽油操作的。航空母舰油料员在航母上使用的加油站可以分成两种类型,即压力调节型和可拉伐型。

1.动力汽油自动压力调节系统

各种类型航母的动力汽油立管中使用的压力调节系统(图4.7)均相同,但是尺寸和压力设定值除外。本节将介绍典型的调节系统,且不考虑系统的尺寸或压力。压力调节器通常安装在过滤器之后,但是在其他两栖航母上,压力调节器可以安装在过滤器之前。

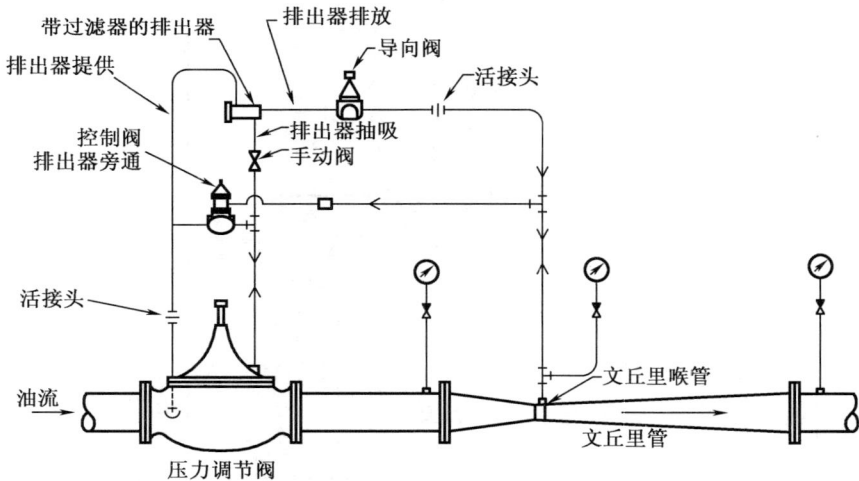

图4.7 动力汽油压力调节系统

在 LHA 型和有些 LPD 型航母上,汽油立管上安装了一个先导式压力调节阀和文丘里管的组合,组合位于泵舱内,以控制加油站入口顶侧的压力。

先导式压力调节阀位于立管和分配总管之间,由文丘里管喉部的压力制动,文丘里管保持一个恒喉压力,恒喉压力与静压头的总和相等。这个接头位置需要的压力,必须足以维持最远加油站在最大流量条件下喷嘴放油需要的压力。喉管长度最小相当于直管直径的六倍。

设计文丘里管的目的是使文丘里喉管上的压差与文丘里管的摩擦损失相等,在各种流量条件下,文丘里管道主管/立管之间都存在摩擦损失。文丘里喉管长度最小相当于直管直径的六倍。

在文丘里管的下游侧,安装了一根再循环管线,其上包括一个节流孔。文丘里管的再循环率足以使调节阀和文丘里管组合在无流量条件下令人满意地运行。再循环管线在抽油罐的中点截止。文丘里管和汽油泵的再循环管线可以并入一根回油管中,伸至抽油罐的中点位置。

压力调节器包括一个自动压力调节阀,该阀门通过文丘里管喉管内的压力变化进行操作,文丘里喉管位于阀门的下游。系统的主要组件(图 4.7)如下:

①主阀门(压力调节阀);

②导向阀;

③喷射器,带过滤网;

④控制阀(喷射器旁通);

⑤文丘里管(文丘里喉管)。

[说明]文丘里原理:如果流经管内的液体遇到管子收缩或变窄的部分,那么液体流经收缩部分时速度增加而液体压力降低;如果液体从收缩部分之上流入一根和原管同尺寸的管中,此时流速降低但是压力增加。

压力调节系统在操作过程中是完全液压的,它利用管线压力来打开并关闭阀门,并能够垂直或者水平安装在立管上。

主阀门采用的球形设计做了一些改动,阀门中有一个支撑良好的增强隔膜。当管线压力传导给盖室时,阀门趋于关闭。当盖室内的压力降低时,在阀盘下的管线压力下阀门将被打开。

导向阀是一个直动式、弹簧加载的阀门,有一个大隔膜和有效工作面积,能够保证对要求的交油压力进行灵敏控制和精确调节。导向阀位于制动管线中,介于喷射器过滤网和文丘里喉管之间。通常情况下,导向阀由压缩弹簧保持打开状态。当隔膜下的文丘里喉管压力增加时,阀门趋于关闭。当文丘里喉管压力降低时,阀门打开(更宽)。这样,通过在文丘里喉管压力和弹簧张力之间实现平衡,就可以维持一个恒定压力。

喷射器过滤网组件安装在制动管线内,介于主阀门和导向阀之间。喷射器过滤网组件包括一个喷射器喷嘴,喷嘴带一个 0.0625 英寸的节流孔,节流孔由一个 60 目的蒙乃尔过滤网提供保护,它的作用是防止喷嘴堵塞。喷射器过滤网组件可以加速排空盖室内的液体,通过这种方法加速主阀门的运行。喷射器过滤网组件可以降低强力,即泵的放油压力进入到主阀门盖室时产生的强力,从而阻止主阀门颤振。

文丘里管安装在调解阀的分配立管的下游。文丘里管形状呈锥形逐渐变化,入口直径为 2 英寸,逐渐变成一个直径为 0.375 英寸的喉管,出口直径则为 2 英寸。在放油侧有一根再循环管线,通常可以返回增压泵容量的 5%。

LHA 典型的汽油加油站通常为自动压力调节型,通过安装一个压力调节阀来控制加油站的压力,但不提供固定抽油操作,软管存储在卷轴上。直径为 0.75 英寸的加油软管不用内部控制线路(连接电路)进行阀门操作。

(1)操作自动压力调节器

在进行系统操作时,高压汽油最初从泵中流出,并进入主阀门阀体内。这股汽油绕过主阀门阀座,流过喷射器过滤网,进入到导向阀中,并在导向阀弹簧作用下保持打开状态。这股汽油在导向阀处被导引进入文丘里喉管中。文丘里喉管的这个位置上基本上没有压力。

只要导向阀保持打开状态,喷射器过滤网组件中就可以通过最大流量。流经喷射器过滤网组件的流量在主阀门盖室中产生一个减压。来自泵管的压力存在于主阀门的阀盘下,这个压力现在可以打开主阀门,使得液体流入到分配立管中。这股流量在分配立管中积聚压力。

立管内不断增加的压力,从文丘里喉管传导到导向阀隔膜的底面。当导向阀隔膜下的压力达到某一个点,即隔膜下的压力大于导向阀的设定值时,导向阀开始关闭。这样就限制流量经过喷射器过滤网组件。当流量受到限制时,喷射器过滤网组件失去吸力,入口压力沿着吸油管线被转移到主阀门盖室中。主阀门盖室内随之形成的压力增加,即隔膜受到的压力,足以开始关闭主阀门。主阀门阀盘将向阀座移动,直到主阀门允许足量的燃油通过以维持一个压力水平(通过文丘里喉管抗衡导向阀设定压力值)。

如果后续汽油需求有任何变化,都将导致文丘里喉管内的压力产生变化。即使是丝毫变化,也足以引起导向阀和主阀门确定新位置,按照新的需求提供汽油。

(2)顶部流量需求增加

流速增加首先会使文丘里喉管内的压力瞬时减小。这种减小使得导向阀能够开得更大,并增加了通过喷射器过滤网组件的流速。

当喷射器过滤网组件上的流速增加后,会增加喷射器的吸程,并作用于主阀门盖室,使得主阀门能够开得更大些。

主阀门的开度与顶侧的流量需求增加成正比。主阀门将继续打开直到文丘里喉管内的压力积聚到一个点,即喉管内压力能够重新抗衡导向阀弹簧的设定值。

(3)顶部流量需求减少

流速降低会造成文丘里喉管内压力瞬时增大。这种压力增大将导致导向阀部分关闭,从而限制通过喷射器过滤网组件的流量。

当喷射器过滤网组件上的流量减小时,将减小喷射器的吸程,并导致主阀门盖室内压力增加,并导致主阀门局部关闭。

主阀门的关度与顶侧流量需求降低成正比。主阀门将继续关闭,直到文丘里喉管压力降低到一个点,即喉管内的压力重新抗衡导向阀弹簧的设定值。

(4)需求突降

如果流速突然降低,则会导致文丘里喉管压力突然增高。这种压力的突然增高会施加到导向阀隔膜的底面,并按照正常方式关闭主阀门。因为喷射器过滤网组件(直径为 0.062 5 英寸)的节流孔尺寸很小,所以主阀门将慢慢关闭。同时,文丘里喉管内的压力会作用于控制阀隔膜的底面上,并打开控制阀。当控制阀打开时,泵排放压力全部施加在主阀门盖室上,导致主阀门快速关闭并降低分配立管中的压力。主阀门将保持关闭状态,直到主阀门排放侧的压力降低到导向阀的弹簧设定值水平以下。由于放油压力的突然积聚,导致在主阀门放油侧和文丘里放油侧之间捕获汽油,压力加上捕获的汽油将通过文丘里再循环管线放出并返回到抽油罐中。

(5)调整和设置

导向阀压力调整是通过旋转调节螺钉来改变施加在隔膜上的弹簧压缩量实现的。控制阀调整指顺时针方向旋转调节螺钉来增加压力,调整压力设定值的步骤如下:

[说明]重新安装调节阀门和导向组件并完成维修检查后,应执行如下步骤(典型的期望压力是文丘里喉管的交油压力达到 22 磅/平方英寸):

①顺时针旋转调节螺钉,关闭控制阀;

②当汽油以 50 加仑或者更高的流速流经主阀门时,将导向阀的压力值设置为 34 磅/平方英寸;

③降低控制阀的压力设置值(方法是逆时针转动调节螺钉)直到文丘里喉管的交油压力降低到 32 磅/平方英寸为止;

④拧紧控制阀锁紧螺母;

⑤重新设置导向阀,将压力值设置为 22 磅/平方英寸。可以根据上面给出的流程,确立想要的下游压力,并提供控制阀的正确设定值。

(6)维护

喷射器过滤网组件应该每隔一段时间就按照预防性维护计划要求进行清洗。从外壳中取下直径为 0.75 英寸的联管节和塞子,用溶剂清洗然后用空气吹干滤网,并将调节阀完全拆开并彻底清洗(每 6 个月进行一次)。应认真检查导向阀和控制阀是否存在过度磨损情况,如果确实有过度磨损,那么在必要的情况下进行替换。压力调节系统中使用的所有压力表应每 12 个月取下、清洗并校准一次。如果安装了新部件或者对部件进行了维修,则所有管道接头都应该进行压力测试,以检查是否存在汽油泄漏的情况。

2. 可拉伐型加油站

在某些 LPD 型航母上,动力汽油无人机加油站可归属于可拉伐型加油站。可拉伐加油站由一个或者多个螺管磁铁操作的加油/抽油阀门、一个正排量抽油泵以及必要的管道、阀门和电气控制器组成,通过安装固定的软管为无人机提供服务。利用内部控制电路(电器连接)来制动可拉伐加油/抽油阀。加油站配备有直径为 1.5 英寸的汽油加油/抽油软管,存放在软管卷盘上。

关于可拉伐型加油站的详细操作信息,请参考本书第 3 章。

4.2.3 思考题

(1)海水补偿系统是按照什么原理设计的?

(2)为什么强烈建议在电子设备附近使用二氧化碳惰性气体系统?

(3)在 LST 型航母上使用了哪种惰性系统来存储动力汽油?

(4)在给隔离舱管道进行惰性化操作时,利用什么将液态二氧化碳转换成气态?

(5)按照文丘里原理,当液体流经管道的狭窄部分时,速度和压力方面发生了哪些变化?

(6)与其他动力汽油平台相比,在 LHA 型航母上安装的自动压力调节系统,有什么独具的特色?

4.3 动力汽油系统组件

【学习目标】识别构成动力汽油系统的各个设备。解释说明如何使用构成动力汽油系统的各个设备。

在固定式动力汽油系统中使用的多数设备,例如泵、阀门和过滤器,都与 JP-5 燃油海上系统中使用的设备相同,只是尺寸更小一些。我们将讨论海上固定式动力汽油系统中使用的主要设备(其他型航母的动力汽油系统稍有不同)。关于您所在航母配置设备的具体信息和操作,请参考您所在航母的航母信息手册(SIB)以及设备技术手册。

4.3.1 汽油存储罐

除了作为汽油罐内的补偿系统,汽油存储罐还具备使空气远离汽油表面从而避免汽油爆炸的功能,其外部还有隔离舱保护的作用。

汽油存储罐是长方形的,它包含了海水补偿系统或者惰性气体补偿系统。

设计动力汽油系统的汽油存储罐(图 4.8)的目的是尽可能地为汽油的安全存储提供最大安全保障。

储油罐实际上由外部罐、抽油罐和隔离舱组成。外部罐包裹着抽油罐,而隔离舱包围着外部罐。

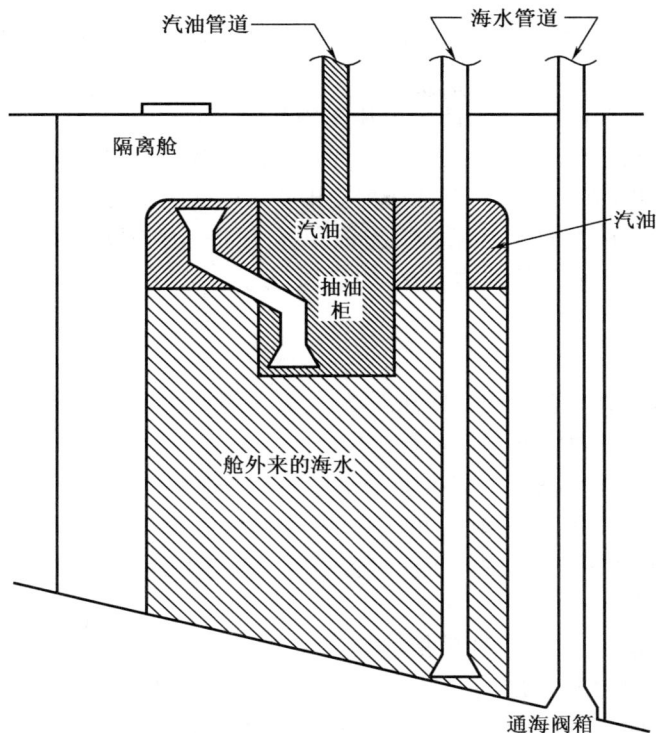

图 4.8　动力汽油存储罐

1. 隔离舱

隔离舱为储油罐提供双重保护。通常情况下,隔离舱中始终充填着氮气,当气压达到 3 磅/平方英寸时,能够实现 50% 的惰性;或者始终填充二氧化碳实现 35% 的惰性,从而降低火灾和爆炸危险。而且,隔离舱还能够收集存储罐中泄漏出来的汽油。

用于给隔离舱进行清洗和充气的氮气供应管线形成一个回路,回路完全包围着外部罐。管道(一条腿)从回路(靠近隔离舱顶部)开始向下延伸并伸至靠近底部的位置。其中,每条腿上都安装了一个扩散器,它的作用是向整个空间内扩散惰性气体。在主供管线上安装了一个截止阀,来控制进入到储罐内的氮气,截止阀与泵舱处于同一水平上。

空气逃逸管上安装了一个截止阀,逃逸管从隔离舱顶部伸出,在 02 层甲板位置向大气中排气。在截止阀周围安装了一根旁通管线,包括一个压力释放阀(设定在 4 磅/平方英寸)、一个压力表和一个便携式惰性分析仪接头。

在隔离舱内安装了一个固定式喷射器,它的作用是驱除可能从存储罐逃逸而

239

出的海水或者汽油。喷射器上安装了两个抽吸装置:一个在隔离舱船头端部靠近中线的位置,一个在隔离舱船尾端部靠近中线的位置。喷射器的控制件位于泵舱甲板上一个防水盒内。

在每个隔离舱内,安装了两个静压头液位计或电子传感器,用来指示是否有向舱室内泄漏的情况。一个位于隔离舱船头端的中线上,另一个位于船尾端的中线上。不论航母的纵深如何,有了这种安排就可以确定是否存在泄漏。

通过泵舱甲板上的一个螺栓人孔盖,就可以进入到隔离舱内。通常情况下,隔离舱人孔盖位于外部储油罐人孔盖的正上方。

2. 外部罐

海水供水立管从顶部进入到外部罐,并在靠近底部的一个扩散器上终止。给外部罐加压需要的海水通过这根管线排出。

压力表线从外部罐的顶部延伸至泵舱内的一个压力表上。压力表有一个红色指针,用来指示该组罐的最大允许罐顶压力(不同类型航母的允许压力有所不同)。在每个压力表附近,附接了一个警示牌,警示牌上标示如下内容:"进行加油操作时,不得超过最大允许罐顶压力。"

就海水补偿系统而言,红色指针的设定值与差值相等,这里的差值指设计的罐顶压力与高度修正值之间的差值,高度修正值指从罐顶到压力表的中线位置。对于惰性气体而言,不论罐内有多少汽油,二氧化碳的最大罐顶压力设为 4 磅/平方英寸。壳体上海水舷外排放管线中的截止阀保持打开状态,属于损害控制配件 W(威廉标记)。

在外部罐中为充水型静压头汽油计安装了两个罐内储存器。一个储存器安装在罐的顶部,另一个安装在底部,位于上方储存器的正下方。在压力表管道向上通过外部罐的位置设置了填料箱,它可以阻止汽油和海水泄漏到罐外,并且可以阻止隔离舱内的氮气进入到罐内。

外部罐通过一根闸管与抽油罐相连。闸管从靠近外部罐顶部的位置伸出,并在抽油罐底部的扩散器中截止。闸管的顶部向外张开,目的是为了减少摩擦。外部罐完全包裹着抽油罐。

外部罐有一个马达驱动的扫舱系统,安装这个系统的目的是给罐去掉压载。还向外部罐内部连接了一个独立的手动扫舱系统,作用是清除来自罐底的水和淤泥。

3. 抽油罐

抽油罐(图4.8)是储油罐中所包含的两个罐中较小的一个。当供给或者卸载汽油时,就是从抽油罐中抽吸汽油。当接收动力汽油时,抽油罐第一个进行汽油加注;当卸载动力汽油时,最后一个清空抽油罐中的汽油。

汽油供应立管从抽油罐的最顶部伸至汽油泵的共用吸油集管处。再循环集管在抽油罐中点的扩散器上截止。

抽油罐有一个独立的扫舱系统,用来清除罐底的水和淤泥。这个系统与JP-5燃油日用油柜中使用的手动操作扫舱泵类似。吸油管线上装有一个截止阀,距离罐最低底部0.75英寸。放油管上装有一个视镜、一个检测接头、一个单向截止阀和一个截止阀,并在距离外部罐24英寸的位置和舷外截止。

抽油罐有一个气动、静压头差压表,或者有一个液位指示体系。这些系统仪表布置在一个仪表板上,仪表板安装在汽油泵舱内。

4. 排液罐

排液罐是一个小型罐,位于外部存储罐之内,其作用是存储从动力汽油中过滤/分离出来的被污染的动力汽油/水。

5. 存储罐扩散器

当汽油或者海水进入到存储罐中时,扩散器(图4.9)可以减小湍流。扩散器安装在汽油存储罐的底部,环着每根闸管和海水供给立管端部安装,通过螺栓与夹子或支架(焊接到罐底和舱壁上)固定。

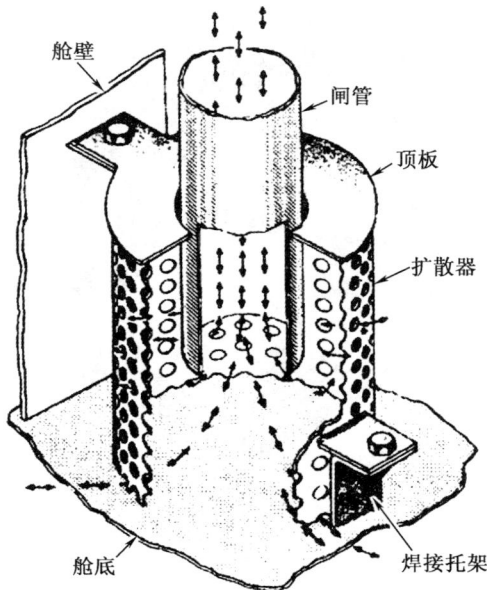

图 4.9　动力汽油存储舱扩散器

扩散器是一个穿孔缸,有一个开放的底,其上有一个顶板,顶板上有开口,用于连接汽油或者海水供给管道。顶板上的开口比海水供给管道的外径大,这样管道就可以随着航母结构一起运动。

扩散器上扩散孔的总面积是供应管道总面积的五倍。汽油或者海水以单流形式进入到扩散器中,当汽油或者海水单流通过穿孔缸上的孔时,被分解成更小的汽油流或者海水流。汽油流或者海水流在较大面积上分配,从而减小湍流。

在海水补偿罐中,安装了一根闸管,介于外部罐和抽油罐之间。外部罐内闸管的上端位于外部罐的最高点上,而闸管的下端在靠近抽油罐底部的位置截止。扩散器安装在闸管末端抽油罐底上。惰性气体置换系统无需闸管。

4.3.2 油箱量具设备

确定动力汽油罐内的汽油量的量具设备分别是:充水式、静压头型油箱液位指示系统以及 Gems 油箱液位指示系统。

1.压差指示器

该系统由上罐和下罐感应头组成,感应头有一个隔膜或者波纹管密封的传感头,它们通过充满液体的管道与压差指示器连接。压差指示器(图 4.10)以液体加仑为单位进行标定。

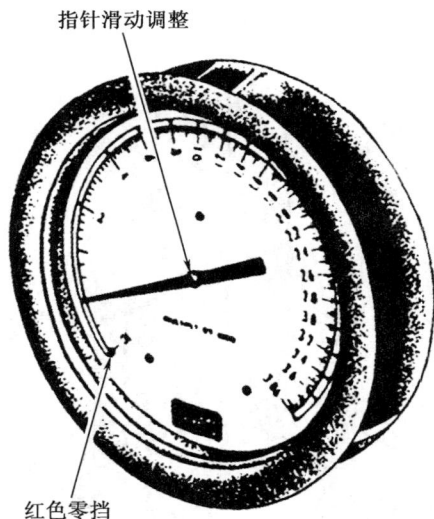

图 4.10　差压指示器

在外部汽油罐内、汽油罐周围的隔离舱内或者汽油罐箱内均安装了一个气动、静压头、差压液位指示系统。

当储存罐内 100% 充满海水时,在罐内储存器之间存在一个恒定的差压,差压表的读数为零。当存储罐内充满汽油时,在罐内储存器之间形成一个不断变化的差压。这个不断变化的差压是由于汽油和海水之间的密度不同造成的,并将通过充满液体的管线传导给压力表。差压表能够感知不断变化的压力,并将它转换成存储罐内含有的汽油量,以加仑为单位表示。压力表包括三个基本的单元:波纹管、扭力管和拨盘机制。

2. 油箱液位指示器(TLI)

油箱液位指示系统由一个磁性浮子、发送器或传感器、主接收器组成以及次接收器组成。发射器杆由一个棒或者一系列棒组成,这些棒垂直安装在油箱内。当磁浮在液体表面上做上下运动时,磁浮操纵棒内的簧片抽头开关。磁浮运动产生的电阻传导给一个接收器(刻度盘指示器),接收器以液体的加仑数进行标定。

油箱内的磁浮液位指示器可以直接向舷外溢流,它有整体式高液位报警装置,能够在即将进行舷外燃油排放时发出警报。按照设置报警装置将在达到油箱容量95% ~97%之间的某个位置点发出声音报警。选择的报警点可以提供大约2分钟时长的报警,即说明油箱已过满,必须立即妥善处置油箱加注事宜,否则燃油将溢出舷外。设置的报警点为油箱容量的95%以上,这样就可以避免在常规油箱加油操作中报警装置制动。

动力汽油罐中使用的油箱液位指示系统与JP – 5 燃油罐中使用的油箱液位指示系统非常像。在动力汽油系统中,油箱液位指示系统中的磁浮是由 Hycel 材料制造而成。按照设计,这种材料能够漂浮在水面上,但是会沉入燃油中。

这就是说,磁浮将介于海水和动力汽油的分割线(界面)之间。请参考本书第2 章,了解油箱液位指示系统组件和操作的具体信息。

3. 汽油过滤分离器

汽油立管上有一个过滤器/分离器,可以用它去除汽油中的水和沉积物。过滤器/分离器有一根旁通管道、一个通风孔和一个人工放油口。在过滤器/分离器出口上安装了一个先导式截止阀,可以阻止将水交付给加油站。

动力汽油系统过滤器/分离器的操作与JP – 5 燃油系统过滤器/分离器的操作完全一样。请参考本书的第2 章,了解过滤器/分离器组件、操作和维护的相关信息。

4.3.3 动力汽油泵

LPD 型航母上的动力汽油泵属于离心泵,当压力为50 磅/平方英寸时,额定容量为110 加仑/分钟。动力汽油泵通常被称为驳油泵。

在 LPD 和 LHA 型航母上,安装了电动马达驱动的离心式汽油助力泵(通常称为汽油泵)以及海水补偿泵。LST 型航母则安装了海水涡轮手动操作汽油泵。马达驱动汽油泵以及相关的管道都采用有色金属构造,目的是防止泵机被空气阻塞。汽油泵和海水泵位于汽油泵舱内,它们的电动马达安装在一个与汽油泵舱相邻的隔间内,通过一个气密舱壁与泵舱隔离开。舱壁内的电机轴填料箱也是气密性的。

在相关的动力汽油马达室内,每个油泵马达都装有起停、防爆按钮。可以通过机械联动装置或者内置式防爆电子控制器,在动力汽油泵舱内操作汽油泵和海水泵。此外,在每个汽油泵和海水泵的控制电路中,还装有一个隔离开关。这些隔离开关位于泵舱舱门的入口,而且装配了一个使用说明牌,上面写有如下内容:

[**警告**]汽油泵和海水泵隔离开关。当泵机不用时,所有触点始终应保持打开。

当给装置提供安全保护时,打开汽油泵舱舱门入口处汽油泵和海水泵的隔离开关。泵上有一个说明牌,上面写有如下内容:

[**警告**]除非需要,否则电动马达驱动的汽油泵和海水泵的电力供应应始终关闭。

下列泵与动力汽油系统相关:

①海水补偿泵。这些泵为离心泵,由马达驱动,且容量介于100~220加仑/分钟之间。利用这些泵将海水抽吸到油罐内,从而置换汽油。

②手动扫舱泵。这种手动操作的扫舱泵的容量为10~30加仑/分钟。它们的作用是去除抽油罐(或者二氧化碳补偿式汽油存储)底部形成的游离水和沉积物。

③汽油泵。下面三种不同类型的汽油泵,任何一种均可以向动力汽油加油站供给汽油。

a.海水涡轮驱动离心泵;

b.电子马达驱动泵(离心泵),额定容量为35~160加仑/分钟;

c.手动泵,额定容量范围为30加仑/分钟。

④抽油泵。这些泵位于某些LPD型航母的无人机加油站中,而且仅用于清空软管。不能用于抽取无人机上的汽油。抽油泵为电子马达驱动(旋片)泵,容量为50加仑/分钟。

⑤海水放泄阀泵。这种泵为电子马达驱动泵(离心泵),容量为10加仑/分钟。

4.3.4　管道系统

航母上的汽油管道和设备主要局限在汽油空间内,例如泵舱、补给或者加油站以及类似的舱室内。航母上汽油空间范围以外的管道均为双壁管道,而且装在干线内。汽油系统的操作和常规维护可以在惰化隔离舱或者汽油罐室外进行。

1.双壁汽油管道

当动力汽油通过这些空间时,动力汽油从双壁管道中通过,双壁管道由两根同心管组成(图4.11)。内管为铜镍材质,可以携带动力汽油。外管采用钢制构造,相当于一个装甲外壳。外管还有一个作用,就相当于一个保护套,为外管内压力为 3 磅/平方英寸的惰性氮气提供保护。在泵舱内为双壁管安装了一个压力表,用来指示内管中的压力。压力表的范围为 0 ~ 15 磅/平方英寸,其中 9.5 ~ 10 磅/平方英寸的压力范围被认定为正常充气范围。

如果外管被刺穿,氮气将从中泄漏而出,从而导致压力下降的情况将显示在压力表上。而且,如果钢套管之内的钢制汽油管线破裂,由其导致的压力增加的情况也会体现在压力表上。这时,需将管道隔离开直到确定原因为止。

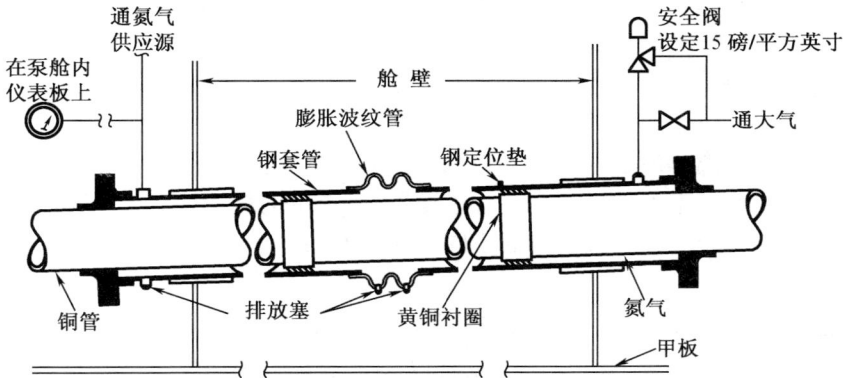

图 4.11 双壁管道

此外,在外部壳体内设置了膨胀伸缩式波纹管,目的是当出现膨胀伸缩不均等情况时,避免形成张力,如果形成张力则可能导致氮气泄漏。可以利用波纹管中的排放塞来确定内管中是否有泄漏。黄铜衬套焊接到内管的外部,钢垫片则焊接到外管的内部,钢垫片的间隔为 5 英尺左右。其作用是共同将内管固定在外管的中心位置,但是仍然允许两根管道之间由于膨胀和收缩引起的运动。外部管道约比内部管道长 2 英寸。

有一个惰性气体接头用于给外部管道充气,接头安装在双壁管道的下端或舱内端。外部管道还有一个放压阀,作用是避免压力过度积聚。释放的惰性气体通过独立的管道排放到大气中。放压阀的压力值设定为 15 磅/平方英寸。

在封闭的汽油服务站内,在汽油泵和软管卷盘周围布设了舱口围板,用于收集溢出的汽油。值勤总管和支管有一个朝向存储罐的斜坡,以实现回流。

2. 海水管道和阀门布局

海水系统向外部罐供给海水(在压力条件下),迫使汽油上升(汽油增压)进入到输送泵中。并且,海水系统还可以冲洗和排空存储罐,并限制在最大泵流量条件下施加在油罐上的压力。

在其他应用中,布置了管道系统,这样海水补偿存储罐就可以不断地用海水冲洗。通过重力压头槽供给海水的航母,在海水管道上设有软管接头,可以通过软管接头临时供给冲洗用水。此外,海水溢流和过滤器排空管道也得以布设,目的是阻止管道内的海水结冰,还配备了加热盘管或其他装置来预防结冰。

通过一个海底阀箱可直接从海里供给海水,海底阀箱位于环绕存储罐的隔离舱中。在航母底部的开口中装有一个钢格板,作用是阻止较大的物体被吸入到系统中。如果海底阀箱堵塞,那么将通过蒸气进行清理。海底阀箱的作用是适当的压力下供给蒸气,用于将海底阀箱中的任何碎屑吹扫出去,另外一个作用是可以发挥"冷却效果",用于将剩余的汽油蒸气清除掉。在海底阀箱和海底阀箱供给的立管之间,安装了一个呈锁开状态的截止阀。

海底箱阀供给立管与海水泵的吸入集管直接相连。在这条管线上,在泵舱水平位上还安装了一个额外的截止阀。

马达驱动的离心海水泵位于动力汽油泵舱内,马达位于临近的汽油泵电机舱内。泵的吸入管线上安装了一个篮式过滤器、一个单向截止阀、一个真空压力计。排放管线包括一个压力表和一个截止阀。在离心泵上,泵的进泊管线的直径大于放油管线。

[说明]LPD 型航母有一个独立的海水泵舱,它位于右舷轴隧上。

放油集管与外部罐的海水供给立管以及海水膨胀箱加注管线连接。这条管线上安装的截止阀可以将泵的放油压力导入外部罐中,用于在正常操作中给系统加压或者加注膨胀箱。

膨胀箱是一个 500 加仑的罐,其中始终充满海水。它的作用是允许动力汽油收缩,从而保证动力汽油罐始终处于充满状态。

外部罐海水供给立管在外部罐底部的一个扩散器处截止。这根管线包括一个双环法兰(或者管道盲板)和一个蒸气输出接头。当在此处或者外部罐人孔盖上加注蒸气对存储罐进行蒸气作业时,双环法兰将旋转至关闭位。

汽油管道上装有配件,作用是通过压力或者真空蒸气工艺将汽油蒸气排出。所有与蒸气接触的设备部件在构造上都应该确保在 240 华氏度的温度下不会受损坏。汽油管道上法兰接头的数量将保持在最低水平上。丁腈橡胶软木垫圈应该面向正面并压缩,从原来的 0.125 英寸厚度,压缩至 20% 最小垫片厚度(0.100 英寸)和3% 最大垫片厚度(0.088 英寸)之间的某一个值。如果当前垫片为扁环,那么修理接头时将予以替换。

在海水溢流管线上,舷外壳体上设置了一个法兰,这样在真空蒸气排出工艺中,就可以通过一个接头,既在舷外放油管和真空蒸气设备之间实现紧密连接,又提供了一个便携式保护环,来保护法兰面和螺柱不受腐蚀。溢流管线有一个采用铰接形式的防护罩,以附接真空蒸气设备。

舷外排放管线从膨胀箱内的一个回路向上引,然后引到舷外恰好在第三甲板层之上。溢流回路的高度和尺寸发挥泄压装置的作用。当最大泵流量在舷外排放时，它可以限制施加在罐(在最大允许限值范围内)上的压力。当汽油交付停止而海水泵继续运行时就属于这种情况。但是，回路和膨胀箱的高度也可以在罐上维持一个适当的反压，反压迫使汽油进入到汽油泵的吸油侧。这样就保证，当进行最大量的汽油交油作业时，可以维持一个正压力(0.5~1磅/平方英寸)。在靠近溢流管线末端的位置安装了一个单向止回阀和截止阀。截止阀通常处于锁开状态。蒸气加热盘管在壳体接头处环绕着溢流管线安装，作用是使管线在结冰条件下保持畅通。

排气管线从回路顶部延伸至02层甲板的大气中，其作用是打破溢流回路的虹吸效应，防止降低汽油泵吸入集管上的压力。这根管线还可以装配蒸气加热盘管。

3.油箱加注和分配管道

系统可以在汽油补给站，通过直径为2英寸、2.5英寸或者4英寸的软管接收汽油，也可以利用汽油加注接头与岸基接头上的汽油软管连接。工作人员可以为每根软管的指定交油流量提供一个盲板法兰或软管盖，使最远加油站软管喷嘴出口的最小压力为10磅/平方英寸。为了保证汽油接收操作的安全，必须在这些站张贴警告标签，上面写有如下内容：

[警告]加注接头应距离高频发射天线或液态氧出口至少15英尺。

4.压力调节和文丘里管

在LHA型航母和某些LPD型航母上，在从汽油泵舱内伸出的汽油立管上，安装了一个导向阀操作的压力调节阀与文丘里管的联合体，联合体位于汽油泵舱内，作用是控制加油站入口的顶面压力。

5.泵机和文丘里再循环管道

再循环管线上包括一个节流孔，安装在文丘里管的下游侧。文丘里再循环流量足以使调节阀和文丘里联合体在无交油条件下顺畅运行。再循环管线用于对马达驱动的汽油泵5%的输出进行再循环，其上安装了截流止回阀，并在抽油罐的中间高度截止。此外，在泵上还装有一个警示牌，警示牌内容如下：

[警告]文丘里管和油泵再循环管线阀门必须打开，然后才可以启动油泵。

4.3.5 惰性气体压力调节阀

惰性气体调节阀由一个圆顶和主体组成，主体由橡胶膜片分隔开。橡胶膜片通过迫使阀杆向下运动，制动阀体内的提升阀。提升阀下的压缩弹簧趋向于反作用于隔膜上的力，将阀门返回阀座。当调整阀门时，圆顶在压力条件下充满惰性气体。这个气体压力作用于隔膜的上表面。在隔膜的底面有一个压力室，通过阀门放油侧或者低压侧的一个开口，向压力室充填氮气。这样，当阀门已经调整好而且正在运行时,通过隔膜上侧的压力动作使阀门打开。这个力与隔膜底面上的低压气体以及提升阀下的弹簧抗衡。当系统内的低压气体被抽走时,放油侧的压力开始降低,调节阀打开允许阀门高压侧的气体通过。阀门打开的距离取决于使用低压气体的速度有多快。当停止使用低压气体时,隔膜底面上的压力开始增加,并且阀门关闭,高压气体流动停止。

当调整调节阀时,来自阀门高压侧的氮气通过节流孔进入到圆顶室中,节流孔由两个针型阀(图4.12)控制。如果阀体中的高压针型阀打开太大,那么节流孔的球阀安全阀将释放气体。

要使减压阀运行,请遵循如下流程。

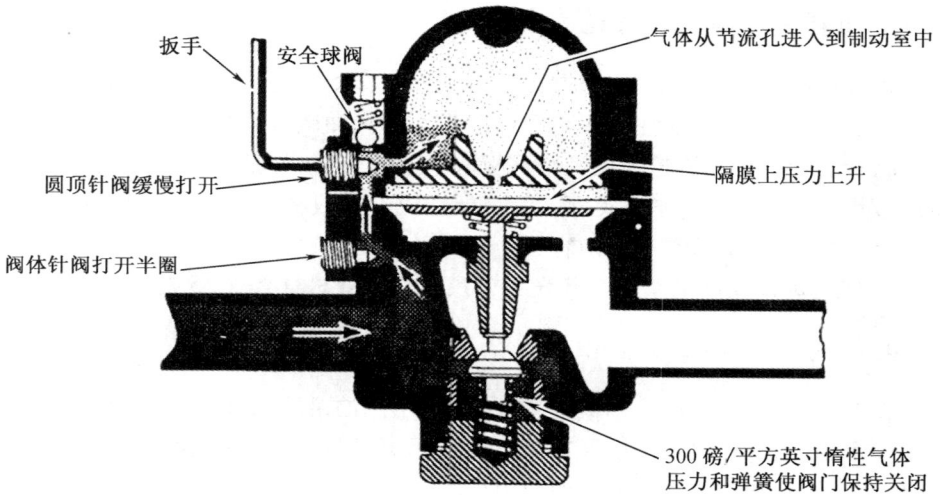

图4.12 调节惰性气体的压力调节阀

①关闭阀体的针型阀和圆顶针型阀。

②关闭低压侧的截止阀。打开高压侧的进油阀,并打开低压压力表阀。

③将阀体的针型阀转动一圈半,允许气体流入加载通道。

④慢慢地打开圆顶型针型阀。这样气体就流入到圆顶中。气体从圆顶盘的节流孔中进入到圆顶中,并在隔膜顶部动作。

⑤不断增加的气体压力迫使隔膜向下,并慢慢地打开阀门。然后气体从阀门开口流入到阀门的低压侧,并流入低压室中。在低压室中,不断增加的气体压力作用在隔膜底面上,将隔膜向上推并关闭阀门(图4.13)。当低压压力表记录到所需的压力时,须采取下列行动:

a. 关闭圆顶的针型阀;

b. 关闭阀体针型阀。

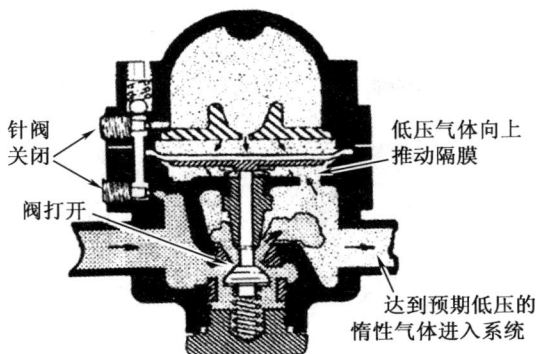

图 4.13   阀门关闭状态

阀门已经调整就绪随时可用。图 4.14 显示正在运行的压力调节阀。

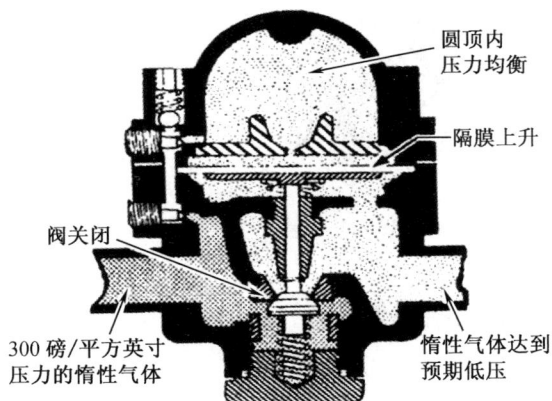

图 4.14   正在运行的阀门

4.3.6   波纹管无填料的截止阀

波纹管无填料截止阀(图 4.15)具备一个金属波纹管(波纹管),它的作用是阻止汽油泄漏通过普通阀门所造成的危险,因为金属波纹管可以阻止液体通过阀杆开口逃逸。

波纹管无填料截止阀用在离心泵放油管道侧的泵舱内、其他传输汽油或者氮气的小直径管道上,以及其他蒸气清洗接头上。

波纹管无填料截止阀控制液体流动的方式与普通球形截止阀控制液体流动的方式相同。当转动控制手柄时,将位于阀杆末端的阀门从阀座上提起,并允许汽油从阀门中流过。波纹管无填料截止阀有一个可以扩展的金属波纹管(波纹管),安装在阀门和阀盖罩螺母之间,以允许升起或者降落阀杆,同时在阀杆周围

249

应配备一个完整的密封。而普通截止阀利用纤维填料来阻止液体逃逸。

当填料下降或收缩时,允许液体或者蒸气泄漏。如果波纹管腐蚀或者断裂则需替换波纹管。

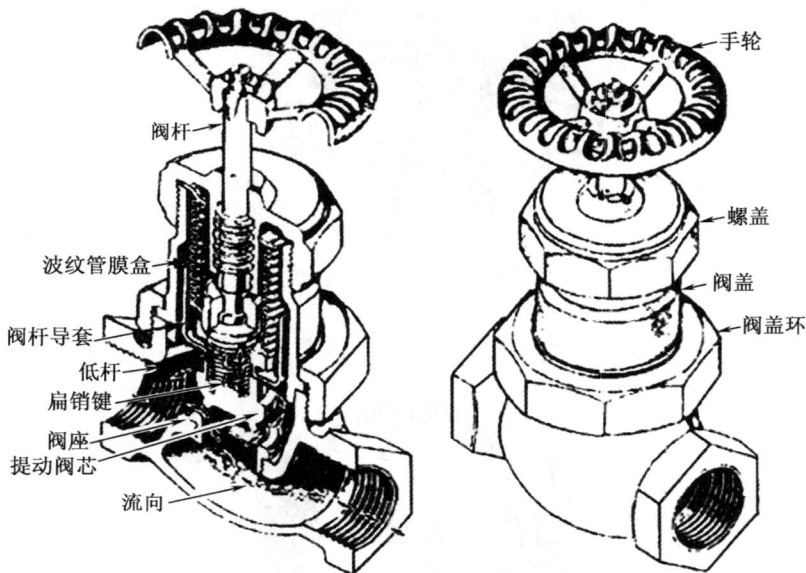

图 4.15　波纹管无填料截止阀

4.3.7　可拉伐倒流防止器

可拉伐倒流防止器(图4.16)将动力汽油系统与淡水系统交叉连接。因为具备极低的水头损失特性,所以这种阀门能够给回流提供最大保护。可拉伐倒流防止器遵循减压原理,它可以保护饮用水供给不受到动力汽油燃油的污染危害。

倒流防止器机组由耐腐蚀材料构成。它有 2 个独立动作的提升式止回阀、1个全自动压差溢流阀、2 个截止阀和 4 个检测接头组成。全自动压差溢流阀位于两个截止阀之间。通过检测接头可以在现场轻松地检测阀门。

在正常流量条件存在时,机组内的两个截止阀都打开,压差溢流阀关闭。该机组无需进行压力调整。这个机组在高压或者低压条件下都可以高效地运行。在额定流量条件下,阀门将自动补偿压力变化。

如果流量停止,那么截止阀之间的压力就保持在进油压力以下的水平。如果进油压力降到减压水平以下,那么差动式溢流阀与空气连通。如果存在倒流条件,那么差动式溢流阀将打开,使压力维持在进油压力水平以下。

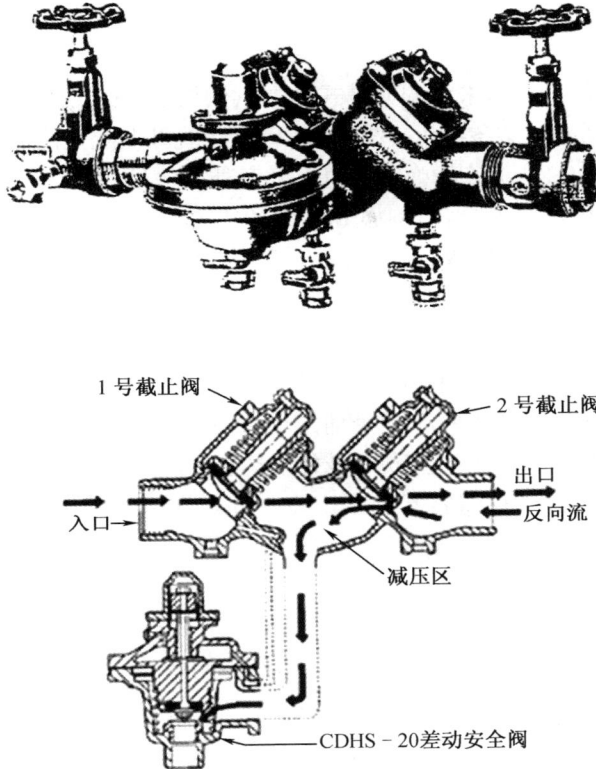

图 4.16　RP－2 型可拉伐倒流防止器

4.3.8　便携式动力汽油平台

1. 存储

航母上用于汽油产品存储的容器类型如下：
①5 加仑金属安全罐；
②55 加仑圆桶（金属或者塑料容器）；
③可折叠橡胶圆桶（汽油囊，与两栖舰上的 MEU 共用）；
④硬质便携燃料容器。
［**警告**］即使是空容器也会包括足量汽油液体和蒸气残留，使火灾或者爆炸成为可能。将容器完全排空或者直到它们瘪掉，并将容器帽（或塞子）重新盖紧（或塞紧）。按照 NSTM670 要求，容器应存储在露天甲板上。当有供给时将容器重新注满，或者尽快进行处置。

2. 应用

航母上仅存放最小需求量的便携式动力汽油设备(根据每个部署的预期使用率)。只有为下列必备装备提供支持时,才可以在航母上配置便携式汽油容器。

①航母上的 HLU-196 炸弹起重机以及意外救援设备(K-12 救生锯)。

②需要汽油做燃料的设备,例如 USMC,EOD 以及 SOF 设备。

③无人驾驶飞行器(UAV)。

3. 抛放平台

抛放平台因航母而异,其作用是存储反凝析油(机油混合)、SMAU 容器和汽油囊。它们由抛放倾斜锁杆架平台(3 个桶)以及抛放滑道(6 个桶)组成。反凝析油是特种作战部队(EOD 和海豹队)人员在舷外发动机上使用的主要燃油类型。

补给后的动力汽油存储容器必须定位并固定在适当的抛放架或储柜上。圆桶和 500 加仑的汽油囊可以从码头汽油源进行补给。

4. 安全处理程序

HLU-196 炸弹起重机以及海上营救锯专用的汽油应存放在露天甲板上或者无人飞机机架上。只要有可能,应将机库舷台上专门配置的哈龙保护空间作为储藏室。M151 无人机上配载四分之三容量的汽油罐。应配置 5 加仑的辅助动力汽油罐,存放在 M151 无人机上。此外,在航母上不能在不同罐之间转移动力汽油。

当在港内停留时,所有动力汽油抛放架/平台上的抛放功能都应该配备一个机械装置,来保障抛放架的安全。这个功能保证超作动力汽泊抛放架平衡、安全,从而防止其意外启动并保证码头人员或者小船、驳船以及并行停船打捞浮筒上工作人员的安全。

向航母上加载动力汽油之前,应首先验证所有存储容器的完整性(圆桶、汽油囊刚性金属或塑料罐)。检查是否有泄漏,是否有高级防锈或者恶化预防措施。应拒绝使用任何有泄漏迹象的容器。抛放架、储物柜和释放装置应按照预防性维护计划进行检查并维护。

如果可能,所有汽油容器都应该存放在船头,而且放置在当火灾或者爆炸发生时对航母造成潜在危害最小的位置上。除此之外的所有容器应该放置在露天甲板上,放置位置应便于在航母上随时抛放。

在比较显眼的地方或者危险区域入口,放置一个警告牌,并以 1 英寸高的红色字体提示如下内容:

[**警告**]汽油危险区域。此处严禁吸烟、使用明火、火柴或者打火机、不得使用可能产生火花的工具、不得穿戴有裸露金属附件的衣服或鞋子,以及任意其他可能导致汽油蒸气的行为。

1. 可折叠动力汽油囊

在允许动力汽油囊在航母上使用之前,海上机组要求所有用户提供合规证明。举例来讲,汽油囊维护日期标签,就属于一种可以接受的合规证明,它表明在最近 12 个月已经对汽油囊进行了空气检测。对汽油囊进行空气检测不是航母人员的职责。此外,禁止在航母上使用带补丁的汽油囊。

2. 便携式动力汽油容器

可以利用标有"动力汽油"和"动力汽油加混合油"的专用桶进行合并或补发。在必要的情况下,可以将部分填充的汽油囊存放在 55 加仑的刚性桶特批存放区以及抛放架上,直到重新补给完成或者重新部署。

严禁在动力汽油存储区 50 英尺范围内,进行任何燃烧或者高温作业。

4.3.9　思考题

(1)什么可以阻止罐内汽油和海水泄漏,而且还可以阻止氮气进入到隔离舱中?

(2)在动力汽油系统中,排液罐在什么位置?

(3)有一种计量系统,它在上部和下部感应头上,使用隔膜或者波纹管制动的压力传感器来计量罐内容量,请问这是什么系统?

(4)离心海水泄放泵的额定容量是多少?

(5)双臂管道的外部管道的压力释放阀的设定值是多少?

(6)高频发射天线或液态氧出口应该距离动力汽油加油接点多远?

(7)当惰性气体进入到压力调节阀中时,是什么组件控制阀门的开闭?

(8)在动力汽油系统中,提供了一个机组,作为公认的方法保护淡水免受汽油污染,请问是什么机组?

(9)应按照什么指令检查并维护动力汽油抛放、储存和释放机制?

(10)在将任意动力汽油囊在航母上使用之前,必须提供什么证据?

4.4　大气检测设备

【学习目标】认识在动力汽油操作中用于汽油检测的各种检测设备。介绍动力汽油检测设备的组件以及它们如何发挥作用。解释如何使用检测设备来监测动力汽油操作。

惰性化操作就是用惰性或者不可燃气体替换空间内的氧气/蒸气,这样替换后形成的气体环境将不支持燃烧。支持燃烧的氧气含量随空间存在的污染物和惰性介质变化。要想使一个空间内完全充满惰性气体,那么氧气含量就得降到不足 1%。

便携式惰性分析仪是航空母舰油料员在分析动力汽油系统已经使用的惰化剂时最常使用的仪器。

4.4.1 便携式惰性分析仪

惰性分析仪(图 4.17)是一款电池驱动的便携式仪器,用于表明在清扫值勤系统时,汽油存储罐、双壁管道和过滤器周围空隙内是否存在惰性气体和可燃蒸气。

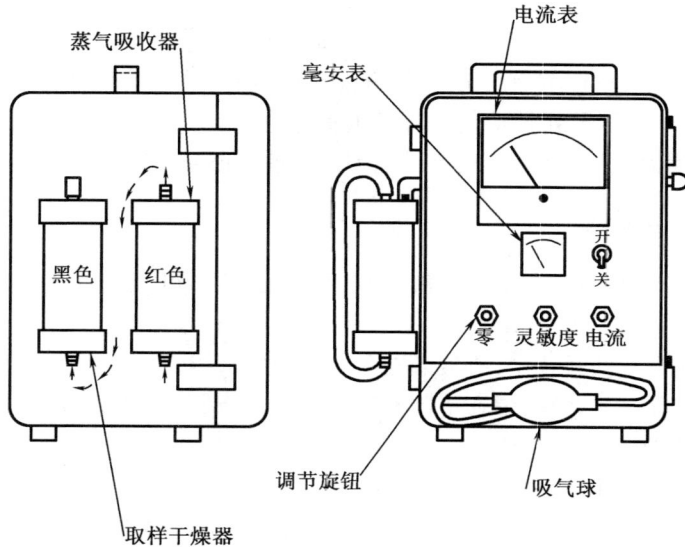

图 4.17 便携式惰性分析仪

1.组件和功能

惰性分析仪包含在一个外壳中,外壳上有一个提携用手柄。在盒子的前面是控件、指示盘和一个抽吸泵。由一个开/闭开关控制分析仪的电力系统。通过毫安表以毫安为单位来表明分析仪的电流。电流计表明惰性气体的存在情况,以惰性百分比表示。

这个机组有三个电位器:电流电位器(作用是将分析仪的电流设置为 150 毫安),灵敏度电位器(作用是标定分析仪)和零电位器(作用是进行最后调整并在必要的情况下使电流计归零)。

[说明]分析仪是按照航母专用惰性气体(二氧化碳或者氮气)标定的。

在机组的一侧,安装了两个化工钢瓶。黑色的钢瓶是样品干燥器(仅有一个底部软管接头),其中充满了氯化钙,可以吸附采样空气中的水分。红色钢瓶是蒸气吸收器(具备上部和下部软管接头)。红色钢瓶中充满了活性炭,能够吸附样品中的汽油蒸气。利用吸气球和软管使样品泵送至分析仪。机组由两节 6 伏直流电池进行供电。

2. 操作

在用该仪器对密闭结构进行分析之前,必须在正常的室内空气环境下对机组进行准备工作。必须调整电流,而且分析仪必须清扫并归零。

①在对分析仪进行使用准备工作时,将机组转动至打开位,将电流调整到 150 毫安,并留出 2 分钟时间让分析仪达到运行温度。确保吸气球出口连接到分析仪上。然后执行如下步骤:

a. 将吸气球和软管连接到样品干燥器的入口上;

b. 通过分析仪吸入空气,直到电流计的指针停止不动为止;

c. 在必要的情况下,通过零位调整,将电流计的指针设定在零位。

②要分析包括空气和惰性气体的密闭结构,请执行如下步骤:

a. 连接吸气球和软管,介于待检测的密闭结构的取样出口与样品干燥器入口之间;

b. 运行吸气球直到电流计指针停止不动为止;

c. 记录读数。

③要分析包括空气、惰性气体和燃油蒸气的密闭结构,请执行如下步骤:

a. 连接吸气球和软管,介于待检测密闭结构的取样出口和蒸气吸收器入口(底部)之间;

b. 连接跨接软管,介于蒸气吸收器出口(顶部)和样品干燥器入口之间;

c. 运行吸气球直到电流计停止不动为止;

d. 记录读数,如果这个读数与仅有空气和惰性气体的情况下检测得到的读数不一致,那么说明存在燃油蒸气,这个读数是惰性的正确百分数。

在所有分析都完成后,将分析仪关掉并在正常室温条件下清扫蒸气吸收器。将吸气软管和吸气球与蒸气吸收器的出口(顶部)连接,并让吸气球运行 3 分钟。

3. 维护

电池的使用寿命为 100 小时左右。如果电流调整变阻器不能将指针调节到刻度盘上的 150 毫安位置,那么应替换电池。

[说明]如果分析仪将长时间存储不用,那么请取下分析仪中的电池。

每完成 50 份分析,请检查氯化钙,如果有光泽或者变硬则需要进行替换。并应重新激活或者替换活性炭。

重新激活活性炭的方法是用淡水彻底冲洗,然后让蒸汽从中穿过,持续大约一个小时。在将再活化碳返回在吸收器内再用之前,再活化碳必须是干燥的。重新安装顶部和底部的玻璃,阻止碳从软管接头中逃出。当安装金属容器时,确保橡胶垫片配合适当,然后牢固拧紧到滚花旋钮上。

和所有设备的维护一样,请参考技术手册和 MRC,了解正确的流程。

(1)可燃气体指示器

设计可燃气体指示器的目的是检测其他易燃气体和蒸气。可燃气体指示器可以用在检测罐或检测室中(这些地方可能存在与汽油相关的可燃气体和蒸气)。请参考 NSTM 第 079 章第 2 卷,了解实际损害控制操作和使用信息。

(2)氧气指示器

使用氧气指示器的唯一目的就是检测人员日常工作场所内的缺氧情况。

和所有设备的维护一样,请参考技术手册,了解正确的维护流程。

4.4.2　思考题

(1)便携式惰性分析仪的红钢瓶是一个蒸气吸收器,请问其中包括什么化学物质?

(2)如何使便携式惰性分析仪中的碳重新活化?

(3)便携式惰性分析仪的黑钢瓶中包括氯化钙。请问如何用它检测气体或者蒸气?

(4)在初始操作以及便携式惰性分析仪上电流调整后,需要等多长时间,让便携式惰性分析仪升温到正常运行的温度?

(5)用便携式惰性分析仪的什么电位器进行校准?

(6)要检测动力汽油空间内的空气质量,需要运行某种设备,要运行这种设备必须满足什么条件?

(7)通过一种专门设备来检测人员必须进入的工作场所内的缺氧情况时,请问是哪种设备?

4.5　动力汽油防护系统

【学习目标】认识动力汽油操作中使用的防护系统。解释如何使用防护系统。展示防护系统如何保护动力汽油系统并挽救生命。

4.5.1　通风

所有动力汽油空间都必须经常性地、彻底地进行通风。只要航母上加载了汽油就要不间断地运行通风系统。在通风操作过程中,需从舱室低点向外排气。

如果汽油存储罐和汽油存储隔室未进行其他方式的通风操作,则需用一个便携式空气驱动风机或水力驱动排风机(首选)进行通风操作。这些风机需与航母船体和通向舷外的废气出口进行接地处理,确保它们未与任何空气入口连接。在不得已的情况下,可以使用电气防爆电机驱动鼓风机。在使用鼓风机进行通风操作时必须非常小心。

动力汽油泵舱和惰室中有自然进气和机械排气(图4.18)装置。空气供给通常为来自航母外部的连续的空气流入,此系统内安装有一个截止阀(在某些航母上配有一个加热盘管,给冷环境下的空气升温)。每次都应该检查入口阀,确保入口插入空间内之前已经打开。排气通风管位于空间内的低端,向上伸入第二甲板,在第二甲板上从一个阻火器和排风电机中穿过,最后在航母外壳外截止。排风电机和风扇通常有一个入口和出口阀。这些阀门应打开而且排风电机应保持运行。

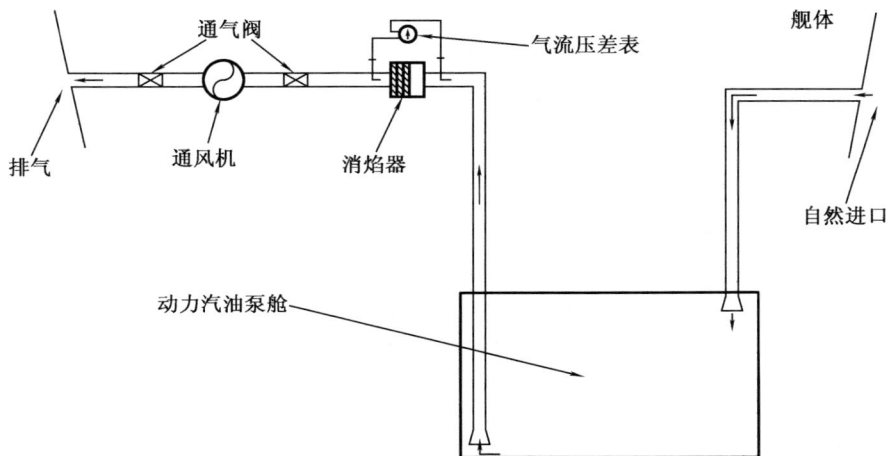

图4.18　动力汽油通风系统

1. 通风报警系统

下面介绍与动力汽油空间相关的一些通风报警系统。请查阅您所在航母的航母信息手册(SIB),了解您所在航母上所安装的通风报警系统的类型。

(1)通风电机电源

报警系统的作用是向损害控制中心(DCC)值班员提供动力汽油系统通风电机的供电情况,当电源未接通时,指示器将发出声光报警信号(图4.19)。

如果白灯保持亮起,表明通风电机中仍然有电,因此可以重新启动马达。电机重新启动后,就可以重新设置视觉指示器。如果出现这种或者任何其他动力汽油系统报警声音,损害控制中心应立即通知 V-4 部门。

(2)气流指示器和报警

利用气流指示器衡量每分钟流经通风系统的空气,以立方英尺为单位。气流指示器(图4.20)由一个指示和控制面板组成,面板位于损害控制中心内。此外,在通风管道上安装了一个气流传感器单元,介于阻火器和通气马达之间。远程报警器位于动力汽油空间内。在进入任意动力汽油空间内之前,应检查三个指示器。

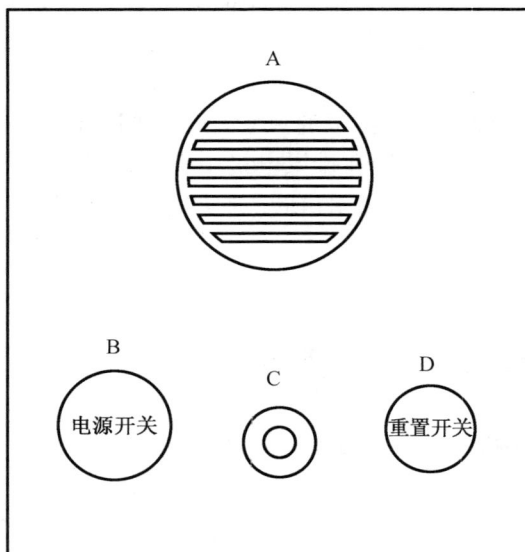

图4.19 通风机电源(声与光)

A—声音报警;B—电源可用(白色灯光);

C—通风机状态(红色表示通风机关机;白色表示通风机开机);D—重置通风机状态

注:检测电源报警装置。首先按压电源开关(白色灯亮),声音报警器发出警报,通风机状态显示为红色。
   然后按压重置开关,通风机状态显示为白色。

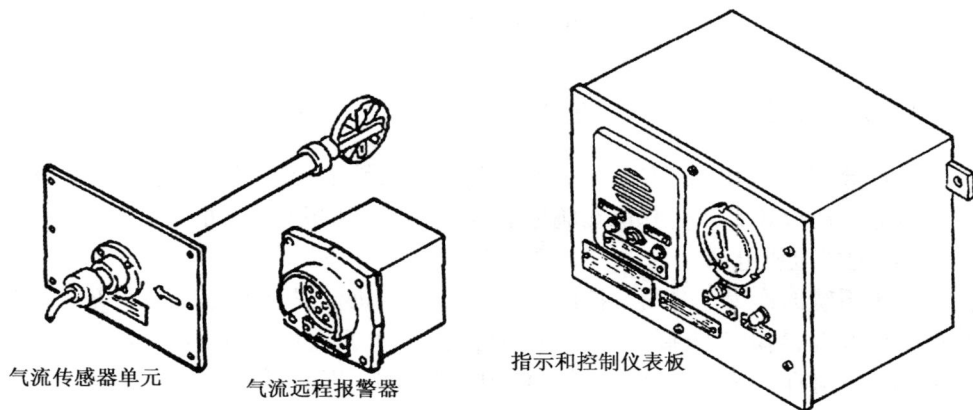

气流传感器单元　　气流远程报警器　　指示和控制仪表板

图4.20 气流指示器和报警系统

(3)阻火器

阻火器(图4.21)安装在动力汽油通风管道上,在通风马达之前,它们的作用是在火灾发生时阻止火焰离开或者阻止火焰进入到动力汽油空间内。每个阻火器都安装了一个气流计(MAGNAHELIC),用来表明差压(图4.22),以及在正常预防性维护计划周期(半年)之外何时清理阻火器。当气流减少,致使损害控制中心中的气流指示器发出声音报警或者无法工作时,此时阻火器(16 层丝网)结构将堵塞。阻火器配有可移动过滤器,可以每月取下清洗。

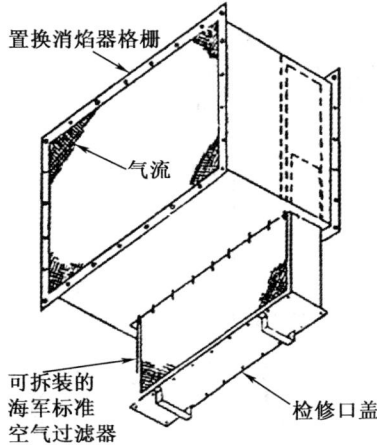

图 4.21　阻火器

　　氮气(N_2)或者二氧化碳(CO_2)多用在隔离舱中,作用是预防火灾和爆炸,在双壁管道中作用是指示双壁管道的状况,而在分配管道中则用于回排、清洗和充填。

　　在 LHA 上,可以在航母上制造氮气,但是多数生产装置则无法再用。氮气必须装在 3 000 磅/平方英寸的瓶子中,其他型号的航母也必须通过压缩瓶携带氮气和二氧化碳,但是惰性工艺稍有不同。请查阅 CFOSS 了解您所在航母正确的氮气工艺流程。

　　氮气需在 50 磅/平方英寸压力条件下,从氮气供给室进入泵舱减压器中。若要给动力汽油管道进行清扫和惰性操作,则需要绕过减压器,动力汽油管道直接从氮气供给管线中获得氮气。此外,必须监测压力表,确保压力不超过 10 磅/平方英寸。动力汽油管道需要用浓度为 50% 的氮气惰性气体,在 10 磅/平方英寸压力条件下进行惰化处理。

　　减压器的作用是将氮气压力从 50 磅/平方英寸降低到 3 磅/平方英寸,给双壁管、隔离舱以及汽油罐(去掉压载后)进行惰化操作。双壁管、隔离舱和汽油罐(进行卸载操作时)都需要通过浓度为 50% 的惰性气体,在 3 磅/平方英寸压力条件下进行惰化处理。

　　管道和双壁管道的压力释放阀设定值为 14 磅/平方英寸,隔离舱的压力释放阀设定值为 7 磅/平方英寸。

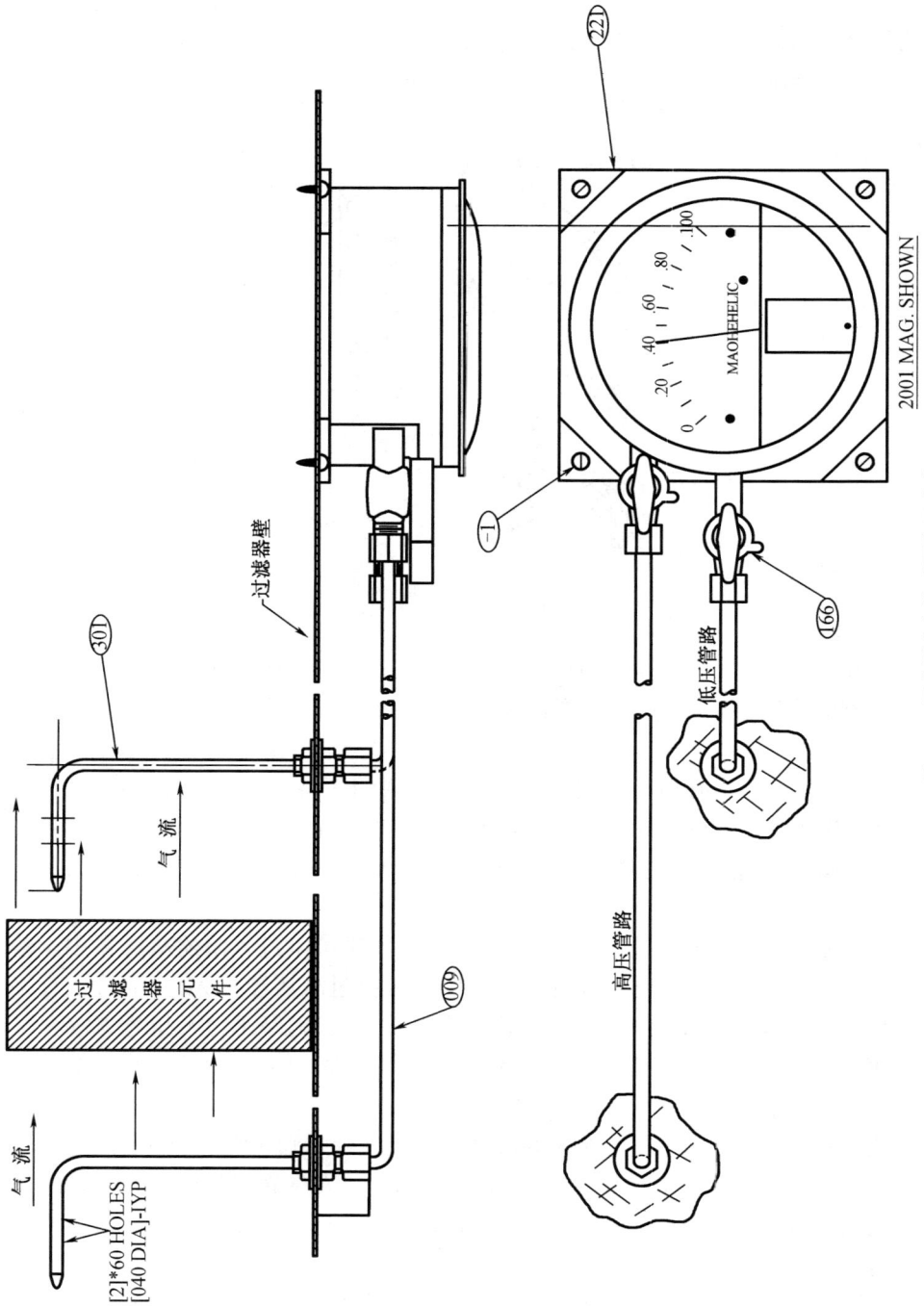

图4.22 阻火器空气流动图和压力表

[说明]使用二氧化碳而不是氮气进行清扫作业的航母,惰性气体浓度最低限度为 35%。

4.5.2 二氧化碳溢流系统

动力汽油空间由一个已经安装好的二氧化碳和 AFFF 防火系统提供保护。

二氧化碳存储在钢瓶内,压力介于 700~1 000 磅/平方英寸之间,具体取决于温度的变化。在给出的压力范围中,钢瓶中大约三分之二的二氧化碳为液态形式。当钢瓶阀门打开气体从钢瓶中溢出时,钢瓶压力逐渐降低,直到所有二氧化碳变成气态为止。这样,当二氧化碳从钢瓶内释放而出时,其体积将膨胀 450~500 倍。当钢瓶完全充满时,大尺寸钢瓶可以容纳 50 磅/平方英寸的二氧化碳。

二氧化碳的作用是给汽油泵舱、电机房、出入干道和燃油滤清器室提供防火保护。二氧化碳钢瓶位于过滤器室正上方第二甲板上的电机室和舱室内。可以通过线缆操作钢瓶上的二氧化碳释放阀,线缆的拉线盒位于 3 个位置。通过线缆方式打开钢瓶后,钢瓶无法关闭。此时,在出入干道上还应储备备用的二氧化碳钢瓶。

所有航母的汽油泵舱、发动机室、出入干道和过滤器室的二氧化碳紧急消防系统都大同小异。

每个发动机室内的二氧化碳钢瓶都通过管道,与燃油泵舱、发动机室和出入干道连接。当通过任意拉线盒操作时,钢瓶向管道内释放二氧化碳气体。

拉线盒位于出入干道上、消防泵舱内,以及靠近动力汽油泵舱入口的机库甲板的右舷侧。

紧急拉线盒为防水盒,而且有一个金属盖,金属盖由橡胶垫片通过边缘上的摩擦离合器固定。在盖子下面是一个玻璃板,板上有拉线盒使用说明。在玻璃板下还有一个抽拉手柄,通过一根线缆和滑轮与二氧化碳气缸盖上的钢瓶阀门连接。要操作拉线盒,就需要释放摩擦离合器,使玻璃盘下落,打碎玻璃并拉出抽拉手柄直到抽拉手柄的红色部分可见为止。经过 20 秒延时后,释放而出的二氧化碳从管道内流入汽油空间,在汽油空间内通过扩散角扩散二氧化碳,使二氧化碳像窒息毯一样弥漫在整个汽油空间内,最终充满整个舱室。

二氧化碳钢瓶分配管线上的接头,使得二氧化碳能够操纵两个压力开关。来自二氧化碳的压力将电子开关抛出,来制动汽油空间内外的二氧化碳警报以及汽油空间入口外的可视报警器,同时关停排气通风系统风扇的电机。通风系统停止则会使声光报警器开始运行。损坏控制中心的控制面板时刻监测这些报警器的状态。

4.5.3 轻水泡沫(AFFF)溢流

轻水泡沫从航母的轻水泡沫管道获得供给,方法是向轻水泡沫总管和泵舱轻水泡沫管道连接一个跨接软管,有些航母上的轻水泡沫系统实行硬管道连接。打开动力汽油泵舱盖外的阀门就可以激活轻水泡沫溢流系统。

4.5.4 气体驱除

所有汽油罐、空隙和管道都必须在汽油清除检测工程师(GFE)证实"可进行人工作业/可进行高温作业"后,才可以对汽油系统开展工作。

进入汽油系统、在汽油系统内或者对汽油系统开展作业的人员,有可能遇到以下一种或者多种危险情况:

①缺乏足够的氧气来维持生命;

②氧气量超标,增加了火灾或者爆炸的危险;

③存在可燃或者爆炸气体(或者材料);

④存在有毒气体或者材料。

海平面空气中的正常氧含量是20.9%。如果某个空间内的氧含量低于19.5%或者高于22%,那么应视为不安全环境。

[说明]所有汽油和污水系统罐,包括与这些系统相关的所有管道,不论它们的检测读数是多少,都应该视为立即危害生命和健康(IDLH)的级别,直到汽油罐和空间都被清空、清洗,并通风排除掉污染物,而且由汽油清除检测工程师证实达到"人员安全作业"标准为止。

若非紧急,不得进入到可能立即危害生命和健康的汽油空间中。只有中队长可以下令打开并进入到立即危害生命和健康的汽油空间中。

在汽油罐内作业的人员,应始终和一名观察员搭组工作,而且罐外人员和罐内工作人员应保持沟通(例如语音或者信号线)和接触频率(连续或周期性检查)。

在选择正确呼吸设备之前,必须仔细评估汽油罐的暴露风险或潜在暴露风险。入罐人员或者罐内工作人员在进行督导时必须确保他们仅使用国家职业安全与健康研究所(NIOSH)批准的呼吸器。在选择正确的呼吸器时,应至少考虑如下各项:

①各种气体环境(空间是否立即危害生命和健康);

②氧含量;

③存在的污染物类型或者可能存在或者产生的污染物类型(薄雾、烟雾或蒸气);

④污染物浓度;

⑤污染物的适当暴露限值,包括阈限值(TLV)、允许暴露限值(PEL)以及阈限值上限(TLVC)。

在汽油罐内可以采用通风措施,提供呼吸所需的洁净空气,并保持人员的一般舒适度。而且还可以利用通风措施使有毒和可燃气体浓度达到可以接受的水平。

海军军医局规定,一般通风可接受且应达到的标准是每隔三分钟进行一次彻底换气。

请查阅 NSTM 第 075 章第 3 卷——汽油清除检测工程师,了解准备工作以及进入汽油罐可能面临风险的详细信息。

4.5.5　思考题

(1)当航母上载有汽油时,需要持续地不间断地对动力汽油空间开展什么操作?

(2)动力汽油排风管道通过什么安全装置,最终在航母壳体外截止?

(3)当通过氮气(N_2)给动力汽油管道进行惰化处理时,使用的最大压力是多少?

(4)当将二氧化碳引入到汽油空间中时,制动了两个压力开关,请问是哪两个压力开关?

(5)当选择进入汽油罐需用的呼吸器时必须遵守什么要求?

(6)海军可接受且必须达到的一般通风标准是什么?

4.6　动力汽油系统操作

【学习目标】认识并介绍不同的动力汽油操作。解释每种操作的正确操作流程。

4.6.1　在航母上接收汽油

当需要在航母上接收汽油时,必须进行一些准备工作。首先,确定要接收的汽油总量。当航母停靠在码头上时,允许在航母上接收的最大汽油量是80%。在航母上通过右舷主甲板加注接头接收汽油。

加注接头需要的设备如下。

①棉签。

②橡胶桶。

③容量为 5 加仑的空安全罐。

④工具箱(带不会产生火花的工具)。

⑤样品瓶。

⑥地线。

⑦一个便携式漏斗和一个便携式的直径为 2.5 英寸的软管接头。

⑧加注接头的丁腈橡胶软木垫。需要声控电话在下列各点之间实现沟通:

a. 加注接头;

b. 汽油泵舱;

c.通风站；

d.舷外放油站。

消防站必须派人值守,并且配置航母补充加油清单上列出的设备。

当在航母上接收动力汽油时,必须保留加油日志。加油日志应该包括如下信息：

①接收日期和来源；

②泵机启动时间；

③泵机停止时间；

④启动前表读数(仅油罐车)；

⑤停止后表读数(仅油罐车)；

⑥开始前液位读数；

⑦停止后液位读数；

⑧接收流速；

⑨在运行过程中罐顶平均压力；

⑩在运行过程中罐顶最大压力；

⑪接收量；

⑫放出量；

⑬接收量与放出量之间的差值；

⑭在接收操作中出现的偏差；

⑮样品状况。

接收操作可以在左舷通过移动油轮、驳船、圆桶时进行。不论接收来源如何,但是操作步骤基本上都是一样的。只是接收时间不同而已。

将便携式2.5英寸软管接头连接到加注接点上。确保隔离舱中充填50%压力为3磅/平方英寸的氮气。同时,确保二氧化碳消防系统已经打开,可以正常运行并且可以立即启动。

查看动力汽油罐加注管线上的视镜,检查是否有海水。如果没有海水,打开罐顶的阀门,通过海水补偿泵将海水引入罐中,直到在视镜中看到液体为止。

1. 操作前消防安全检查

在进行汽油操作之前,应开展如下安全检查。

①一定要确保为下列位置供给二氧化碳的二氧化碳固定式溢流系统和哈龙系统中没有任何障碍物：

a.汽油泵舱；

b.泵电机房；

c.汽油滤清器室。

②一定要确保二氧化碳溢流瓶架的释放机制中没有任何障碍物。

③检查二氧化碳溢流瓶是否连接到溢流歧管上。

④确保有足量惰性气体(二氧化碳或者氧气),能够在加油操作完成后,满足清扫和惰化处理需求。

⑤确保站上配置了应急空气呼吸设备,而且已经正确安装。

2.加注海水补偿罐

海水系统(图4.23)的作用是迫使汽油通过补偿罐,向上进入到汽油泵吸油口。汽油泵吸油口需要 0.5 ~ 1 磅/平方英寸的压力,才能阻止汽油泵被蒸气锁死。

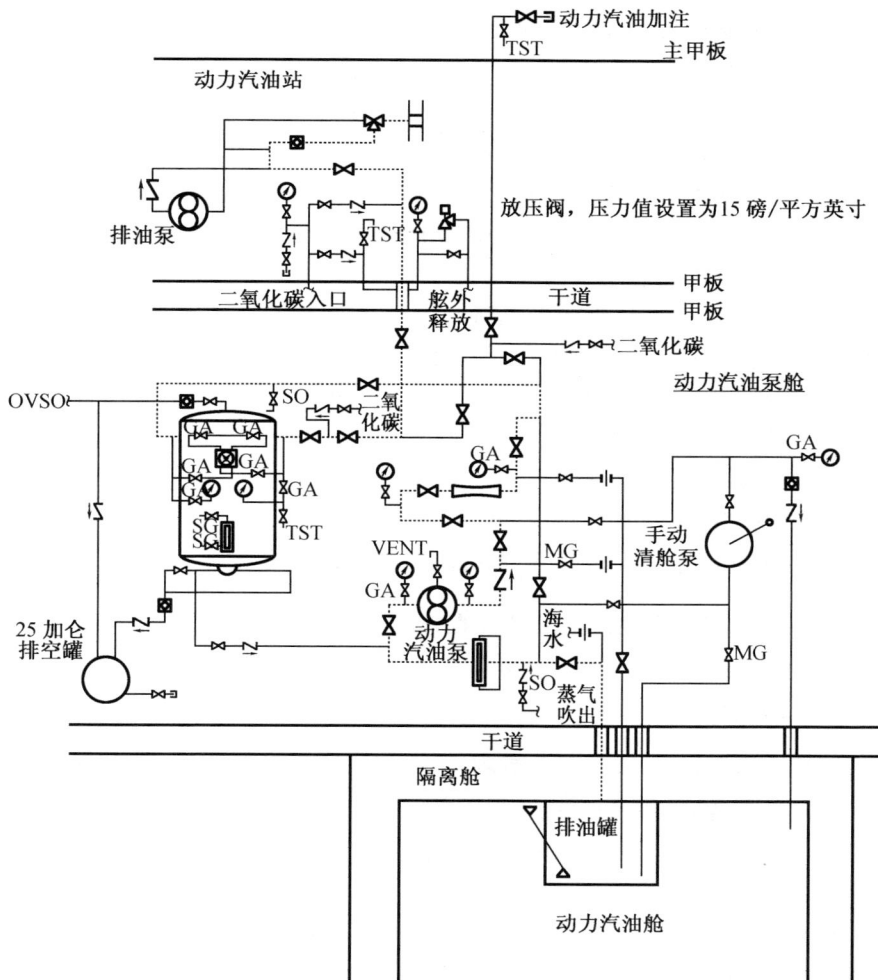

图 4.23　海水系统

应在汽油泵启动之前将海水泵启动运行,以便其向外部罐放油。当汽油从汽

265

油罐中抽出时,海水自动进行填补,这样汽油泵吸油口上就可以维持一个正压力。过量的海水将通过溢流管线自动排出舷外。

该套设备只会从深海中吸入海水,一般不会吸入海底泥质或淤泥。如果必须在离开港口之前将罐填满,则需使用淡水。

当向空罐中加注海水时,请遵循如下步骤。

①确保海水管线中的高架回路溢流阀锁处于打开状态。如果存在结冰条件则:

  a. 切开海水溢流管线中的蒸气加热盘管;

  b. 切开海水溢流通风管线中的蒸气加热盘管。加热器位于船体穿透点。

②通过连接到甲板加注接头的加注管线给罐通风。绕过汽油泵、压力调节设备和过滤器/分离器。

③向储罐内加注海水,加注到水线以下位置:

  a. 调整海水管道,从海底阀箱向储罐内加注海水;

  b. 使海水从溢流管线流入到储罐内。

④向储罐内加注海水,加注到水线以上位置。调整系统向储罐内加注海水,使海水供给泵与溢流管线连接。

⑤当储罐的储罐液位计读数为空时:

  a. 关闭抽油罐和汽油泵吸入集管之间的阀门;

  b. 关闭溢流管线海水泵吸入集管上的阀门(如果使用);

  c. 关闭甲板加注接头;

  d. 关闭过滤器和泵旁通阀(打开的阀门)。

⑥关闭所有打开的阀门(锁开的除外)。

海水补偿系统和二氧化碳补偿系统的汽油接收操作不同。

4.6.2　在海水补偿系统中接收汽油

1. 系统调整

进行系统调整时,请遵循如下流程:

①确保海水高架回路锁开;

②在海水重力的作用下,将海水引入储罐内,直到汽油泵吸入集管上的反射式液位指示计显示存在液体为止;

③关闭汽油吸入管线上的阀门,介于抽油罐和反射式液位指示计之间;

④关闭所有海水吸入阀门(锁开的漏泄阀除外)。

2. 向罐内加注汽油

在向罐内加注汽油之前,需要调整管道系统中的阀门,绕过过滤器、压力调节设备和汽油泵,并确保所有必要的阀门都打开。

3.连接汽油加注软管

在连接汽油加注软管之前,应在汽油源和接收入口之间,连接一根绝缘的铜电缆,包括一个单极电子开关,并验证供应商提供的接地设备是否符合标准,只有验证符合标准后才可以使用。

[警告]直到铜电缆已经连接到接收和供给点上为止才能关闭开关。铜电缆将保持原位直到汽油源上的汽油交付得到安全保障为止。此时,使软管保持断开,给配件加盖,确保除开关之外别处不会出现火花,直到配件都加完盖为止否则不得打开开关。

4.通过油罐车提供汽油

如果通过油罐车提供汽油(请参考图4.24),则需遵循如下步骤:
①取下盲板法兰或软管盖。
②将软管连接到加注接头上。
③通过附接到远端加油站通风管上的软管给系统通风。
④将通风软管插入到安全罐中。
⑤打开通风阀门,当汽油被泵入系统中时,使置换气体逃逸。
⑥打开加注接头阀门。

[警告]当吸入汽油时,注意观察汽油罐顶的压力指示器,确保其指针位置不超过允许的罐顶压力,否则会导致汽油罐破裂。
⑦要求输送源慢慢地泵送。
⑧当通风软管内有汽油时,关闭通风阀。
⑨检查汽油泵吸入集管上的反射式液位指示计,查看是否已注满。
⑩打开反射式液位指示计和抽油罐之间的阀门。
⑪让输送源增加加注速度至正常的加注速度。
⑫当反射式液位指示计显示外部罐或者储罐已经基本上注满时,停止加注操作(给汽油罐留出足够的空间,这样才可以将管道和设备内的全部汽油回流)。
⑬给加油软管解耦。
⑭重新盖上盲板法兰或软管盖。
⑮打开开关并断开线缆。
⑯排空汽油管道中的汽油,排入到抽油罐或者储油罐中。
⑰让惰性气体(氮气或者二氧化碳)从过滤器/分离器旁通管道进入到分配管道中,置换管道中的汽油。
⑱监测汽油泵反射式液位指示计,查看汽油液位何时降落到集管以下水平。
⑲关闭抽油罐截止阀。

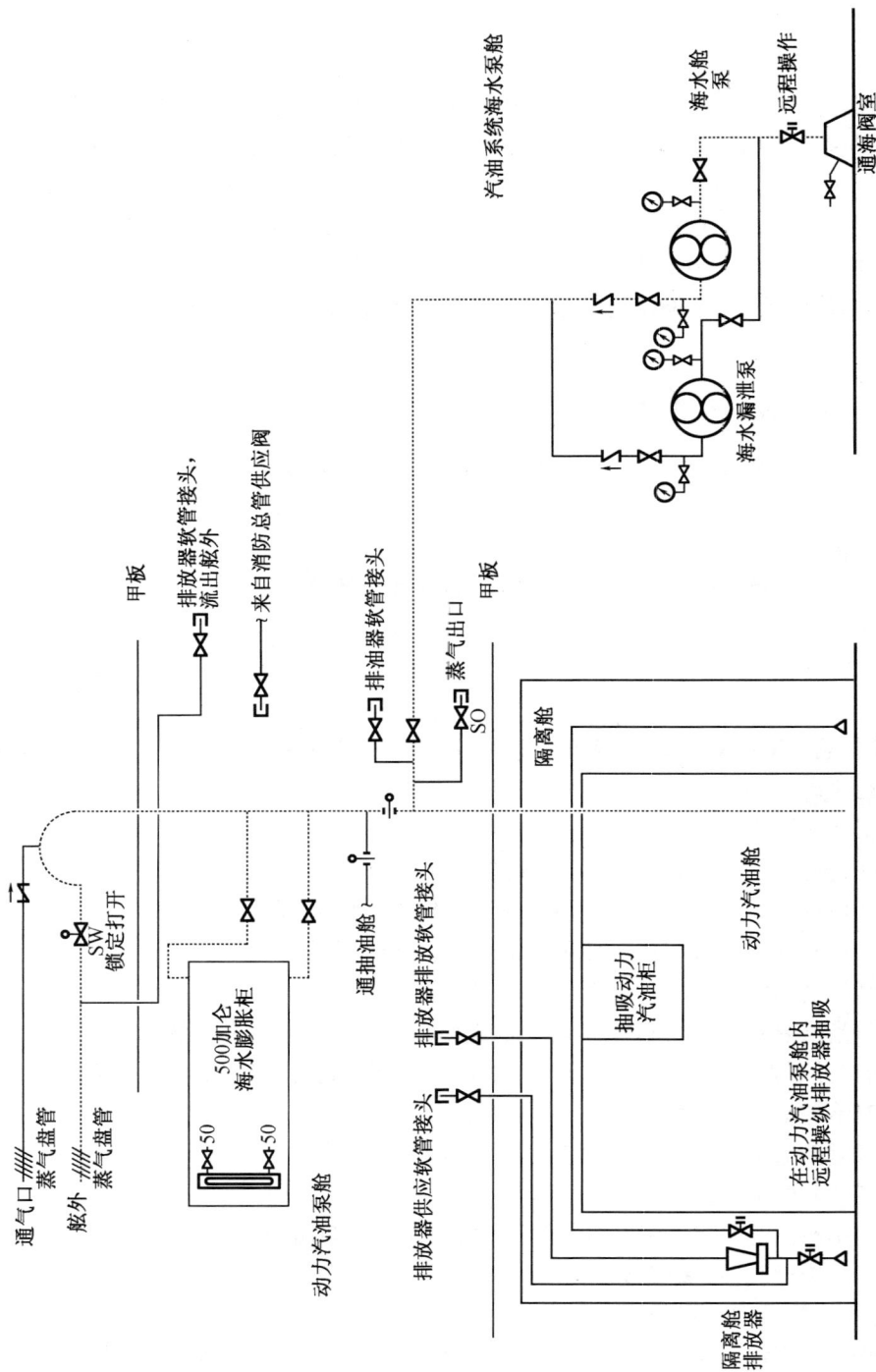

图4.24　动力汽油系统

⑳打开海底阀箱阀门(如果已安装)。

5. 为加注管道进行清扫作业

①调整管道中的所有阀门,绕过如下部分:

a. 汽油泵;

b. 压力调节设备;

c. 过滤器/分离器。

②打开泵舱内的加注管线阀门。

③让惰性气体进入到加注管道内:

a. 通过汽油泵舱内的惰性气体供给管线;

b. 允许惰性气体压力积聚。

④关闭供给管线阀门。

⑤读取甲板加注检测接头位置的惰性读数。如果使用氮气作为惰性气体,那么充入50%或者更多氮气。如果使用二氧化碳作为惰性气体,那么充入35%二氧化碳气体。

⑥如果无法获得读数,则需要排空系统重新充入,然后再检查惰性读数。

4.6.3　在二氧化碳补偿系统中接收汽油

1. 系统调整

请按照如下流程调整系统:

①将二氧化碳充入罐内直到惰性压力表读数为0.5磅/平方英寸,汽油罐惰性读数为35%;

②调整补偿管道,向大气中通风;

③调整汽油管道,绕过过滤器、压力调节设备和汽油泵;

④确保所有必须要的阀门都打开;

⑤遵循"在海水补偿系统中接收汽油"部分中给出的流程,从在连接汽油加注软管之前给出的步骤开始,以第⑮步收尾;

⑥关闭CO_2的大气通风阀。

⑦要清扫管道,请遵循在海水补偿系统中接收汽油部分中给出的"加注管道清扫作业"中规定的流程。

2. 加注海水膨胀箱

对于配置了海水膨胀箱(图4.23)的航母而言,请遵循如下步骤:

①使减压站开始运行,并通过消防总管向膨胀箱内注入海水;

②如果存在结冰条件,切断海水溢流管线和海水溢流通风管线的蒸气加热

线圈；

③通过连接到甲板加注接头上的加注管线给储存罐通风,并绕过汽油泵和过滤器/分离器；

④打开膨胀箱的加注通风阀门；

⑤打开膨胀箱与存储罐阀门连接的出口；

⑥当存储罐液位读数为空(没有汽油但是装满海水)时,请关闭膨胀箱的入口阀门；

⑦确保膨胀箱已满(在视镜上标示)；

⑧确保消防总管减压站的安全。

3. 利用海水系统给汽油泵注液

海水系统的作用就是迫使汽油通过储罐,向上进入汽油泵内的吸油管中。汽油泵吸油管处的压力只有达到 $0.5 \sim 1$ 磅/平方英寸左右时,才能阻止汽油泵被蒸气锁定。

在启动汽油泵之前,先启动由马达驱动的海水泵。之后,每运行一台汽油泵,就应调整至少一台海水泵,用于向汽油罐放油。

通过海水置换存储罐内的汽油,可以在汽油泵吸油管上维持一个正压力,过量海水将通过高架回路溢流管线自动排放到舷外。保证存储罐满载而且与汽油罐连接的阀门打开,这样就可以使带膨胀箱的海水系统投入运行。

(1)流程

①将系统准备就绪,从大海中吸入海水,放入外部罐中。

②为每个海水泵打开一个吸入阀。

③启动泵,将放油阀关闭。

④当泵的放油压力积聚时,慢慢地打开放油阀。

⑤如果另一台汽油泵待投入运行,则需在系统中额外增加一台海水泵。请遵循第②步~第④步中给出的流程,在汽油泵入口维持一个正压力。

(2)使用涡轮驱动的海水汽油泵

①打开汽油泵入口和出口的阀门,使汽油泵开始运行。

②因为海水涡轮和汽油泵末端是直接连接的,所以应在系统运行前调整汽油管道,然后再打开涡轮海水泵入口和出口的阀门。

4. 抽油罐扫舱作业

每个抽油罐都有一个手动操作的扫舱系统,用于清除罐底的淤泥和水。

①扫舱系统由如下组件组成：

a. 在泵的吸油管上安装一个截止阀；

b. 在放油管线上包括一个可视的流量指示器和检测接头；

c. 排放管线连接到相关的外部罐中。

②在进行加油操作前,按照如下步骤彻底扫除抽油罐中的水和淤泥:

a. 打开手动扫舱泵上的吸入阀;

b. 打开手动扫舱泵的排放阀;

c. 运行手动扫舱泵直到可视流量显示器上显示没有水流过为止(观察到洁净的样品);

d. 关闭手动扫舱泵的吸入阀;

e. 关闭手动扫舱泵的排放阀;

f. 启动加油操作。

4.6.4 对二氧化碳补偿罐进行扫舱作业

在这个系统中,配置了一个手动扫舱泵,用于清除罐底的淤泥和水。

1. 系统构成组件

①在泵吸入管道上安装了一个截止阀;

②放油管道上包括一个可视流量指示器和检测接头;

③舷外排放。

2. 准备工作

在加油操作前,请按照如下步骤,彻底扫除存储罐中的水和淤泥:

①打开手动扫舱泵的吸入阀;

②打开手动扫舱泵的排放阀;

③操作手动扫舱泵直到在可视流量指示器上观察不到水流迹象为止(观察到洁净的样品);

④关闭手动扫舱泵的吸入阀;

⑤关闭手动扫舱泵的排放阀;

⑥启动加油操作。

4.6.5 无人机加油和抽油作业

无人机的加油和抽油作业实际上由加油机组按照负责加油和抽油作业官的指令进行。只有加油和抽油机组成员才可以进行加油和抽油操作。当对无人机进行加油和抽油作业时,需指派一名汽油机组成员到岗,并在其附近设置一个便携式灭火器。

1. 准备工作

在进行无人机加油准备工作时,应完成如下操作:

①在加油和抽油之前,关停待加油无人机的发动机,并将发动机的所有开关旋至关闭位置。

②开始加油之前,需在无人机加油接头附近派驻一名汽油机组成员,该成员手持棉签,这样只要有汽油溢出,就可以马上擦拭掉或者使其向四周扩散,以便汽油快速蒸发。

③将一个不会产生火花的水桶准备好,用于冲洗棉签。

④冲洗之后,在暴露位置给棉签彻底通风。不要将被汽油污染的棉签带入密闭环境中。

⑤将冲洗用水保存在 5 加仑的安全罐中,并置于受保护的空间内,直到获准可以按照 NSTM 593《污染控制》指令处置为止。

⑥在将软管喷嘴插入到无人机油箱加油接头中之前,应首先给无人机进行接地操作,方法是将地线附接到甲板金属上然后再连接到无人机上。

⑦将软管地线与无人机连接,从而避免产生可能导致汽油蒸气爆炸的火花。

[说明]请参考《危险常规耗材的存储、处理和处置说明》(STM 670),了解额外的加油作业要求。如果油罐、连接物、接头出现泄漏,或者出现其他故障,应立即上报给负责官。

2. 无人机加油流程

请遵循如下流程进行无人机加油。

①检查安装在泵舱内和加油站上的二氧化碳固定式溢流系统是否可以正常工作。

②确保远程紧急拉线盒在可触及范围内。

③确保 AFFF 无人防火功能在无人机存放区内可用。

④在确保安全的情况下,向管道内充入惰性气体。

⑤打开分配系统中加油站上的通风接头,使惰性气体进入安全罐。

⑥当惰性气体压力表显示系统中的压力降到 0 磅/平方英寸时,关闭通风阀。

⑦将一个海水泵投入运行,通过这种方法给汽油罐加压。

[注意]使用二氧化碳补偿系统的航母应该启动二氧化碳补偿系统。

⑧调节分配系统,如果已安装压力调节设备和过滤器/分离器,则需通过压力调节设备和过滤器/分离器从抽油罐向加油站输送汽油。

⑨如果航母上配置了文丘里管,则需打开文丘里管再循环管线的下游和每个待运行汽油泵的再循环管线(这些管线返回到抽吸汽油的原抽油罐中)。

⑩在配置了海水泵的航母上,提前为每台已经启动的汽油泵配备一台运行的海水泵。

⑪为过滤器/分离器通风,直到在通风视镜中出现液体为止。

⑫打开甲板加油站上通风接头的通风阀,直到通风接头中出现液体为止。

⑬将地线与航母金属结构连接,然后与无人机连接。

⑭将加油喷嘴地线与无人机连接。当无人机与航母结构进行接地连接时,清除在甲板固定装置上发现的机油、油漆、防滑层或者任意其他物质,因为这些物质可能会阻止光洁金属接地连接。

[**警告**]在装配了可拉伐加油/抽油阀站的航母上,严禁通过手动操作螺管磁铁操作的导向阀来超操作电气连接系统。

⑮将加油喷嘴插入到无人机油箱中。

⑯启动抽油泵:

a. 在加油和软管清空作业中操作抽油泵,加油/抽油阀门才能正常工作;

b. 使用手动或者压力调节加油站的航母未配置抽油泵。加油操作是通过汽油泵和手动截止阀实现的。

⑰当加油操作结束时,关闭喷嘴。

⑱将喷嘴上的开关置于抽油位,从而排空软管中的汽油。

⑲将软管喷嘴从无人机上取下(使用手动截止阀的航母必须将软管内汽油排入到安全罐中)。

⑳断开喷嘴的地线连接。

㉑从甲板接头上断开无人机的地线连接。

㉒确保汽油罐盖已经安全地盖好。将汽油排入汽油罐的安全罐中,或者按照《NSTM》第 593 章"污染控制"进行处理。

㉓当所有加油操作都完成时,排空系统。

㉔向系统内充入氮气。

按照 CFOSS 和指挥官的要求给无人机进行加油操作。始终确保加油站上有合格的督导。

3. 卸载动力汽油

一般来讲,这些系统的安全都有保障,而且其中也充入了惰性气体。

(1)一般流程

当需要向汽油囊以及其他存储设备中交付汽油时或者需要从航母上卸载汽油时,请遵循如下流程。

①绕过压力调节设备和过滤器。

②打开主甲板加油接头的通风阀门。

③放掉惰性气体直到系统压力达到 0 磅/平方英寸为止。

④关闭加注接头的阀门。

⑤将铜电缆与开关连接(介于加注接头和接收容器入口之间)。

a. 不要关闭开关,直到铜电缆与接收点和加注点都连接好为止;

b. 让铜电缆保持原位直到汽油源的汽油交付得到安全保障为止;

c.确保不能出现火花,但是开关中的火花除外;

d.不要打开开关直到配件都已经加上盖子为止。

⑥附接输送软管。

⑦启动海水或者惰性气体补偿系统。

⑧在此回路中布设一台汽油泵。

⑨开始汽油交油操作。

⑩当交油完成时,关闭加注接头的阀门。

⑪解开输送软管的耦合。

⑫"打开"开关并取下铜电缆。

⑬排空系统。

⑭清扫系统并向系统中充入惰性气体。

(2)清空储油罐

如果要清空储罐中的汽油,请按照如下之一情形操作。

①对于海水补偿系统:

a.继续交付直到在汽油泵吸油集管中检测到海水为止;

b.将罐中所有汽油抽出,可以通过汽油罐液位指示计读数确定;

c.检查甲板检测接头是否有海水;

d.当检测接头中出现海水时停止汽油输送;

e.用二氧化碳惰性气体排空管道。

②对于惰性气体补偿系统:

a.继续交付直到汽油罐的液位指示计读数为 0 为止;

b.将罐中所有汽油抽出,可以通过罐的液位指示计确定;

c.检查检测接点是否有汽油;

d.当检测接点的汽油消失时停止输送。

[警告]严禁冲洗惰性气体补偿系统。

4.排空并保护动力汽油系统

任何汽油处理操作完成时,都需要排空汽油管道、清扫汽油蒸气并充入惰性气体以使火灾和爆炸危险最小化。

(1)步骤

要排空并保障汽油系统的安全,需要遵循如下步骤:

①关闭所有加油站的截止阀。

②确保所有加油站的通风阀都已关闭。

③确保汽油罐所有接头的截止阀都已经关闭。

④关闭所有海水阀门(锁开阀门除外)。

⑤打开汽油分配管道的所有阀门,包括旁通阀(在第①步～第④步中关闭的

阀门除外）。

⑥使惰性气体从过滤器/分离器旁通管道上进入。惰性气体将通过汽油达到系统高点,并置换汽油迫使汽油回流到抽油罐中。

⑦打开过滤器/分离器油槽中的排油管线,排空过滤器/分离器中的水。

⑧当排除管线视镜中出现汽油时,关闭排空管线旁通阀。

⑨打开过滤器/分离器排空管线与汽油泵放油管线相连的阀门。

⑩当泵舱内反射式液位指示计显示系统中所有的汽油都已排空时,关闭抽油罐和吸油集管之间的阀门。

⑪关闭向抽油罐放油的独立再循环管线的所有阀门。

（2）海水补偿系统

①注意不要让惰性气体进入到抽油罐中,因为惰性气体会在储罐中形成气锁,阻止泵送。

②通过分配管道放掉惰性气体。

③关闭过滤器/分离器室（安装位置）中与分配管道相连的惰性气体阀门。

④使惰性气体通过泵舱内反射式液位指示计上方的接头进入到系统内。

⑤将便携式惰性分析仪与加油站连接（加油站上有通风接头）。

⑥读取惰性读数,以确定是否达到需要的惰性程度（如果是氮气,则为 50%,如果是二氧化碳则为 35%）。

⑦检查其他加油站的惰性读数。

⑧如果无法获得正确读数,则需放掉部分惰性气体,使系统压力重回 10 磅/平方英寸水平,并重新检查惰性读数。

（3）保障措施

排空并在加油操作完成后采取安全保障措施（绕过过滤器/分离器）：

①使过滤器/分离器切断。

②通入惰性气体,通过与过滤器/分离器旁通管道的接头排空系统。

除排空过滤器/分离器的操作外,其他流程和上面给出的流程相同。

5. 排空隔离舱和泵舱

固定式喷射器（图 4.25）用来排空存储罐周围隔离舱中积累的水或者汽油。而用于舷外直接排放的固定式喷射器,只能在紧急情况下向舷外排放燃油。

喷射器的操作齿轮位于泵舱防水箱中。

[警告]按照 OPNAINST 5090.1 的规定,严禁在任意禁区内向舷外排放废油。

动力汽油系统中喷射器的操作流程如下：

①将喷射器供油软管阀门与泵舱内海水供给管线中的阀门连接起来。

②连接放油软管,介于喷射器放油阀门与泵舱内舷外放油管线上的软管阀门之间。

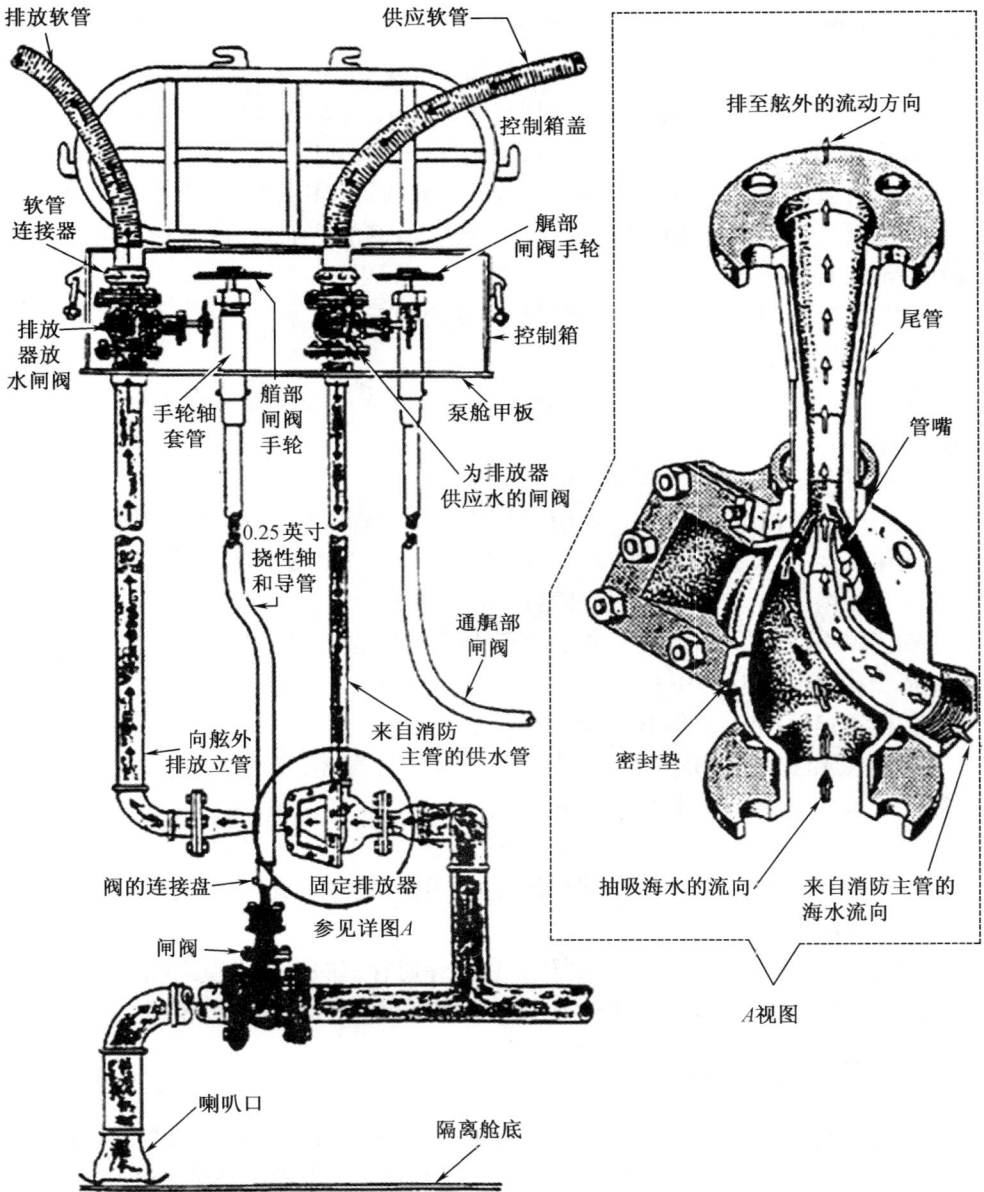

图 4.25 固定式排放器布置

③打开喷射器放油阀门。

④打开消防总管供给软管阀门。

⑤确保喷射器供给阀门保持规定的压力。

⑥打开船头喷射器的吸入阀门。

⑦打开泵舱内供水管线上的喷射器供给阀。

⑧当隔离舱的一端排空时,关闭船头喷射器的吸入阀门。

⑨打开船尾喷射器的吸入阀门。

⑩当排放完成时:

a.关闭供水阀门;

b.关闭舷外排放阀;

c.关闭喷射器和排放阀。

⑪断开并存放喷射器进油和放油软管。

按照用便携式喷射器排空汽油排油井的流程,排空管线在软管的球心截止阀处截止,球心截止阀包裹在防水箱中,并装配在泵舱内。

在消防总管上有一个接头,接头上安装了一个锁闭的球心阀,通过锁闭球心阀来供给制动水,用以排空喷射器。在舷外排放软管管线上安装了一个锁闭的球心截止阀,用来接收喷射器排出物。喷射器从安装在排空管线上的球心阀中抽吸。配置软管和接头的目的是给喷射器进行正确的连接。

6.冲洗海水补偿储罐

只有当油罐中的所有汽油都已经卸载或者在正常操作中消耗掉之后,才可以冲洗或者排空存储罐,在此之前绝对禁止执行此类操作。冲洗流程因航母而异,而且必须按照适用的 CFOSS 或者 SIB 进行操作。

储罐用海水冲洗,去除其中的液态汽油痕迹。为此,需要完成三次完整的海水换水操作,才算完成正确的冲洗。

当储罐中的海水都清空后,需要对储罐进行蒸汽操作去除其中所有的汽油蒸气痕迹。储罐上覆盖了一层锌基,锌基涂层不会被蒸气破坏掉。这种工作由承包商或者船厂工作人员完成。

进行惰性气体置换用的汽油储罐不进行冲洗。

4.6.6　思考题

(1)汽油泵吸油口需要多大的压力,才能阻止气封?

(2)如果海水管道中存在结冰条件,那么需要提供什么,才可以保证溢流管道内汽油正流?

(3)储罐溢流管线的加热盘管位于什么部位?

(4)当向水位线以下的储罐内加注海水时,如何将海水引入储罐中?

(5)当向水位线以上的储罐中加注海水时,需要绕过动力汽油的什么设备?

(6)在利用海水补偿系统接收汽油时,如何保持海水和汽油液位?

(7)必须在汽油加注软管上安装一种设备,才能防止不慎引燃爆炸性气体,请问是什么设备?

（8）当卸载汽油时,需要将惰性气体引入管道的什么位置,来置换管道中的汽油?

（9）当清扫汽油罐时,需要将惰性气体引入到汽油罐的什么位置?

（10）当向膨胀箱中加注海水时,通过什么方式将海水引入储罐中?

（11）当系统已经在加油站通风完成,在给无人机加油时,什么时候关闭通风接头?

（12）在利用海水补偿系统卸载汽油时,什么时候需要保障操作的安全?

（13）需要给动力汽油罐完成几个完整的海水换水循环,才认为汽油储罐已经正确冲洗完成?

（14）什么时候冲洗惰性气体汽油置换储罐?

4.7 与动力汽油系统相关的危险

【学习目标】介绍动力汽油系统固有的潜在危险。认识动力汽油环境中的风险、预防措施和急救流程。

4.7.1 发动机汽油(动力汽油)

汽油是一种极易挥发的液体,挥发后散发出汽油蒸气,并与空气按比例混合,形成一种易爆的混合物,轻微的电弧、火花或火焰就可以引爆这种混合物,导致剧烈爆炸,在汽油存在的情况下,很容易引发火灾。

即使吸入浓度小于1%的汽油蒸气,也会引起晕眩和头痛。如果空气中的汽油蒸气浓度较高,则人体吸入后将导致昏迷甚至是死亡。汽油蒸气浓度较高将产生一个刺激阶段,继而引发昏迷。吸入者在通风的环境下休息可以在数小时内改善这种状况,但是吸入汽油后导致的所有身体反应,必须及时上报给内科医生。

有一点至关重要,那就是进入包含汽油蒸气的空间或者在包含汽油蒸气的空间内工作的任何人,都必须佩戴正压呼吸罩(或者自给式呼吸器)、规定的安全服、安全工具和安全绳。只有证明该空间已经不含汽油,已经持续通风且经检测未超过汽油含量限值后,方可允许人员进入作业。

如果衣服达到汽油饱和状态,那么将灼伤或刺激皮肤。如果在靠近火源的位置,衣服将会被点燃。应立即脱下已经达到汽油饱和状态的衣服,并用肥皂和水冲洗皮肤。如果汽油不慎溅到眼睛中,则可能导致失明。遇此情形,请立即用水冲洗眼睛并立即就医。

4.7.2 二氧化碳(CO_2)

二氧化碳是一种危险的窒息剂,这是因为即使其浓度已经达到限值以上,也无法通过气味或颜色检出。二氧化碳的密度大于空气,暴露在这种环境中的人非常不易察觉二氧化碳的存在,直到出现中毒迹象为止。吸入二氧化碳可能导致各种反应,具体情况取决于吸入二氧化碳的时间长短。如果只是少量吸入,那么将导致疲劳和头痛。吸入二氧化碳量不同,出现的结果也不同:

①如果空气中二氧化碳的浓度为3%,将导致人体呼吸困难。

②如果浓度为5%,将导致人体呼吸局促。

③如果浓度为8%,将导致人体明显的痛苦感。

④如果浓度为10%,则很快就会导致人体昏迷,而且还会对心脏和大脑造成永久性的伤害。

对吸入二氧化碳的人员可进行如下操作:人工呼吸、给氧、保温并保持安静。

在没有佩戴呼吸面罩而且没有独立的空气供给源的情况下,严禁进入二氧化碳浓度达到危险程度的区域或者舱室。

给隔离舱和汽油管道安装了二氧化碳系统。这个系统的钢瓶都为灰色,而且还安装了一个手轮操作的阀门,其上并未安装虹吸管。

4.7.3　氮气(N_2)

氮气是一种危险的窒息剂,这是因为即使氮气的存在量已经达到危险程度,也无法通过气味、颜色或者味道检出。氮气比空气轻,暴露在氮气环境中的人非常不易察觉它的存在,直到出现氮气中毒的迹象为止。吸入氮气将产生各种反应,具体情况取决于氮气吸入时间的长短。

对吸入氮气人员可进行如下操作:人工呼吸、给氧、保温并保持安静。

在没有佩戴呼吸面罩而且缺少独立的空气供给源的情况下,严禁进入氮气浓度达到危险程度的区域或者舱室。

安装氮气系统的目的是给隔离舱和汽油管道充入惰性气体。这个系统的钢瓶为灰色,而且都安装了一个手轮操作的阀门,其上并未安装虹吸管。

4.7.4　思考题

(1)当汽油蒸气达到什么浓度时,不论吸入多长时间都会导致晕眩和头疼?

(2)什么样的动力汽油空间才被视为安全的工作环境?

(3)如果汽油不慎入眼,必须立即采取什么措施?

(4)当二氧化碳达到什么浓度时,能够快速引起昏迷并继而对心脏和大脑造成永久性伤害?

(5)当进入二氧化碳含量已达危险浓度的空间时,必须采取什么安全措施?

(6)对于吸入不同浓度二氧化碳气体的人员应采取不同的措施,请列举部分处理措施?

(7)为什么当氮气浓度达到危险量时非常危险?

(8)在动力汽油系统中使用了两种气体,它们都具有窒息作用,请问是哪两种气体?

(9)在二氧化碳固定式灭火系统中使用的二氧化碳瓶,与给动力汽油系统充入惰性气体的二氧化碳瓶之间有什么区别?

4.8　总　结

弹射润滑油系统和动力汽油系统都是小型系统,简单而且易于操作。如前所述,遵循正确的流程就可以保证操作安全。但是,考虑到处理动力汽油时可能出现的危险情况,因此必须遵循所有安全注意事项。

第5章　岸基燃油系统和操作

在为海军执行空中任务的飞机提供支援时,与航空燃油处理相关的操作就显得尤为重要。正确的燃油处理方法能够减少地面和空中人员伤亡,以及生命和财产损失。提供此类支援的所有人员(不论是军方人员、公务员还是承包商聘用人员)都应该对他们操作的设备有一个全面的了解,而且必须遵循每个作业的操作流程。

因为在岸上开展空中活动时,使用了多种燃油处理设施和各种燃油操作设备,故而我们无法将进行燃油处理的各种设施和设备的相关信息都加以详细说明。此外,除了对油罐车和燃油池进行操作预检外,负责岸上职责的航空母舰油料员基本上不对设备进行维护,因此,设备上虽标明了它们的常规去向以及功用,但是不拆分。此处给出的操作流程仅为岸上活动所需;在进行每项活动时,都应遵循批准的操作流程。

5.1　岸上加油设备

【学习目标】认识岸上加油系统中使用的设备。简述岸上燃油系统中使用的设备的功能和位置。

下面将介绍所有岸上加油系统通用设备(包括移动设备)及其最低要求。这些要求适用于新设备和现有设备。图5.1展示了岸上系统的布局安排。

[注意]从设计和构造角度来讲,本章给出的某些设备部件对于整体安全至关重要。对于那些标有星号(＊)的设备,在开展活动时只能使用制造商提供的零件号,这些零件号经过海军航空系统司令部指挥官(海军海空系统指令)检测,已获准可以使用。

5.1.1　过滤器/分离器

过滤器/分离器是岸基加油站上使用的主要设备,其作用是使航空燃油保持干净干燥。按照设计,过滤器/分离器能够清除燃油中掺杂的全部固体的98%,并能清除所有水。

每个过滤器/分离器都至少应装配如下附件:

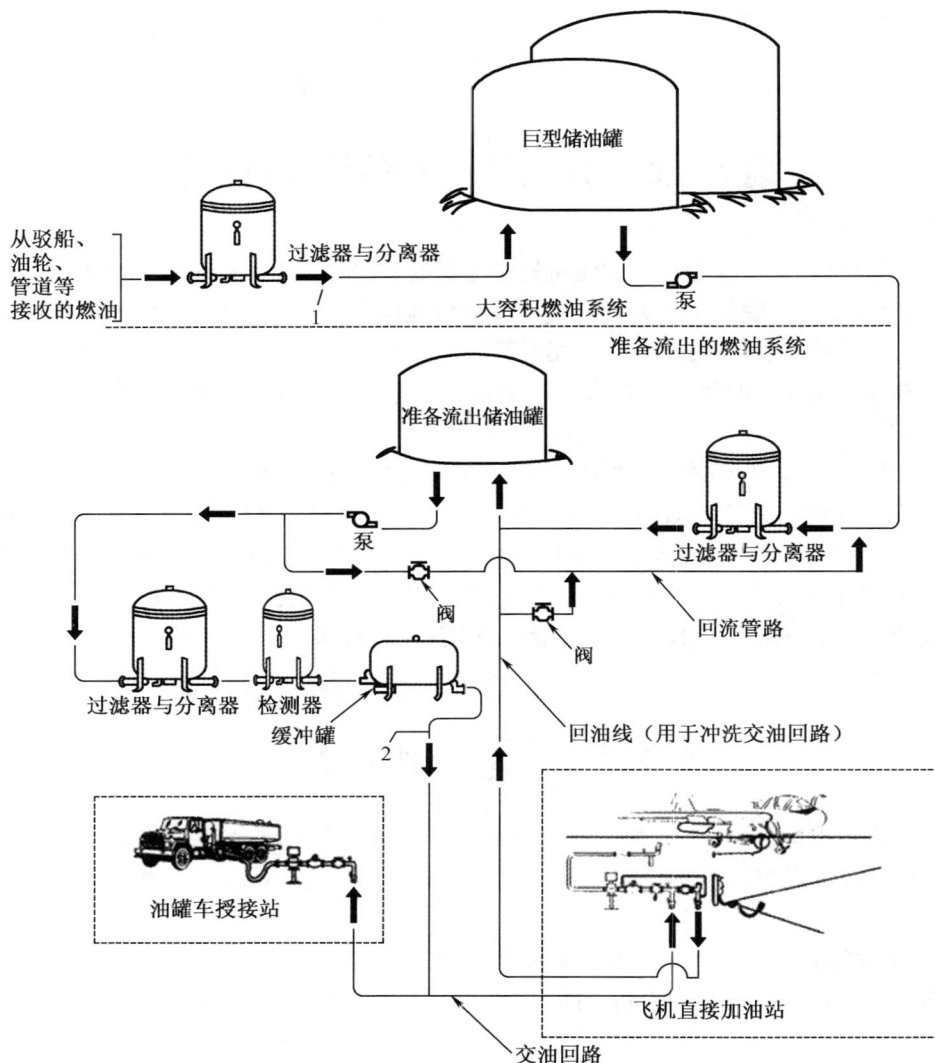

图 5.1　岸上燃油系统流程图

注:1.预处理过滤系统取决于接收方式(例如过滤网、旋风过滤器等)。

　　2.下游管道可作为可接收的替代物,但是前提是能够实现 30 秒缓冲时间。

1.过滤器/分离器附件

①手动排水阀,安装在储水槽的底部。

②自动放气阀。

③差压计,刻度单位为 1 磅/平方英寸,作用是衡量整个元件中的压差。差压计安装非常牢固,在正常条件泵送燃油时,差压计的读数指示器(或者指针)不会

因此产生波动。

④压力释放阀。

⑤隔膜操作的控制阀,安装在主排放管线上,有一个流量限制导向阀和浮子操作的导向阀,它们的作用是当储水槽中的液位超过设定值时,关闭主阀门。这个导向阀通常称为"铁心阀"。

⑥所有手动排水阀都连接到一个便携式或者永久固定式的回收系统上。压力释放阀和放气门也连接到回收系统中。

⑦顶盖吊具(固定装置专用)。

所有金属下游,包括系统中安装的用于直接向飞机交付燃油的过滤器/分离器,都将与滤清的燃油直接接触,故应采用不锈钢材料(或其他非铁材料)制成。禁止将有内涂层的铁质材料作为过滤器的下游。

2.安装位置

过滤器/分离器安装在如下位置:

①在所有油罐接收线的上游,可以从这些位置直接向飞机上泵送燃油;

②在供油管道中/下游,从储油罐延伸至飞机加油油罐车接收站;

③在驳油泵的任意放油侧/下游(飞机或者加油车供油的一侧);

④在直接为飞机交付燃油的任意设备上(包括移动和便携设备);

⑤大容量存储罐主要接收点的上游。

过滤器/分离器能够减少进入大容量储油罐内的水和沉积物,同时还可以给两罐之间的清理作业留出最大时间。

5.1.2　燃油质量监测器

燃油质量监测器(通常称为通止规)安装在油罐车加注站上的过滤器/分离器和直接给飞机加油的各种设备上。接收燃油的过滤器或者那些专门用于燃油再循环的设备,都无须安装燃油质量监测器。在监测器的外壳上还装有一个压力表,以便所有元件的差压情况就都可以记录下来。如果过滤器/分离器中还包括燃油监测元件,则可安装一个或者多个压力表,分别记录过滤器元件以及监测器元件上的压力损失。

燃油质量监测器(图 5.2)能够持续监测流动通过过滤器/分离器的燃油质量。达到预定清洁标准的燃油将通过监测器,并出现最小压降。如果燃油中固体和水含量超过预定的清洁标准,那么这种燃油将被自动截断。

燃油质量监测器有一个铝制外壳,并有多根保险丝,具体数量取决于监测器的型号。监测器的每根保险丝都是一个自给式单元,由经过特殊处理的纸垫片组成,纸垫片放置在金属外壳内并安装了塑料端配件。感应垫片安装在金属外壳内,作用是吸收燃油中的游离水或者悬浮水。

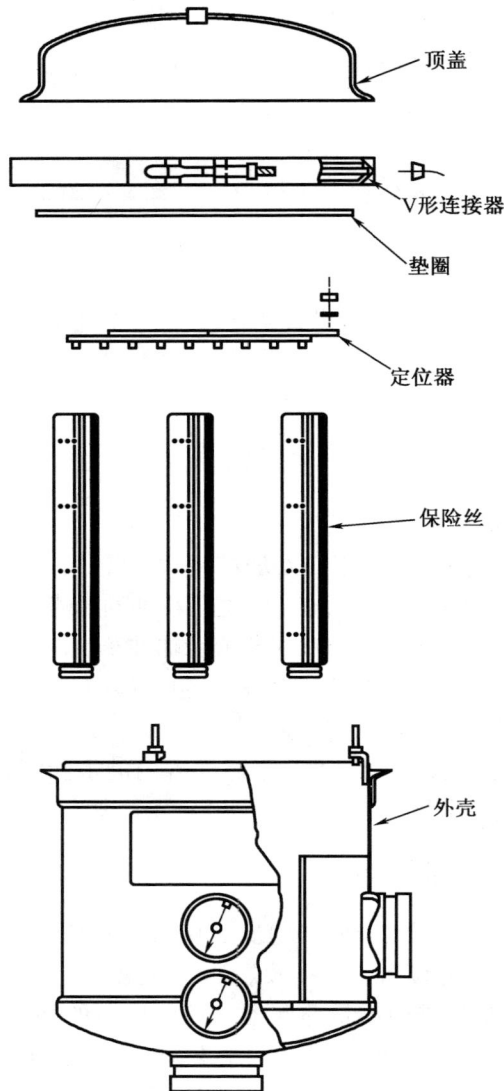

顶盖

V形连接器

垫圈

定位器

保险丝

外壳

图5.2 燃油质量监测器

5.1.3 张弛室

张弛室中包括一个罐和相应的管道,安装在燃油监测器之后,如果系统中没有燃油监测器,则安装在过滤器/分离器之后。在这个室中,允许燃油流经过滤设备时产生的静电荷进行"张弛",然后燃油将进入到油罐中。由于燃油必须与张弛设备的金属壁接触至少30秒,因此张弛罐的确切尺寸或者管道的长度将以系统的最大流量为基础确定。每个燃油监测器,即过滤器/分离器的组合,只需要一个张弛室。用于满足这个要求的任意罐、室或者其他布局必须确保一个完整的产品循环,即一个低点排水管以及一个手动或者自动放气门。

1. 燃油表

温度补偿表应该安装在密闭输送处。给飞机、机动车辆和小船加油或者给罐车/槽车加载用的各种燃油表都属于正排量表。涡轮流量计可以用于较大体积的稳定传输,例如航母、驳船或者管道输送加载方式。

2. 燃油压力表

压力表必须易读,而且精确到 1 磅/平方英寸(以 1 磅/平方英寸为刻度单位)。

3. 高位截止表

在移动加油车上高位截止表很常见,它相当于一个二次故障安全系统,当产品达到高位时高位截止表将关闭内部阀门。

4. 取样接头

所有取样接头都是冲水、干式、速断接头(Gammon 配件),带防尘帽。燃油取样和压力检测接头安装在下列位置上:
①授接点;
②油罐出口;
③过滤器/分离器以及燃油监测器的入口侧和出口侧;
④加油喷嘴;
⑤截止阀的各侧,这样就可以从留存在燃油输送总管中的各部分燃油中取样。

5. 软管

岸基航空燃油活动中使用的所有软管都应该是半硬壁、非折叠式软管。软管的直径必须与向飞机交付燃油所需的流速兼容。除非另行规定,否则油罐车上的飞机交油软管应该至少长 50 英尺。

岸基软管的中心或者骨架中不包括电气键或键合线。当两个软管组件附接到同一个出口或者同一个燃油源上时,每个软管组件必须在软管管道上游有各自的截止阀。

凸轮锁紧软管接头禁止用在过滤器/分离器下游,以及移动加油设备上。

6. 紧急干断式接头

在补充加油软管上应安装一个紧急干式接头,安装位置在软管与补充加油设备管道或者软管卷盘附接。每个直接加油系统的集电摆动臂都需要有此类紧急干断式接头,而且建议所有其他装置也安装此类紧急干断式接头。

7. 干式速断耦合

在软管末端安装了一个干式速断耦合,耦合包括一个 60 目或者 100 目的筛网。

8. 软管末端压力调节器

SPR(单点压力加油)喷嘴组件包括一个软管末端压力调节器,压力调节器的最大设定压力为 55 磅/平方英寸。

9. 飞机补充加油喷嘴

在岸基补充加油操作中,使用的压力补充加油喷嘴与在海上补充加油操作中使用的喷嘴相同。

10. 单点压力补充加油(喷嘴)SPR

单点压力补充加油喷嘴也被称为翼下喷嘴(已批准可以使用 D−1 型或者 D−2 型翼下喷嘴),在喷嘴上设置了一个速断取样接头,用于抽取燃油样品,还可以进行压力检测。

11. 翼上喷嘴

翼上喷嘴也被称为"重力"或"开端"喷嘴,其中包括一个 60 目或者更多目的过滤网,以及一个适用于所加燃油类型和接收燃油飞机的管嘴。每个翼上喷嘴包括一根长度合适的永久连接的柔性键合线,并在其末端安装了一个插头连接器(钳型连接器)。

如果要替换使用同一软管上的喷嘴,那么每个喷嘴都应该已经附接了各自的半边速断接头。在不交付燃油时,需在压力加油喷嘴和翼上补充加油喷嘴上安装一个已经固定就位的防尘罩,其作用是防止尘土进入。

12. 授接站

管道、驳船、铁路油罐车、油罐车或者任意组合工具都可以接收燃油。接收站与燃油交付方法、数量和流速匹配。航空燃油应通过过滤器/分离器或者其他合适的过滤设备接收。当通过驳船接收时,必须有起重运输设备,帮助处理大直径软管。当通过驳船或者管道接收时,必须得有运输设备,用于保证产品流不中断。应遵循正确的环境保护设备、设施和流程,从而满足相关环境保护法律法规要求。

13.存储罐

空中活动现场的油罐为飞机运行提供航空燃油供给。储油罐分为大容量存储罐及操作存储罐。所有油罐都必须符合如下要求:

①所有操作油罐或者待发油钢罐都必须有惰性材料涂层,例如聚氨酯或环氧树脂,且涂层从底部向上沿罐壁达 18 英寸。所有储存航空燃油的混凝土材质罐的罐底和罐壁都必须有内衬,以使燃油无法渗透。

②必须对所有涡轮航空燃油操作存储罐进行配置,以便使燃油通过过滤器/分离器进行再循环并返回到油罐中,从而将罐底的沉积物和水全部清除。出口必须位于罐的最低点,避免水在底部沉积。所有航空燃油罐都必须配备一个水扫舱系统。

③罐顶必须维修良好,防止雨水进入。

④应按照《军事手册》(MIL—HDBK—1022)进行油罐维修。

⑤必须调整各种油罐接收接头的大小,这样在接收操作中燃油的流速就不会超过 3 英尺/秒的速度。油罐入口将在靠近罐底的位置水平地向外放油。

⑥所有大容量储油罐都必须配置适当的储油槽、排油管线和抽油管线,以使储油罐内底部水沉积量保持在绝对最低水平。出于环保考虑,建议使用回收罐(回收罐可以清除水和燃油)。

⑦所有油罐都必须安装自动量具设备以及高压低压报警装置和控件,防止油罐溢流,同时还可以防止油罐出现气蚀情况。报警装置应随时处于主动模式。

14.测量设备

自动测量设备为浮子式或类似设备,有一个示值读数装置,工作人员只需站在紧邻储油罐的地面上(与眼睛同高位置),就可以轻易看到并读出读数。读数结果应与远程读数系统的结果兼容。

[说明]浮子式测量装置不能用于密闭输送/库存等目的。

(1)高位警报装置

①高位报警装置(HLA)设定在安全罐加注高度的 95%左右,它的作用是制动声音报警信号。此类声音报警信号在油罐加油作业负责人所在的普通加油站上或附近,而远程报警信号位于随时都可以监控得到的位置上。

②在高位报警装置和超高位报警装置(HHLA)之间,有一个高位截止阀,它能够通过机械方式制动,从而阻止燃油流入储油罐内。

③超高位报警装置设定在安全罐加注高度的 98%左右。超高位报警装置将继续发出声音报警,还将发出一个可视报警信号。

（2）低位报警装置

低位报警装置将制动一个声音报警信号,这个声音报警信号完全不同于高位声音报警信号,它将关停产品驳油泵。

①地面上的所有油罐,必须放置在一个内密闭空间中,此密闭空间须能够容纳整个罐体。此外,还应具有 1 英尺高度的净空,以防罐破裂或者渗漏(通常是通过防渗堤实现)。

②除非通过物理方法排空堤坝,否则堤坝排空阀将保持关闭和锁定状态。

③为满足相关法律法规要求必备的其他环保设施和设备。

15. 输送管线

燃油按照路径,需流经各种直径和材料的输送管道,从一个油罐到另一个油罐、从储油罐到油罐车加注站、从储油罐到加油栓系统。输送管线不得泄漏或者将过量污染物带入燃油中。应使用有内涂层的管道,或者在管道中使用其他防腐材料,从而减少将铁污染物带入燃油中的几率。

所有管道系统都已经标记用于识别传输产品的品级。这些标志(图5.3)紧挨着运行附件,例如阀门、泵机、调节器和歧管。表5.1 给出了用于石油产品的产品段和字母的尺寸。

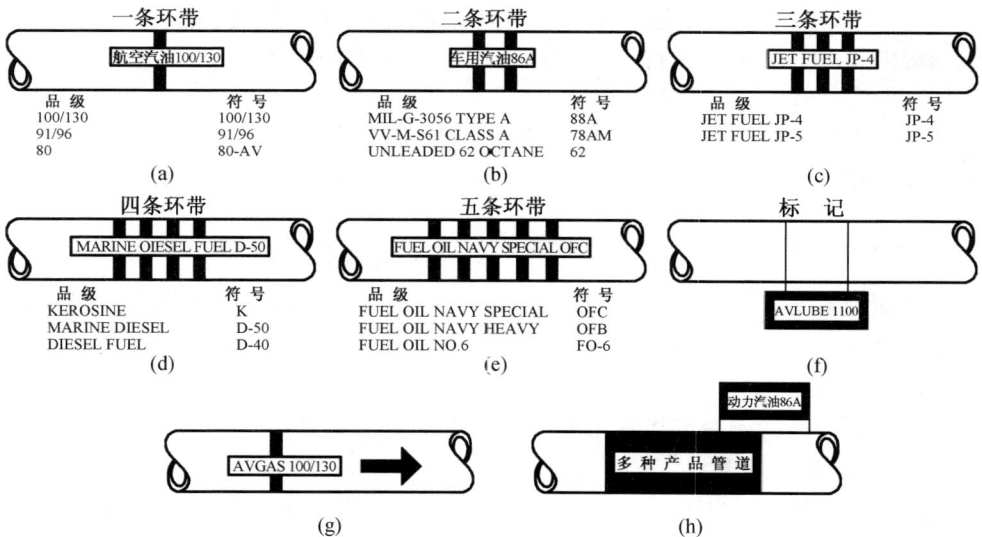

图 5.3　大容量石油产品管路的标志

（a）航空汽油；（b）车用汽油；（c）喷气燃油；（d）馏分油；
（e）重油（黑油）；（f）润滑洉；（g）流动方向；（h）多种产品

表 5.1　汽油产品段和字母尺寸

	段宽		两段之间宽度	段长	标题字幕字号
	宽	窄			
管道直径:低于 3 英寸	6 英寸	3 英寸	3 英寸	一圈长度	0.5 英寸
3 ~6 英寸	6 英寸	3 英寸	3 英寸	一圈长度	1 英寸
6 ~9 英寸	6 英寸	3 英寸	3 英寸	一圈长度	2 英寸
超过 9 英寸	8 英寸	4 英寸	4 英寸	一圈长度	3 英寸
罐容量:10 000 桶及以下	6 英寸	3 英寸	3 英寸	33 英寸	6 英寸
超过 10 000 桶	8 英寸	4 英寸	4 英寸	54 英寸	12 英寸
罐车、油罐车:2 000 加仑及以下	6 英寸	3 英寸	3 英寸	24 英寸	3 英寸
超过 2 000 加仑	6 英寸	3 英寸	3 英寸	33 英寸	6 英寸

5.1.4　思考题

（1）在岸基装置中使用了一种主要设备,能够使航空燃油保持干净和干燥,请问是哪种设备?

（2）过滤器/分离器能够清除掉燃油中的固体和水,请问为过滤器/分离器设计的清除百分比是多少?

（3）在岸基补充加油站中,有一种设备能够对流经过滤器/分离器的燃油进行连续检查,请问是哪种设备?

（4）要想在燃油进入到油罐之前"张弛"静电荷,需在燃油系统内安装一个什么元件?

（5）在给飞机、机动车辆、小船加油以及给槽车或罐车加载时,使用了哪种燃油表?

（6）在大体积稳定输送中（例如航母、驳船或者管道加载）,使用了哪种燃油表?

（7）在移动加油车上安装了一种设备,能够发挥二次故障安全系统的作用,当燃油液位太高时,它将关闭内部阀门,请问是什么设备?

（8）在加油油罐车上,向飞机交付燃油时使用的软管的最小尺寸是多少?

（9）在岸基设备和海上机组之间,软管之间的主要区别是什么?

（10）在所有直接加油系统的受电摆动臂中,使用了哪种接头?

（11）喷嘴组件软管末端的压力调节器的最大压力是多少?

（12）批准了一种可以在岸基设施中使用的翼下补充加油喷嘴,请问是哪种喷嘴?

（13）在用于翼上交油的喷嘴中,其过滤器中有一种滤网,请问滤网的尺寸是多少目?

（14）在岸基加油活动中使用了两种燃油存储罐,请问是哪两类?

（15）有一种储油罐,整个罐底都有涂层,而且涂层沿着罐壁向上延伸18英寸,请问这是哪种存储罐?

（16）混凝土存储罐的罐底和罐壁都加了衬里,防止燃油渗漏,请问加衬里的百分比是多少?

（17）对储油罐接收接头进行了调整,使燃油进入储油罐的速度是多少英尺?

（18）在岸基设施中,使用了哪种自动仪器来测量燃油储存罐?

（19）高位警报罐系统(HLA)设定在罐容为多少?

（20）哪个警报系统设定在罐容的98%,而且有一个可以通过机械方式制动关闭燃油流量的截止阀?

（21）有一种油罐报警系统,它能够制动声音报警信号,并关停产品驳油泵,请问这是哪种报警系统?

（22）如果油罐破裂或者泄漏,所有地面上油罐的整个容量以外的1英尺净空将会如何?

（23）为了减少燃油中的铁污染物,应该如何处理燃油输送管线?

5.2 岸基航空燃料安全

【学习目标】介绍在岸基燃油接收和交付操作流程中,必须遵循的要求、安全事项及操作流程。

本节主要介绍的安全程序和要求,从本质上讲属于一般性要求,但是对重点操作极其重要,稍有背离都有可能对正在开展的操作的整体安全产生不利影响。

尽管本书讲解的流程和要求已经十分详尽,但是仍无法包含航空燃油方面的所有经验和知识,及航空燃油的固有特点和危险。作为一名航空母舰油料员,对航空燃油危险和岸基要求了解得越多,则需要避免或者纠正的不安全情况就越少。

5.2.1 一般要求

此信息包含在海军和海军陆战队的所有活动中,对给飞机加油的航空燃料处理设备和设施提出了最低要求。如果背离已经确立的最低设备/设施要求,可能对飞机的飞行安全以及燃油处理操作安全产生不利影响。

1.过滤

在给飞机补充加油的所有活动中,对发送给飞机的所有燃油,从燃油储罐泵出到给飞机加注之前,所有燃油都必须执行至少两道燃油过滤操作。因为过滤设备可能产生静电荷,因此,在给飞机加载前,所有加油系统必须确保静电荷的标准在限值以下。

2. 加油压力

所有飞机压力交油系统,都必须将飞机接头处的最大压力限制在 55 磅/平方英寸,且从加油喷嘴的样品端口测量压力。在加油操作的最后几秒内,飞机内部罐的截止阀关闭,给飞机燃油系统造成瞬时压力剧增,对此,每个加油系统都必须迅速作出反应,使压力剧增值低于 120 磅/平方英寸。所有现代飞机都是按照这个压力限值设计、制造和检测的。

3. 设计和维修

海军和海军陆战队在岸上活动中使用的所有燃油处理设施和设备都是按照海军设施工程司令部(NACFACENGCOM)标准设计、制造和维修的。石油、机油和润滑油(POL)的所有修理和现代化改造项目都应该符合海军设施工程司令部规定的要求,且符合相关法律、法规的规定。下面列举的部分出版刊物,可作为岸基燃油处理设施和设备的操作指南。

①海军和海军陆战队海上设施规划因素标准——液体加油和分配设施(NAVFAC P—80)。

②《石油燃油设施》(MIL—HDBK—1022)。

③《海军岸基设施的明确设计为》(NAVFAC P—272)。

④《指南规范》(NAVFAC)。

⑤《石油燃油设施维护手册》(NAVFAC MO—230)。

4. 加油设备标记和涂装

所有与燃油操作相关的设备都按照相关标准的要求进行标记和涂装。所有加油设备都明确标有相应的北大西洋公约组织(简称北约)代号编号,北约代号编号包在一个矩形框中,矩形框中还有常见的美国军队番号,标记如下:

$$\boxed{\text{F} - 44}$$

用于补充加油/抽油的补充加油车只标记 JP 产品号,因为在多数情况下,这种燃油都是 JP - 4,JP - 5,JP - 8 或商业喷气燃料的混合物。这种设备上不标记北约代号编号。

除了这些产品标志标记,所有加油设备上还有如下标记:

易燃!
50 英尺范围内禁止吸烟

每个系统的紧急截止开关都标有 2 英寸的红色字母。

加油/抽油地面燃油车不得有锈蚀、油漆剥落和正在发生的生锈情形。如果补漆超过机组表面的20%,那么需将整个机组重新喷漆。

5.灯饰(照明)规范

除非另有指示,否则所有工作区域将提供照明,便于夜间作业,照明强度为美国石油协会(API)公告"石油加工工厂电气安装推荐规程"表3中规定的最低强度。

6.电气设备

安装在燃油处理或者存储设施之上或者附近的电器设备须满足《美国国家电气规程》的最低要求;根据 JP-4 燃油的爆炸风险,还须满足《静电推荐实施规程》和《灯具保护规范》。

5.2.2 安全注意事项

1.减少静电电荷

主要点火源之一就是静电荷。为了确保安全地张弛与燃油操作相关的静电荷,在所有活动中,都必须执行如下操作:

①禁止对任何燃料油罐车或者罐车进行顶部加载或者飞溅灌装。

②缓慢地给过滤器/分离器加注燃油并在每次容器排空后监测容器状态。

③阻止异物进入到油罐中(例如小型导电物体,它们可在发泡燃料的作用下浮动起来),使其成为无粘连的电荷收集器。油罐中的悬浮式罐温度计和采样器不在此范围内。

④始终通过电器连接的方式,将加油设备与加载燃油的飞机或者油罐车结合在一起。

⑤每次在除混凝土以外的表面上进行加油操作时,都需要给飞机和加油车进行接地(地线)操作,例如沥青和塑料涂层表面。所有热加油操作以及每次给空军飞机加油时也需要接地操作。

⑥所有热加油操作都需要接地。

⑦每月检查压力喷嘴的电阻。

⑧在取下油罐盖之前,用一个独立的结合尾纤,将翼上(重力)加油喷嘴与飞机结合起来。

⑨在条件允许的情况下,用插头和插座法将附接线缆连接到飞机上。

⑩每天检查结合线缆和接地线缆、夹子和塞子。

⑪每月检查线缆的电阻。

⑫如果在该设施 5 英里的范围内观察到"闪电"现象,则必须停止一切加油

活动。

⑬在雷雨天气,需从飞机停泊区取走加油车。

⑭要求燃油作业员穿戴不产生静电的服装,例如棉质衣服。

2. 消除其他点火源

为了避免或者消除其他点火源,活动过程中必须遵守下列注意事项:

①绝对禁止燃油作业员穿有铁钉或者有其他金属装饰的鞋子。

②燃油作业人员禁止携带或者佩戴零散的金属物件,例如刀子或钥匙。

③每天检查移动加油车上的排气管,确保排气管上没有孔洞、裂缝或者断裂情形。

④在任何加油操作 50 英尺的范围内,禁止吸烟;禁止携带存在产生火花或火焰的任意物件;禁止明火或者高温作业。

⑤在燃油处理操作中,推迟加油设备的所有维修作业。

⑥除了已批准可以在危险环境中使用的安全灯,严禁将其他灯引入可能存在燃油或者可燃蒸气的任何舱室或者空间内。在可燃燃油/空气混合物周围,可以安全地使用商用两芯电池和三芯电池(检测已经证明它们在任何条件下均不会点燃燃油蒸气)。

[**警告**]假设燃油蒸气(在罐内或燃料池之上)始终处于燃油空气混合物点燃的易燃范围内。

⑦严禁燃油作业人员携带打火机。

⑧在开始加油或者抽油操作前,一定要确定飞机上当时没有正在进行的修理或者维护工作。

⑨一定要确定没有正在进行的液态氧操作,而且在燃油操作 50 英尺范围内没有液态氧处理设备。

⑩在开始加油或者抽油操作前,一定要确保飞机雷达和所有不必要的无线电设备都已关闭。在启动前,必须对设备进行预热。"热"加油属于此种规定的唯一例外情形。要求飞行员随时通过无线电与指挥塔保持联络。

⑪严禁在地面雷达设备 300 英尺范围内开展飞机燃油处理操作。

⑫在燃油处理操作 50 英尺范围内运行的所有内燃发动机,都须配置火花熄灭器。

⑬在加油或者抽油操作 50 英尺范围内,不论发动机的配置如何,均禁止启动或者关停发动机,否则操作员将立即关停燃油泵。明令禁止的情况包括正在加油/抽油的飞机以及邻近的飞机,以及地面支持设备。

⑭慢慢地打开阀门,降低或者阻止任意罐内飞溅情形。

⑮在启动前,必须将泵吸油管浸没,以防止空气进入到燃油系统中。如果燃油系统中有空气,则可能造成过滤器/分离器发生火灾或者爆炸,并导致泵机损

坏。油罐车和轨道车卸载系统特别容易出现这种问题。

⑯在特殊情况下,经上级批准后,才可以开展翼上加油操作。

⑰使热加油作业的可能性达到最低水平。从本质上讲,冷加油作业相对安全,而且优先于热加油操作。

3. 减少和控制蒸气产生

为了减少或者控制蒸气产生,从而防止火灾发生,在所有活动中,均需采取如下行动:

①严禁在敞开的容器中处理航空燃油。

②严禁在机库或者封闭区域内,进行加油、抽油、排空飞机燃油或者开展与燃油处理相关的操作,但是从飞机低点排放口中取走水和样品提出物的情形除外。

③使所有燃油容器保持关闭,例如飞机燃油罐或者过滤器。但是,当必须打开燃油容器进行实际操作或者维护时除外。

④在燃油处理操作中,应避免燃油溢出。

⑤如果有燃油溢出,必须立即采取行动,将溢出的燃油擦拭干净。

⑥废油或抹布必须在用完之后立即正确处理掉。

⑦如果油罐、管道或者其他设备有漏洞,严禁启动或者移动加油车及抽油车。

⑧将燃油处理设施各部分存在的所有漏洞信息上报给燃油管理官(FMO)。

⑨将原用于装载飞机燃油的空罐视为仍然包含燃油,并采取相应措施。这些容器内仍然包含蒸气,而且在燃油清空多日后仍然非常危险。

⑩燃油蒸气密度比空气大,将在低位聚集,例如燃油池、油槽以及敞开的下水道中。

⑪绝对禁止在雨水或污水系统中处置废燃油。

⑫绝对禁止顶部加载或者飞溅加载油罐(专为顶部加载或者飞溅加载操作配置的翼上飞机加油操作不在此禁止之列)。

⑬使所有设备和工作区域保持整齐、干净、有序而且机械状态良好。

⑭确保消防设备和灭火器状况良好而且触手可及。

⑮绝对禁止使用汽油或者喷气机燃油作为清洗剂。

4. 灭火

尽管灭火是空军基地抢救队的主要职责,但是所有燃油处理人员都应该清楚灭火的基本原理,以及灭火时所要使用的设备。而且,还应该确保灭火设备状况良好,并保证不论何时在哪里开展燃油处理操作,灭火设备都触手可及。所有加油作业人员上岗前都将接受灭火培训,且此后每年培训一次。

[**警告**]所有灭火器,都只能按照它们既定的设计目的使用,即用于灭火。不能将灭火器给燃油罐进行惰化操作,否则将引发火灾或者爆炸。

《海军航空系统司令部 00—80R—14》《美国海军灭火和救援手册（NA-TOPS）》以及 MIL—HDBK—844（AS）中有关于如何扑灭火灾的相关介绍。

5. 使健康危害最小化

由于航空燃油具备出现火灾和/或爆炸相关的明显特质，并且其材料本身也对燃油处理人员的健康构成危险，因此必须小心处理。

为了使健康危险最小化，燃油处理人员必须采取如下行动：

①避免进入到可能存在燃油蒸气的密闭空间中；

②使吸入燃油蒸气的时间缩到最短；工作空间保持良好的通风为必要条件；

③如果必须留在存在大量燃油溢出的空间内，则应尽量在迎风侧、逆风侧或者溢出侧进行操作；

④在开展燃油处理操作时，如果燃油蒸气不可避免（例如，在油罐车加油站上），则应尽量尽量在迎风侧、逆风侧或者溢出侧进行操作；

⑤如果感到头晕或恶心，则需停止燃油处理操作并立即转移到有新鲜空气的位置中；

⑥避免皮肤接触液体燃油和油罐水底，因其可能包括高浓度的燃油系统结冰抑制剂（FSII）；如果皮肤已沾染燃油或者水底，则需立即用香皂和清水冲洗；

⑦绝对禁止用汽油或者喷气机燃油洗手；

⑧立即更换燃料浸湿的衣服或鞋子；

⑨在加油操作中，必须穿戴保护眼睛的工具和衣服，使暴露在外的皮肤尽量少，从减少火灾中烧伤的几率；

⑩必须穿着完全包裹脚部的鞋子，从而防止燃油溢出到脚部或者脚部着火。绝对不能穿纤维材料或者其他具有吸收性质的材质的鞋子。

6. 密闭空间

（1）性质

在密闭空间之内或者周围工作的人员，将会暴露在燃油和燃油蒸气中，他们可能遇到如下危险：

①缺乏足够的氧气；

②存在可燃或者易爆蒸气；

③存在有毒蒸气和材料。

对于进入此类密闭空间或者在其中工作的人员来说，这些危害可能并不总是显而易见，或者能够通过气味检测出及明显看得到。因此，所有密闭或封闭的空间，例如燃油罐、补充加油车/罐车和无排气管深型燃油池（超过 5 英尺深）都必须保持良好的通风并检测，然后才可以进入。通风不佳或无排气管道的泵房、存储区以及无排气管的浅型燃油池（不足 5 英尺深）都必须检测，以确定释放气体或者指定为安全工作环境必需的步骤。

（2）注意事项

为了减少风险,燃油处理人员必须保证如下内容:

①完成所有预检步骤后,在有经验的督导的陪同下,才可以进入包含燃油的油罐或者设备中;

②如果必须进入到可能存在燃油蒸气的密闭空间中,则必须佩戴送风式面罩或正压软管面具、靴子和手套;

③当进入到较深的、不通风,或通风不良的燃油池中时(例如低点排放燃油池中)禁止单人作业,必须有其他工作人员陪同。

在《海军海上系统司令部 S6470—AA—SAF—010》《美国海军不含汽油工程项目技术手册》以及《NAVOSH 项目手册 5200.23B》中,有更多关于密闭空间、危险环境和不含汽油工程方面的权威信息。所有人员都必须遵循上述手册中规定的海军政策和流程。

5.2.3　思考题

（1）飞机压力加油系统加油喷嘴处的最大测量压力是多大?

（2）在所有岸基加油系统内都安装了一个内置控制装置,所有现代飞机均设计配备了这个装置,它能够将剧增的压力限制在多大的预定压力值上?

（3）在对岸基加油系统进行维护时,应参考什么出版物?

（4）在哪些 NAVFAC 手册中有如何标记以及喷涂燃油相关设备的内容?

（5）应该给包含 JP－4,JP－5,JP－8 和商用喷气燃油混合物的加油/抽油油罐车标记什么代码?

（6）在加油操作中,主要的点火源是什么?

（7）如果加油操作是在沥青或者有塑料涂层的表面上进行,那么必须对飞机和加油车辆采取什么措施,才能阻止静电荷的产生?

（8）应该多久检查一次键合线、接地线以及夹子和塞子?

（9）键合线和接地线的电阻应多长时间检查一次?

（10）当在距离岸基装置多远的距离中观察到"闪电"现象时终止加油操作?

（11）在加油操作多大距离范围内禁止吸烟或者高温作业?

（12）在已经批准的安全灯中,使用了哪种商用电池,为包括可燃燃油或者空气混合物的空间提供照明?

（13）在距离地面雷达设备多远的距离内,禁止进行燃油处理操作?

（14）在加油操作 50 英尺范围内运行的内燃发动机应该装配哪种消声器?

（15）在雨水或污水系统中,应该在什么时间处理废燃料?

（16）什么时间可以对油罐进行顶部加载或者飞溅加载?

（17）燃油处理人员多久接受一次飞行线路灭火培训?

（18）关于如何扑灭火灾,需查阅哪类海军航空系统司令部指南？

（19）为了使吸入燃油蒸气的时间缩到最短,在工作空间内提供了什么条件来保护作业人员？

（20）请说明与燃油和燃油蒸气相关的危害？

（21）当进入到含有燃油蒸气的密闭空间时,应该使用哪种空气面具？

（22）关于密闭空间存在的危险、危险环境和无汽油工程等方面的信息,应该查阅哪类 NAVOSH 手册？

5.3 飞机加油系统

【学习目标】认识岸基活动中使用的加油系统,介绍各系统中包含的设备。

如下是在岸基活动中使用的三种典型的飞机加油系统:

①飞机直接加油系统(即通常所说的燃油池);

②移动式飞机加油车,它们实际上是不同容量和配置的油罐车;

③便携式加油系统,它们属于可以进行空中运输的先进的基础系统,主要用于支持战术操作。

5.3.1 飞机直接加油系统(燃油池)

1. 最低功能

设计飞机直接加油系统(图5.4)的主要目的是为飞机进行"热"加油操作。

所有直接加油系统都具备如下基本功能:

①过滤器/分离器。

②燃油质量监测器。

③张弛室或者与此等效的管道配置,从最后过滤点到喷嘴,能够提供 30 秒的静电荷张弛时间。

④隔膜操作的主要控制阀。

⑤各加油站安装的所有受电摆动臂或者软管,都配有一个远程、手持式自动刹车控件。

⑥应急泵机关停开关。

⑦加油站出口仪表。

⑧喷嘴和或软管以及受电摆动臂系统的再循环或冲洗功能。

⑨每个软管或者受电摆动臂上的紧急干式速断耦合。

⑩结合线或接地线。要求加油软管或受电摆动臂系统有连续的电流,且电阻的值小于等于 10 000 欧或者低于 10 000 欧。

⑪受电摆动臂和软管带已批准的无润滑转体。未批准在受电摆动臂摆动关节处使用加油嘴型油嘴,因为它可能导致油脂污染燃油。

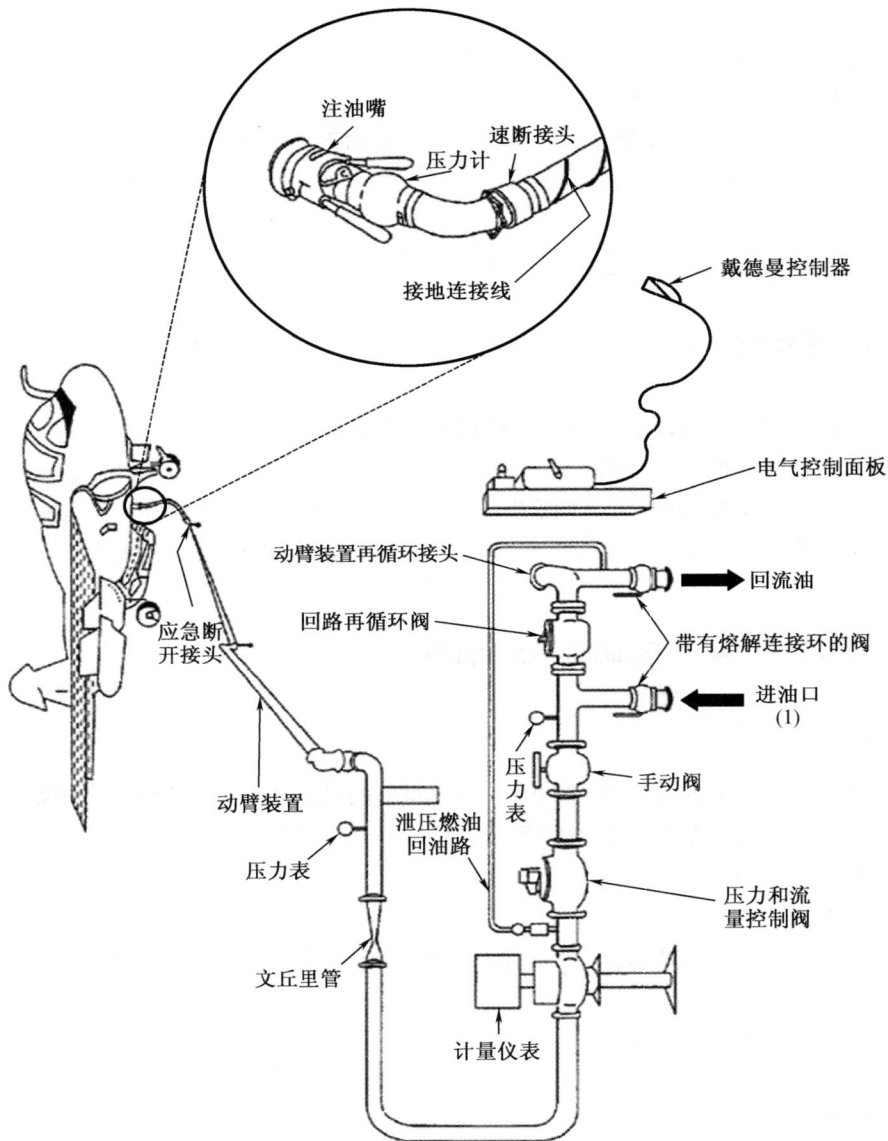

图5.4　飞机直接加油系统(燃油池)

⑫干式速断燃油耦合,带一个60目至100目的过滤网。

⑬单点压力加油喷嘴,带一个55磅/平方英寸的最大压力调节器。

⑭符合海军航空系统司令部00—80R—14要求的灭火器。

⑮在邻近地区配备触手可及的紧急洗眼器及淋浴系统。

⑯火灾报警装置。

[说明]直接加油系统不使用或者不包含喷射器系统。

2. 构造

新的飞机直接加油设施,从构造上讲仅仅是为了通过单点飞机加油喷嘴,按照压力加油方法来分配喷气燃油。

请参考油罐车加油站的基本构造(图 5.5),了解岸基活动燃油系统的简化流程。

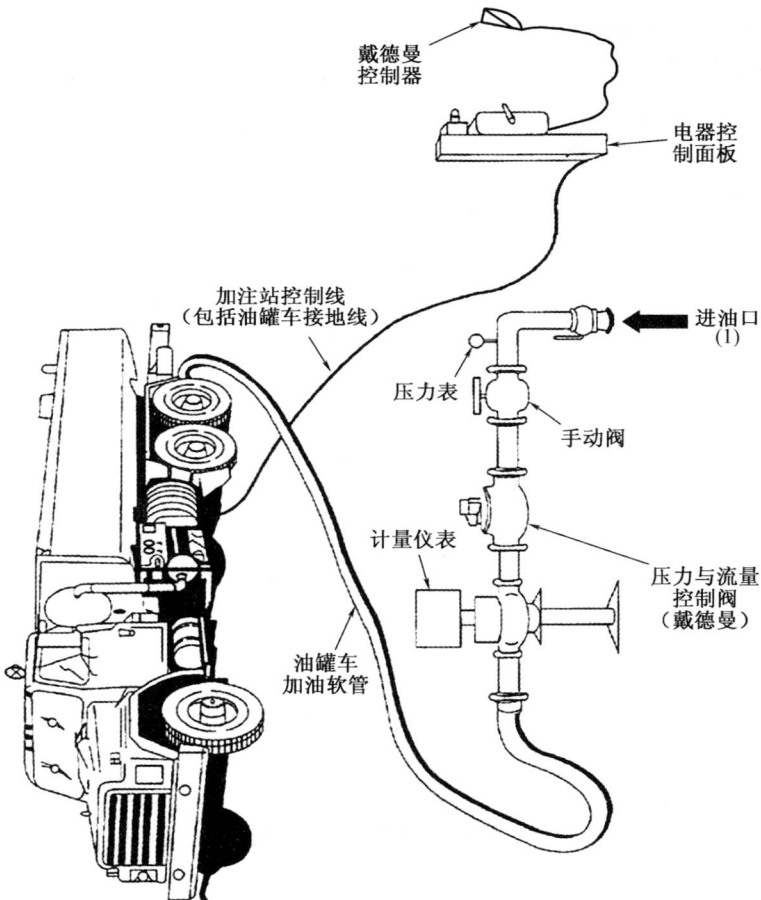

图 5.5　油罐车加油站

主要基于如下要求构建直接燃油系统:

①舰载机快速周转需要的空间,包括旋转翼;

②平均加油量超过 2 500 加仑的大型陆基巡逻机的体积;

③地面时间有限的运输机的数量,这种飞机可以原地不动进行加油作业,同

时进行加载和卸载作业。

5.3.2 移动式飞机加油车

移动式加油车主要用于冷加油操作,在未安装直接加油系统的加油站,偶尔也用于热加油操作。如果通过移动式加油车进行持续的或者过度热加油操作,则应考虑使用如图 5.6 所示的锚定受电摆动臂。

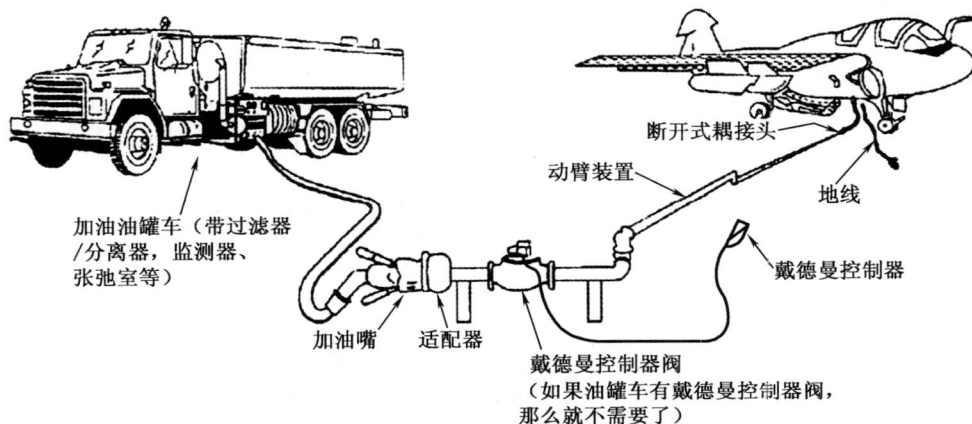

图 5.6 与油罐车和动臂装置配套的热加油操作

1.基本要求

移动式飞机加油车因容量和配置而异。但是,不论是承包商所有还是政府所有,所有移动式加油车都应满足如下相同的基本要求:

[说明]燃油流经过滤器/分离器、燃油监测器和松弛罐(管道)后,从交付回路(不锈钢或者玻璃纤维管道)交付到飞机上。

加油车/抽油车有两个独立的软管/压力喷嘴组件:软管末端压力调节器用于加油作业,另一个用于抽油操作。

①从构造上讲,油罐只有一个舱室,具备必需的汽油囊。油罐必须在低点完全排空,使袋中没有捕获的液体。按照油罐的设计,所有部分都触手即可,便于清理和维护。

②罐体采用铝制或者不锈钢材料。

③罐顶开口必须半永久地固定,并且只用于库存和内部检查和维修。人孔盖必须包括一个或者多个易熔塞子。每个罐都应该装配细筛,用作紧急情况下的额外蒸气释放装置。

④油罐必须实行罐底加载模式。底部加载硬件包括加油站防止驶离装置、截止阀和连接标准压力喷嘴(单点压力加油喷嘴)的接头,而且尺寸必须足够大能够

按照 600 加仑/分钟的速率接收燃油。

⑤每个罐都必须具备电子系统,用于控制与油罐车加油站系统兼容的交油操作(Scully Dynaprobe)。电子系统应该位于底部加载接头附近,并且包括一个防驶离功能。

[说明]建议使用紧急干断式接头。每个移动加油车必须配备一个高位截止阀,高位截止阀相当于一个二次故障安全系统,当产品接近高位时,它能够使内部阀门关闭。

⑥管道系统,包括所有硬件组件,都必须能够按照额定燃油速度分配燃油。在图 5.7 中,给出了这些系统装置的一般配置流程图。

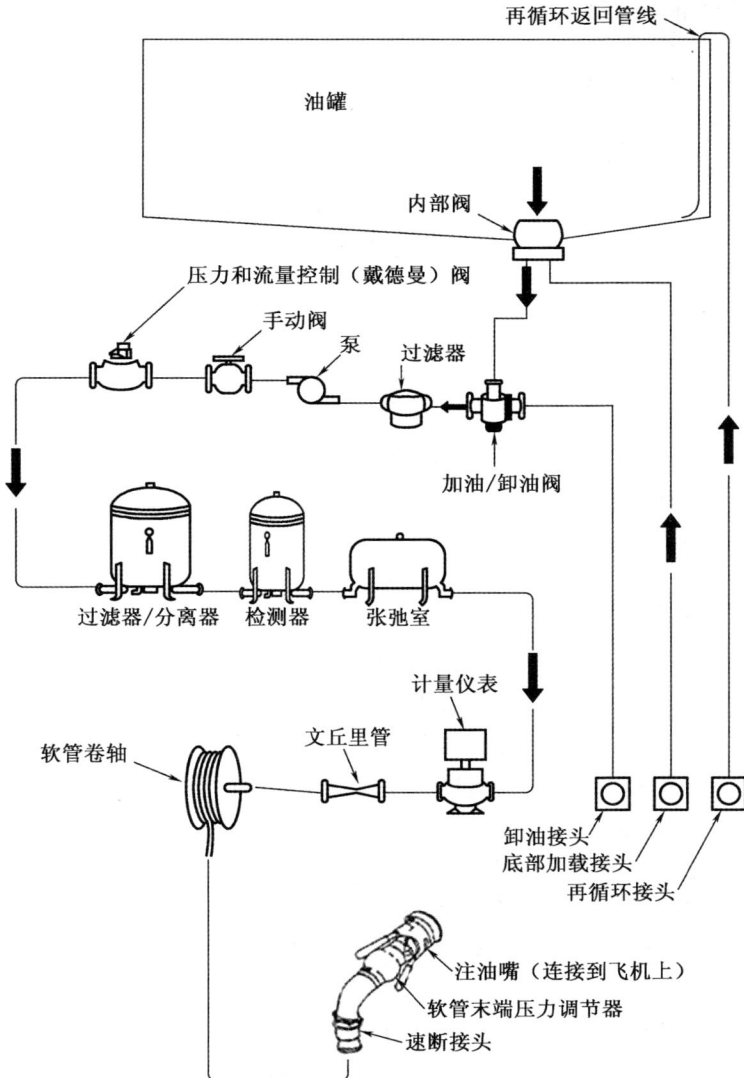

图 5.7 移动式加油车的流程图

2. 功能

所有移动式飞机加油车及都具备如下基本功能：

①过滤器/分离器。

②燃油质量监测器。

③张弛室。

④压力表和差压表。

⑤表（需要温度补偿表）。

⑥已经批准的飞机加油软管。

⑦干式速断耦合。

⑧软管末端压力调节器。

⑨飞机加油喷嘴。

⑩结合线。

⑪为飞机提供燃油服务的车辆，必须配备至少两个灭火器：一个位于左前侧（驾驶员），在操作员的触及范围内（加油控制面板附近）；另一个灭火器位于车辆的右后部分。

⑫远程手持式自动刹车控件。

⑬轮胎属于不受外物损伤型轮胎，带光滑的胎面或宽耳，宽槽花纹。轮胎表面非窄花纹，因为小石头和异物可能进入到轮胎花纹槽中，并寄存在飞行区表面。当无人机驶离基地时，不得在转向轮上使用翻新的胎面和光头胎。

⑭所有发动机（涡轮增压柴油发动机除外），包括辅助发动机的排气管，都装配了一个合适的阻火器。当替换有缺陷的排气系统部件时，只能使用原厂配件。

3. 加油车/抽油车

在处理抽出的非可疑航空涡轮发动机燃油时，最理想且最具有成本效益的方法就是将燃油返回飞机再利用。多数可以处理一定量此类燃油的设施都指定了一个或者多个飞机加油罐作为加油车/抽油车。指定为加油车/抽油车的油罐车必须包括最低 1 000 加仑的产品，这样才能安全地进行抽油操作。

[注意] 人孔在抽油操作中将保持关闭。

除了对加油车的要求，加油车/抽油车还必须满足如下基本要求：

①加油车/抽油车在原来正常标志的位置，粘贴了"喷气燃油/JP"标志（例如，"JP – 5 喷气燃油 F – 44"或者"JP – 4 喷气燃油 F – 40"或者"JP – 8 喷气燃油 F – #34"）。

②安装在管道系统上的专用的抽油接头，用于在燃油进入油罐之前，从泵机向过滤器/分离器、监测器和张弛室输送燃油。在图 5.8 中，给出了这些系统装置

一般配置的流程图。

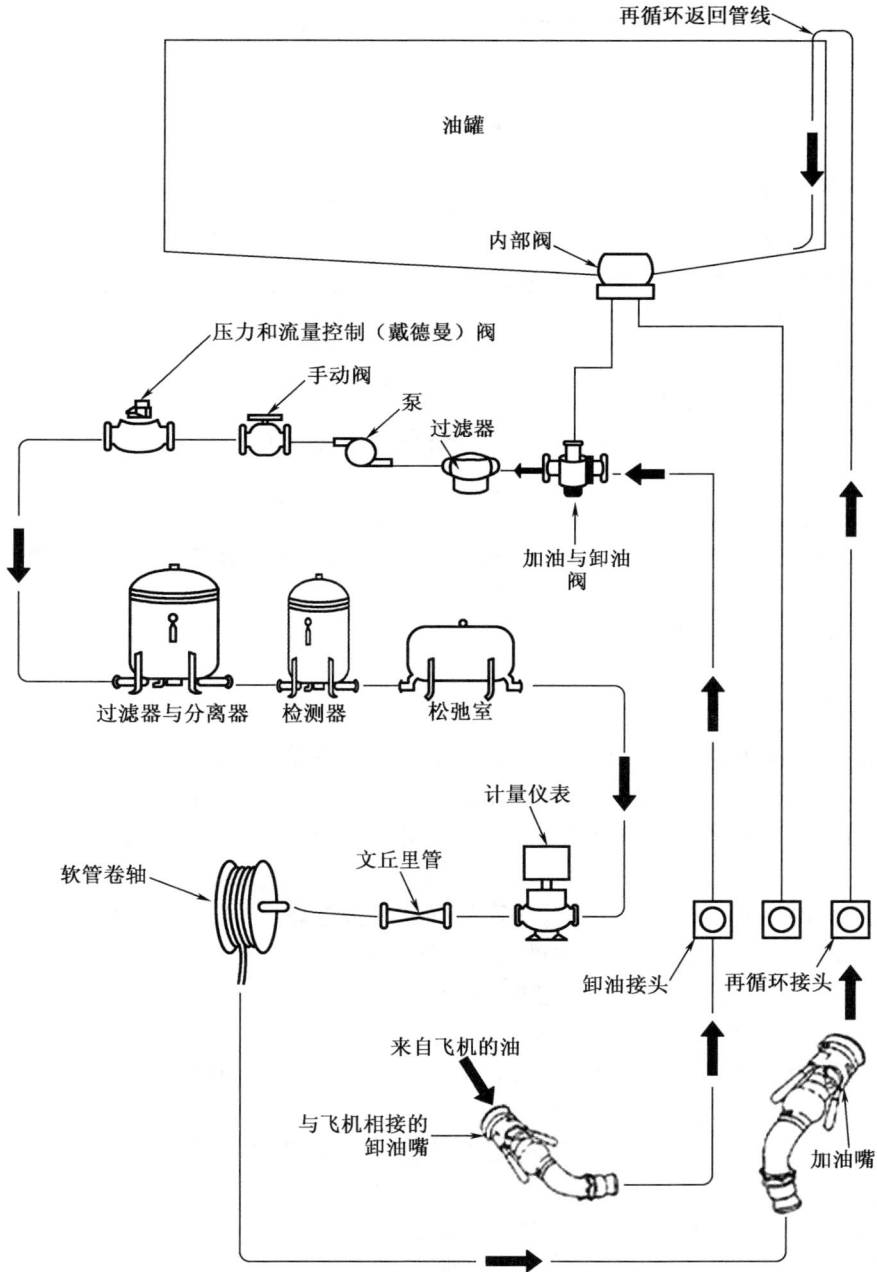

图 5.8　处于抽油模式的加油车/抽油车的流程图

[说明]在操作中禁止使用喷射器型系统或者软管来排真空系统,因为它们会

使未过滤的燃油被输送至下一架飞机中。

③在加油车/抽油车上,给两个独立操作(即加油和抽油操作)提供独立的软管和喷嘴组件。

④最大抽油量为100加仑/分钟。

⑤高位报警。建议安装一个高位截止系统。

4. 抽油机

抽油机仅用于抽油操作,其中的燃油不能直接返回飞机中,这是因为抽油机中一般未配置过滤设备,当中的燃油属于可疑燃油,因此必须对抽油机中的燃油进行取样检测,来确定燃油的情况。

[**注意**]软管排空系统不能用于抽油操作。

抽油机必须满足如下基本要求:

①专门用于抽油操作的油罐车,必须在正常标志粘贴位置上,贴上"抽油专用"标志。

②离心泵,最大抽油速率为100加仑/分钟。

③截止或者报警系统,为具备如下设备的系统提供整体保护:喷气传感器、磁浮高位报警器、光纤或者热敏电阻探头。

④抽油软管和喷嘴。

5. 油罐车加油站

每种产品需要的油罐车加油站的数量是一个函数,即加油时间与既定周转次数内维持飞机加油操作必需的加油车数量和能力之间的一个函数。

[**说明**]使用底部加载加油站是授权使用的唯一一种加油方式,禁止使用顶部加载方式。

不得再授权任意石油产品使用高架油罐车加油站。在加载架上,对于每个待处理的产品品级,都有一个独立的加载系统,本书不考虑分配燃油的类型。

油罐车加油站上航空燃油需要的设备如下:

①单点压力加油(压力)喷嘴,带干式速断接头和过滤器。

②长约10英尺的加载软管,或者带无润滑旋转接头的机械装卸臂。

③加载软管燃油热压减压阀。

④隔膜操作的两级控制阀(低流量/高流量),带可调延时功能,能够阻止高流导向阀打开。在燃油流动1分钟后才可以将其打开。

⑤具有额定容量的表,额定容量与加载站的最大流量相等。建议使用温度补偿正排量表。

⑥过滤器/分离器。

⑦燃油质量监测器。

⑧张弛罐或者等效管道。

[**说明**]在上述各项要求中,如果油罐车加油站是直接加油系统下游的汇总,而直接加油系统下游包括过滤器、监测器和张弛室,则第⑥项、第⑦项和第⑧项将自动满足。

⑨用于维护的截止阀。

⑩样品出口。

⑪高位截止系统。为了使操作简便并增加安全性,油罐车加油站配备了高位截止系统,该系统包括如下内容:

a. 自我监测装置;

b. 油罐加油自动截止装置;

c. 结合装置;

d. 接地装置;

e. 一个远程、手持式自动刹车控件。

⑫全面实施需要在所有加油站加油车上配置配套接头。

⑬给仪表提供低强度照明,即可以在夜间操作时完全看清所有设备和控件。

⑭溢油围堵系统,在加载操作过程中,如果油罐破裂或者发生重大泄漏事故,那么围堵系统能够阻止燃油溢流。在混凝土和沥青之间,应首选混凝土作为围堵系统。

⑮油罐车直接加油区内的顶灯。

6. 油罐车停放区

停放区和进出道路已经铺好并保持良好状态。停放区不得有凹处和车辙,否则会致使加油车损坏以及异物损坏(FOD)。加油车的停放区域由适当的边石、堤坝、蓄水池,或者油水分离器(首选方法)围成。利用这个方法围成的停放区规格应该通常能够容纳在此区域停放的最大容器。

加油车/燃油操作相关设备停放在指定的停放区内。按照设备的安置情况,在无须倒车的情况下,它们可以自由地离开指定停放区,并且可以预防异常操纵,以避开建筑、管道、加油站和其他设备。

[**注意**]围挡边石坡道的坡度不超过2%(2.4~120英寸),避免对加油车造成损坏。

活动区域必须有足够的油罐车停放区域,以便开展如下项目:

①油罐车之间最小25英尺的横向间距(从一辆油罐车的中心到另一辆油罐车的中心)。

②任意油罐车距离建筑物的停靠位置不得低于100英尺。

③设计了独立的出入口,来实现停放区域内的单向交通模式。

④油罐车可以自由地直接离开停放区域。停放区域内的油罐车离开时不会受到任何物体或者其他油罐车阻挡或阻碍。

⑤安全围栏,防止无授权进入加油车停放区域的情形。车辆和人员出入口都必须设安全岗。建议使用遥控门,遥控门带有驾驶员可以操作的控制装置。

⑥安全照明,能够照亮整个加油车停放区。

⑦溢油围堵系统。在加载操作过程中,如果油罐破裂或者发生重大泄漏事故,溢油围堵系统能够阻止燃油溢流。在混凝土和沥青材质之间,应首选混凝土,因为溢出的燃油或者泄漏的燃油会劣化沥青路面。

5.3.3 思考题

(1)设计飞机直接加油系统的主要目的是什么?

(2)直接加油系统上的张弛室允许从最后一道过滤程序流向喷嘴的静电荷停留多长时间?

(3)加油/受电摆动臂系统必须在最大多大的电流下完成电气连接?

(4)在直接加油系统中,用于干式速断燃油耦合过滤网中的筛子是多少目?

(5)在直接加油系统中,在加油点使用了一个哈龙灭火器,它的最小尺寸是多少?

(6)何时需要在直接加油系统中使用喷射器?

(7)在每个移动加油车上安装了什么装置能够完全排空燃油而不留任意油包?

(8)移动式加油油罐车的材质是什么?

(9)用于通过底部加载方式给移动式加油车交油的压力加油喷嘴,它的设计最小接收速率是多少?

(10)在移动式加油车上使用了一种电子系统,用它来控制加油站加油操作并且必须与油罐车加油站兼容,请问这是哪种系统?

(11)在给飞机加油的加油车/抽油车上,使用了哪种软管或者压力喷嘴组件?

(12)为什么哈龙灭火器是移动式加油/抽油油罐车上较为理想型的灭火器类型?

(13)在所有涡轮增压柴油发动机以及辅助发动机的排气管上安装了什么来防止火灾?

(14)在处理抽出的非可疑航空涡轮发动机燃油时,最理想而且最具成本效益的方法是什么?

(15)处理大量抽出的非可疑航空涡轮发动机燃油的油罐车应贴有什么标志?

(16)为了安全地开展抽油操作,加油/抽油油罐车应包括多少产品(燃油)?

(17)在载有抽出的 JP-5,JP-4 和 JP-8 燃油的加油/抽油油罐车上贴了什么标志?

(18)在给飞机加油时为什么不使用喷射器或者软管排真空系统?

(19)在处置前,应先对抽油机内的燃油进行什么操作?

(20)在专门用于抽油操作的油罐车上,贴有什么标志?

(21)移动式加油油罐车之间的最小横向间距是多少?

(22)移动式加油油罐车应距离居民楼多远?

（23）在进行加油操作时,为了避免油罐破裂或者发生重大溢出事故时燃油流失,在油罐车加油站上安装了什么装置?

（24）在混凝土溢出围挡结构和沥青围挡系统之间,为什么首选混凝土材质?

（25）在向移动式加油油罐车中加载石油产品时,唯一授权的加载方法是什么?

（26）在油罐车加油站安装了什么流量表?

（27）在加油车停放区域,首选哪种燃油围挡结构?

（28）为了避免给加油油罐车造成损坏,油罐车加油站上坡道的最大坡度是多少?

（29）在战术操作中主要使用了哪种便携式加油系统?

5.4　油罐车加油操作

【学习目标】介绍通过岸基设施开展的不同类型油罐车加油操作。解释与这些操作相关的流程。

5.4.1　油罐车加油站

如果油罐车上装配了高位报警装置或截止阀,而且加油站上配置了自动刹车控制阀,则单人就可以完成油罐车加油站操作。但是如果没有这些装置,则需要两人以上来完成这个任务。

[警告]不能进行顶部加载。顶部加载非常危险,因为会产生高度可燃的蒸气和静电荷。在加油操作过程中,人员不能站在油罐车顶上。

应按照如下顺序给油罐车加油:

①使油罐车就位、关灯、将变速杆放在空挡或驻车挡位、设置驻车制动、关停发动机并关闭所有开关(必要的报警装置及类似装置除外)。

②验证产品并估算待加载燃油量。

[注意]在加油操作过程中,通过加油站上安装的仪表,监控无高位控件或者报警装置的油罐车。如果表读数超过油罐车的发送量,则需要保障泵送的安全。

③连接结合线或者高位控制线。

④将交油喷嘴连接到油罐车底部的加载机上。

⑤设置仪表并在油罐车加注表格或者其他表格中输入必要信息。

⑥慢慢地开始加油操作。

[注意]已经完全排空的油罐车必须按照最低流量进行加注燃油(余下 500 加仑到 1 000 加仑之间的燃油,需要用另一辆油罐车按照最低流量加注),使底部入口阀门包在空油罐车的油罐内。

⑦油罐加满后,除非泵有自动安全保证措施,否则需要对泵采取安全保证措施。

⑧断开喷嘴。

⑨断开结合线或者 Scultrol 跨接电缆。

⑩完成文书工作。

⑪检查油罐车是否有泄漏。

⑫将加油车移动到油罐车停放区。

5.4.2 通过油罐车给飞机进行冷加油

按照相同的方式定位加油车给飞机加油,定位方式无需变化,以便所有相关人员明确地知道他们需要做什么。在条件允许的情况,加油车应沿着排停的飞机依次进行加油,行车路径垂直于飞机机身轴线,加油车与飞机之间距离为软管可进行加油作业的最大距离。绝对禁止油罐车距离飞机不足 10 英尺。在图 5.9 中给出了正常的加油车方法路径,这个路径适用于所有固定翼战术飞机和直升机。一般来讲,除非加油车是在停放线末端,否则不需要转向。

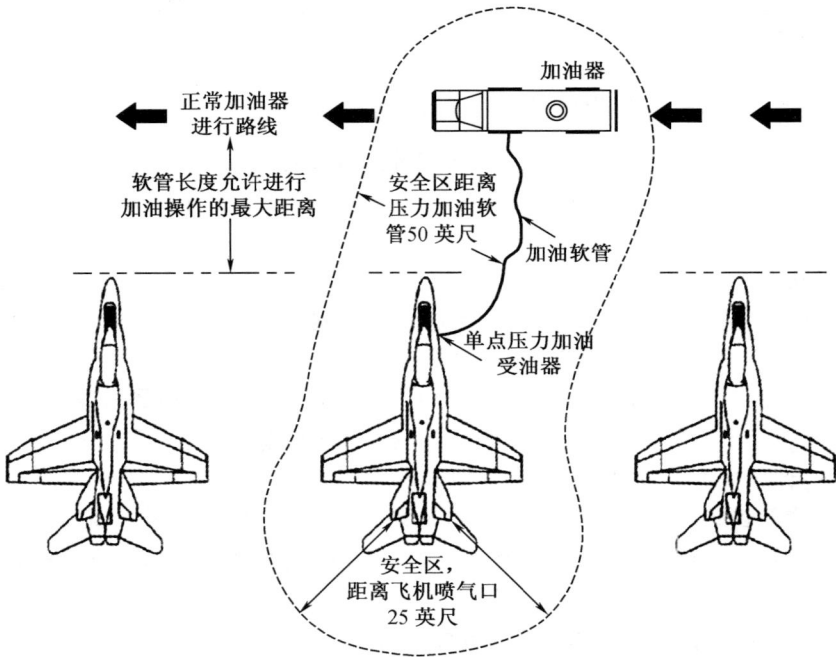

图 5.9 正常加油机方法加油路径和加油安全区

应避免在排队停靠的飞机之间驾驶油罐车。在图 5.10 中,给出了备选方法,当飞机未排队停靠时,或者当软管长度不足够时,可以使用备选路径。

在图 5.11 中,给出了推进、推进/喷气及运输飞机的安全方法。图 5.12 则说明了直升机备选方法路径。

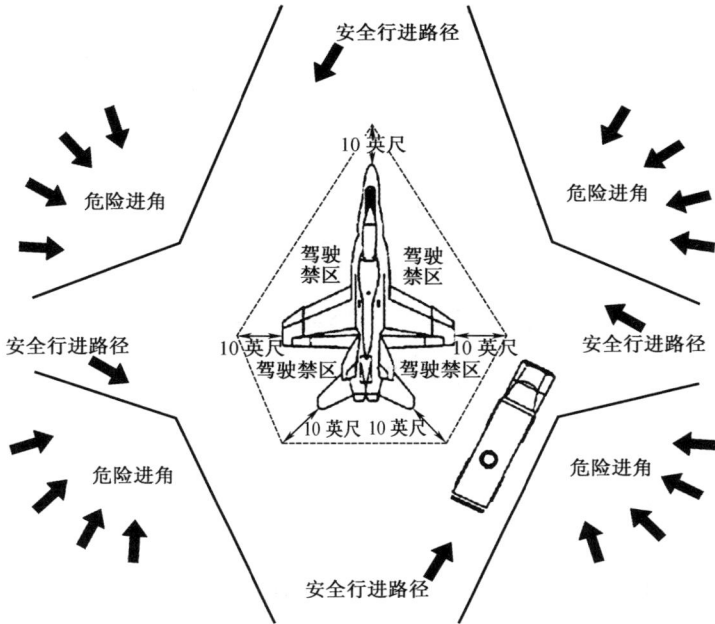

图 5.10　油罐车加油备选路径

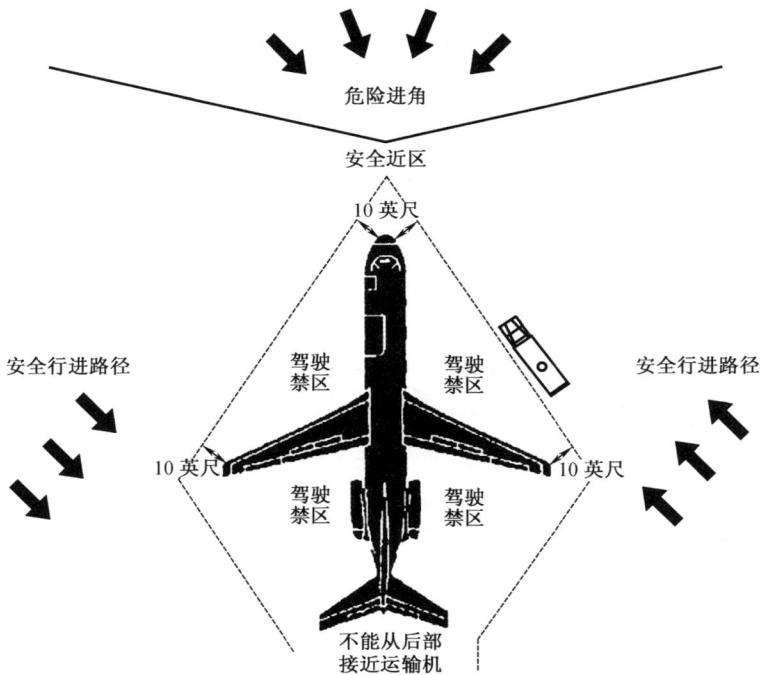

图 5.11　推进、推进/喷气及运输飞机的方法

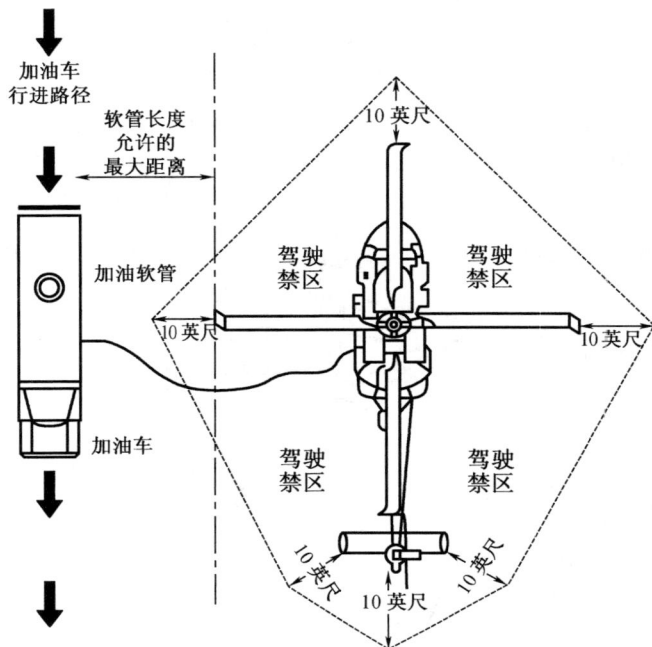

图5.12　直升机备选加油方法

每项活动中均需记录油罐车的运动和操作,日记的形式如表5.2所示。

表5.2　飞机加油调度日志表

日期：　　　　　　　　　　　　　　　　　　　　页码：

行程号	油罐车号	驾驶员	油罐车类型	目的(飞机编号)	请求方			上报主管	呼叫时长	呼出时间	呼入时间	加仓数	初始量		说明
					姓名	活动	电话						抽出量	加入量	

加油车不得有下列情形：

①使得加油车始终指向飞机的任意部分。

②在飞机末端10英尺以内各点构成的直线投影区域中驾驶。

③不使用测位仪,将止轮块预先定位在加油车必须停靠点上,然后将车倒入

飞机近旁。

④定位位置距离飞机的任意部分不足 10 英尺。

加油车停在飞机同侧的某个位置,相当于飞机的接头,这样当驾驶员/操作员制动故障自动刹车装置控件时,能够直视看到加油喷嘴操作员。如果在整个加油操作中,驾驶员/操作员不能直接看到喷嘴操作员,那么可能会导致燃油溢出或者火灾。禁止将软管从机身下面连接到飞机的加油接头上,同时,禁止同时操作翼上和压力加油系统,因为翼上喷嘴可能会出现过度压力剧增。

[说明]当确定备选路径和加油位置时,尾管温度和飞机油罐通风管的位置都值得慎重考虑。

通过油罐车给飞机加油需要三个人配合完成:一名喷嘴操作员(由中队、维护部或者临时线委派),一位驾驶员/操作员(由燃油部委派)和一名灭火器操作员(由中队委派)。喷嘴操作员协助驾驶员/操作员取下并替换加油车的软管。

驾驶员/操作员按照如下步骤为加油操作做准备:

①给油罐车进行再循环(冲洗),并酌情取一份燃油样品进行质量检查。每天在给第一架飞机加油前,首先进行燃油污染检测。在得到可以接受的燃油前不得进行加油操作。

②冲洗翼上喷嘴。冲洗翼上喷嘴时,需要一个专门的接收端口,接收端口通过管道连接到燃油储罐中。还有一个备选方法,就是给加油站进行再循环,通过压力加油喷嘴取样,然后用翼上喷嘴迅速替换压力加油喷嘴,然后再开始加油操作。

③对飞机(仅固定翼)完成热制动检查后,将加油车开到加油位就位,然后遵循前面讨论的流程进行加油作业。加油车的位置应该便于紧急情况发生时立即驶离。不得使用止轮块。

④设置刹车。

⑤将换挡杆放在空挡上。

⑥关闭前大灯和不必要的开关(驾驶员/操作员)。

⑦打开驾驶员侧门。在加油操作过程中,侧门保持部分打开状态。

[警告]不论什么时候,当油罐车固定不动而且发动机运行时,必须使油罐车驾驶室内的一扇窗户保持局部及以上打开状态,这样就可以避免驾驶室内一氧化碳积聚。

当油罐车已经就位且已做好上述准备工作时,请按照如下指令开展操作:

[说明]a.通过油罐车给飞机进行 JP - 5 燃油、JP - 8 燃油、商用 JetA 燃油或者 JetA - 1 燃油冷加油操作时,需要一名喷嘴操作员和一名驾驶员/操作员配合完成。遇有紧急情况时,驾驶员/操作员的首要职责是释放故障自动刹车控件,然后操作灭火器,而喷嘴操作员的首要职责是断开喷嘴与飞机的连接。然后当驾驶员/操作员盘起软管并驾驶油罐车驶离该区时,喷嘴操作员接管灭火职责。在一

般情况下,喷嘴操作员将帮助驾驶员/操作员移动并摆放加油车上的软管,以便使对软管和喷嘴的磨损最小化。

b.给飞机进行 JP-4 燃油或者商用 JetB 燃油冷加油操作需要三个人配合完成,即除喷嘴操作员和驾驶员/操作员外,还需要一名专业的灭火器操作员。

给飞机和油罐车进行电子结合(冷加油)时,需按照如下步骤进行操作。

①保障飞机上与加油操作无关的所有电子和电气开关的安全(飞机机长)。

②验证灭火器是否在加油点(加油站操作员)。

③附接加油设备与飞机之间的结合线(见图5.13),不得启动或者关停飞机发动机或者辅助动力机组。不得连接、断开、打开或者关闭外部电源,因为改变飞机的电源状态可能产生明显的点火源。

④抽出软管(或者受电摆动臂),放置在正确的加油位置上(喷嘴操作员和加油车操作员)。

⑤从飞机上取下加油接头帽,并从压力喷嘴上取下防尘帽。检查喷嘴表面,确认是否干净,同时验证流量控制手柄是否处于全关和锁定位(喷嘴操作员)。

⑥目测检查飞机接头(插座)是否有任何损坏或者显著的磨损。如果对接头的完整性有任何怀疑,那么使用接头通止规或者备用通止规来确定接头的可接受程度(喷嘴操作员)。

[警告]如果喷嘴磨损或者破裂,则加油喷嘴的安全联锁装置将被破坏,使得提升阀打开,造成燃油飞溅或者溢出。

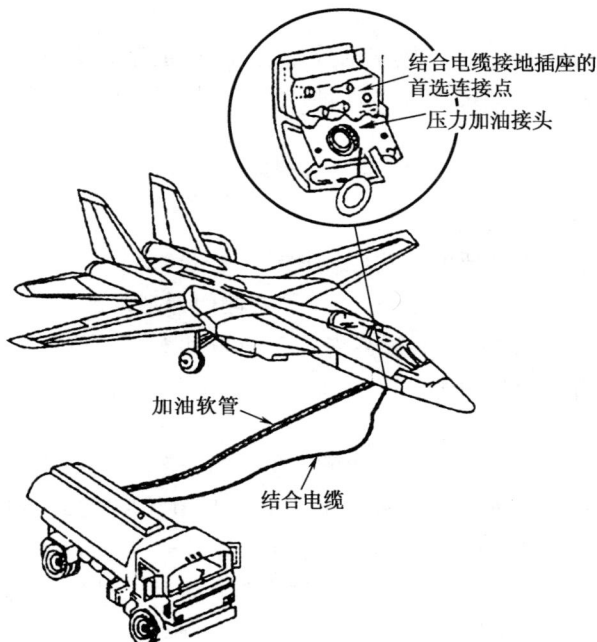

图 5.13　给飞机和油罐车进行电子结合(冷加油)

⑦用提手将喷嘴提起,将喷嘴上的凸块与飞机接头上的狭槽对齐。将喷嘴牢牢地按压到接头上,顺时针旋转到正停位,这样就可以将喷嘴与飞机挂接好(喷嘴操作员)。

⑧使加油表或者累加器读数归零(加油车操作员)。

⑨旋转喷嘴流量控制手柄到全开位。手柄必须旋转180度,保证提升阀完全打开并锁定。流量控制手柄可以放置在两个锁定位上:全开或者全关。手柄不能作为燃油流动情况的标志。如果允许手柄在未锁定位"浮动",那么飞机接头和燃油喷嘴提升阀将会过度磨损(喷嘴操作员)。

⑩在收到喷嘴操作员和机长的信号,表明钩挂已经完成而且已经准备好进行加油操作后,加油车操作员制动远程手持式自动刹车控件。

[警告]故障自动刹车装置控件未被遮挡不能打开或以其他方式破坏,否则将破坏装置的功用,并导致灾难性事故。

⑪燃料流形成后,检测飞机的预检系统。预检系统将关闭飞机内油罐的所有进油截止阀,通过这种方式模拟加油操作完成。流入飞机的所有燃油流,都应该在制动预检系统后的几秒到一分钟的时间内停止。要检测燃油流是否已经停止以及预检系统是否成功,主要方法是通过加油站上的仪表来判定。如果加油站上没有仪表,则可以观察加油软管的挺举和加劲现象,或加油站上的压力峰值,通过这两种方法便可以成功地完成预检。

[警告]如果飞机未通过预检,那么将采用冷加油方式,但是须遵循特殊流程。请参考适当的飞机 NATOPS 手册。

⑫按照机长的指示给飞机加油。在必要情况下,机长监测飞机通风管、油罐压力表和警示灯。

⑬当机长要求时,释放故障自动刹车装置控件(加油车操作员)。

⑭旋转喷嘴流量控制手柄到关闭和全锁位(喷嘴操作员,并由加油车操作员验证)。

[警告]如果未能将流量控制手柄锁定在关闭位,可能导致喷嘴的安全互锁装置失效,并最终导致燃油飞溅或者溢出。

⑮从飞机接头上断开喷嘴连接(喷嘴操作员)。

⑯存放受电摆动臂或者软管(喷嘴操作员和加油车操作员)。

⑰完成文书工作(喷嘴操作员和加油车操作员)。

5.4.3　翼上油罐车加油操作

从油罐车上给飞机进行翼上(重力)加油操作,必须完成如下改进:

①重复"通过油罐车给飞机进行冷加油操作"中的第①步至第㉝步。

②将加油表或者累加器读数归零(加油车操作员)。

③抽出软管(或者受电摆动臂),将它放在正确的加油位上(喷嘴操作员和加

油车操作员)。

④将翼上喷嘴与飞机结合起来,然后从飞机上取下加油口盖(喷嘴操作员)。

[警告]在将加油口盖取下之前,将喷嘴与飞机始终结合在一起。直到整个加油操作完成,在此之前喷嘴与飞机的连接将始终保持原位。如果未能结合喷嘴或保持接触将在燃油罐内产生危险的静电火花。

⑤将翼上喷嘴插入到飞机的加油端口中,并且在整个加油操作过程中,保持翼上喷嘴和飞机加油端口金属之间直接接触(喷嘴操作员)。

⑥收到喷嘴操作员/机长的"钩挂已完成可以开始加油操作"的信号后,加油车操作员制动远程手持式故障自动刹车装置控件。

[警告]不得隐瞒故障或者或以其他方式破坏自动刹车装置控件,避免破坏装置的功用,甚至导致灾难性事故。

⑦喷嘴操作员慢慢地挤压翼上喷嘴的手柄,启动燃油流并按照机长的要求给飞机加油。机长将监测飞机通风系统。

⑧当机长要求时,释放故障自动刹车装置控件(站操作员)。

⑨断开喷嘴与飞机之间的结合线(喷嘴操作员)。

⑩存放受电摆动臂或者软管(喷嘴操作员和加油车操作员)。

⑪完成文书工作(喷嘴和加油车操作员)。

5.4.4 加油车停放

在所有活动中,只要发动机运行,那么就要求加油车辆始终处于人为监控之下。当操作员开展与飞机加油作业直接相关的活动时,那么视为操作员正在照料加油车辆。

举例来讲,给飞机加油操作员提供帮助、运送软管等操作都属于照料加油车辆的情形。

如果操作员需要离开油罐车,使油罐车处于无人照料境况下,则需要按照如下程序进行操作:

①将油罐车驶离飞机;

②如果适用,将空气制动放置在打开并锁定;

③设置驻车制动器;

④指导前轮停在一个开放、通畅的区域内;

⑤关停发动机;

⑥给驱动轮放上止动块。

5.4.5 思考题

(1)当操作加油油罐车时,需要几个人来操作油罐车加油站?

(2)当操作加油油罐车时,什么时候必须由两人操作油罐车加油站?

（3）油罐车加油站上的交油喷嘴连接到燃油油罐车的哪个组件上？

（4）如果加油油罐车已经完全排空，如何向其中加油？

（5）为什么在油罐车加油站上不再开展顶部加油操作？

（6）在油罐车加油站上进行加油操作时，油罐车变速杆应放在什么位置？

（7）当从油罐车加油站上给加油车加油时，最后一步是什么？

（8）为什么给飞机加油的加油车始终按照相同的方式定位？

（9）加油油罐车距离飞机的最小距离是多少？

（10）当加油车倒车接近飞机时，应始终遵循什么原则？

（11）为什么翼上和压力加油系统无法同步进行？

（12）在确定加油车的备选路径以及加油位置时，应考虑加油油罐车的和飞机的什么组件？

（13）基本上在所有情况下，如何给向飞机加油的加油车定位？

（14）当给飞机进行冷加油时，将加油车换挡杆放置在什么位置上？

（15）为什么在整个加油操作中，加油油罐车驾驶室中的一扇窗户要始终保持部分打开状态？

（16）遇有紧急情况时，在冷加油操作中，由什么人负责释放制动刹车控件来停止加油车上的燃油流动？

（17）如果给飞机进行 JP－4 或者商用 JETB 燃油的冷加油操作，除了驾驶员/操作员和喷嘴操作员外，还需要什么人员？

（18）在利用加油油罐车启动冷加油操作前，应在什么时间对车辆进行热制动检查？

（19）在冷加油操作中，什么人负责将加油表或者加油累积器读数归零？

（20）在利用配有翼上喷嘴的加油油罐车给飞机加油时，需要几个人？

（21）如果加油车操作员需要离开车辆，使加油车处于无人照料的情形中，那么应该采取什么步骤？

5.5　岸基工作程序

【学习目标】解释各种岸基加油操作的流程。

本节陈述及讨论的操作流程适用于一般类型的燃油设施和设备，在给飞机加油的所有或者多数活动中，都需要使用这些设施和设备。由于每个装置的实际设施和设备各不相同，因此这里给出的流程和相关信息只能作为基本框架和指导。相关人员应遵循所在加油站的具体操作流程，来开展实际的加油和抽油操作。

如果燃油操作未按照正常方式进展，那么加油人员应该立即停止加油操作（花费的时间比预期的时间要长，或者压力太高）。如果违反安全规定，则应立即上报燃油官(FO)或者燃油管理官(FMO)。

如果未能识别并终止非正常的燃油操作,可能导致灾难性事故。

在需要异常燃油操作的情形下,由燃油管理官决定是否继续行动。

[说明]海军航空系统司令部00—80T—103,《常规武器处理流程手册》(岸基)中明令禁止同步进行武器加油和加载、卸载操作。

5.5.1 泄漏预防与控制

就泄漏预防与控制而言,给燃油服务人员提供正确的培训是关键,对设备进行正确的维护也同等重要。此外,不得将泄漏或者有故障的设备投入使用、不得阻碍自闭喷嘴或者故障自动刹车控件打开,也不得绕过它们。应避免燃油软管出现扭结和缩短的情况。此外,每个季度应按照海军供应流程(NAVSUP—558),进行一次燃油溢出或火灾预防演练。

当发现有燃油溢出时,应释放故障自动刹车控件、关闭喷嘴手柄,并立即操作应急截止阀来停止燃油相关操作。其后立即将情况上报给督导,在督导授权前不得恢复燃油操作。任何燃油溢出情形都必须彻查,找到问题的根源,查看应急流程是否正确执行,以及需要什么纠正措施。

1. 原液溢出

在冷加油操作中,如果发生在任意维度上且燃油溢出面积小于18英寸,则不必采取应急措施。但是,坡道人员须手持灭火器,直到操作完成或者飞机离开。如果发生燃油溢出或者泄漏,不管规模大小,都必须终止加油操作。

2. 少量溢出

如果发生其他少量燃油溢出情形,即溢出面积在任意维度上介于18～120英寸之间,那么必须派一位消防员,且至少配备一个灭火器。既可以用吸水清洁剂又可以用乳液化合物来吸收溢出的燃油。被污染的吸收剂必须放置在带封闭盖的金属容器中,直到可以按照局部危险废物处置流程处置时再取出处置。但是有一个例外情形,即如果发生燃油溢出的区域没有正在进行的燃油操作,或者等挥发性燃油无害挥发后才开展燃油操作,因此在这两种情况下就可以将危险废物取出并处置。在这种情况下,必须将场地用绳索围起来。像JP－5这种不易挥发的燃油必须按照上面给出的方法之一去除。

3. 大量溢出

如果燃油溢出面积在任意维度上大于10英尺或者溢出面积超过50平方英尺,则必须立即召集溢油响应小组,所有其他人员撤离到安全范围以外。严禁任何人从燃油液体溢出区域穿行。

4. 海军放油响应

如果发生燃油溢出,那么应立即按照溢油应急计划,上报给该活动的环境协调员。

所有燃油管理官都应该对 OPNAVINST 5090.1 系列了如指掌,并且深谙局部溢油应急计划。

5. 涌激压力控制

设计燃油处理流程的目的旨在使涌激压力最小化,步骤如下:
①慢慢地关闭所有阀门,特别是关闭动作的后半程应更加缓慢;
[警告]即使发生紧急情况例如软管或者管道泄漏,也必须慢慢关闭阀门。如果阀门关闭太快,可能造成足够幅度的涌激压力,致使管道或者系统破裂。
②压力表安装在控制阀进油侧的关键位置上,这样操作员就可以使压力保持在阀门关闭时的限值范围内;
③启动并关停增压泵,如有要求,则打开旁通,然后慢慢地关闭阀门;
④在各种泵操作中,一次仅启动并关停一台泵机;
⑤在启动项操作时,首先打开下游阀门,向泵源方向推进;
⑥在停止项操作时,将上述步骤反过来,并首先关闭上游阀门;
⑦给所有空管线或者局部空管线慢慢加油,特别是有陡坡的此类管线更应该慢慢加油;
⑧尽可能地将接油管道和发油管道包装好。

6. 夜视镜

在加油操作中,夜视镜使用的指导原则需符合局部流程的相关规定。

5.5.2　冷加油

在发动机关闭的情况下,在直接加油站(燃油池)进行加油操作(冷加油)

当通过加油栓、直接加油站、撬装结构和其他燃油机组,给静态条件下的飞机进行冷加油操作时,需要至少两名训练有素的、经过认证的操作员。另外,还需要一名喷嘴操作员(由中队、维护部或者临时管线部门派遣)和一名燃油系统操作员(由燃油部派遣),同时履行灭火器操作员的职责。

直接加油操作记录在日志中(表5.3),便于跟踪。

表 5.3　直接加油站日志

直接加油站日志						
加油站(燃油池)号：				日期：		
时间	A/C			发配量 （加仑）	SQDN 签字	加油站操作员首字母
	类型	BUNO 号	SQDN			

　　飞机加油任务应按照如下顺序执行,并经燃油池操作员验证。任务的具体执行人员名单写在相应任务后面的括号中。

　　①对加油站进行再循环(冲洗)并取适量燃油样品进行质量控制检查。每天给第一架飞机加油前,燃油都须先通过加油软管和喷嘴进行再循环或者冲洗,并检测是否含有污染物。在未获得可以接受的燃油样品之前,不得进行加油操作。如果未能给飞机提供干净干燥的燃油,则可能对飞行安全产生不利影响(加油站操作员)。

　　②检查热制动状况。热制动检查仅适用于固定翼飞机(机长)。

　　③将飞机拖到直接加油站,定位并放置止轮块。如果使用同一个直接加油站进行加油作业,那么在给飞机进行热加油作业的同时,禁止同时给飞机进行冷加油操作。如果牵引车仍然保持连接,那么关闭发动机直到加油进程完成为止(机长)。

　　[注意]飞机停靠在加油区内,这样软管就不用从飞机底下穿过连接到压力加油插座上。

　　④妥善处置飞机上与加油操作无关的所有电子和电气开关,保障它们的安全(机长)。

　　⑤验证消防设备是否在加油操作的紧邻范围内,以及是否有人职守(加油站操作员)。

⑥附接加油设备和飞机之间的结合线(图5.14)。在直接燃油系统中,通常通过喷嘴/软管/受电摆动臂系统(图5.15)完成上述结合。如果上述结合不可行,那么可通过飞机加油接头附近的接地插座进行结合。如果仍然不可行,那么通过裸露的金属与飞机进行连接(机长)。

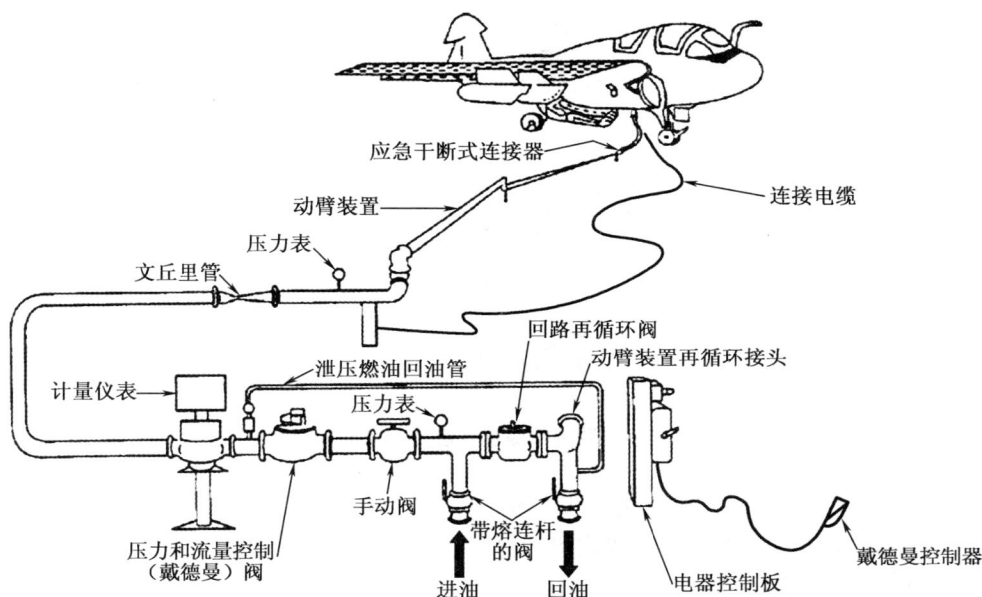

图5.14　飞机与直接加油站结合

⑦拉出受电摆动臂(或者用卷轴将软管卷出),将它放在加油操作的正确位置上(喷嘴操作员和加油站操作员)。

⑧从飞机上取下加油接头盖,并从压力喷嘴上取下防尘盖。检查喷嘴表面是否干净,并验证流量控制手柄是否位于全关和锁定位(喷嘴操作员)。

⑨目视检查飞机接头(插座)是否损坏或者严重磨损,并用接头通止规或者备用通止规来确定飞机接头的可接受程度(喷嘴操作员)。

[警告]如果接头磨损或者破裂,那么将破坏加油喷嘴的安全互锁装置,使得提升阀打开,造成燃油飞溅或者溢出。

⑩通过提升手柄将喷嘴提起,首先将喷嘴上的凸块对准飞机接头上的狭槽,然后将喷嘴牢牢地挤压到接头上,顺时针方向旋转至正停位,从而将喷嘴钩挂到飞机上(喷嘴操作员)。

[警告]喷嘴必须牢牢地固定在接头上,不得歪斜。如果歪斜则表明喷嘴的安全互锁系统有故障,这种情况下会造成燃油飞溅或者溢出。

⑪将加油站上安装的燃油表归零或者记录加油站累加器的读数(加油站操作员)。

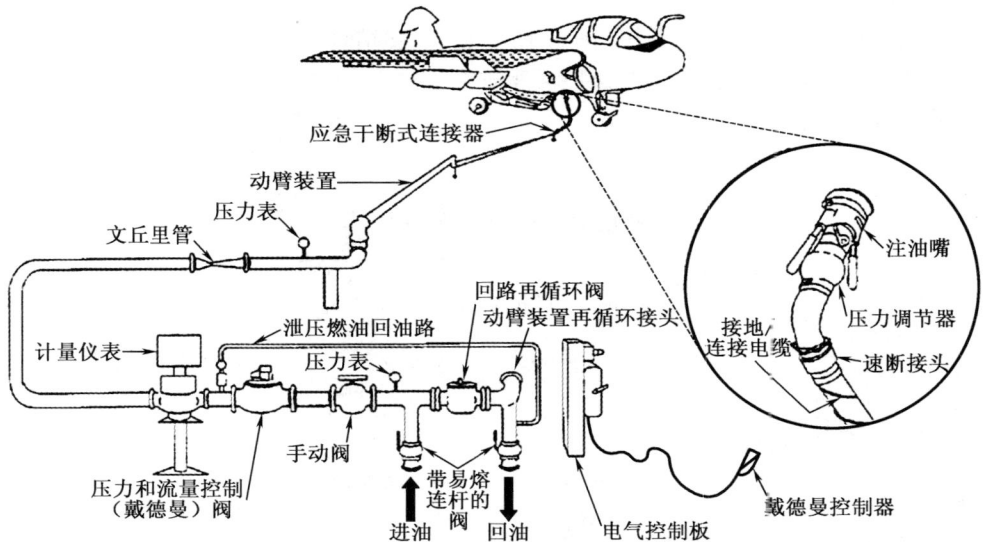

图 5.15 通过喷嘴接头进行结合和接地

⑫在收到喷嘴操作员和机长发出的"钩挂完成,可以开始加油操作"的信号后,加油站操作员制动远程手持式故障自动刹车控件。不得以任何方式挡住或者超操作故障自动刹车控件。遮挡或者超操作会破坏装置的性能,并且导致灾难性事故发生。

[警告]一旦加油进程开始,不得改变飞机的电源状态和连接情况,直到加油操作完成或者遇有紧急情况终止加油操作为止(改变飞机的电源状态会形成显著的点火源)。

⑬如果软管已经完全充满,旋转喷嘴的流量控制手柄至全开位。手柄必须旋转 180 度,确保提升阀全开并锁定(喷嘴操作员)。

[警告]压力加油喷嘴的流量控制手柄可以放置在两个位置上,既可以放在全开位也可以放在全关位。手柄的位置不能用来指示燃油的流动情况。如果允许手柄在未锁定位"浮动",那么将导致飞机接头和燃油喷嘴提升阀过度磨损。

⑭一旦形成燃油流量,则需对飞机的预检系统进行检测。预检系统关闭飞机内油罐的所有截止阀,通过这种方式模拟加油操作完成。当预检系统制动后,流向飞机的所有燃油流应在几秒到一分钟的时间内停止。加油站上的仪表是检测燃油流是否已经停止以及预检是否成功的主要评判方式。如果加油站上没有安装仪表,那么可以观察加油软管是否出现挺举和加劲现象,以及加油站上是否出现压力峰值,通过这种方式来确定预检是否成功。

[说明]如果飞机未通过预检,那么可以给飞机进行冷加油操作,但是需要遵循特殊流程。请参考适用的飞机 NATOPS 手册了解相关信息。只有必要时,才允

许在预检失败后进行冷加油操作。

⑮按照机长的指示给飞机加油。必要时机长需监测飞机通风系统、油罐压力表和警报灯。

⑯当机长要求时,释放故障自动刹车控件(加油站操作员)。

⑰旋转喷嘴流量控制手柄到关闭位和完全锁定位(喷嘴操作员,并经加油站操作员验证)。

[警告]如果未能将流量控制手柄锁定在关闭位,将导致喷嘴的安全互锁系统故障,并导致燃油飞溅或者溢出。

⑱从飞机接头上断开喷嘴连接(喷嘴操作员)

⑲存放受电摆动臂或者软管(喷嘴操作员和加油站操作员)。

⑳完成文书工作(喷嘴和加油站操作员)。

5.5.3　在直接加油站(燃油池)通过翼上(重力)喷嘴加油

通过翼上(重力)喷嘴给静态飞机加油需要三个人配合完成,即一名喷嘴操作员、一名燃油系统操作员和一名灭火器操作员。翼上(重力)加油可通过加油栓、直接加油站、撬装结构和其他加油机组完成。

[警告]未授权在发动机运行的情况下进行翼上加油操作(热加油)。

按照如下顺序开展飞机加油任务,并由燃油池加油站操作员予以验证:

①对加油站进行再循环(冲洗)并取适量燃油样品进行质量控制检查。先检测燃油是否含有污染物,然后再给飞机加油。在未获得符合要求的燃油样品之前,不得进行加油操作。给加油站进行再循环,将压力加油喷嘴就位提取样品。在开始加油操作前,将带翼上喷嘴的压力加油喷嘴重新放置就位(加油站操作员)。

②检查"热制动"状况。热制动仅适用于固定翼飞机(机长)。

③将飞机牵引到直接加油站,定位并放置止轮块(机长)。

④妥善处理飞机上与交油操作无关的所有电子和电气开关,保证它们的安全(机长)。

⑤验证灭火器是否在加油站内(加油站操作员)。

⑥附接加油设备和飞机之间的结合线。在加油进程完成之前,或者加油遇有紧急情况终止之前,不得改变飞机的电源状态和连接情况。

不得启动或者关停飞机发动机或者辅助动力机组。不得连接、断开、打开或者关闭外部电源(改变飞机的电源状态可能形成重大点火源)。

⑦将加油站燃油表归零或者记录加油站累积器的读数(加油站操作员)。

⑧取出受电摆动臂(或者用卷盘将软管卷出),并将它放在加油操作的正确位置上(喷嘴操作员和加油站操作员)。

⑨将翼上喷嘴和飞机结合起来(图 5.16),然后从飞机上取下加油口盖。切记,应优先取下加油口盖,然后再将喷嘴与飞机结合起来。直到整个加油操作完

成,在此之前这个连接将始终保持原位不动。如果未能连接并维护喷嘴与飞机的结合,则可能在燃油罐中产生危险的静态火花(喷嘴操作员)。

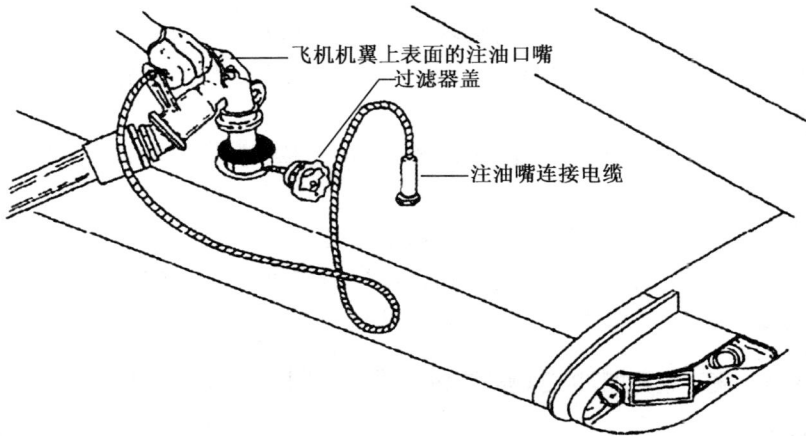

图5.16 飞机机翼上表面注油嘴与飞机的连接电缆

⑩将翼上喷嘴插入到飞机的加油端口中,并在整个加油操作过程中,维持翼上喷嘴和飞机加油端口之间的金属直接接触(喷嘴操作员)的状态。

⑪如果收到喷嘴操作员/机长的信号,且说明钩挂已经完成并做好准备开始加油操作后,加油站操作员制动远程手持式自动刹车控件。

[警告]不得遮挡故障自动刹车控件或者通过其他方式将其损坏甚至无法打开,否则将因此破坏装置的功用并导致灾难性事故。

⑫喷嘴操作员挤压翼上喷嘴手柄启动燃油流量,并按照机长的要求给飞机加油。必要时,机长将监测飞机通风系统、压力表和警报灯。

⑬当机长授意时,释放故障自动刹车装置控件(加油站操作员)。

⑭断开喷嘴与飞机的结合线(喷嘴操作员)。

⑮存放受电摆动臂或者软管(喷嘴操作员和加油站操作员)。

⑯完成文书工作(喷嘴操作员和加油站操作员)。

5.5.4 热加油

在发动机运行(热加油)的情况下开展加油操作。只有当要求飞机快速周转时才进行热加油操作,因为热加油操作更加危险,而且从燃油和人力资源的角度讲也非常昂贵。

对此,只能进行压力式热加油操作。

[警告]如果加油站的配置使得故障自动刹车装置控件操作员无法直视看到飞行员和喷嘴操作员,则需要第四个人(加油协调员)来配合共同完成加油操作。

在每次热加油操作中,至少需要三名地面机组人员。执行热加油操作的所有人员都必须训练有素且经过资格认证。

热加油操作中需要的人员及其以对应的具体职责如下:

①一名加油站操作员。加油站操作员必须由具体的燃油管理组织派遣,且具备加油操作资格,其所处的位置必须能够观察并监测到整个热加油操作。加油站操作员的职责还包括实际操作故障自动刹车装置控件。

②一名喷嘴操作员。喷嘴操作员必须是中队机组人员,有资格为待加油的飞机型号开展飞机加油职责。其职责包括执行必要的飞机加油检查,例如检测预检系统并监测飞机通风系统和加油面板。在整个加油操作过程中,喷嘴操作员将驻守喷嘴岗位,只有在必须检查通风系统时离开。

③一名消防值班操作人员。消防值班操作人员的职责是在整个加油操作过程中操纵灭火器。这名操作员通常为 TAD,为待加油中队成员之一。

④一名加油协调员(机长)。加油协调员是正在进行热交油操作飞机中队的一名机组成员。协调员的主要职责包括指导飞机的所有活动并协调燃油机组和飞行员之间的手势信号。如果故障自动刹车控件操作员通过肉眼即能够看到飞机飞行员和喷嘴操作员,那么加油协调员的职责可以由加油站操作员或者喷嘴操作员代为执行。

1. 设备要求

当在岸基活动中进行热加油操作时,则设备的最低配置要求如下:

①一个燃油值勤机组,例如直接加油站(燃油池)或者移动式加油车。这个机组必须具备本章前面列出的飞机加油系统/设施需要的所有必要功能和系统(过滤器/分离器、燃油监测器等)。燃油值勤机组必须有一个控制加油操作的完整的故障自动刹车控件,这个控件必须在释放后立即(2 秒之内)切断燃油流。控件释放后通过故障自动刹车装置阀门漏出的燃油量 5 分钟内不得超过 1 加仑。燃油值勤机组通过一个电阻小于 10 000 欧的接头接地(大地)。值勤系统的燃油供给罐距离正在进行加油作业的飞机的任意部分(机翼、转子叶片等)不少于 50 英尺。

②一个固定的/便携式受电摆动臂或者一节至少长 50 英尺的加油软管。首选受电摆动臂加油臂,因为它们不易发生破裂。

③一根结合线/接地线。较新的直接加油站(燃油池)都设计有一根结合线/接地线,结合线/接地线接入受电摆动臂内,沿着软管走线。因此在这些系统中就不需要独立的结合线。如果电气连接检查证明电阻为 10 000 欧或者更低,即满足电气连接要求。

[警告]在通过油罐车进行热加油操作时,油罐车和飞机都必须与大地进行接地操作,并且相互结合。

④飞机轮止轮块或者类似的约束装置。

⑤为机组的每位成员配备耳塞、护目镜、头盔、长袖衬衫和裤子。不得穿有钉

子或带有金属装置的鞋子,以避免引起火花。

⑥为每个正在进行加油作业的飞机配置一个灭火器。详细情况请查阅《飞机消防和救援手册(NATOPS)》(海军航空系统司令部00—80R—14)。

⑦热加油操作中涉及的所有地面人员必须有操作配置的灭火器材的资格认证。

⑧一个应急干式速断耦合。这个耦合附接到受电摆动臂(针对直接加油站)附近的加油软管上,或者燃油值勤机组的附着点上。

2.热加油流程

在飞机进入到加油区内之前,必须开展如下内容:

①检查热销蚀状况。如果存在热销蚀状况,则不能进行热加油操作。热制动检查仅适用于固定翼飞机(机长)。

[注意]当飞机已经滑入指定的热加油区内后,不得从喷嘴抽取燃油样品。取样会增加燃油溢出的可能性。

②加油站或者移动式加油车必须再循环(冲洗),并提取适量燃油样品进行质量控制检查。每天,在给第一架飞机加油前,要先检测燃油是否包括污染物。在获得符合要求的燃油样品(清洁明亮且无可见沉积物的样品)前,不得进行加油操作(加油站操作员)。

③加油区域必须进行监管,防止外物损害(FOD)。

④地面机组必须佩戴声音衰减耳塞、护目镜和头盔。

⑤由有资质的中队人员确认是否所有军械都安全妥善。安全妥善的定义是指将任意机械装备杆、安全销、电力中断插头/销子重新放置就位,并保证军备开关和所有正确动作的安全,军备开关和动作的作用是保证携带军械的安全。

[警告]禁止给装载了炸药的作战飞机、携带悬挂军械的飞机或者吊舱/分配器中加载了诱饵的飞机进行热加油操作。装载了炸药的作战飞机不能进入燃油池。仿制炸药、练习炸药、仅包括闪光或者冲击信号弹药筒、没有真实弹头和马达的训练导弹、内部携带的信号弹和SUS弹药、飞机特有匣式启动装置以及已经退膛装载了打靶弹药的架好的枪炮不包括在这些设备中。

5.5.5 加油区域内的热加油流程

1.步骤

应采取如下步骤:

①飞机按照区域SOP要求滑入热加油区。飞机进入加油区内时,使飞机的加油插座一侧靠近受电摆动臂或者软管。一旦正确定位完成,则揳止飞机。

a.未授权在加油区内给AV-8B注水系统/罐进行操作。

b.受电摆动臂必须伸展到一个足够的距离,使应急干断装置能够正确工作。受电摆动臂不得干扰飞机的运动。通过动臂装置进行加油时,飞机的位置如图5.17所示。

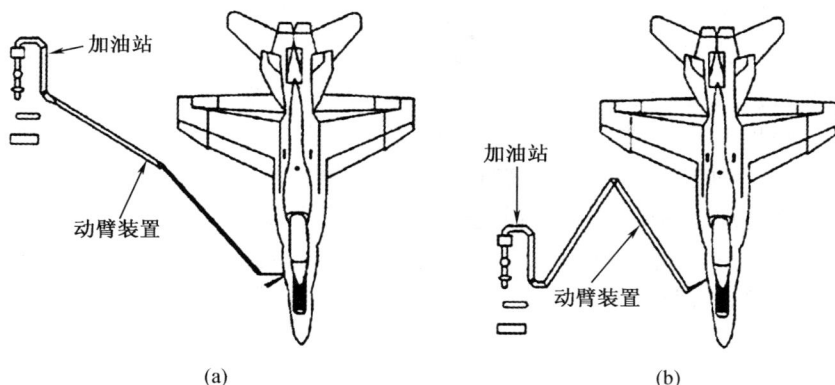

图 5.17　通过动臂装置进行加油时飞机的位置

(a)正确的停机位;(b)危险的停机位

注:1.飞机处在加油站的前部;

　　2.飞机的注油口应与加油站在同一侧;

　　3.动臂装置应完全张开。

c.不得将软管或动臂装置从飞机机身下穿过接到压力加油插座上。这样做会干扰应急干断耦合的运行,以及当飞机起落架故障或者失效时可能导致割断软管/动臂装置。

d.在整个加油操作过程中,如果发生任何泄漏情形,立即断开加油软管。

e.任何时候当故障自动刹车装置控件操作员制动故障自动刹车装置控件时,都应该能够看到飞机插座处的加油喷嘴操作员。

f.如果主要或者辅助截止阀检测发现故障,应立即终止热加油操作。

g.在整个加油操作进程中,飞机顶篷以及直升机侧门(如安装)将保持关闭。如果顶篷打开,飞机加油操作将得到安全保障。当通过移动式加油车给旋转翼飞机进行热加油操作时,如果不使用受电摆动臂,那么只能将转子叶片脱开。任何时候只要有可能,应避免通过移动式加油车给直升机进行热加油操作。

[说明]a.后货舱门和/或飞机加油接头对侧的门可以打开,但是前提条件是加油软管已经定位好,即当喷嘴/接头故障或者如软管破裂时,飞溅而出的燃油不会进入飞机客舱、货舱和驾驶舱。

b.高温和湿度。飞行员可自由裁量,给 AV－8B 飞机进行热加油操作,将飞机顶篷打开,因为当起落架负重时,飞机的环境控制系统将无法运行。

②飞行员确保加油操作不需要的所有电子和电气设备的安全。

③验证人为操作的消防设备是否正确定位,是否可以开展加油操作(加油站

操作员)。

④将飞机和加油设备结合起来。给飞机进行接地操作,连接到一个大地电阻值为 10 000 欧或者不足 10 000 欧的接地装置上(机长)。

a.与冷加油操作不同,当飞机发动机或者辅助动力装置(APU)运行时,会产生额外的静电荷,必须将这些静电荷接到大地上。

b.在直接加油系统中,结合和接地通常是同步完成的,即将加油喷嘴附接到飞机上。喷嘴、软管及受电摆动臂系统在飞机和加油设备之间提供一个连续的电气路径,飞机和加油设备与大地进行接地连接(图 5.11)。

c.在直接加油站中,如果未通过喷嘴、软管及受电摆动臂系统建立结合和接地连接,那么必须提供一个独立的线缆与加油设备结合,同时与电阻为 10 000 欧或者更低的接地装置连接。应该使用靠近飞机加油接头的接地插座。如果没有这个接地插座,那么应与飞机上的裸露金属连接。

d.当通过加油油罐车进行热加油操作时,油罐车连接到电阻为 10 000 欧或者更低的大地接地装置上;油罐车和飞机将互相结合起来。如果便携式或者永久固定的受电摆动臂正确接地并配置,那么在喷嘴和受电摆动臂之间将有连续的电流通过。油罐车的结合线附接到受电摆动臂上。

e.当通过固定设施给飞机进行热加油操作时,主要的飞机滑行主管为机组主管、机长以及训练有素且合格的中队队员。

⑤将受电摆动臂拉出(或者通过卷盘将软管卷出),放置在加油操作的正确的位置上(喷嘴操作员和加油站操作员)。

⑥从飞机上取下加油接头盖,并从压力式加油喷嘴上取下防尘盖。检查喷嘴的表面,确保表面干净,并验证流量控制手柄是否在全关和锁定位(喷嘴操作员)。

⑦目测检查飞机接头(插座)是否损坏或者是否有明显的磨损。如果对接头的完整性存在怀疑,则需要使用接头通止规或者备用通止规来加以验证。

[警告]如果接头磨损或者破裂,那么将破坏加油喷嘴的安全互锁装置,使得提升阀打开,导致燃油飞溅或者溢出。

⑧通过手柄提起喷嘴,将凸块对准飞机接头上的狭槽,将喷嘴牢牢地按压到接头上,顺时针方向旋转到正停位,即将喷嘴钩挂到飞机上(喷嘴操作员)。

[警告]喷嘴必须稳稳地固定在接头上,不得歪斜。如果歪斜则表明喷嘴的安全互锁系统可能出了故障,这将导致燃油飞溅或者溢出。

⑨将加油表的读数归零或者记录累积器上的读数。

⑩在收到喷嘴操作员和机长的信号,示意钩挂已经完成可以开始加油操作后,加油站操作员将制动远程手持式故障自动刹车装置控件。在加油进程完成或者紧急情况下终止加油操作之前,不得改变飞机的电源状态或者连接情况。不得启动或者关停飞机发动机或者辅助动力装置,不得连接、断开、打开或者关闭外部电源,因为改变飞机的电源状态可能形成明显的点火源。

[**警告**]不得以任何方式,阻碍打开或者超操作故障自动刹车装置控件,这样会破坏装置的功用,甚至导致灾难性事故的发生。

⑪当软管已经完全充满后,旋转喷嘴流量控制手柄到全开位。手柄将旋转180度,确保提升阀全开并锁定。单点压力加油喷嘴的流量控制手柄可以放在两个锁定位的任意一个位置,保持全开或者全关。手柄不能用来指示燃油的流动情况。如果允许手柄在未锁定位"浮动",那么飞机接头和燃油喷嘴提升阀将出现过度磨损情况(喷嘴操作员)。

⑫一旦形成燃油流,则需启用飞机的预检系统。预检系统关闭飞机内油罐的所有进油截止阀,通过这种方式模拟加油操作。流入飞机的所有燃油流,都应该在制动预检系统后的几秒到一分钟的时间内停止。检测燃油流是否已经停止以及预检系统是否成功的主要方法是观察加油站上的仪表。如果加油站上没有仪表,则可以通过观察加油软管的挺举和加劲现象,以及加油站上的压力峰值通过这两种方法成功地完成预检(有资格人员)。

[**警告**]如果飞机未通过预检,则可以给飞机进行冷加油操作,但是需遵循一些特殊流程。请参考适用的飞机 NATOPS 手册了解相关信息。

⑬按照机长的指示给飞机加油。在必要情况下,机长将监测飞机的通风系统、油罐压力表和警报灯。

⑭当机长要求时,释放故障自动刹车装置的控件。

⑮旋转喷嘴流量手柄至关闭和全锁位(喷嘴操作员,并经加油站操作员验证)。

[**警告**]如果未能将流量控制手柄锁定在关闭位,可能导致燃油飞溅或者溢出。

⑯从飞机上断开喷嘴连接(喷嘴操作员)。

⑰存放受电摆动臂或者软管(喷嘴操作员和加油站操作员)。

⑱完成文书工作(喷嘴操作员和加油站操作员)。

⑲确保区域内没有设备和人员。

5.5.6　多源加油

原则上,一次只使用一辆加油油罐车给飞机加油。但是,有些情况下需要多辆油罐车或者油罐车用龙头来给飞机加油,特别是当必须给非常大的飞机加油时更是如此,其优点是降低飞机的周转时间。可以查阅机上 NATOPS 手册或者相应的飞机加油手册,了解多源加油操作的具体的指南和指导,然后再开始加油操作。

5.5.7　驮载加油

驮载加油方式是一个特殊的加油流程,一般用于给大型飞机加油,例如 C－5A 或者 E－6A。加油时需要两辆或者多辆加油油罐车。一辆油罐车附接到飞机的加油接头上,当这辆油罐车源源不断地给飞机加油时,另一辆油罐车则给这辆油罐车加油。这是一个高度危险的作业,只有在车辆配置正确,且有燃油管理官的直接督导下才可以进行。这些油罐车都安装了高位和低位报警装置以及截止系统,而且它们都可以全面运行。

①高位报警和截止系统对于防止燃油罐溢出至关重要。

②低位报警和截止系统对于防止油泵气蚀以及防止将空气泵入飞机内至关重要,否则可能引起灾难性的静电释放。

给飞机加油以及给油罐加油将按照"通过油罐车进行冷加油操作"中给出的流程进行。两项操作需要至少五名操作员,因为灭火操作员可以同时满足两项加油操作的灭火需求。可参考详细的局部指令,来了解每个工作人员具体的职责。

5.5.8 从一架飞机向另一架飞机输油

在加油过程中还会开展一些特殊目的的操作,在这些操作中,燃油从一架飞机直接加载进入另一架飞机中(或者地面上的车辆中)。从飞机上抽油是一个非常危险而且要求极高的作业,如果未经过正确的过滤和处理,将从一架飞机中抽出的燃油直接再用于另一架飞机,可能会对安全飞行产生不利影响。因此,只允许进行由海军航空系统司令部授权批准的输油操作。在这些操作过程中,必须时刻遵循正确的安全注意事项。

已批准的具体操作类型如下:

①从 KC – 130 飞机给飞机、燃油存储囊或者地面车辆加油。

②通过飞机对飞机燃油输送车在飞机之间输送燃油。关于更详细的信息,设备介绍或者操作流程,请参考《飞机加油手册(NATOPS)》(海军航空系统司令部 00—80T—109),以及《NSTMCH.542 汽油和 JP – 5 燃油系统》。

5.5.9 在辅助动力装置(APU)运行的情况下给飞机加油

可以利用飞机的辅助动力装置,给配备了辅助动力装置的军用飞机和商用飞机(当 FAA 批准开展商业活动的舰载机执行该项流程时)提供压力加油所需的电力。这项操作将不被视为"热加油"。但是,除了正常的加油流程外,还应该遵循如下注意事项:

①一名工作人员一直守在飞机外,距离辅助动力装置排气管不超过 10 英尺,并配备一个加油站消防队长规定尺寸的灭火器。

②燃油操作员验证飞机是否已经接地。

③一名人员留在驾驶舱内,负责 GTC 控制。

④在驾驶舱和执行加油操作人员之间建立沟通,确保发生紧急情况时立即关闭。

⑤在飞机近旁的人员必须穿戴声音衰减保护器。

[说明]辅助动力装置中带火灾感应器/抑制器系统的 P - 3 飞机能够自动扑灭辅助动力装置火灾。

5.5.10　从飞机上抽油

如前所述,在燃油人员开展的作业中,抽油操作是技术要求最高而且潜在危险最大的操作之一。多数飞机抽油设备的抽油速度都快于飞机的放油速度。

因此,可以调整油泵放油的速度,与从飞机抽出的燃油实现平衡,这样就可以避免油泵形成气蚀现象和丧失吸力,如果发生这两种情况则必须给泵重新注液。一旦实现了正确的平衡,在整个加油操作过程中,必须操作油泵下游侧的阀门,来维持这种平衡。

从飞机上抽油或涉及抽出燃油的操作只能委托给接受过专业培训、纪律严明的加油站操作员。

[警告]如果委派的抽油操作人员并非训练有素而且经验不足,则有可能因此而导致灾难性事故的发生。

一般来讲,抽油操作的优先级低于加油操作。发生燃油泄漏的飞机提出的抽油请求应视为紧急情况,需立即处理。严禁加快抽油操作进程。

对于在岸基加油站中开展的所有抽油操作,下列规则都适用:

①抽油请求必须由中队大副的授权代表,通过与图 5.18 中给出的飞机抽油操作证明类似的文件上报提出。每个活动的燃油管理官均应留存一份官方指定人员的清单,且至少一个季度更新一次。

②在抽油操作过程中,不得开展那种无法直接给抽油操作带去便利的维护工作。

③飞机应距离所有构筑物和其他飞机 50 英尺以上。必须将接地和系紧吊眼准备好。在操作地近旁必须有至少一个灭火器。

④在给飞机进行抽油操作时不使用喷射器/排空系统。

⑤只能用抽油机(而不是加油机)将可疑航空涡轮燃油从飞机中抽出,并存放在指定容纳槽内。最终处置方法将取决于稍后获得的实验室检测结果。应可能地回收不合规格的燃油,例如 JP - 5 燃油、F - 76 燃油或者再生油(FOR)。

⑥从涡轮发动机飞机中抽出的所有燃油是 JP - 4 燃油和 JP - 5 燃油的混合物。在未确定燃油的闪点是否高于 140 华氏度之前,不得将抽出的涡轮发动机燃油返回到 JP - 5 储油罐中。

⑦含有泄漏检测染料的燃油可以重新发回给同一中队的飞机上使用,并请求燃油的中队官签署一份声明,证明该燃油为安全燃油。可以利用加油机/抽油机抽出含有检测染料的燃油(可能需要几倍的燃油,才能将检测染料从加油机/抽油机中冲出来)。在将燃油发给中队的另一架飞机前,所取样的燃油看上去可能颜色不佳。

飞 机 泄 油 证

第一部分 ［由卸油操作授权人员填写（人员姓名在燃油官那里可以查到）］

    我保证从＿＿＿＿号飞机上泄出的航空汽油/涡轮燃油（划卓其中之一）

    ☐ 不会妨碍该架飞机的放飞。

    ☐ 怀疑燃油被＿＿＿＿＿污染。

    ☐ 将含有染色的燃油重新发送到＿＿＿＿＿＿＿＿号飞机和
    ＿＿＿＿＿＿＿＿号飞机上。

    估计卸油的加仑数是：＿＿＿＿＿＿＿＿＿＿＿＿＿＿＿
    泄油的原因是：＿＿＿＿＿＿＿＿＿＿＿＿＿＿＿＿＿
    ＿＿＿＿＿＿＿＿＿＿＿＿＿＿＿＿＿＿＿＿＿＿＿

    签字＿＿＿＿＿＿＿＿＿＿＿ 头衔＿＿＿＿ 日期＿＿＿＿

第二部分 ［由操作员在卸油作业完成后填写］

    计量仪表读数：＿＿＿＿＿＿＿＿＿＿＿＿＿
    从飞机上泄下的燃油量：＿＿＿＿＿＿＿＿＿＿＿＿＿

    签字＿＿＿＿＿＿＿＿＿＿＿ 头衔＿＿＿＿ 日期＿＿＿＿

图 5.18　飞机抽油操作证明

⑧燃油管理官将自行决定如何处置所有抽出的燃油。可以通过海军石油办事处（NAVPETOFF）获取相关的帮助信息。

⑨要求抽油机组在其罐内防涡防溅板上保持一个浸没吸力，以便使湍流以及空气吸入可能性最小化。过去，抽油机组需要至少 1 000 加仑的，才能解决湍流和空气吸入问题。由于目前油泵系统的配置不同，且油罐尺寸各异，故需要依据制造商技术手册和相关历史数据，按照局部命令确定最小量。

⑩在抽油操作过程中，从油罐到油泵上游侧控制燃油流量的阀门将保持关闭状态。这样做的目的是防止燃油在油罐内再循环。只有当油泵不运行时，才可以打开阀门，给泵注液。

⑪如果在抽油操作过程中,油泵启动后丧失压力或者形成气蚀,必须中断操作直到问题解决并且在燃油督导授权下再恢复操作。禁止在任意静电荷张弛不足 1 分钟的情况下,重新启动油泵。

⑫每次飞机抽油操作都需要至少 3 名工作人员:1 名抽油罐操作员(由燃油分部派出),1 名喷嘴操作员(由中队派出),以及 1 名消防值班员(由中队派出)。

⑬每次抽油操作,都需要保持一份特别日志。日志应包括至少如下信息:

a.一份完整的可授权签署抽油操作请求表的人员的清单,此清单将至少每季度更新一次;

b.发生的所有事情异常;

c.飞机的"Buno"号;

d.抽油机号;

e.产品品级;

f.实际抽出的燃油量;

g.计划抽取的燃油量;

h.抽出燃油的处置;

i.开始和结束抽油操作的时间;

j.在抽油操作中,抽油操作员和到场中队人员的姓名。

1.抽油流程

给飞机进行抽油操作时需要至少 3 名训练有素且有资格的工作人员,即 1 名抽油油罐车操作员、1 名喷嘴操作员和 1 名消防值班员。

飞机抽油操作应按照如下顺序执行。

①在开始抽油操作前,从飞机排油管道中提取待抽燃油的样品,并目测检查燃油中是否含有污染物(由有资格的中队人员进行,驾驶员/操作员监督)。

②确定燃油的状态:可疑或者不可疑(抽油油罐车操作员)。如果飞机出现了故障,则认定燃油可疑,并且认为燃油是导致故障的缘由,或者认为燃油类型不对(AVGAS 或者汽车燃料,而不是航空涡轮发动机燃油)。

③确定需要从飞机中抽出的燃油的量(抽油油罐车操作员)。请求抽油操作的中队人员还需要提供其对燃油的可疑性判断(可疑性判断是正式请求的一部分)。

[说明]如果是因为燃油量测量系统有问题而需要对飞机进行抽油操作,那么将很难判断飞机内的燃油量。

④选择需要使用的抽油设备。如果是可疑产品,那么使用抽油车,如果是非可疑产品则使用加油车/抽油车(燃油管理官和加油站操作员)协同操作。要不断检查抽油车或者加油车/抽油车的剩余容量,确保有足够空间容纳正在抽出的燃油量。记住,在抽油罐中必须有足够的燃油,才能保证在防涡防溅板有浸没吸力。

⑤将抽油车(抽油油罐车操作员)定位好。

⑥验证飞机位置是否正确(所有人员)。

⑦检查是否有可能的点火源(所有人员)。

⑧验证抽油请求单是否响应了调度员的指令(抽油油罐车操作员)。

⑨将结合线从抽油车连接到飞机上(抽油油罐车操作员)。

⑩卸载、定位并将抽油软管连接到飞机上,并将抽油桩连接到抽油车上(机长)。

⑪收到喷嘴操作员的信号后,抽油油罐车操作员开始进行抽油操作。

⑫调整油泵的阀门下游,优化抽油速率。最大的抽油速率是 100 加仑/分钟(抽油油罐车操作员)。当接近抽油操作尾声时,需要格外注意油泵的抽油速率,防止油泵出现气蚀或丧失压力的情形。如果油泵气蚀问题持续存在,那么断开飞机的抽油操作。

⑬抽油操作完成后,妥善处置所有设备,保障它们的安全,并检查是否有外物损伤(所有人员)。

2. 处置从飞机上抽出的非可疑燃油

授权所有美国海军(USN)和美国海军陆战队(USMC)飞机使用 JP-4 燃油、JP-8 燃油、商用 JETA 和 JETA-1 燃油以及 JP-5 燃油。从飞机中抽出的这种燃油包括这些燃油的混合物,若非进行大量标准测试,否则无法确定抽出燃油的具体品级。因此,采用涡轮发动机的任意正常运转的国防部飞机,如果不怀疑其中燃油已被污染物污染,那么可以将燃油抽入到指定的加油车中,在飞机用户知情且同意的情况下,可进行加油操作。

首先考虑将抽出的燃油,加载给抽油飞机同一中队的其他飞机。其次考虑将抽出的燃油发给配置了发动机燃油控件的飞机,控件能够自动补偿燃油密度变化。应优先使用配置了 T-56 发动机的飞机(例如 P-3 和 E-2),因为这些发动机能够最大限度地适应这种燃油变化情况。

如下规则适用于发送抽出的燃油。

①因为基本上从任意飞机中抽出的燃油的闪点都低于 140 华氏度,因此严禁将抽出的燃油用于给需要立即执行海上作业的飞机加油。

②任意指定的抽油或者加油车都必须让抽出的燃油先流经过滤器/分离器和燃油监测器,然后再向飞机输送。

③在给 S-3 型或 SH-60 型飞机加油前,必须通过燃料系统结冰抑制剂折射仪检查抽出的涡轮发动机燃油的燃料系统结冰抑制剂含量。而且,在给美国海军和美国空军的所有飞机以及其他飞机加油前,也都必须检测燃料系统结冰抑制剂含量。

④对于非可疑燃油,如果其中包括用于飞机燃油系统泄漏检测的染料,在遵守上述流程的情况下,可以将此类燃油用于给飞机加油。从配置活塞发动机的飞

机中抽出的非可疑燃油可以再次输送,但是必须满足如下前提条件:

　　a. 燃油的品级已知(80/87 或者 100/130);

　　b. 在再次输送前已经正确过滤。

3. 处置从飞机上抽出的可疑燃油

如果任意飞机在近期被怀疑由于燃油质量的原因,致使发动机或机架燃油系统故障,则从这种飞机上抽出的燃油必须隔离,并收集在指定的抽油车上、干净的储油罐中或者标有"再生油"的容器中。之后,必须对再生油进行抽样并检测,以确定是否符合退化使用限值,限值标准可在《机加油手册(NATOPS)》附录 B(海军航空系统司令部 00—80T—109)中查找到。如果燃油检测结果证实燃油在规定的限值范围内,那么可以返回给加油站进行存储,并在品级和类型确定后再分配。此外,在分配燃油前,可以适当地执行过滤和水分离操作。

4. 处置航空涡轮发动机燃油

一般来讲,不满足上述要求的航空涡轮发动机燃油不能降级在其他飞机上使用(JP-5 燃油除外,这种燃油在与其他涡轮发动机燃油混合后,闪点将降低)。但是,不能在计划即将执行海上任务的飞机上加载这种燃油。

请咨询海军石油办事处,了解不满足退化使用限值燃油的使用或者处理问题。禁止将不符合劣化使用限值的燃油与现有未污染飞机燃油混合使用。

其他可疑燃油产品可能属于下列类别:

①不符合允许的退化限值的燃油;

②航空汽油。

请参考《飞机加油 NATOPS 手册》中的附录 B(海军航空系统司令部 00—80T—109)来确定与退化使用限值的符合情况。

5.5.11　产品接收

1. 通过驳船或油轮接收产品

当通过驳船或者油轮接收燃油时需要进行规划。

(1)燃油管理官将发书面指令

①码头准备和检查;

②需要使用的管道;

③需连接软管的数量和尺寸;

④用于接油的油罐;

⑤泵房和待运行的油泵;

⑥样品数量和提出样品的位置;

⑦需要进行的检测；

⑧需要使用的传播工具；

⑨人员任务分配；

⑩编制"检查声明"（联邦法规法典）。

（2）活动指令的标准操作流程

①在驳船停靠前,进行管线加注；

②通知开始卸载；

③卸载速度；

④管线巡查和压力表检查；

⑤换油罐；

⑥改变泵的运行；

⑦驳船扫舱流程和扫舱速度；

⑧对驳船油罐进行最终检查；

⑨排空码头管线；

⑩人员驻守水平；

⑪人员培训要求；

⑫特殊服装要求；

⑬燃油取样和检测要求。

2. 通过管道接收产品

当通过管道接收产品时,基本上要求与通过驳船接收进行同样的规划,而且要有书面指令。此外,某些管道操作相对来讲比较简单,因此只需要最低人员配备即可。

3. 通过油罐车/槽车接收产品

接收飞机燃油的油罐车/槽车可以单独也可以成组抵达。所有车的接收源都必须密封。卸载油罐车需要大约0.5小时,由两名人员完成。槽车通常停在侧道上或者卸载作业位上。当通过油罐车和槽车接收燃油产品时,以下流程均适用：

①确保密封件是否完好；

②验证密封件数量是否与货运单据上的密封件数量一致；

③验证产品规格和品级号是否与货运单据上的一致；

④确保燃油位与油罐上的标志以及货运单据上的数量吻合；

⑤从每个舱中提取罐底样品,如果有水先抽出油；

⑥对样品进行目测检查；

⑦将产品卸载到一个隔离开的储油罐中；

⑧交油结束后检测车辆油罐的内部；

⑨燃油接收完成后(多个槽车或者油罐车加载),从储油罐中提取样品并进行质量控制检测。

4.在飞机加油车中改变产品

改变移动式加油车中的产品的具体要求,请参照表5.4进行。用于冲洗油罐和管道的产品必须等同被污染燃油处理。必须目测检查样品是否含有沉积物和水,以及每份样品的密度(应保持在相应存储产品修正后 API 的 0.5 之内)。

表 5.4　飞机加油车品级改变流程

目的地来源	航空汽油,低品级	航空汽油,高品级	JP－4	JP－5	JP－8
航空汽油,低品级	不适用	C	C	C	C
航空汽油,高品级	A	不适用	C	C	C
JP－4	B	B	不适用	D	D
JP－5	B	B	A	不适用	A
JP－8	B	B	A	B	不适用
动力汽油	B	B	C	C	C
煤油	B	B	B	B	B
柴油	B	B	C	C	C

注:A.用期望的产品排空、冲洗飞机加油车。

B.用300加仑或600加仑(如果过滤器1分离器的总容量是600加仑)期望的产品排空、冲洗飞机加油车,再循环、取样并检测。注意油底槽、油泵、过滤器、软管和其他易于捕获大量液体的组件。

C.排空、蒸汽清洁并干燥。将加油系统组件(即油底槽、油泵、过滤器、软管和管道)中的燃油,然后再启动蒸气清洁作业。重新就位过滤器、分离器和监测器元件。

D.排空、清除汽油并加注期望的产品。

5.改变储油罐中的产品

必须联络海军石油办公室,以获得改变储油罐中燃油产品的相关指令。

5.5.12　思考题

(1)在岸基加油活动中,如果要背离既定的操作流程,需要征得谁的同意?

(2)海军航空系统司令部的什么指令禁止同步进行武器加油和加载/卸载操作?

(3)由于燃油溢出的缘故关闭系统后,在恢复操作前必须征得谁的同意?

(4)小型燃油溢出的维度或者尺寸范围是多少?

（5）大型燃油溢出的维度或者尺寸范围是多少？

（6）当发生燃油溢出时，所有燃油处理人员必须熟悉的局部指令是什么？

（7）保证喷嘴干净并验证流量控制手柄是否在全关和锁定位是谁的职责？

（8）当旋转喷嘴的流量控制手柄来保证提升阀处于全开和锁定位时，应该旋转多少角度？

（9）要证明系统是否成功，预检系统必须在多长时间内对检测作出响应？

（10）在什么情况下可以给未通过预检的飞机加油？

（11）在直接加油站中，为什么不能阻碍受电摆动臂上的故障自动刹车装置控件打开？

（12）在"热加油"操作中，谁负责故障自动刹车装置控件的实际操作？

（13）谁的职责是指导飞机的所有活动，并协调燃油机组人员和飞行员之间的手势信号？

（14）在"热加油"操作中，故障自动刹车装置控件的作用是截止流向飞机的燃油流，那么故障自动刹车装置控件应在释放后几秒内切断燃油流？

（15）在"热加油"操作中，首选哪种不易破裂的设备？

（16）加油机组中的什么人负责给固定翼飞机开展热点断线检查？

（17）当给 AV－8B 飞机执行热加油操作时，在加油区域内不得开展哪种飞机作业？

（18）在"热加油"操作中，必须对飞机顶篷和直升机侧门进行什么操作？

（19）在给 AV－8B 飞机进行"热加油"操作时，谁负责保证加油操作不需要的所有不必要的电子和电气设备的安全？

（20）如果通过固定设施开展"热加油"操作，指定谁作为飞机滑行的主要指导员？

（21）当需要通过多辆油罐车或者油罐车和龙头进行加油操作时，特别是必须给大型飞机加油时，其加油方式被称为什么？

（22）驼载加油操作通常用于给哪种飞机加油？

（23）当从一架飞机向另一架飞机输送燃油时，请给出三种海军航空系统司令部批准授权的加油方式？

（24）可以使用什么移动式燃油系统，从一架飞机向另一架飞机输送燃油？

（25）在飞机加油操作中，飞机的辅助动力装置发挥什么作用？

（26）因为 P－3 飞机禁止在辅助动力装置发生火灾时使用灭火器，那么在 P－3 飞机上配置了什么装置用来扑灭辅助动力装置发生的火灾？

（27）与飞机加油操作相比，在飞机抽油操作中，通常的优先级是怎样的？

（28）在活动中由什么人来保持这份请求给飞机进行抽油操作的正式指定人员清单？

（29）用于给有可疑航空涡轮发动机燃油的飞机进行抽油作业的油罐车叫什

么名字?

（30）当再发送含有燃油泄漏检测染料的燃油给飞机时,请满足什么要求?

（31）为了使抽油机组油罐内的湍流和空气吸入情况最小化,油罐内燃油应保持在什么位置?

（32）谁负责所有抽出产品的处置?

（33）在开始飞机抽油操作前,必须做的第一步是什么?

（34）由什么人来选定给飞机进行抽油操作的抽油设备?

（35）在给飞机进行抽油操作时,最后一步是什么?

（36）对于从一架飞机上抽出并用于给另一架飞机加油的燃油,谁有优先选择权?

（37）T－56 发动机可以弥补燃油密度变化情况,哪种飞机使用这种发动机?

（38）从另一架飞机上抽出的燃油,通过输送给指定抽油车/加油车用于给飞机加油时,必须满足什么规则?

（39）须先检测从另一架飞机上抽出的涡轮发动机燃油中燃料系统结冰抑制剂的含量,然后才能再发送到哪种类型的飞机使用?

（40）当改变飞机加油车上的产品时,目测检查什么项目?

（41）当改变储油罐内的产品时,应联系哪个部门获得指导信息?

5.6　岸基加油操作维护计划

【学习目标】*介绍对岸基加油装置开展的不同类型的维护工作。解释如何对这些加油设施进行维护,并说明都使用了哪些设备。*

岸基加油操作维护工作在《石油燃油设施维护手册》（NAVFAC MO—230）中有定义,它是维护航空燃油设施的主要依据和指南。

燃油管理员负责存档保管其管辖范围内燃油相关设备和设施的全部维护、修理和检查报告。不论何时,当设备和设施重新配置以完成其他任务时,须将设备和设施档案资料转给新的管理员。

岸基加油站中燃油管理员最重要的职责之一就是进行设施改进和升级,对长期、计划内的维护需要与公共工程部队和其他活动进行协调,特别是需要与海军设施、现场部门人员、海岸警卫队、职业安全与健康管理局（OSHA）以及环境保护署（EPA）进行协调。

需要指出的是,即使在理想状态下,从提交之日起到奠基之日,军事建设（MILCON）项目也需要至少四年的时间。

5.6.1　预防性维护计划（检查）

需要在《OPNAVINST 4790.4》《NAVFAC MO—230》以及《飞机加油 NATOPS

手册》(海军航空系统司令部 00—80T—109)的基础上,为每项活动制订一份预防性维护(PM)计划。

燃油管理官及燃油部门的主要职责是燃油存储和处理设施的维护和安全运行。燃油管理官负责很多属于燃油管理职责范围内的维护行动。

当维护行动需要外部资源和人力时,则发起外部资源和人力调动行动就是燃油管理官的职责。公共工程官(PWO)必须全力以赴提供支持。

正确的维护对于向飞机交付干净、干燥和无污染的燃油至关重要。如果执行良好而且文件齐全,则预防性维护计划就可以实现此目标,但是正式的检查计划也必须到位。实施检查计划是燃油管理员的职责。检查计划包括如下内容:

①使用前检查设备和设施;
②重大操作前检查;
③季节性或者专项检查;
④常规检查和清单。

1. 使用前检查

新建工程、非服务状态的设施、坏损的设备以及正在进行纠正或者程序性维护的设施或设备,在验收或者重新激活之前都必须进行检查。但是,应该特别注意硬件、管道尺寸、排水、无障碍设施、应急控件、安全和消防预防功能。

在开始重大操作前(例如从航母或者驳船上接收产品、在大型储油罐之间输送燃油或者高节奏的训练演习之前),都必须进行检查。检查应该包括如下内容:设备性能、管道完整性、阀门定位情况、油罐布局以及人员驻守情况。

2. 季节性或者专项检查

在会出现冰冻情况的气候条件下,应在早秋进行防寒检查。在风暴、洪水、火灾、地震、雷电攻击、涉嫌破坏行为或者人为破坏之后,需进行大量检查工作,以查看是否有损坏或者故障发生。如果操作人员在性能流量、压力或者容量方面发觉有任何异常,则应执行进一步地专项检查。

由其他部分人员对电子设备、运输设备、建筑、安全围栏、道路和消防设备进行专项检查(在提出申请时对它们进行专项检查,或者按照要求对它们进行专项检查)。

5.6.2 每日清单

所有连续使用的飞机燃油交油设备,均需执行每日检查清单(每 24 小时一次),如表 5.5 所示。如果某个设备未能满足已经确定的要求,那么必须将该设备从服务队列中清除,直到纠正行动完成再返回服务队列。

不同设备的检查也各不相同,可以制订专用于个别装置或者系统的具体检查流程。

表5.5　飞机加油设备每日检查清单

车辆或消防栓#		计量仪表读数	产品	日期＿＿＿＿　时间＿＿＿＿		
#	项目	同意	校准	修理	备　　注	
1	灭火器（是否安装就位、备案、可操作、有当前检查标签）					
2	重力注油嘴上配载防尘罩和结合线					
3	将注油嘴与底部加载接头或者再循环配件钩接起来，并检查整个注油\嘴组件					
4	软管：检查整根软管，是否有切口、裂纹、磨损现象以及燃油是否饱和					
5	静态结合线、塞子/夹子					
6	泄露（油柜、管道、阀门、油泵等）					
7	应急阀（控件的运行）					
8	清洁度					
9	轮胎无外物损伤					
10	电池、水箱、汽油和机油油位					
11	灯、反射器、后视镜					
12	排空所有低点排放系统（油柜、过滤器/分离器、检测器、张弛室）					
13	排气管和火花抑制消声器（泄露、裂缝或噪音）					
14	紧急刹车					
15	排空气灌中的水					
16	在油泵完全压力下给软管加油，并检查整个系统是否有泄露					
17	打开注油嘴阀门检查注油嘴密封件是否有泄露、进行燃油再循环，并检查燃油流量					
18	泵（噪音、过热、振动）					
19	从注油嘴中取样，目测检查样品中水、固体和颜色情况，并记录结果	水＿＿＿＿＿＿＿＿＿＿＿＿＿　沉淀物＿＿＿＿＿＿＿＿＿ 颜色＿＿＿＿＿＿＿＿＿＿＿＿				
20	记录过滤器/分离器和检测器上的压差	泵压＿＿＿＿＿＿＿＿＿＿＿＿　过滤器压差＿＿＿＿＿＿ 泵转数＿＿＿＿＿＿＿＿＿＿＿　检测器压差＿＿＿＿＿＿ 流量＿＿＿＿＿＿＿＿＿＿＿＿				
说明：						
检查员签字			主管签字			

每日清单包括如下内容:

①检查灭火器是否配置到位、是否填充好、是否可操作,以及是否有最新检测标签。

②检查喷嘴是否损坏。检查软管密封件是否有裂缝或者缺口,检查外部壳与顶接头的密封性,检查锁栓上的安全线,检查手柄的密封性,检查流量控制手柄是否有过度磨损,裂缝或者断裂。

③将喷嘴与底部加载接头或者再循环配件钩接起来,然后再次检查喷嘴是否有损坏或者泄漏的痕迹。

④全面检查整根软管。要特别注意靠近喷嘴以及靠近另一端接头的位置,要按压并检测软管的这些位置,检查整个圆周是否有弱点。

[说明]要警惕水泡和湿点。如果软管加固材料的任何部分暴露在外边,都会被要求替换软管,因为水有可能进入软管并在软管内渗透,并最终腐蚀软管材料。要检查软管末端接头位置四周是否有打滑情况(如果软管和接头未对齐或者出现刻痕甚至暴露区域)。在接头和软管上喷漆,可方便检查,如果接头出现任何大量打滑,则接头下面未喷漆的软管部分将露出来。如果软管组件有末端严重拉伸、被车辆压扁或粉碎、急弯或者纽结等情况,则应将它们从服务队列中清除。

⑤检查结合线是否到位、状况是否良好、是否干净、是否安装了可以使用的塞子和夹子,以及塞子和夹子附接是否牢固。如果使用了接地线,也应该进行类似的检查。

⑥仔细检查油罐、管道、阀门、油泵、油表和接头是否有泄漏。记录泄漏的位置并立即让该设备停止运行,并进行检修,直到修好才能返回再用。

⑦检查应急阀门控件的状况以及是否便于操作。如果是空气操作式的阀门,积聚系统压力并检查控件的运行情况。除非交付燃油或者进行产品循环,否则应急阀门始终关闭。

⑧确保外部表面已擦干净,没有机油、油脂和燃油。确保机箱、水槽、驾驶室和外壳没有积聚燃油、尘土、清洁材料以及不必要的物件。检查翼子板和挡泥板,确保它们能够提供足够保护,不会将泥和尘土甩到加油设备上或者机组后部。

⑨检查电池、散热器、汽油和发动机机油的液位。

⑩确保所有灯都可以运行,驾驶室外的所有电气线路都封装在管道内,而且后视镜可用。

⑪当设备处于水平位时,排空所有低点排放系统(油罐、过滤器/分离器、监测器和张弛室)。如果发现有水,需将样品完全倒入安全罐中,并重复这个操作直到获得干净无水的样品为止。打开过滤器/分离器的手动排空阀门,将所有水排出。之后,将大约0.5夸脱燃油倒入一个干净容器中,并目测检查是否有水。

根据需要重复这个流程,直到获得干净、明亮的燃油为止。如果燃油监测器外壳与过滤器/分离器外壳分离开,那么还需要从燃油监测器外壳中提取低点排放系统燃油样品,并检查水和颗粒物。重复这个流程,直到获得干净、明亮的燃油为止。

⑫认真地检查排气管和消声系统,包括辅助发动机系统,检查是否存在泄漏、裂缝、噪音,以及摆放是否正确。确保阻火器的排污端口已加盖。未授权使用柔性管道。

⑬检查紧急制动,确保紧急制动手柄转数足够,而且紧急制动未失灵。

⑭排空氧气罐中的水分,并检查是否有燃油污染。空气操作阀控制着燃油流动和止回阀,而误操作空气操作阀已经列为造成燃油进入空气制动系统的原因之一。如果空气中有燃油味道或者空气中的燃油滴正在排出的情况,则需立即"关停"设备。燃油流量控制阀中隔膜破裂或者断裂成为空气系统中最常见的燃油或者燃油蒸气源。空气系统中的蒸气会导致设备被腐蚀,使单向截止阀保持打开状态,致使燃油流入系统中。

⑮使用泵给系统加压,然后检查整个系统是否有泄漏的状况。在不足一半加油量的情况下,加油车的最大允许循环时间为三分钟。在循环过程中应进行上面第四项中的软管检查,以查看燃油是否从软管末端压力调节器的排气端口中排出。如果燃油从这个端口排出,将软管末端的压力调节器取下并进行维修。无法满足既定要求的设备将从服务队列中排除。软管末端调节器上的排气端口对正常运行至关重要,严禁堵塞。

⑯将喷嘴的流量控制手柄放置在全开和锁定位并进行再循环。在给油罐车加油时,应按照相应标准设置进行再循环,此时流速和差压都可以准确测量。超过一半油量的油罐车再循环不得超过 10 分钟,而且每个 10 分钟再循环期之后都有 1 分钟的休整时间,以使静电荷消散。所有设备必须重新循环足够长时间,才能将燃油检测器元件的所有管道下游冲洗干净。

⑰检查泵的运行情况,听听是否有异常声音,摸摸是否过热和/或异常振动。

⑱取一份喷嘴样品,目测检查样品颜色、水分和固体杂质情况,并记录结果。提取样品越快越好,禁止造成燃油溢出。使燃油形成旋涡并检查底部的沉积物。在良好的光照条件下检查燃油的亮度或者清晰度。样品应该不含乳液、气云或者薄雾。在检查清单上记录燃油的实际物理状况。

⑲当进行系统再循环时,观察并记录过滤器/分离器上的压降。每个过滤器/分离器以及监测器上的每日压降均记录在一本专门日志中。系统将在标准流量条件(在再循环或者冲洗过程中)下运行。将差压计算结果录入到设备的检查表和压差日志中。

5.6.3　每周清单

高级操作员或者燃油车间人员每周进行检查,并将结果记录在检查单上(表5.6)。如果某设备停机时间达 72 小时以上,当其返回再用时,需每周进行检查。

表 5.6　飞机加油设备每周检查清单

车辆或者龙头#			表读数		产品	日期＿＿＿　时间＿＿＿
序号	项目		OK	调整	修理	说明
1	完成每日清单上的第 1 至 17 项					
2	在再循环过程中提取样品,并用 CCFD 或 FWD 进行检测(可以在不同时间从清单剩余部分进行)					通过 CCFD 检测到的颗粒:＿＿＿＿＿＿ 通过 FWD 检测到的水:＿＿＿＿＿＿＿
3	检查并清理加油喷嘴(单点加油喷嘴和重力加油喷嘴)					描述滤油网上的过滤物:＿＿＿＿＿＿ 单点加油喷嘴:＿＿＿＿＿＿＿＿＿ 重力加油喷嘴:＿＿＿＿＿＿＿＿＿
4	检查轮胎、刹车、喇叭、雨刷、方向盘、教练耦合和电线。					
5	记录过滤器/分离器和监测器上的压差读数					油泵压力:＿＿＿＿　过滤器压差:＿＿＿＿ 油泵转数:＿＿＿＿　监测器压差:＿＿＿＿ 流量:＿＿＿＿

说明

检查者签字	督导签字

周检清单如下:

①完成每日检查清单上的第 1 至第 17 项。

②在再循环过程中提取样品,并用 CCFD 或 FWD 进行检测。将监测结果记录到适当的实验室日志中。

③清理并检查所有喷嘴滤油网(压力喷嘴和翼上喷嘴)。应用压缩空气清理喷嘴滤油网,以延长滤油网的寿命。分析收集垫上喷嘴过滤网过滤掉的成分。如果滤油网上有橡胶颗粒,则通常为软管劣化的早期征兆。将当前在用喷嘴和接头的详细说明、放大的插图和故障排除表张贴在车间内。

④检查轮胎、刹车、喇叭、雨刷、方向盘、教练耦合和电线。制动器衬片或收集垫必须通过正常应用制动器的方式进行检查,同时观察踏板行程。在刹车达到最大位后,测量实际的停止距离,对于加油车来说,这项检测被视为一项非常严重且危险的测试。此外,在正常驱动条件下可对紧急制动器进行测试。切记,在加油操作过程中应避免出现"蠕变"。

确保驾驶室外的所有电器接线都封装在管子内,将管子伸入到带压缩配件的气密装置或者接线盒中。进行检查时,建议使用一个运输检查器。

⑤用一个敏感的精度为 1 磅/平方英寸的手持式压力表,测量并记录过滤器/分离器以及燃油监测器上的压降。必须在正常流量条件下对系统进行测量。

配置了过滤器/分离器以及燃油监测器合体的加油设备通常配置一个压力表和一个四档选择器,分别标注了入口、中间、出口和关闭四个档位。在这种配置中,中间位置打出时为过滤器/分离器,推入时为燃油监测器。由有经验的操作员在预先定义的标准条件下读取读数。

5.6.4　每月清单

每月清单要求使用专用设备,并将移动设备移动到操作区域以外的位置中。每月清单(表5.7)内容如下:

①完成每日和每月检查清单。

②检查地线、结合线以及卷盘的连续性。必须在三种状况下测量连续性:收拢存放、中间伸展位置以及完全打开位。检查每个翼上加油喷嘴地线的连续性。

③安装时检查并清理所有管线过滤器,包括油表过滤器。这些滤油网为加油系统下游的昂贵组件提供保护。管线过滤器的检查和清理周期可以延长到每季度进行一次。检查间隔都不得超过三个月,否则可能由于过滤网中存在杂质而导致系统崩溃。

④监测安装在所有加油车上的防驶离装置。

⑤夜间进行发动机火花塞检查(检测时应将任意辅助发动机包括在内)。进行这项检查的目的是定位电器接线、火花塞以及类似物件外表面上的任意电弧。在发现电弧的情况下,必须将设备从服务队列撤离。

⑥检测最大流速。如果压力监测表明喷嘴压力超过 55 磅/平方英寸或者流速超过 600 加仑/分钟,那么必须将设备从服务队列中撤出。要保留压力和流量

的历史数据,便于识别长期机械磨损(油泵耐磨环、隔膜破裂等)。

表 5.7 飞机加油设备每月检查清单

车辆或者龙头#		表读数	产品	日期____ 时间____
序号	项目	OK	调整	修理	说明
1	完成每日和每周清单				
2	检查所有结合线以及地线和卷盘的电阻				
3	检查并清理所有管线的过滤网				
4	检查防止驶离装置				
5	开展发动机火花检测				
6	检测最大流量				
7	检测主要压力控件				
8	检测加油接头				
9	检查设备标志				

说明

检查者签字	督导签字

⑦检测主要压力控制系统。通过将软管末端的调节器封闭并从系统中撤出的方式检测主要压力控制系统。关于检测基本或者主要压力控制系统性能的一般流程,请参考《飞机加油 NATOPS 手册》(海军航空系统司令部 00—80T—109)。

⑧用一个通止规来检测加油喷嘴(插座)。

⑨确保燃油处理设备按照《NAVFAC P—300》或者《MIL—STD—161》进行标注。

5.6.5 周期性检查和年度记录

周期性检查和年度记录(表 5.8)是每个加油设备的重要的历史记录资料,是全年内开展的检查、校准、元件变更和其他维护工作的书面记录。周期性检查和年度记录同其他检查清单一样,也可以量身定制满足各个加油站的具体需求。

只有当检查油罐内部以及人孔盖时,才需要打开人孔盖。人孔盖应该半永久性地通过挂锁或者其他方式进行安全保障。打开人孔盖会面临很多危险,例如点火源可能会进入到油罐的可燃蒸气空间中,或者污染物进入到燃油中。

表 5.8　周期性检查和年度报告

20 年周期性检查和年度记录

类型	春季			夏季			秋季			冬季			说明
	OK	调整	NR	OK	调整	NR	OK	调整	NR	OK	调整	NR	
制动摩擦片/垫													
大灯光束													
轮子检查													
悬架检查													
校准泵和表													
校准压力表													
主体检查													
喷漆和贴花													

检查日期　　年/月/日

	春季	夏季	秋季	冬季	
更换机油/润滑油					
油罐内部和人孔盖					
防寒检查					
过滤器组件变更					
监测器组件变更					
产品变更和冲洗					
替换后的制动摩擦片					
驾驶室一氧化碳检查					
检测软管末端压力调节器					
加油软管静水压试验					
其他(清单)					
检查者签字					
督导签字					

5.6.6 过滤器/分离器——燃油监测器压力日志和曲线图

过滤器/分离器以及燃油监测器是航空燃油处理系统的关键组件,它们的性能始终处于密切监测之下。它们是保证向飞机交付干净、干燥燃油的主要手段。除了每日、每周和每月检查外,还需对从设备下游提取的燃油样品进行颗粒物质和水检测(例如从加油喷嘴提取的样品)。

确保每个外壳上的压降,以验证元件的完整性。

如果压力大幅下降,则表明软管破裂或者断裂。随着使用时间增加,当过滤器元件捕获越来越多的尘土和/或水时,过滤器元件上的压降会因此而增加。

在所有活动中,每个过滤器/分离器或者监测器容器,都需保存一份与表5.9中给出的日志类似的日志。必须在曲线图(表5.10)上绘制每周读数(因为使用了敏感的、手持式压力表,而且非常细心地确保实现标准压力和流量条件,所以每周读数要比每日读数更加准确。)

表5.9 过滤器/分离器以及燃油监测器压降日志

过滤器/分离器或者监测器压降日志				
容器编号			容器类型:·过滤器/分离器 ·监测器	
容器位置			容器的额定流量/(加仑/分钟):_____	
日期	压力/磅/平方英寸			测得的流量 (加仑/分钟)	计算得出的压差/ 磅/平方英寸
	入口	出口	差值		

表 5.10 过滤器/分离器和燃油监测器压降表

设备标志	
过滤器组件安装日期	
监测器组件安装日期	
流量条件	
发动机转速	
油泵压力	
每平方英寸上的压降	
飞行员过滤器及监测器各自压降读数	
在每月日志记录中,以加仑/分钟为单位显示流量	
每月更换元件后,显示加仑数	

服役月数	
油罐车加油站和飞机抽油设备过滤器和监测器元件变更标准	a.使用 3 年后,或者当过滤器/分离器和监测器上的压降达到 20 磅/平方英寸时。 b.当过滤器/分离器和监测器上的综合压降达到 25 磅/平方英寸时。 c.当压降低于此前绘制的压降或者无法正确增加时。 d.过早关闭监测器导致过滤器元件变更(清理分离器)。

说明:保存有用的元件,用于接收或者循环过滤器/分离器。在异常情况下,将样品元件发给实验室进行分析。

5.6.7 存储/分配设施清单

在表 5.11 中,给出了一份检查清单样表,说明操作员记录存储、分配系统和燃油设施预防性维护的方法。

这个清单不能完全覆盖所有内容,但可以局部扩展,将与燃油相关的设备包括在内。如果将这个清单用于活动中使用的燃油设施时,其将作为预约纠正性维护工作的基础。

5.6.8 过滤器/分离器——燃油监测器元件更换

加油设备或者油罐车加油站中的过滤器和监测器元件每 3 年更换一次,除非出现提前更换的情形之一:

①过滤器或者监测器元件上的压降达到 20 磅/平方英寸。

②过滤器和监测器元件上的综合压降达到 25 磅/平方英寸,而且流量降到标准限值以下。

[说明] a. 差压测量在额定容量下进行。

b. 如果监测器元件上的压降接近 20 磅/平方英寸限值，且过滤器/分离器上的压降保持在低位，则说明过滤器/分离器可能已经无法聚结水。在这种情况下，建议变更过滤器和监测器的元件。

表 5.11 存储和分配设施每日检查清单

每日存储/分配设施检查清单

设施_____ 产品_____ 日期/时间_____

序号	项目	初始值	说明
1	建筑:状况/操作性能		
2	理由:植物/危害		
3	消防设备(就位)		
4	安全照明/围栏/门		
5	护堤区:植被防护区无排放管,关闭并锁定		
6	油罐:上一次检查/清理(日期)		
7	管道和接头		
8	系统标志:MIL－STD－161F		
9	阀门:操作/润滑		
10	泵:噪音、振动、过热		
11	过滤器:排空、压降读数、变更日期		
12	仪表和压力表:校准日期		
13	接收和发行日期/发行点受电摆动臂:存储和保护		
14	溢流保护/自动刹车控件		
15	张弛室(在适用的情况下)		
16	理由:检查时的状况/连接情况		
17	燃油池:盖子,清洁干燥		
18	紧急淋浴设备和洗眼设施		
19	电子:开关/控件/灯		
20	溢出污染物系统		
21	码头设施(在适用的情况下)		

说明(在适当空间内,汇报所有泄漏、危险和损坏情况):

检查者签字

督导签字

③如果出现明显的压差下降的情况,那么表明有元件破裂。就目前使用的监测器元件的类型而言,如果只是压降呈现缓慢下降趋势,且一般不易察觉时,则这种情况不能构成变更元件的充分条件。造成这种现象的原因是已经吸收了大量水分的元件慢慢干燥脱除水分的结果。只要元件暴露于干燥的燃油中,则在水分脱除之后差压不断下降的情形将持续发生。

④如果较长时间后,压差未能增加,则表明元件破裂或者安装不正确。

⑤如果完全关闭燃油流动或快速增加监测器元件上的压差,通常表明过滤器/分离器出现故障。如果这种状况继续发生,则过滤器/分离器以及监测器元件都必须进行更换。

在更换过滤器时,应检测永久式二级水分离器元件的性能,如果其不能将水排斥在外或者导致水形成水珠,则需使用温水冲洗并再次检测。

不论何时,只要更换过滤器元件,都应该将过滤器变更日期喷印在过滤容器上。所有弃之不用的过滤器元件都应该按照局部危险材料指令处置。

无法再用于加油车或者加油站的过滤器/分离器,还有很多其他途径。例如,可以将空容器改造成张弛室。很多老式过滤器,已经无法再用于加油车或者加油站,可以将它们作为接收或者循环过滤器,因为其具备较大的固体承载能力。

5.6.9　记录和报告

观察异常操作情况对于良好的预防性维护计划至关重要。发现小的运行故障,以及发现之后小型改正行动,都可以起到防微杜渐的效果,避免它们发展成为只有通过大修才可以弥补的重大问题。一旦遇到这种情况必须立即汇报给有关部门,以便开展必要的修理或者纠正行动。缺陷报告应以书面形式提交。

必须为设施设置维护记录,细节要足够详尽,包括如下方面:

①每个主要结构、设备项目、项目组或者系统的标志;

②当前维护状态,包括资金没有着落的缺陷和未完成的作业订单;

③以往维护记录,包括大型维修或者替换说明和成本;

④未来程序性维修或者替换建议,包括资金估算或者人力资源要求。

不论何时,只要发现加油设施或者设备存在大型问题,甚至可能引发设计或者制造缺陷时,则需将细节信息发送给相关的系统指挥总部监督中心,请他们彻查并解决。

如果安装的设施有问题,则需将问题汇报给海军设施工程服务中心。

将加油车、喷嘴、过滤器和监测元件以及燃油质量监测设备出现的问题汇报给海军航空系统司令部。

按照如下计划的规定,保持记录文件:

①每月维护报告/日志(2年);

②已经完成的每日清单(1月);

③已经完成的每周/每月检查清单(6月)。

5.6.10 软管末端压力调节器

每年,检测一次软管末端的压力调节器的性能和完整性。因为这项检测要求重新调整加油系统的主要压力控件,使压力值高于正常设定值,所以建议在每项活动中:

①选择一个加油系统,并为其上所有软管末端调节器进行检测;

②在主要压力调节系统已经重设恢复到正常状况之前,禁止使用选中的系统给飞机加油。

按照如下步骤检测软管末端压力调节器(HECV):

①调整选定加油系统的主要压力控件,使压力达到66~73磅/平方英寸。

[警告]在利用系统给飞机加油前,须将加油喷嘴上的主要压力控制重设为50磅。如果飞机燃油系统出现过量增压,可能导致油罐破裂、燃油溢出甚至火灾。

②软管末端压力调节器可以调节出口压力,使压力达到标准值55磅/平方英寸,它可以通过限制流量来实现压力调节,所以在低流速条件下,软管末端压力调节阀也可以将压力调节到接近60磅/平方英寸,而在典型加油流速下达到50~55磅/平方英寸的压力水平。在喷嘴表端口中插入一个压力表(0~100磅/平方英寸)。

当流量介于0.50和2加仑/分钟之间时,出口压力不会超过60磅/平方英寸。

[注意]当流速在0.50加仑/分钟之上时,如果喷嘴压力超过60磅/平方英寸,请将压力调节器取下。

③在流量条件下,在大约3秒的时间内,慢慢地关闭下游阀门。关闭之时,观察压力表大约10秒。如果压力增加,则将机组取出并替换密封件。如果压力表的读数在55~80磅/平方英寸之间,则属于不正常情况。这是由于关闭阀门时导致压力骤增,压力表捕获了部分骤增压力的原因。

[注意]将主要压力控制系统重新调整到50磅/平方英寸后给飞机进行加油操作。

5.6.11 加油软管静水压试验

每年给加油软管进行一次静水压试验,静水压试验应在120磅压力条件下进行。

5.6.12　校准

需要在销售网点,对自重测试仪、主表以及仪表/压力表进行校准。需由官方海军校准实验室(或者其他认证机构)认证的人员进行校准。

5.6.13　思考题

(1)在维护岸基航空燃油设施时,以什么手册作为主要指导手册?

(2)保存燃油相关设备和设施的维护、维修和检查报告记录并存档是谁的职责?

(3)当为岸基加油装置制订预防性维护计划(PM)时,应遵循什么指令?

(4)如果维护行动需要外部资源和人力,什么部门可以为其提供最大的帮助?

(5)什么时候需要对岸基加油设施和设备进行季节性检查?

(6)应该将岸基加油设施专项检查的任务交给谁?

(7)什么岸基加油设备需要每天进行检查?

(8)当检查燃油软管时,出现什么迹象时应该替换软管?

(9)如果将软管返回给飞机加油使用,则必须对软管进行什么操作?

(10)在加油车排气管或者消声系统中,未授权使用什么管道?

(11)什么情况可能导致燃油进入或者污染加油车空气制动系统?

(12)如果加油车容量不足一半,则允许的最大循环时间为多少?

(13)如果加油车容量超过一半,则允许的最大循环时间为多少?

(14)只有在什么压力状况下,才可以读取过滤器分离器的压差读数?

(15)利用什么试剂来清理压力和翼上加油喷嘴的滤油网?

(16)由什么人来对加油车的轮胎、制动器、喇叭、雨刷、方向盘、教练耦合和电线进行每周检查?

(17)当对加油车的刹车距离进行每周检查时,什么检测被视为重要且危险?

(18)加油车在驾驶室外的所有电器接线都应该伸入到什么组件中?

(19)对地线和结合线如何检查连接情况?

(20)为什么每三个月清理并检查管线过滤网?

(21)什么时候对安装在加油车上的防驶离装置进行检测?

(22)当进行发动机火花检查时,什么情况可能导致将加油车从服务队列中撤出?

(23)燃油处理设备应按照什么军事标准标注?

(24)什么可以作为全年开展的检查、校准、元件变更和维护活动的书面记录?

(25)当打开移动式加油车或者油罐车的人孔盖时有什么危险?

（26）什么关键组件是确保仅向飞机上输送干净、干燥燃油的主要方式？

（27）多长时间更换一次过滤器/分离器、燃油监测器或者油罐车加油站上安装的元件？

（28）当过滤器或者监测器上的压降达到多少时需要更换元件？

（29）通常由什么表明过滤器/分离器出现了故障？

（30）在更换过滤器元件时，需要对二级水分离器元件进行什么处理？

（31）用什么清单来记录存储、分配系统和燃油设施的预防性维护记录？

（32）当发现与加油车辆、喷嘴、过滤器/分离器和燃油检测器元件以及燃油质量监测设备相关的问题时，需要通知谁？

（33）每月维护报告和/或日志记录需保存多长时间？

（34）已完成的每周和每月清单需保存多长时间？

（35）每日清单中已完成的记录需保存多长时间？

（36）加油软管在多大压力下进行静水压力检测？

（37）谁有资格对岸基加油站上设备进行校准？

5.7　总　　结

虽然岸基或者海上加油操作的功能基本相同，但是遇到的实际问题却稍有不同。因为岸基燃油操作覆盖区域广阔，而且携带杂质或者污染材料进入燃油中的机会更多，因此使很多问题变得更加严重。

高级航空母舰油料员需要尤为关注的是，质量监督、密切监视、严密监管、新员工培训、有效的培训计划、预防性维护和正确使用设备等领域的相关问题。

第6章 燃油行政管理

海军航空兵负责油料的人员(军事长等级)可以操作、维护和修理常规型航母、核动力型航母、两栖攻击舰(LHA)、两栖多用途登陆舰(LHD)、两栖直升机登陆舰(LPH)和两栖船坞登陆舰(LPD)上的航空燃料加注系统、动力汽油(MOGAS)系统以及弹射器润滑油系统,即包括航空燃油、动力汽油、弹射器润滑油的服务站和泵舱、管道、阀门、油泵、油舱以及其他有关的便携式设备。海军航空兵负责油料的军事长还可以操作、维护和修理舰上航空部门舱室内的动力汽油净化和保护系统的阀门和管道、操作和维护电动燃油加注设备、执行质量监督,以及监管陆上飞机加油和卸油相关油库和设备的操作和维护。可以在指定的燃油和弹射器润滑油区域培训、指导和监督消防队和救火队。进行这些工作时,需严格遵守和实施燃油处理安全保障措施。

6.1 岸上和舰上航空燃油部门

【学习目的】 描述海上航空燃油部门主要工作中心和陆上航空燃油部门主要分支机构的组织和职责。说明人员合格标准程序(PQS)的意义。明确海上航空燃油和陆上航空燃油观察站。

6.1.1 舰上燃油部门的组织

图6.1显示了海上航空燃油部门的组织构成。海军使用的许多不同类型的舰船,都具备给飞机加油和排油的功能。

燃油部门组织的变化包括人员的数量、飞机的数量和类型以及舰船的战术使用。

即使在相同级别的舰船上,组织结构也可能稍显不同。一定要记住,无论什么类型的舰船,部门的基本任务都是相同的,所以,基本的组织结构也不会发生变化。

海上航空燃油部门一般包括V-4部门办公室、飞行甲板工作中心(包括飞行甲板修理和质量监督实验室),以及甲板下工作中心。某些部门还包括一个负责飞机维护和修理的维护工作中心,以及甲板下工作中心。大多数部门拥有一个损害控制工作中心。上述部门的设置取决于指挥的需求和人员的配备情况。

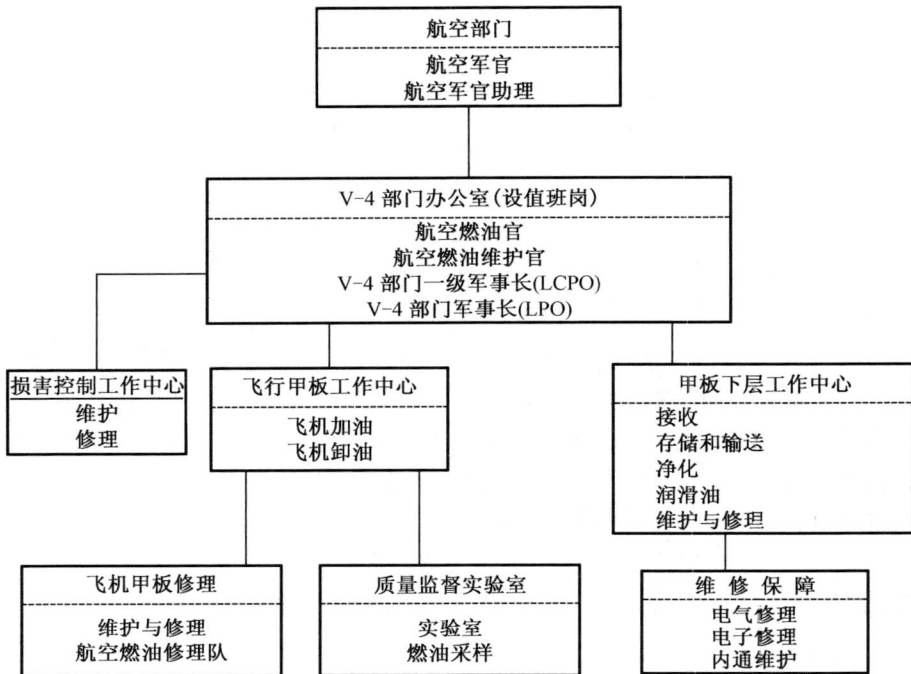

图 6.1　舰船上航空燃油部门

1. V–4 部门办公室

V–4 部门办公室是海上航空燃油部门的管理核心,其工作人员包括航空燃油官、航空燃油维护官、海军上士、海军中士以及卫士。

2. 飞行甲板工作中心

飞行甲板工作中心负责给飞机加油和抽油,并负责飞行甲板和机库的辅助设备。

（1）飞行甲板修理

飞行甲板修理包括飞行甲板和机库加油站及便携式抽油设备的维护与修理。V–4 修理人员还可以在航行补给时操作海上加油舷台(RAS),并作为航空燃油修理团队履行破损控制指责。

（2）质量监督实验室

质量监督实验室负责监控整个航空燃油系统的燃油质量。实验室人员开展广泛的抽样和测试工作。实验室是飞行甲板工作中心的一个分支机构,同时还负责检测甲板下层送来的燃油样本。

3. 甲板下层工作中心

甲板下层工作中心负责接收、清除、转运、净化和过滤航空燃油及弹射装置润滑油。在大多数部门,甲板下层人员仅负责自身的维护与修理工作。

在通用型航空母舰或者核动力型航空母舰上,两个主要的 JP-5 泵房和辅助的(货物)泵房可以分配给不同的工作中心。

(1)维护支持

维护支持工作中心通常是电工助手(EM)和内部通信电工助手(IC)工作的地方。他们负责材料维护,即对航空燃料系统的所有电气和电子组件开展预防性和纠错性的维护。他们还全权负责在核动力型航母平台 JP-5 控制台上开展纠错性维护。

通常每两名电工助手和两名内部通信电工助手分派一名高级人员作为工作中心主管。尽管在某些航母上他们被分派给甲板下工作中心,但是他们一般负责JP-5 飞行甲板设备。

(2)油罐清理

某些航母可能有一个油罐清理工作中心。油罐清理人员的任务是负责计划和安排整个燃油系统的油罐清理工作。这些工作必须与维护支持工作中心人员协调。

该工作中心的主管士官(POIC)负责油罐内部和周边工作人员的安全,必须保证所有入罐程序都得到严格遵守,不得有任何偏离,而且涉及该项操作的所有设备均已到位并能够正常发挥作用。

没有中队长(CO)的授权禁止进入油罐。而且,油罐必须经过汽油清除检测工程师的分析,确认开展所需的工作是安全的。

4. 航空燃油安全值班岗

航空燃油安全值班岗是海上航空燃油部的另一个不可或缺的组成部分。当航母不在飞行期时,该值班岗每天 24 小时值班。在飞行期时,由甲板下层人员值班,监督机库甲板加油站和航空燃油系统组件或设备所在的甲板下层区域。

值守该岗位的人员必须经过适当培训,熟悉航空燃油系统,并拥有航空燃油安全值班岗人员标准资质。

为了保证航空燃油系统的安全,值班人员必须:

①在飞行期间,每小时检验所有指定的无人值守区域,以及甲板下层延伸至机库加油站的管线。不在飞行期间,每两小时检验所有指定的无人值守区域和管线。

②若发现异常情况,立即通知航空燃油 POOW、航空燃油官以及航空部值守官。

③在飞行期间,每小时向燃油部部门一级军事长报告。不在飞行期间,每两小时向 LPO 报告(若为中队,则向航空部值守官报告)。

④每次检验完毕,在日志中加入适当的项目。

⑤保护航空燃油系统不受附近焊接或明火的威胁,直至系统清理完燃油和蒸气。

⑥保证遵守所有安全措施。

⑦履行其他分配的指责。

航空燃油安全值班岗负责航空燃油系统的安全,最终保护整个航母的安全。

6.1.2　陆上燃油部组织

陆上航空燃油部(图6.2)是供应部的下属机构,包含燃油管理官(FMO)、部门一级军事长(LCPO)、部门军事第(LPO)、管理和核算、液氧与液氮、分配、存储和质量控制等职能。

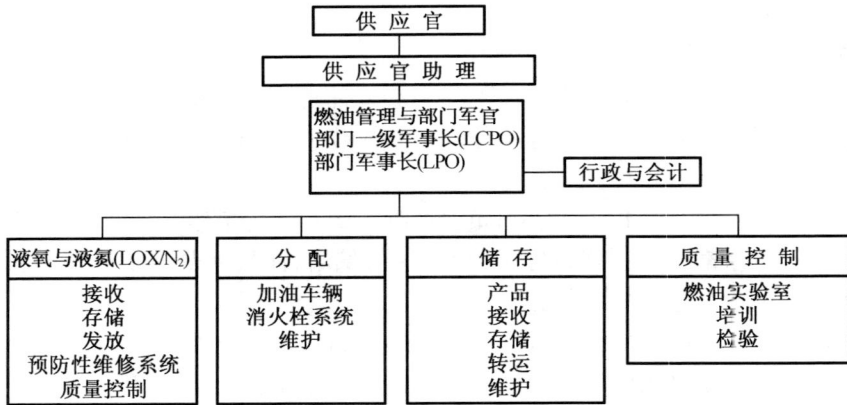

图6.2　陆上航空燃油部

1.燃油管理官(FMO)

燃油管理官(FMO)通过规划、指导、培训和监督燃油操作,分担供应官的燃油职责。管理和核算人员直接向燃油管理官负责。

2.分配

分配职能负责向所有租赁和临时飞机,以及燃油测试设备等其他装置提供加油和抽油服务。另外一项职责是对分配人员使用的加油设备进行操作维护。分配职能一般包含分派给该部门的大多数军事人员。

3. 质量控制

质量控制职能负责油库接收和分配的所有燃油的检验和质量保障。来自于燃油处理操作各个阶段的燃油样本均交付给质量控制职能。质量控制职能还负责检查过滤器/分离器和燃油监控器,以及维护过滤器/分离器和燃油监控器的压差记录。

4. 存储

存储职能负责接收、存储和转运部门处理的所有燃油。除了这些职责之外,还包括对转运操作中所用的设备进行维护。

5. 液态氧气(LOX)和氮气(N_2)

液态氧气和氮气分支机构负责存储和分配液态氧气(LOX)和氮气(N_2)。

6.1.3　人员资质标准(PQS)项目

无论工作人员在 V - 4 部门的工作职责是什么,都必须具备相应的资质,或者在具备资质的人员的直接监督下履行工作职责。PQS 项目用于认证官员和应征人员的资质,以便他们履行其工作职责。该项目书面汇编了获得特定值班岗位资质、维护特定设备或在各自单位作为团队成员开展工作所需的各种知识和技能。

6.1.4　海上航空燃油工作人员资质标准(PQS)

海上航空燃油工作人员资质标准(PQS)可以根据舰船组织结构的不同量身定制,通过添加特定的项目或删除不适用的项目,以满足任意航母的需求。

表 6.1 为海上航空燃油工作人员资质标准(PQS)中的值班岗位(工作职责)明细。

表 6.1　海上航空燃油工作人员资质标准

PQS	值班岗位
301	测深仪
302	燃油安全监督岗
303	加油机组
304	加油机组领队
305	检查员
306	质量监督哨兵
307	传令员

表 6.1（续）

PQS	值班岗位
308	质量监督督导
309	飞行甲板修理工
310	飞行甲板维修主管
311	JP-5 过滤器操作员
312	弹射装置润滑油操作员
313	JP-5 泵舱操作员
314	甲板下修理工
315	JP-5 控制台操作员
316	JP-5 泵舱督导
317	飞行甲板督导
318	甲板下督导
319	部门督导

6.1.5　飞行甲板观察员资质标准（PQS）

飞行甲板观察员资质标准是海上航空燃油工作人员资质标准大部分后续资质的重要前提条件。该资质标准可以量身定制，通过添加特定的项目或删除不适用的项目，以满足任意航母的需求。

表 6.2 为所有类型航母的飞行甲板观察人员资质标准（PQS）中的值班岗位（工作职责）明细。

表 6.2　飞行甲板观察员资质标准

PQS	值班岗位
301	通用型航空母舰/核动力型航空母舰飞行甲板观察员
302	LHA/LHD/MCS 飞行甲板观察员
303	航母型舰艇飞行甲板观察员
304	通用型航空母舰/核动力型航空母舰可部署中队飞行甲板观察员
305	LHA/LHD/MCS 飞行中队可部署中队飞行甲板观察员

6.1.6　航空燃料业务岸上人员任职资格标准（PQS）

该航空燃料业务岸上人员任职资格标准适用于任何岸上机构的燃料系统。

表 6.3 所列的是航空母舰油料员的任职资格标准。欲知悉完整信息,请查询航空燃料岸上业务 PQS(NAVEDTRA 43288—B)。

表 6.3 航空燃料业务岸上人员资质标准

PQS	观察值班
301	国防燃料支援点操作员
302	质量监督岗哨/操作员
303	移动加油机操作员
304	移动抽油机操作员
305	飞机加油站操作员
306	库房控制员
307	地面设备操作员
308	调度员
309	国防燃料支援点业务主管/部门领导
310	质量保证代表

6.1.7 思考题

(1)海上航空燃料部的指挥命令的执行顺序是什么?

(2)哪个工作中心,负责接收和传输航空燃油和弹射器润滑油?

(3)甲板下哪个工作中心负责规划、调度和清洁整个燃油系统的油罐?

(4)哪些人必须得到授权才能进入油箱?

(5)谁来保障油箱是安全可进入的?

(6)不在飞行甲板区时,航空燃料安全值班员每隔多久巡视一次?

(7)在飞行区时,航空燃料安全值班员将巡视所有无人区,并向谁报告?

(8)在海军军事基地,航空燃料部隶属哪个部门的分支?

(9)油料管理和统计的直接负责人是谁?

(10)航空燃料部的哪个岸上机构负责为飞机加油和抽油?

(11)海军基地在各个阶段采取的燃料样本将输送到岸上航空燃料部的哪个分支机构?

(12)判定官兵完成所分配任务的程序是什么?

6.2 技 术 库

【学习目标】确定技术操作手册的目的;介绍限量发行的重要性;利用航空燃料业务的报告、日志、记录和表格,阐明建立技术库的重要性以及正确使用说明/警告并明确调查的目的。

技术库有两个重要的功能。首先,它可以为所有人员的工作服务,提供最新消息;其次,它可以为人才培训提供帮助,且具有极高的参考价值。为严格执行这些功能,凡是对部门设备有影响力的出版物,该库至少应保存一个副本。

通常情况下,该技术库位于部门办事处或维修办公室。技术库应该交给资深人员管理,以确保所有必需的出版物都收入库中,并根据出版物的影响力作出更新和更改。

一般来说,个人工作中心都会保留常用的出版物。并且,技术库的负责人应当保存工作中心所有出版物的列表,以便在需要时更新和修改这些手册。

6.2.1 技术/维修手册

技术/维修手册是在海军编制内指导海军人员操作和维护设备的信息来源。该手册分为操作和维修两大类。

操作手册是由出版物和其他各种形式的文档组成,主要内容包含系统介绍和使用说明。所有燃料系统操作员都应按照航空燃料操作排序系统(AFOSS)来开展工作。

《飞机加油海军航空兵训练和标准化操作程序(NATOPS)手册》(海军 00—80T—109)涵盖了相关技术要求、操作流程,并为航空燃料业务人员培训提供参考,如图 6.3 所示。

维修手册包含了各个系统维修保养的说明文件,例如维修手册中的 JP – 5 喷气式燃料离心净化器的说明、操作和维护手册(海军海上司令部 S9542—AB—MMO—010)(图 6.4)。

合理使用这些出版物,可以实现整个海军高效统一的管理、设备运行和维护。

详细说明或有关的预防性维修程序的相关信息包含在保养需求卡上(MRCS)。有关 3 – M 系统的信息,请查询海军作战指令(OPNAVINST)4790.4 系列,以及船舶维修物资管理手册。

技术/维修手册包含以下内容:

①设备说明;

②操作原理;

③故障排除技巧;

④正确维护信息;

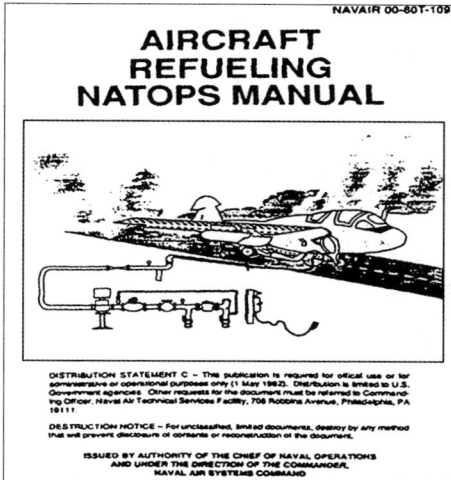

图 6.3　飞机加油 NATOPS 手册

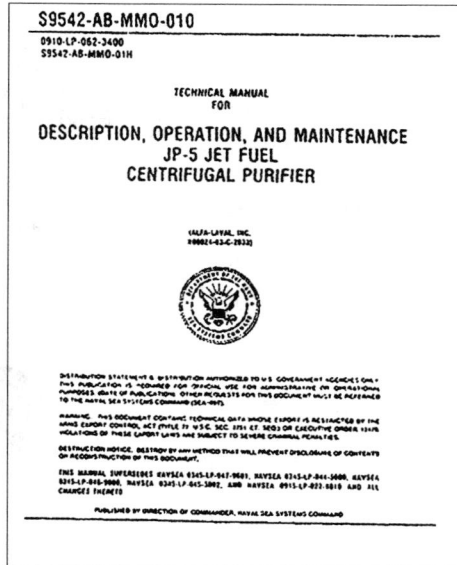

图 6.4　JP－5 离心净化器技术手册

⑤特殊安全要求；

⑥零件故障和数量；

⑦草图、图表和示意图。

⑧操作和设计极限。

高级士官必须能够了解和熟知技术出版物，并监督其使用。高级航空母舰油料员还必须知道如何获得技术出版物并及时更新的方式方法。

由海军航空系统司令部发行的众多技术出版物的作用很大。例如，每种飞机的维护说明书中的基本信息和维修部分均涵盖了飞机加油所需的所有程序。也可以在海军航空系统司令部的其他出版物中查找到移动式加油机和飞机装卸设备的相关信息。

海军航空系统司令部发行的技术出版物覆盖了航空母舰油料员最常用的舰载设备简介。每艘船舶的资料书均涵盖了该船的燃油系统介绍。航空母舰油料员应该深入研究船舶资料书。此外，海军海上司令部发行的技术/维修手册还涵盖了设备的主要部件简介。

6.2.2　说明和通知

海军指令系统适用于整个海军的实际工作程序，而非技术指导型版本。这些指令还包括用来制定政策、组织、方法和程序，它们指挥行动或含有影响操作或管理的信息。该系统为发布和维护指令提供统一规则。海军各局、办事处、活动和命令要求系统具有一致性。说明和通知是两种类型的授权版本。

属于持续性质的行动信息包含在说明中。说明具有永久性参考价值,其有效性将持续到编写人替换或取消它。通知只包含一次性属性的行动信息,它不具有永久性的参考价值,其自身就包含取消条款。

为便于识别和准确归档,所有指令均可以通过编写人的缩写、释放类型(无论是指令或通知)和主题分类编号进行识别,如果是说明,需要有一个连续的编号。因为通知具有临时性,所以不能分配连续的编号。信息由编写人分配,并放置在每页的指令上。例如,如图 6.5 所示的海军作战指令(OPNAVINST)4790.4 系列里的《船舶 3 – M 维护手册》。

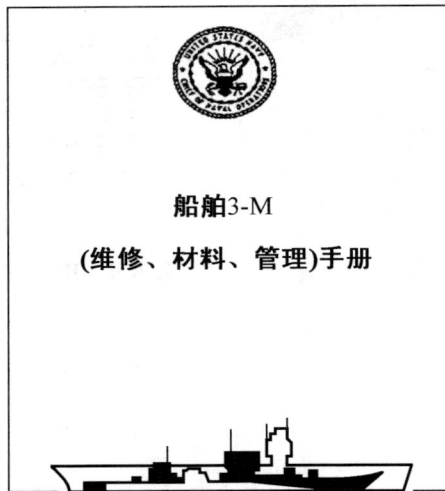

图 6.5　船舶 3 – M 维修手册

6.2.3　保持限量发行

要保持限量发行,必须满足四项强制要求(技术和其他方面):

①限于船上使用的指定出版物;

②出版物保证及时更新;

③出版物随时可用;

④达到安全适用规范。

所有海军技术手册和表格主要根据海军出版物和表格清单索引进行订购。

6.2.4　修改出版物

出版物大多通过更改纸张、字体和版本进行修改。

当更新发生在偶数页时,相应页数的旧页面则要更换,将新的替换页插入到原来的位置上。技术上发生的任何更新或变动通常都会作出特别说明,并与更新一并编入书中。更新应该及时进行。

出版物修订后,在页面一览表中,应指出发生的变化。一览表应当与未修订的页面进行比对,以保持一致性。通过删除多余的、过时的页面或者添加缺页,来发行最新的出版物。

当数字和日期随写法发生变化时,应该标明每次变化,以备将来参考。有时为了方便,可以使用透明胶带或胶水,将写法变化直接插入以固定到出版物中的适当位置。

每个出版物前面都有一张记录卡片,上面显示每次修订的日期、数目、修订者的名字或首字母缩写。这个方法可以简单区分该出版物是否为最新版本。

6.2.5　记录和报告

维护记录和报告是高级航空母舰油料员的主要职责。所有的记录和报告必须准确、及时并按规定建立。

1. 工作/维护日志

在工作(或操作)日志中,应当记录操作时间和运行压力。这些信息对于及时更新船舶维修项目卡非常有用,便于以后查找的任何其他操作数据都应当记录在案。燃油系统的日常检查应当在日志中记录是否存在泄漏或者是否有其他异常现象发生。

维护日志应包含维修人员对航空燃料系统进行的所有工作,并逐天进行记录。

其他必须保留的航海日志如下:
①燃料安全值班日志;
②过滤采样/压降日;
③样品质量监测日志;
④设备运行日志每台设备都应该有自己的日志,如4#服务泵,2#驳油泵、3#净化器、1#辅助泵等;
⑤电动/手动分离日志

分管士官、工作中心主任和部门领导应当经常检查全部航海日志。在一般情况下,可以在故障实际发生之前,便可以通过日志中的信息有所预见。例如,某特定设备的累计运行总时间就是用以判断即将发生故障的一个例证。

2. 清单

清单是针对某一专门设备或操作,进行检查的最小书面表格。它可以涵盖整个燃料系统的所有检查项目,检查从操作燃料车开始直至完成一次补给后结束。

使用清单的好处显而易见:只要检查的内容被写入清单,则基本不存在错过这个步骤或过程的可能。使用清单时,必须满足预防性维护计划(PMS)的所有要求。

3.飞机检查报告

高级航空母舰油料员运行航空燃料系统时遭遇的最大困难是如何准确记录燃料的支出量。对于计算特定飞机或飞行中队的耗油量,现有的测量仪器(仪表、液位指示器、测深尺)可能难以完成要求。

计算分发给某特定飞机燃油数量的最精确方法是借助于飞机上的燃油计。当飞机静止时,通过飞机油箱总容量减去剩余燃料量,便可以计算出加满油箱所需要的燃油量。飞机燃油计是以磅为单位进行校准的,加油时必须将以磅为的单位油量转换成以加仑为单位的油量。

燃料检查员的职责是统计飞机加油量和抽油量的情况。

应该在检查卡的顶部位置标明日期和检查人的姓名。同时,还需要登记飞机所属中队编号、飞机编号、飞机加油量或抽油量、总燃烧量负荷、加油或抽油时间和机长名字的缩写。这些卡片应该上交至负责燃油支出登记的分管士官处。还可以在上面填写中队要求。万一发生飞机事故,机上的卡片应该停止使用,如果有必要,可以申请在未来的事故调查中使用。这些卡片也可以用于船舶上燃油用量的统计。

燃油检查卡可以与每日泵舱报告结合使用,该报告用于登记每天的燃油输送量和船上的燃油剩余量。这些卡片也可以用于计算各中队的燃油用量。各个中队可以据此提出补给申请,以补充其消耗的燃料。燃油成本从中队运行费和分配的飞行线路维护费用中扣除。

4.测深报告

V-4部门要求的另一份报告是日常测深报告。该报告一式两份,一份提交给工程日志室,另一份则保存在V-4部门的存案文件中。

每日测深报告的内容包含油箱编号、容积(单位为加仑、立方英尺和立方英寸)、前一天的测量值、目前的测量值和船上剩余燃料的百分比。

5.每日燃料报告

每日燃料报告是由飞机检查卡、泵舱报告和油箱测深报告汇总而成。该报告显示了船上燃料的总量。它通常由V-4部门负责人签名,并提交给下列人员:

①指挥官;
②空官员;
③工程人员;
④操作人员;
⑤值班军官;
⑥供应官。

6. 事故报告

事故报告（CASREP）适用于海军作战部长（CNO）和舰队指挥官管理部门。事故信息是运行状态中的重要组成部分。事故报告可以告知作战指挥官和支援人员，重要设备发生故障可能导致战备等级下降。该报告也可以显示单位所需的技术支持或需要更换的零件，以排除故障。

不能在 48 小时内排除的设备故障或缺陷称为事故，原因如下：

①降低了单位执行主要任务的能力；

②降低了单位执行次要任务的能力；

③降低了完成训练任务或其中某个重要环节的能力，并且无法纠正或重新安排或重修课程。

事故报告包含四种类型的报告，即初始、更新、排除和取消。这些报告一般采取如下方式进行描述。

①事故初始报告。事故初始报告首先确定事故情况、各部分的状态和所需的援助。业务部门的工作人员利用这些信息，确定资源的优先使用权。

②事故更新报告。更新报告的内容与初始报告相类似并对先前提交的信息作出更改。

③事故排除报告。当发生事故的设备修复完毕并重新正常运行后，单位发送事故排除情况报告。

④事故取消报告。当报告事故的设备将要进行大修或有其他的修理计划时，单位发送事故取消报告。在维修计划中没有排除的事故将不会取消，需按照正常程序作出报告。

有关报告准备和提交的完整信息，请参阅海军作战出版物（NWP）10—1—10。

6.2.6　调查

调查的目的是确定政府物资损失、损坏或破坏的原因和责任，并确定美国政府的实际损失。如发现政府物资损失或损坏，将立即开展初步调查。该调查将确定是否存在过失、故意使用不当行为或擅自使用等行为。初步调查将由部门负责人或负责物资的主管（或相当职位）领导负责。如果情况需要，例如确实存在犯罪行为或重大过失，中队长或 OIC 可以任命一名调查官或调查委员会进行深入调查。若发生问题的物资有直接负责人，则不需要委派调查官。

调查或审查必须弄清造成物资损失、损坏或破坏的原因。围绕事故进行彻底迅速地调查，以确定原因。但是，调查或审查不应局限于个人陈述。应开展全面调查，以维护政府利益，并且充分保护个人（集体）和海军的权利。审查应当证实或反驳个人陈述，并区分各方的责任。

当中队长或 OIC 认为过失并没有造成政府财产的损失、损坏或破坏时，则不需要开展调查。由于中队长或 OIC 所共知的原因，导致无法确定过失或责任，调查则成为了不必要的行政负担,因此无需调查。当事人主动承担资产损失、损坏或破坏的责任,并自愿赔偿政府物资时,通常会取消调查。

通常,在许多情形下都需要进行调查。但是,航空母舰油料员仅涉及大量石油产品,只有当损耗超过规定的量(例如,动力汽油 0.5%,JP-5 燃油 0.25%)时,才需要进行调查。如果不能查明损失的原因,则采用"DD 表格 200"的形式提交调查报告。

更多信息请参阅《海军供应程序》(NAVSUP 出版物 485)。

6.2.7　思考题

(1)技术库应当保留多少有关设备的出版刊物副本以供部门查阅?
(2)掌握维修技术手册/出版物知识的关键是什么?
(3)技术/维修手册分为哪两大类?
(4)海军指令系统中,需由什么部门授权才可以发布非技术信息?
(5)说明或通知包含的哪些类型的信息可以用来识别和协助准确归档?
(6)根据什么来订购海军技术手册和表格?
(7)采取何种形式来更改已经发行的出版物?
(8)维护航空燃油记录和报告的三大要素是什么?
(9)燃料部门哪些人需要经常检查全部的燃料系统工作日志?
(10)哪些文件用于准确统计飞机燃油的收支情况?
(11)采用何种类型的报告,用以上报重要设备故障或单位战备下降水平?
(12)主要设备或缺陷多长时间内不能消除,将被归为事故?
(13)通过调查评估政府资产损失、损坏或破坏的目的是什么?
(14)一旦发现政府物资损失、损坏或者破坏,将立即开展何种类型的调查?
(15)进行初步调查的目的是什么?
(16)哪类表格用来报告燃油/动力汽油损耗过大?

6.3　工具管理计划

【学习目标】讲解航空母舰油料员手工工具、便携式电动工具以及精密测量设备的使用和维护。列出适用于手工工具的保养规范。讲解使用各种工具的安全防范事项。

作为航空母舰油料员,执行任务时经常需要使用手工或电动工具。完成任务的过程中,如果能够熟练使用这些工具,将会达到事半功倍的效果。

使用工具是为了使工作更简单高效。如果不能合理使用或保养工具,它们就会丧失本来的价值优势。

选择并正确使用工具,可以迅速、准确、安全地完成工作。如果没有合适的工具,并且不知道如何使用,则是在浪费时间,降低工作效率,甚至可能伤到自身。

6.3.1　工具使用习惯

1.保持每件工具定点存放

V-4 分部使用的所有工具必须按照工作管理计划进行管理。

工具管理计划是基于家庭专业工具箱的概念,要求在每次维修前后及时装箱打包。每个工具箱都是专门为任务、工作中心和设备维护而设置的。工作中心的工具箱只限于完成工作中心的维护任务,其他工具箱和专门工具则需要从工具管理中心(工具室)领取。

2.保持工具状态良好

保护工具,避免生锈、划痕、毛刺和断裂;保持工具完整可用;每件工具不再使用时,都应该放置在专门的工具箱内。不使用的工具箱应该上锁,并存储在指定位置。

[**注意**]每个工具箱内都有一张工具清单,每次工作或维修前后都应该对照检查,以确保工具的完整性,并在工作完成后及时清点。

3.设计用途

每个特定类型的工具的设计都有其特定的目的。如果在执行维护或维修任务时使用了错误的工具,可能会导致设备损坏或损坏工具本身。记住工具使用不当将导致维护不当,继而将导致设备损坏,并可能造成人员伤亡。

4.安全保养实践

始终避免将工具置于机械或电气设备上面。当机器或者飞机引擎正在运行时,严禁无人看管工具。

5.禁止使用损坏的工具

一个破旧的螺丝刀可能使螺旋槽打滑和损坏,破坏其他部件,或者造成划痕。变形的仪表可能导致测量不准确。

记住,技术人员的工作效率很大程度上取决于他们所使用的工具以及爱护工具的方式。同样,通常可以从他们使用和爱护工具的方式来判断技艺的高低。观察熟练技工的工作,便可以发现他们对工具的爱护以及动作的精准程度。

6.3.2　手工工具的护理

手工工具应当采取与个人物品相同的模式进行护理,使其始终保持清洁,无污垢、油脂和其他异物。合理布置工具以提高效率,使用完毕后,及时放入工具箱。

所有的手工工具都有其特定用途,只能在其设计范围内使用,否则可能同时损坏工具和操作对象。例如螺丝刀只能用以转动和移除螺丝,不能用于刮漆,或作为撬棒和凿子使用,更不能用来测试电路。

工具是昂贵而重要的设备。要延长它的使用寿命,需要通过一些常识和预防性的保养措施来达到目的。

对于工具的护理,请注意以下几点:

①每次使用后清洗工具。油腻、泥泞和湿滑的工具容易滑脱,危害极大。

②禁止将扳手当锤子使用。

③禁止将工具散落一地。不使用时,请将其放回架子上或工具箱内,摆放整齐。

④清洁完毕后,在工具表面抹上油膜,以防生锈。

⑤使用后清查工具,以防丢失。

6.3.3 便携式电动工具

航空母舰油料员经常需要在指定维修地点,或者露天环境下使用便携式电动工具。正确有效地使用电动工具,将能节约大量人力和时间,尤其是需要进行大面积刷漆或除锈防腐的情况下。

当使用电动工具时,安全是最重要的。使用电动工具之前需特别注意,应佩戴护目镜来保护眼睛。

电动工具的危险程度大于非电动工具。经主管部门检查并掌握正确操作后,方可使用电动工具。

当使用气动工具时,应当按照铭牌上的规定保持供气压力。气压不足会导致工具无法正常使用;而过高的气压又会损坏工具,致使使用时难以操控。

6.3.4 使用气动工具的安全注意事项

使用气动工具时,应按如下步骤进行操作:

①穿戴必要的个人防护设备。气动工具的连接气压或驱动气压不能超出该工具的设计标准值。当操作气动工具时,规定工作人员必须穿戴相应的眼睛保护装置。

②操作人员应得到授权,并接受过气动工具的操作培训。

③采取安全的方式放置气动工具,以防意外触发开关。不用的工具都应该置于关闭状态。

④使气动工具始终处于良好工作状态。应当定期全面检查,特别要着重检查开/关控制阀的扳机护罩、软管接头、锤导夹、卡盘铰刀和钻头。

气动工具和空气线可装配快速断开接头,并安装过压自动关闭阀门。此阀门可以自动截断空气线中的空气,以便于更换砂轮、针、凿以及其他切割或打孔钻头。

空气软管必须能够承受工具所需的压力。应当及时更换漏气或有缺陷的软管。软管不应铺设在梯子、台阶、支架或过道上,以防发生意外(例如绊倒人员)等情况。当软管从门口经过时,要防止被门夹坏。空气软管一般应高于人行道或工作表面,以保证通道畅通无阻,并防止损坏。

所有便携式气动砂轮机都必须配备安全锁定关闭装置。使用前,操作人员需要将其手动打开,才能正常使用工具。当处于关闭状态的节气阀发生泄漏时,安全锁定关闭装置可以自动启动,并可靠地关闭节气阀。而启动工具时,则需要进行两个连续操作,先解除锁定关闭装置,然后打开节气阀。工具上必须安装锁定关闭装置,且要求其不能对工具的安全性或操作性产生不利影响,或者不容易拆除。如果没有安全锁定关闭装置,则处于关闭状态的节气发生泄漏时,像"刹车闸"这类装置将无法可靠地自动关闭阀门。

有关安全注意事项的详细信息,请参阅为海上部队编制的海军作战指令《海军职业安全与健康计划手册》(OPNAVINST 5100.19)。

[警告]工具可以除锈、刷漆和钣金,同时也有可能伤害身体。使用电动工具时,全神贯注,不可分心。

6.3.5　精密测量设备

作为航空母舰油料员,将使用精度为千分之一英寸的测量工具。对于预防性维护计划和重大维修工作,需要使用扭力扳手、千分尺、伸缩计、游标卡尺和度盘指示器等工作。这些工具常用于校正泵轴、检查轴是否磨损,或检查轴承的内径和外径等部位。

用于特殊目的的精密仪器,需要进行特殊护理。以下预防性维护措施将有助于确保其精确性:

①保持清洁,涂上薄油(度盘指示器禁止涂油);

②将工具放回工具箱之前,擦拭工具上的指纹;

③使用之前,检查刻度标签,验证仪器的准确度;

④当精密工具摔碰过或怀疑其准确性时,可以通过预防性维护计划对其进行校准;

⑤应保持精密仪器的温度与环境温度相等,以确保测量的准确度;

⑥精密仪器不使用时,请放回工具箱;

⑦切勿将精密仪器与其他工具混放,如扳手、锤子等;

⑧切勿随身携带不具有便携式工具盒的精密仪器;

⑨避免密封存储精密仪器,如外径千分尺、游标卡尺或刻度盘指示灯:温度变化可能造成框架、转轴或其他部件发生变形;

⑩切勿旋转框架打开或关闭千分尺;

⑪切勿尝试使用通气软管吹出精密仪器中的磨屑和污垢,否则将导致小颗粒

嵌入工作部件中;

⑫不要私自校准精密仪器,应将其送到已授权的检定机构进行校准;

⑬禁止使用摩擦剂清洁测量面;

⑭禁止强行测量以获取测量值;

⑮禁止对作业机械进行测量。

航空母舰油料员可以准确测量,并且手动安装新零件,并且要求最后组装泵体的工作人员能够熟练地旋转金属套筒或者管道法兰。应按照相应的技术手册进行设备的保养和维修。

海军教育与训练司令部(NAVEDTRA 14256)的课程中(图6.6)包含航空母舰油料员常用工具的详细信息。建议所有航空母舰油料员完成本课程。

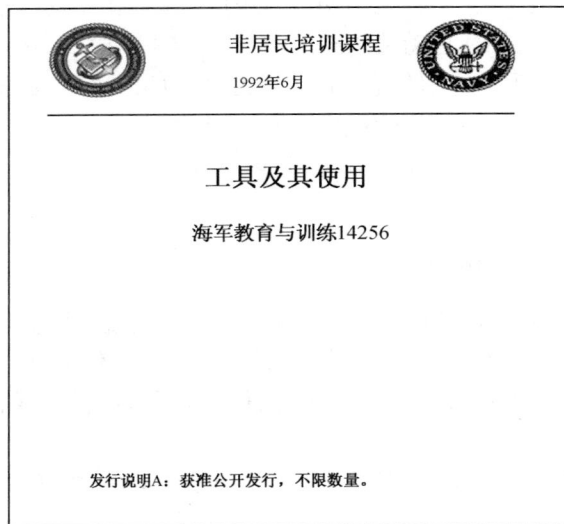

图6.6　工具及其使用相关书籍

6.3.6　思考题

(1)V-4分部采用哪项计划用于管理工具?

(2)根据工具管理计划,多长时间清点一次工具?

(3)如果使用了错误的工具进行维修或保养将发生什么情况?

(4)使用电动工具时,哪方面的注意事项最为重要?

(5)使用电动工具时,操作人员应该最熟悉什么要求?

(6)当使用气动工具时,海军人员必须穿戴哪类防护装置?

(7)对气动工具的供气软管最重要的要求是什么?

(8)所有便携式气动砂轮机都必须配备哪类安全装置?

(9)当使用便携式电动工具时,如何得知其正常工作电压?

（10）海军所有类型的电动工具都必须满足的要求是什么？

（11）如何验证精密工具的准确性？

（12）谁有权校准精密仪器？

（13）从海军教育与训练司令部（NAVEDTRA）的哪部手册中查询航空母舰油料员常用工具的详细信息？

6.4　蓝图和图纸

【学习目标】描述蓝图、图表和图纸中的信息。阅读和解释蓝图、图纸、图表以及其他维修辅助文件。

所有航空母舰油料员在执行维护任务时，必须能够阅读蓝图和图纸，可能还需要绘制草图和图纸。因为其有助于培训缺乏经验的维修人员将理解的系统或者对象可视化。

蓝图是机械或其他类型图纸的精确副本，使用手写符号语言、线条、图形、尺寸等来准确描述对象的形状大小、材料种类、完成情况和结构构造。阅读蓝图从很大程度上来说是将这些线条和符号翻译成步骤、材料和其他细节的过程，并按图示要求进行修理、维护或者装配。

工作人员可以从蓝图里识别出在实际部分中熟悉的对象。看懂蓝图最基本的要求是认识不同的符号代表的意义，和在哪里查询蓝图的重要信息。

下面将讨论所有蓝图中的一些重要常识。

6.4.1　草图

草图是手绘而成，显示了系统或对象的大概轮廓，它仅包含部分细节。绘图与草图类似，不同的是它是使用机械制图仪器按比例绘制而成。

6.4.2　机械制图

机械制图是一类特殊语言，使用线条、符号、尺寸和标志来准确描述对象的形状、大小、材料种类、完成情况和结构构造。

6.4.3　蓝图

蓝图由设备设计工程师制作，它为建造、维护和修理设备的人员服务。蓝图在较小的空间内使用易于理解的通用语言，涵盖了大量的信息。

6.4.4　明细表

按照军用标准编写的所有蓝图和图纸，其明细表均位于图纸的右下角。它包含图号、蓝图所代表的部件或组件名称和用于确认该部件或组件的所有信息（图

6.7)。

明细表还包括政府机构或组织的名称与地址、筹备图纸、规模、起草记录、鉴定和日期(表6.4)。

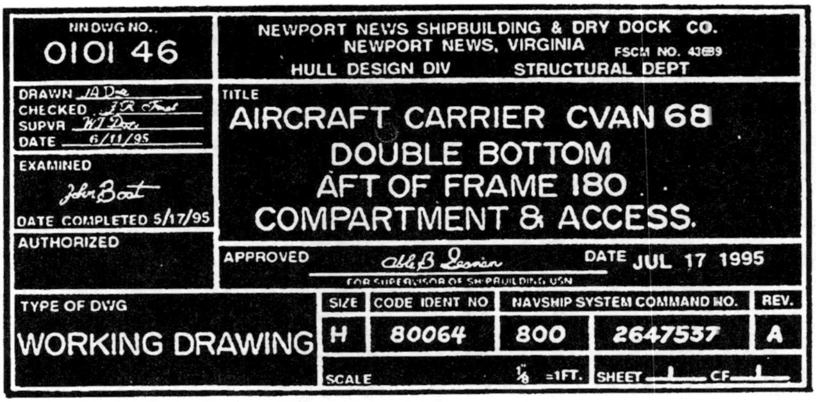

(a)

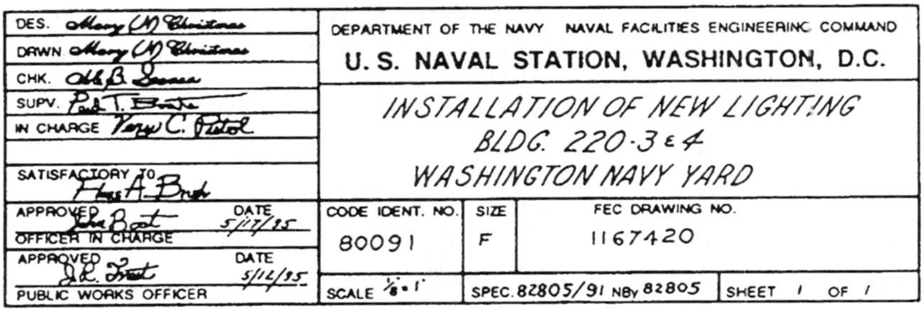

(b)

图6.7　图纸标题栏示意图

(a)海军舰船系统司令部;(b)海军设备工程司令部

明细表中被对角线或斜线标明的部分,表明这些信息通常是不必要的,或者应该标注在图纸的其他位置。

6.4.5　修订版块

修订版块通常位于图纸的右上角,用于记录图纸的变化(修改)。所有的修改都记录在这个版块中,并且都标注了日期,通过一个字母和修改的简要说明进行区分。修改后的图纸将在明细表中原来的号码前加一个字母,如图6.10(a)所示。如果需要对图6.10(a)进行再次修改,则将明细表中修改版块中的字母替换为B。

6.4.6　图号

所有蓝图均通过图号进行识别。例如,图6.11(a)中的海军舰艇指挥系统编号和图6.11(b)中的海军设施工程指挥部图号。这些图号位于明细表的右下角的版块里,或者显示在其他地方(例如,上部边界线的顶部,或在两端的背面),以便于当图纸卷起时仍然可以看到图号。如果蓝图不止一页,那么版块中的信息应当包括页号以及该蓝图在系列中的编号。例如,通过表 6.4 所示的明细表中显示的蓝图可知该蓝图是每系列 1 张。

表 6.4　蓝图明细表

NNDWG 编号:0101 46	纽波特纽斯造船与干船坞公司 纽波特纽斯,弗吉尼亚州　FSCM NO.43689 船体设计处结构部			
绘制:＿＿＿＿ 检查:＿＿＿＿ 监管:＿＿＿＿ 日期:＿＿＿＿ 审查:＿＿＿＿ 完成日期:5/17/95	标题:航空母舰 CVAN 68 双层船底 船体框架 180 船舱及入口			
授权	批准:＿＿＿＿＿＿＿＿＿＿ 日期:7/17/1995 　　　美国海军造船部监制			
DWG 类型:施工图	大小	标识码	海军船舶系统命令号	版本
	H	80064	800　　2647537	A
	比例尺		图幅 1	

(a)船舶指挥系统

交付	海军部海军工程指挥部		
绘制 检查	美国海军华盛顿基地 U.S. NAVAL STATION, WASHINGTON, D.C.		
监管 负责人 符合要求	安装新照明设备 220 - 3 - 4 大楼 华盛顿海军造船厂		
批准日期	标识码	大小	FEC 图号
负责官员 批准日期	80091	F	1167420
公共工程官	比例尺	SPEC.82805/91 NBy 82805	图幅 1

(b)海军设施工程指挥部

6.4.7 参考编号

明细表中出现的参考编号指的是其他图纸编号。当需要表示图纸的多个细节时,经常使用短画线和数字来表示。例如,在两张图中显示同一细节图,那么这两张图将使用相同的图号,加上一个短画线和不同的数字表示,如 8117041 – 1 和 8117041 – 2。

除了出现在明细表外,短画线和数字还可以出现在图纸中,用于识别一些商业图纸中图号和零件号,并用引线指向该部件;其他图纸用直径 0.375 英寸的圆圈圈住零件号码,并用引线指向部件。

短画线和编号用于识别修改或改进后的部件,并且还能识别出左手和右手部件。许多飞机左手的零件与右手相应部位的零件完全一样,但方向正好相反。图纸中经常显示的是左手部件。

在图纸的明细栏中可以看到一个标记,如"159674 LH"和"159674 – 1 RH 相反"。这两个部分有相同的号码,通过短划线和数字进行区别(LH 指左手,RH 指右手)。有些部门使用奇数表示右手部件,偶数表示左手部件。

6.4.8 制图线条

工作图纸中的线条不仅能显示对象形状以用于制造或者修理,而且线条的绘制方式还有一定的含义。例如,粗线用于描绘对象的轮廓、中间的线条用虚线代表隐藏功能等。而切割平面、短断线、相邻部分、交替位置线、中心线、尺寸线、长断线、同上线、延伸线和剖面线都使用细线表示。

要理解蓝图内容,必须明白不同类型的线条在实际绘图中如何使用以及代表的含义。表6.5 举例说明了一些非常重要的线条,并在图6.8 中对其正确用法进行了举例说明。

表 6.5　标准线条表

标准线			
种类	图示	描述及应用	图例
轮廓线		粗实线 用来表示对象的可见边缘	

表 6.5(续 1)

标准线			
种类	图示	描述及应用	图例
隐藏线		间隔均匀的短画线组成的虚线 用来表示对象的隐藏边缘	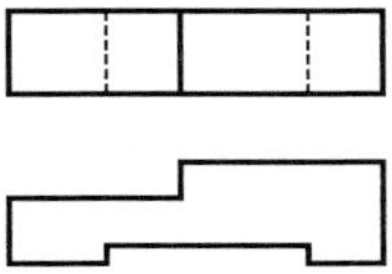
中心线		长度一致的长、短横线交替间隔组成的细线 用来指示对称轴和中心的位置	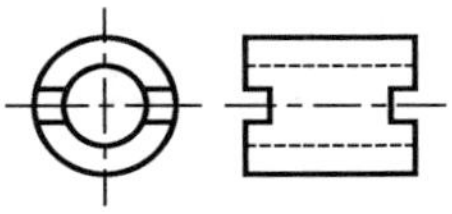
尺寸线		带终止箭头的细线 用来表示测量距离	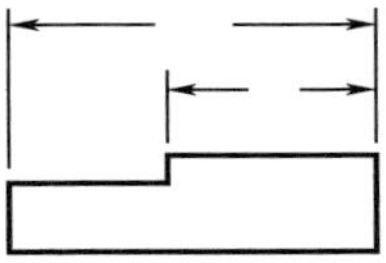
延长线		细实线 用来表示尺寸的范围	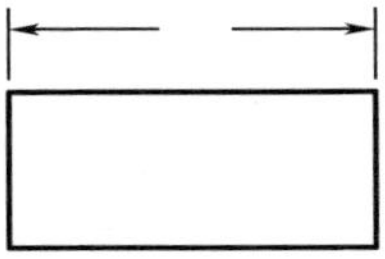
引线		一端带终止箭头或点的细线 用于指示部件、尺寸或其他参考	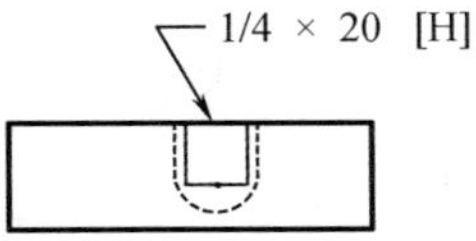 1/4 × 20 [H]
细双点画线		由一系列的单个长画线和双点画线间隔均匀的组成,最后以长画线收尾用来指示部件的另一个位置,重复的细节或指示一个基准平面	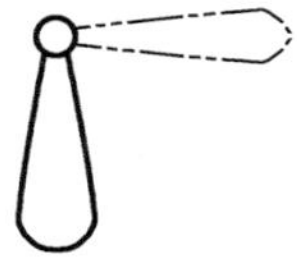
细虚线		由短细线间隔均匀组成的细线 用来指示缝合或缝	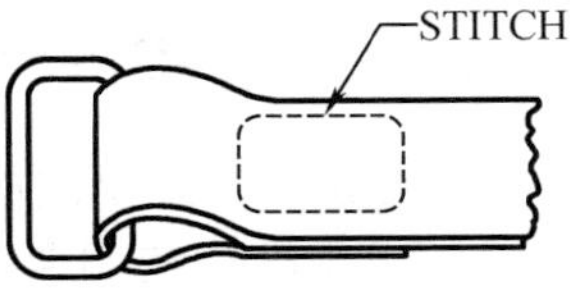 STITCH
双折线	[WOOD]	由直线与锯齿线组成的细实线用于减少图纸尺寸要求以描绘对象和减少细节	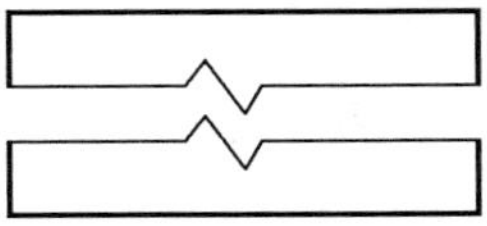

表 6.5（续 2）

标准线			
种类	图示	描述及应用	图例
波浪线		粗手写线 用来表示短的缺口	
切割线 切割可视平面 任意可视平面		带箭头的粗实线 用于指示被查看或采用的截面或平面	
切割复杂平面或偏移的线		厚实的短虚线 使用箭头指示物体位置的偏移方向	

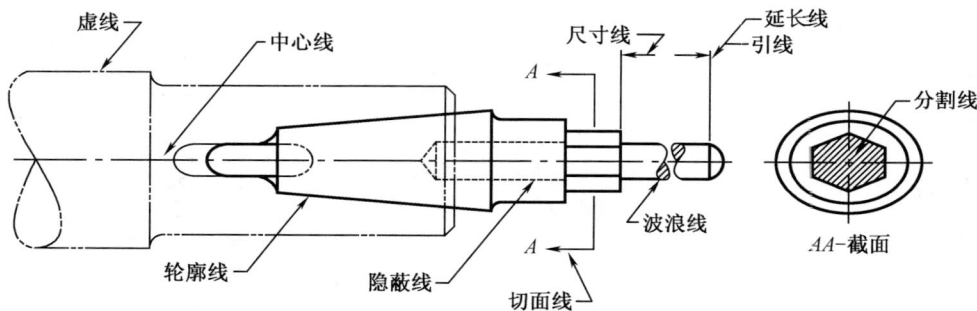

图 6.8　标准线用法

使用蓝图可以更容易地理解如何在比较小的空间内进行装配或修理。

6.4.9　蓝图类型

蓝图是图纸或草图的复本。通常情况下,只有准确的图纸才可以称为蓝图。这些蓝图应由机器制造商提供,用于船上设备安装,并提供给船舶的建造维护人员使用。

1. 平面图

船上使用的众多蓝图中,最简单的一种就是平面图。该图显示船舶各个部分的地点、位置和功能。工作人员可以通过平面图找到自己所处的岗位以及值勤点、医务室、理发店以及船舶的其他部分的位置。

2.装配图

除了平面图,船上的其他图纸统称为装配图。这些图纸展示了各种系统和机械设备。它们可以显示机械的各种零部件、如何组装在一起以及相互之间的关系等。同时,还可以用于学习机器、系统及设备的操作与维护的相关信息。

3.组件图

个别机械,如马达和泵,可以通过单元或组件图显示,用于显示其位置、形状、大小以及组件或单元之间的关系。同时,组件图还可以用于学习机器、系统及设备的操作和维护。

4.细节图

细节图从各个角度显示单个组件,可以依此制作新组件以做替换。细节图包括组件的确切尺寸、材料类型、每个零件的平滑度、公差等完整准确的描述。

5.缩微/穿孔卡片

许多印刷品和图纸都是由16毫米或35毫米的缩微胶片制成。这些缩微胶片和图纸可以安装在穿孔卡片(幻灯机)中,也可以卷起来。阅读器或某种投影仪可以放大胶卷进行阅读。例如活动室的缩微胶片阅读机,它可以放大胶片内容进行阅读,并且在数秒打印出正在播放的胶片。缩微胶卷大大减少了纸制文件的数量。

6.示意图

示意图通过单线条和符号来说明如何将系统各部分连接为整体。

7.管道系统

管道图通常被用于记录管道系统及其功能,而无需描述其实际形状、大小或该部件或零件的位置。通过每个组件的单独的代表符号,可以轻易地阅读并理解管道示意图。

8.航空燃料操作排序系统

航空燃料操作排序系统示意图是一幅管道图。在燃料系统原理图中没有表明其中各个部件的具体位置,但是可以确定它们在燃油系统中的相对位置。

9.电气系统

示意图也可以用于描绘电气系统。它与管道图基本相同,只是使用的电气符号与管道符号不同。例如,JP－5控制台的电气电子部件示意图。

有关机械制图和图纸阅读的更多信息,请参阅《蓝图阅读与绘制》海军教育与训练(NAVEDTRA)14040。

6.4.10　思考题

(1)是什么将设备设计工程师与建造、维护和修理设备的人联系起来的?

(2)哪个版块包含图号、蓝图指代的部件或组件名称,并用于确认该部件或组件的所有信息?

(3)蓝图的修订版块包含了哪些信息?

(4)如何通过查看明细表识别蓝图的版本?

(5)为便于阅读蓝图,哪些施工图线条是相关人员必须理解的?

(6)何种类型的蓝图可以指明工作人员所处的位置,并指出了舶舶的各部分?

(7)何种类型的蓝图可以显示机械的各种零部件、如何组装以及相互之间的关系。

(8)组件图都有哪些实例?

(9)什么是细节图?

(10)通过单线条和符号,哪类图纸可以用于说明如何将系统各部分连接为整个系统?

(11)航空燃料操作排序系统,是哪类示意图的实例?

(12)JP－5控制台采用哪类示意图描绘?

(13)在哪类海军教育与训练手册中,你能找到有关的机械图纸信息以及阅读蓝图的方式方法?

6.5　计划维修系统和质量保证计划

【学习目标】说明3－M系统和质量保证计划的目的。描述3－M系统和质量保证计划。

6.5.1　3－M系统

在海军系统日常工作中,相关人员时常接触预防性维护计划。计划维修系统(PMS)周计划是一张维修计划表,显示工作中心本周内计划完成的工作。

1.计划维修系统周计划表

每个工作中心都张贴有计划维修系统周计划表。工作中心主任依据计划维修系统任务的要求,对工作中心的人员进行分配和监督。

计划维修系统周计划表的内容如下:

①工作中心代码；

②当前周数；

③部门领导审批签字；

④MIP 代码减去日期代码；

⑤适用部件列表；

⑥分配维修任务（每行备注一台设备的名称）；

⑦在对应的时间列中写入周期性维修代码；

⑧完善的大修可以满足计划维修系统的相关要求，并能适应各种情况。

2. 计划维修系统反馈报告

计划维修系统反馈报告的样表形式，参见表 6.6 和表 6.7。舰队人员应该查看 NAVSEACEN 或 TYCOM，以获取使用计划维修系统反馈报告的相关事宜。反馈报告（FBR）由 5 部分组成，并且有 4 份副本。

表 6.6　A 类反馈报告（FBR）样表

OPNAV 报告编号 4790 – 4

详见绿页面背面说明

从（船舶名称和编号）： USS NEVERWAS FFG 999	序列号： 1074 – 94
	日期： 1994 年 3 月 9 日

到：

　☒ 海军海上支持中心太平洋（A 类）

　☐ 类型指挥官（B 类）

主题:计划维护系统反馈报告	
系统、子系统或部件： 声呐接收设置	APL/CID/AN NO/MK. MOD AN/SQR – 18A（V）
系统指挥官 MIP 控制编号： 4621/23 – 23	系统指挥官 MRC 系统控制编号 各种型号
问题描述	
A 类	B 类
☒ MIP/MRC 配件	☐ 技术的 ☐ 类型指挥官类型指挥官援助 ☐ 其他（请注明）

表 6.6（续）

备注

要求以下类型的保养需求卡一式两份：

| 72 | EZV9 N | 12 | EZVO N | 20 | EZW5 N |

这 6 份副本需要大量存储，以备海军作战指令 5110.1 使用。

初始 & 工作中心代码：	分部（DIV）官：
ET（SW）船舶 EE01	LT Jay Gee
部门主管：	3 - M 协调器：
I. M. Daboss, CDR, USN	GMC（SW） Jock Frost
类型指挥官代表签名：	日期：

OPNAV 4790/7B（修订版 9 - 89）　　　　　　　　　　　　　　页 1/1

序列号 0107 - LF - 007 - 8000　　　　　　　　　　　　　　行动副本

3 - 84 版本一直可用

表 6.7　B 类反馈报告（FBR）样表

OPNAV 报告编号 4790 - 4

详见绿色页面背面说明

从（船舶名称和编号）：	序列号：
USS NEVERWAS	1074 - 94
FFG 999	日期： 1994 年 3 月 4 日

到：

　　☒ 海军海上支持中心＿＿＿＿＿＿＿（A 类）

　　☐ 类型指挥官（B 类）

主题：计划维护系统的反馈报告

系统、子系统或部件： 自压舱补偿系统	APL/CID/AN NO/MK. MOD
MIP 系统控制编号： 　F - 37/2 - 67	MRC 系统控制编号： 　T 44 E12F N

问题描述

A 类	B 类
☐ MIP/MRC 配件	☐ 技术的 ☐ 类型指挥官援助 ☐ 其他（请注明）

备注：

　　对安全阀测试设置之前，我们需要对 Leslie - Matic 控制器进行校准。MRC 中没有此步骤。这艘船没有 pub 或技术手册说明如何检查 Leslie - Matic 控制器精度的具体步骤。

表 6.7(续)

初始 & 工作中心代码： 　　ET（SW）船舶 EE01	DIV 官： 　　LT Jay Gee
部门主管 　　I. M. Daboss，CDR，USN	3 - M 协调器 　　　　　　GMC（SW）
类型指挥官代表签名：	日期：

OPNAV 4790/7B（修订版 9 - 89）　　　　　　　　　　　　　　　　页 1/1

序列号 0107 - LF - 007 - 8000　　　　　　　　　　　　　　　　行动副本

　　　　　　　　　　　　3 - 84 版本一直可用

　　编制说明和提交表单都打印在最后一个副本的背面。这些表格可以从海军供应系统获取。适用于提交和处理的反馈报告表格为 A 类和 B 类，定义如下：

　　A 类反馈报告（表 6.6）是非技术性的，用于满足计划维修系统的要求，并且不需要进行技术审查。因此，为了减少响应时间，舰艇上的 3 - M 联络官可以直接向 NAVSEACEN 提交反馈报告，同时附上需要补充的 MIPs 和保养需求卡。

　　B 类反馈报告（表 6.7）属于技术报告。船上 3 - M 联络官可以向相应的类型指挥官提交报告，并附上以下内容：

　　技术差异限制了计划维修系统的性能。文档、设备设计、可维护性，可靠性或安全程序等方面都存在差异，而且在计划维修系统的支持上（配件、工具和测试设备）也存在不足。

　　技术手册中出现的矛盾可以通过技术手册缺陷/评价报告（TMDER）NAVSEA 4160/1 进行上报。转移维修任务的通知。

6.5.2　质量保证计划

　　质量保证计划是确保船上装备维修保养质量和可靠性的必要手段。质量保证计划的目的是通过执行正规计划，设置无核化保养和维修行动的最低要求，以检验海上部队完成任务的能力，提高部队战备水平。该计划对航空母舰油料员也同样重要，因为 JP - 5 管道、阀门、油罐、泵、过滤器和其他与 JP - 5 系统相关的重要设备都包含在此计划内。

　　不要混淆质量保证计划，其目的是保证设备的维修质量，并进行质量监督，以此确保向飞机输送高品质的燃料。

　　舰队维修实施计划的目的是按照相应规定首次提供高质量的产品。实施计划的直接功能由四个基本要素组成：

　　①技工经过培训和认证后才能执行维修任务。

　　②直接监督维修任务和执行任务的技工。

　　③为正式工作程序（FWP）提供完成维修任务的必要操作步骤。针对不同的维护任务，工作程序的复杂度也不相同，并且需要不断改进，尽量使用现行的和已

得到证实的程序。

④工作流程执行一系列行动计划完成单位任务。工作计划的范围涵盖了规划与执行预防性维护到主要部件的更换和修复的全部程序。

了解工作流程和质量控制要素是质量控制的根本核心。上述要素构成了舰队维修计划的必要基础,以确保按照适用的技术和管理要求完成所有维修任务。下面所述的舰队武器质量控制和质量保证修护方案中载明了实现这些要素的基本政策和方针的具体细节。

1. 质量控制

质量控制(图6.9)包括开始前的准备工作以及过程中的所有行动,在技术规范的要求下,可以最少的人力物力和饱满的精神状态,一次性地安全完成任务。

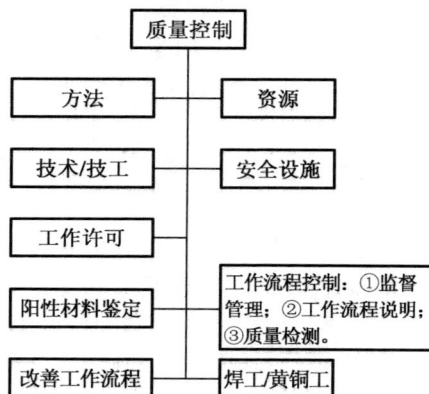

图 6.9 质量控制图

质量控制(QC)包括但不限于以下主要内容:

①培训和资格认证是维修过程不可分割的组成部分。许多工作过程以培训为前提,以满足工作的资质要求。在海军管道培训中未涉及(如规划与评估或管道铜焊等)的其他过程,所以必须在舰队维修活动(FMA)中学习或将舷上工作经验与专业化的工业流程培训相结合。技工在执行修理任务时,如果想一次性达到质量要求,对进行船舶质量控制和质量保证进行培训是必要的前提。培训计划的最终目标是拓展必要的知识,使技工掌握必备的工作技能。严格的培训和资格认证程序需完成以下步骤:

a. 确保设备操作员和值班人员具备必要的专业知识,并根据设计参数和规定程序正确、安全地操作自己的设备,以避免造成人员危害,或者造成设备使用寿命的缩短。

b. 扩展工业生产技能,进行必要的保养,培训技工技能,储备大量拥有资质的工作人员以完成中型和大型维修任务。

c. 监督人员提供维护管理培训,使他们能正确协调维护工作、培训、人事管理和其他任务的需要,同时为工作人员提供优质服务。

②对工作中心的设施设备进行维护和升级,为中心的技工和管理人员提供一个清洁、安全、舒适的工作环境,以满足其工作的需求。

③以技工为本,采用标准化的正常工作程序,以简单明了的方式定义每一个工作流程。

④对所有管理、培训和生产流程进行有效参与和监督。

⑤焊工和铜焊工资格认证与升级计划。

2. 质量保证

质量保证(QA)由管理和技术程序组成,对质量控制(QC)记录和生产活动进行系统评估,以确保符合技术规范。这些程序将保证按照设计要求完成工作或生产材料,并提供书面证明。

质量保证(QA)包括以下主要内容:

①提供产品质量证明(OQE)文件,以满足质量保证(QA)要求;

②确保对所有潜艇执行连续性认证,直至潜艇安全(SUBSAFE)系统的保养完成(仅适用于潜艇);

③开发维护程序,妥善处理、储备和安装控制材料;

④严格审计和监察计划,将机构内发展趋势的相关信息反馈给维护管理人员。此外,这个程序是制订分部和部门培训计划的出发点,用于改善工作流程。

质量保证(QA)的评价标准只有合格与不合格。所有维护都应该把质量第一作为出发点。在进行维护时,每个人都必须为工作质量负责。

《联合舰队维修手册》(CINCLANTFLT/ CINCPACFLTINST 4790.3)提供了相应计划,包含了建立切实可行的质量保证计划的必要指导。

6.5.3 思考题

(1)计划维修系统(PMS)的哪类计划表显示了工作中心一周维护任务?

(2)在周计划中如何给每种设备分配维修负责人?

(3)如何将有关计划维修系统的问题传送到 NAVSEACEN 或类型指挥官?

(4)哪类海军海上司令部(NAVSEA)表格用来报告技术手册中的错误?

(5)何时提交紧急反馈报告(FBR)?

(6)要获取有关计划维护系统(PMS)的完整信息,应参阅哪本 OPNAV 指令集?

(7)为何质量保证(QA)计划对航空母舰油料员很重要?

(8)什么程序提供完成特定维修任务的必要步骤?

(9)什么是用来提供系统的动作的必要的序列,以完成特定的维护任务?

(10)在船舶维修方面进行质量控制和质量保证培训的目标是什么?

(11)对维护任务的质量控制记录和生产行动进行系统评价时,需向质量保证要求提供了何种信息?

(12)何种质量保证程序提供维护管理反馈,并用于制订培训计划,以改善工作流程?

(13)哪本手册可用于指导建立切实有效的质量保证计划?

6.6 腐蚀控制和安全措施

【学习目标】描述航空母舰油料员将面临的腐蚀类型。识别它们的方法并讲解产生腐蚀的过程。阐明航空母舰油料员在遵守安全措施方面的责任。

6.6.1 腐蚀控制计划

连续执行全面维修计划可有效地防止大多数设备故障。由于设备对金属材料在强度和公差方面的要求更高,所以如果不进行常规防腐维护,它们将迅速失灵。

腐蚀会降低设备结构强度,改变其金属机械特性,损害设备。在设计材料时,要考虑其所能够承受的负荷和张力,同时还应提供额外的余量以保证安全。腐蚀可以削弱结构,从而减小或抵消安全系数。

当与周围环境发生化学反应时,整个金属表面都可能发生腐蚀。在潮湿环境下,由于不同的化学活性,两种金属材料或同一合金表面的两点之间都可能发生电化学反应。钢铁生锈是最常见的腐蚀的案例。

从某种程度上来说,所有的金属都会受到空气的影响。空气中含有水蒸气、盐分与氧气,这是产生腐蚀的主要原因。

腐蚀的形式取决于金属的材质、空气条件和腐蚀剂。为了便于讨论,我们可以将腐蚀分为三种类型:表面腐蚀、电解腐蚀和晶间腐蚀。

1.表面腐蚀

空气影响产生的腐蚀一般出现在金属表面,如粗糙化、蚀刻或点蚀。铁锈是表面腐蚀最常见的例子。

虽然铝、镁等有色金属不生锈,但这些金属也会发生表面腐蚀。未上漆的铝合金表面会发生明显的腐蚀,其表面会形成白色或灰色粉末状沉淀物。起初粉末状沉淀物会出现在接触区域,然后铝表面出现点蚀和灼热,最后完全变质。涂漆的铝合金表面的腐蚀则不能通过粗糙表面或粉状沉淀物来判断。例如,涂料或电镀表面凸起,外观变形起泡或者变色等,就是由于底层的腐蚀产物累积产生压力造成的。

镁合金的表面腐蚀可通过粉末状或粗糙的表面识别。镁腐蚀的产物是白色的,相比于被腐蚀底层金属,其尺寸要大得多。这些沉积物会慢慢累积,且腐蚀会迅速扩散。当在镁表面出现白色的蓬松区域时,需要引起高度关注以防止腐蚀完全穿透结构。

众所共知,表面腐蚀是由于空气中的水分造成的。由于这类腐蚀是可见的,它可以在早期阶段通过近距离观察被发现。通过电镀或涂料来保护金属表面,并保持其良好状态,可以防止或延迟表面腐蚀。

2. 电解腐蚀

当两种不同的金属接触并暴露于电解质中(例如水,特别是盐水中)时,就会发生电流(或电解)腐蚀。若将铝片与钢螺栓或螺钉连接在一起,当有水分存在时,铝和钢之间可能会发生电解腐蚀。当两种金属间存在电势差,则会产生电流,这与电池产生电流的效果相类似。电解腐蚀通常可以通过两种金属接合部堆积的腐蚀产物来判断。对此,预防措施为刷漆和电镀。

3. 晶间腐蚀

晶间腐蚀从表面上看是不可见的,故十分危险。它在金属内部沿晶粒边界传播,可以降低强度和破坏金属内部结构和外形。受这类腐蚀影响的金属有不锈钢、某些镁合金以及含铜的铝合金。

当钢加热焊接时,某些等级的不锈钢会发生晶间腐蚀。这会增加金属脆性,导致在焊缝附近会产生裂纹。出于这个原因,在安装焊接不锈钢零件时,需要进行焊后热处理。

作为航空母舰油料员,需要重点关注表面腐蚀和电解腐蚀这两种类型的腐蚀。

钢生锈和铝或镁产生白色粉末都是腐蚀造成的。附上灰尘和盐、吸收空气中的水分或与其他金属接触等都会加速产品的腐蚀。

6.6.2 腐蚀修复

影响金属腐蚀类型、速度、原因和严重程度的因素很多。通过预防性维护保养,如检查、清洗、刷漆和防腐等手段,可以有效地预防。

一旦发现设备或结构发生腐蚀,采取的第一个步骤是安全彻底地清除腐蚀沉积物或更换受影响零件。无论是去除腐蚀还是更换零件,都取决于腐蚀程度、维修更换能力以及替换部件的可用性等条件。切记,任何受到腐蚀破坏的零件都应当更换,如果继续使用很可能导致结构失效。

消除区域内的腐蚀沉积物,必须做到干净、无涂料和油脂。碎片、毛刺、残片和表面氧化物等必须清除。但是,要小心避免去除过多未受腐蚀的表面金属。对腐蚀沉积物的清理必须彻底。如果未能清除表面的腐蚀碎片,即使整修了腐蚀区域,其腐蚀过程仍将继续。

一旦出现腐蚀,首先必须清除其保护膜,以确保发现整个腐蚀区域。当清除腐蚀后,必须对损坏程度进行评估。据此决定修理或者更换受影响的部分,还是执行腐蚀校正处理。校正处理可以中和材料凹痕和裂缝中残留的腐蚀,并恢复保护涂层和漆面。

6.6.3 腐蚀防护

通过使用合适的防潮屏障或干燥剂,保持环境干燥等手段,可以有效地控制腐蚀。清洁、干燥的金属不会发生腐蚀。因此,当金属表面没有水分和灰尘时,其表面通常不会发生腐蚀。由此可见,防止腐蚀的关键是充分清除金属表面的水分和灰尘,保护并覆盖表面以防止二次污染。

经常性预防保养是防止金属腐蚀最常用的方式。当未发生可见的腐蚀时,进行保养如清洗、刷漆和防腐,可以节省大量人力和物力,无需进行昂贵的维修和更换。

为有效地去除油污、油脂、污垢和其他沉积物,可以使用某些清洗剂,如肥皂、溶剂、乳胶化合物和化学品。当使用这些物品时,请按照正确的方法和操作步骤使用。此外,在使用和处理各种清洁剂的过程中,还必须遵守安全规章,采取安全预防措施。

选择轴承清洗材料的重要因素有材料种类、表面类型(如涂漆或未涂漆),以及内外部零件等。

1. 涂料的用法

为了防止金属(或木材表面腐化)腐蚀,应尽快给损坏或磨损表面重新上漆。重新涂漆是最常用的防腐措施。在海军,涂料主要用于表面防腐,即可以密封木材和钢铁中的孔隙,防止腐蚀和生锈,还具有其他各种用途。由于涂料的防腐特性,而且可以提供光滑、可冲洗的表面,因此有助于清洁和环境卫生。同时,涂料还可用于反射或吸收光,或重新分配光线。例如,浅色漆用于船舶内部,散发天然或人造光,以达到最佳效果。

2. 推荐的刷漆程序

众所周知,油漆有很多种。例如,不能在甲板、舱顶部和船长室的舱壁使用相同类型的油漆。不同种类的油漆几乎都有各自的用途。有关油漆用法的详细说明,请参阅海军海上司令部(NAVSEA)说明书。

确保油漆性能最重要的一项因素是适当的表面处理。灰尘、油污、油脂、铁锈和碎屑必须清除干净,并保持表面完全干燥。

用于表面处理的设备包括手动工具、电动工具、喷砂机、抛光机、肥皂(或清洁剂)和水、各种油漆和油漆去除剂。

禁止使用海军不认可的材料或不推荐的方法。

3. 润滑与检查

船上设备和零部件的维护保养是一个持续性的工作。潮湿的含盐空气能在很短的时间内使金属生锈。操作和维护手册中的各个特定项目都简述了保养的类型,以及哪些部位需要喷涂刷漆。

通过使用合适的润滑剂,可以有效地防止运动部件发生腐蚀。那些不能涂漆和不经常使用的部件都应该涂上防腐化合物,而这些化合物可以用溶剂轻易除去或擦除。在使用防腐剂或润滑油之前,要仔细清除灰尘和污垢。

其他材质,如纺织品和橡胶制品都不需要防腐处理。但是它们在不使用时也应该存放清洁干燥的地方。这些物品随时间逐步老化,因此应经常进行检查。当达到使用年限(标记在织物上)后,这些材料应当丢弃和更换。

6.6.4　安全措施

所有工作人员都必须遵守安全防护措施。船上环境的安全影响因素与陆地上不同。航行加油、联合训练、风暴和其他情况要求海上人员时刻保持警惕。详细内容请查阅《水面部队海军安全措施》海军作战指令(OPNAVINST)5100.19中的强制安全措施。

相关人员必须掌握每种应对方法及其原因,必须时刻遵守安全注意事项,大部分事故都可以避免。

监管人员有责任确保下属在工作时听从指挥,遵守各项安全规定。同时也应了解、理解和遵守适用于其工作性质和场地的所有安全规定。监管人员的其他责任如下:

①报告从事当前工作的身体和心理状况;

②全身心地投入到当前的工作中;

③报告任何不安全状态、不寻常的危险信号及其发展趋势,或认为哪些设备或材料不安全;

④警告处于危险之中或不遵守安全注意事项的人,并提醒任何不寻常的危险信号及其发展趋势;

⑤向上司报告工作中发生的事故、伤害或危害人身健康的证据;

⑥穿戴要求的防护服,使用批准供应的防护设备,以保证工作安全;

⑦穿着适合分配任务的衣物。

行业或职业人员应当正常着装。由于某些发型在机械和明火周围将发生危险,并且可能影响视力或呼吸机的使用,因此头发应当约束在帽子或网绳里。当存在危险时,应当穿着安全鞋或脚部保护装置,包括无火花的防滑鞋。不得穿戴珠宝、宽松的丝巾和领带。可以使用视力矫正仪、助听器或者假肢等设备,以确保及时感知和规避风险。

6.6.5　思考题

(1)金属腐蚀最大的问题和影响是什么?

(2)三种常见的腐蚀类型有哪些?

(3)什么是表面腐蚀最常见的例子?

(4)什么是表面腐蚀最常见的原因?

(5)防止表面腐蚀最有效的方法是什么?

(6)何种表面腐蚀最危险?请解释其原因。

(7)铁、铝、镁发生腐蚀的现象是什么?

(8)防止腐蚀最主要的问题是什么?

(9)为有效去除油污、油脂、污垢和其他沉积物,可以使用哪些清洗剂?

(10)确保油漆性能最重要的一项因素是什么?

(11)哪类 OPNAV 指令提供强制性和咨询性安全注意事项的一般参考?

(12)当存在不安全状态或不寻常的状况发展成为安全隐患后,必须怎么做?

(13)工作过程中发生的事故、伤害和危害健康的证据应向谁报告?

(14)当执行任务时,应穿戴哪种衣物佩戴哪些设备?

6.7　总　　结

本章阐述了海上和岸上燃料部门的基本布局。简要描述和讲解了海上和岸上燃料部门的各种方案计划,如人员资质标准(PQS)、工具管理、质量保证、计划维护系统和腐蚀控制。同时还涉及维护手册/出版物、设备记录和报告,以及如何看图识图和一般安全规范。针对每个系统和设备都有各自专用指令的情况,每个指令集都会有相应的出版物。

附 录 术 语 表

ABFC—H14K 先进基础功能部件燃料系统。

ACHO 飞机调度官(舰上作业)。

ADDITIVES 向燃油或润滑油中添加微量化学药品以创建、加强或抑制某种选定的属性,例如燃油系统结冰抑制剂。

AFOSS 航空燃油操作定序系统,它涵盖了舰载航空燃油系统操作的详细说明。

AIMD 航空兵中级维修部门。

AMBIENT 涵盖各方面,例如温度。

AMMETER 用于测量电流的仪表。

AMPHERE 电流单位,1 伏电压作用在 1 欧电阻上产生的电流。

ANODE 电池的正极(阳极)。

ANSI 美国国家标准协会。

ANTIKNOCK ADDITIVE 抗爆添加剂(燃烧前)。

API 美国石油协会。

API GRAVITY 美国石油协会密度指数。

APU 辅助动力装置,一个或多个主发动机不工作时,为飞机提供动力的一种小型涡轮发动机。

ARC 焊接时,电路或两个电极间产生的发光放电现象。

ARMING 将弹药从安全状态转变为待击发状态。

ASTM 美国材料试验协会。

ATMOSPHERIC PRESSURE 大气压力。在标准条件下的海平面测量值约为 14.7 磅/平方英寸。

AUTOIGNITION TEMPERATURE 不需要借助外部额外的能量(热量、火花或火焰),物质自发燃烧的温度。

AVGAS 航空汽油的常用术语。

B/2 ANTI—ICING TEST KIT 燃油测试盒中用来测量燃油燃油系统结冰抑制剂含量的仪器。

B/2 REFRACTOMETER B/2 折射计,用于测量燃油中燃油系统结冰抑制剂含量的仪器。

BALLAST(压舱水) 压舱水,用来减少浮力,提高稳定性和耐波性。压舱水可能是净水或污水（如果被石油产品污染）。

BARREL 桶，石油工业中测量体积的单位，相当于 42 加仑。

BELLOWS 风箱，用来产生空气流的装置。

BLACK OIL 用于原油、重油和颜色较深石油产品的常用术语，例如残余燃料油。

BLEND 两种或更多等级的燃油的混合物。

BONDING 两个物体之间的电气连接，例如飞机与加油车。

BOOM 浮木档栅，用来收集水体表面的油分。

BOOSTER PUMP 加压泵，安装在长输管道上用来增（升）压的泵。

BOTTOM LOADING 油罐卡车或油罐汽车底部密封连接加油的方法。

BREAKAWAY COUPLING 断开式联轴节，使用一定拉力可以分开的连接器。

BULK STORAGE TANK 大容量存储罐，一种接收、存储和发放油料的固定油罐，在到达操作油罐前，用于长途运输、储存、处理和使用。

BUNO 飞机编号，分配给每架飞机的编号。

CALIBRATION 调整刻度装置的范围（例如压力计），以满足规定的标准。

CARBON MONOXIDE 一氧化碳，无色、无味的有毒气体。

CATALYST 催化剂，一种引发或加速化学反应，而自身不发生变化的物质。

CATHODE 电池的负极（阴极）。

CATHODIC PROTECTION 负极保护，一种用于防止金属腐蚀的电解法。

CCFD 复合污染燃油探测器，用来检测油料中的水和颗粒物污染。

CENTRIFUGAL 离心力，旋转或转动的物体偏离或远离中心轴线的趋势。

CENTRIFUGAL PUMP 离心机，一个旋转装置，给液体施加离心力。

CENTRIFUGAL PURIFIER 离心净化机，通过使用离心力清洁燃油的旋转装置。

CFD 燃油污染检测器，用于检测油料中的颗粒污染物。

CHAFF 金属箔，一种雷达反射材料，用于欺骗或干扰敌方雷达和破坏性的攻击弹药。

CINCLANT 美国大西洋舰队司令。

CINCPACFLT 美国太平洋舰队司令。

CLEAR AND BRIGHT 无污染燃油的专用名词，表示燃油透明清澈，没有人眼可见的自由水和颗粒物。

CLEAVAGE 两种不同液体间的分界面，例如油和水。

COALESCER 聚结器，一根管子（单元或组件），当燃油经过时，可以分离出其中的水分。

COFFERDAM 隔离舱，船上动力汽油储罐周围的隔离舱。

COMBUSTIBLE VAPOR INDICATOR 可燃气体指示器,测量大气中可燃气体含量的装置;爆炸表。

COMMINGLING 混合,因处理不当,特别是在管道和油轮操作中,两种或更多的石油产品发生了混合。

CONSOLIDATE 合并,合并到一起,意味着将几个油罐中余下不多的油料统一泵送到一个油罐之中。

CONTAMINATION 污染,正常情况下,石油产品中不应存在的额外物质,例如灰尘、铁锈、水或其他成品油产品。

CONTINUITY 完整、不间断的电路。

CORROSION 腐蚀,一种分解过程,特指金属的电离过程。

CV 航空母舰。

CVN 核动力型航母。

D-1 带45度弯管的飞机单点加油喷嘴。

D-1R 带45度弯管和管端压力调节器的飞机单点加油喷嘴。

DEADMAN CONTROL 加油系统中用来管理(控制)油压/流量的装置。当操作者在手柄上施加压力时,阀门才会打开。当松开手柄后,阀门会自动关闭,停止输送燃油。

DEFUELER 用于从飞机上抽取燃油的罐车。

DEFUELING 从飞机上抽油。

DENSITY 密度,某种物质的单位体积质量。

DETERIORATION USE LIMITS 飞行燃油物理和化学性能的最低要求。

DIAPHRAGM 隔膜,橡胶混合物,一种隔离装置,用于调节各液压控制阀。

DIEGME 二乙二醇单甲醚。用于军用航空涡轮燃油中的燃油系统结冰抑制剂。

DIFFUSE 扩散,广泛传播、散射。

DIFFUSER 扩散器,用于扩散的装置。

DIKE 堤或墙,通常由土或水泥组成,设置在储油罐周围,防止燃油泄漏。

DISSOLVED WATER 水溶性,燃油无形中吸收的水量。吸收到燃油中的水量取决于燃料的温度。

DISTILLATE 蒸馏,常用术语,直接从原油蒸馏所得的几种燃油,通常包括煤油、JP-5燃油、轻柴油和其他轻质燃油。

DOD 国防部。

DOUBLE-WALLED PIPING 双层管道,两个独立腔室的管道,一个围绕另一个(一个在里,一个在外),通常用于船用汽油系统。内管输送燃油,外管容纳保护性气体(如二氧化碳或氮气)。

DOWNGRADE 由于易受污染,所以分配的燃油比指定的少。

EDUCTOR 喷射器,一种不带运动部件的射流式泵。通过高速射流将液体泵压出去的喷射器(文丘里效应)。通常用于脱水舱和水箱。

EFFLUENT 排水,水流出、溢出。

ELECTROLYTE 电解质,与其他物质发生反应,可以产生自由离子而导电的物质。

EMULSION 乳化,一种液体的微小液滴悬浮在另外一种液体中,且两者不相溶。

ENTRAINED WATER 燃料中的自由水污染物,以微小的液滴、雾或雾状物的形式存在。

EPA 环境保护机构。

EVAPORATE 蒸发,变成水蒸气。

EVAPORATION LOSS 蒸发损耗,液体石油由于蒸发进入大气而造成的损耗

EXPLOSIVE LIMITS 爆炸极限,易燃气体和空气混合发生爆炸或燃烧的限值百分比(上限和下限),也称可燃极限。

EXPLOSION PROOF 防爆罩,用于危险区域,防止内部电弧、电火花或火焰的电器外壳。

FAA 联邦航空管理局。

FAS 海上加油站。

FILTER 过滤器,一种多孔物质,液体经过时可去除其中的固体颗粒。

FILTER SEPARATOR 过滤分离器,一个或多少过滤器的组合,用于去除悬浮微粒和凝聚夹带的水。

FLAMMABLE LIQUID 易燃液体,燃点低于 100 华氏度的液体。

FLASHPOINT 燃点,燃油在加热时,开始并继续燃烧的最低温度

FLUSHING 冲洗,泵压燃油通过一个系统,以清洁系统或部件。

FMO 海军海岸站的船舶燃油管理人员,燃油保障官。该头衔分配给综合燃油业务的专职负责人。

FO 燃油官员,海军陆战队术语,燃油采购官和/或燃油组织的主管。相当于海军海岸站的船舶燃料保障官。

FOD 外部损伤。

FOR 燃油回收。

FREE WATER 燃油中不溶于水的污染物。可能是雾状物、乳化物、液滴或者几者兼有。

FREE WATER STANDARD 游离水标准,颜色密度对比标准,在燃油水仪(FWD)中,用于测定燃料中游离水的含量。

FREEZE POINT 凝点,燃料结晶时的温度。

FSII 燃油系统防冻剂。一种燃油添加剂,防止水结冰和抑制微生物生长

FUEL QUALITY MONITOR 燃料质量监控器,如果燃油中水或污染物过多,这种特殊的过滤器可以阻止燃油的流动。

FUEL OIL 燃烧燃油的锅炉产生蒸汽或热水,也称燃油燃烧器。

FUSIBLE LINKS/PLUGS 熔丝/塞子,熔塞,允许燃油蒸气逸出。

FUSE 当电路中的电流超过安全值时,用来中断电流的电子装置。

FWD 燃油水仪,用于检测样品燃油中游离水含量的装置。

GALVANIC 电解、电化学腐蚀,产生电流,由电流产生的腐蚀。

GALVANIZING 电镀,在铁或钢的表面镀一层锌。

GALVANOMETER 电流计,用于测量小电流的仪表。

GAMMON FITTING 用于快速断开喷射试验,在加油喷嘴和其他地方采集油样的俗称。

GAS FREE 清除气态蒸气。

GASOLINE 汽油,轻质、易挥发的液态烃混合物,用于火花点火和内燃机

GPM 加仑/分钟。

GROUND 接地,物体(如飞机)与地面(大地)之间的电气连接。在陆地上,也可以称为短接或接地。

HEADER 集管,系统组件中的横向运行管道。

HECV 软管端控制阀(同软管端压力调节器)。

HEPR 软管端压力调节器,限制进入飞机的燃油压力不超过设定的最大值。

HERS 直升机紧急加油系统。

HOT REFUELING 热加油,一个或多个飞机发动机工作时进行加油。

HUNG WEAPON 由于武器、机架或者飞行电路故障,飞机企图释放的武器不能被释放/反射或抛下,仍然挂载在飞机上。

HYDRANT SYSTEM 航空燃油的分发配送系统,由一系列固定网点或连接管道构成。

HYDRAULIC FLUID 液压油,液压系统中具有恒定黏度与温度特性的液体

HYDROCARBON 碳氢化合物,任何只含有碳元素和氢元素的化合物。

HYDROMETER 液体密度计,用于测量液体密度的仪器。

HYDROSTATIC 液体静力学,研究水和其他液体压力与平衡的物理学分支。

HYDROSTATIC HEAD 液静压差,液柱形成的压力。

HYDROSTATIC TEST 液压试验,在管道系统泄漏试验中,使用加压液体作为实验介质。

INERT 惰性,没有或几乎没有活性。

IGNITION TEMPERATURE 点火温度,无需加热或加热元件,可以自燃或

自我持续燃烧的最低温度。

INHIBITORS　抑制剂,降低化学反应速率的化学物质。

INNAGE　剩余油量,油罐中液体的深度(体积),液体表面至油罐底部的距离。

INTERGRANULAR　晶间,加热和冷却速度过快或过慢产生的晶间腐蚀。

INERTIA　惯性,物体具有的保持静止状态或匀速直线运动状态的性质。

JETTISON　通过紧急或二次释放系统,释放机载武器或储存物。

JP FUEL　喷气燃料,用于涡轮发动机的燃油。

KNOCK　爆震,由于汽油燃烧太快产生发动机噪声和功率损耗的趋势。

KNOCK VALUE　当往复式发动机使用火花点火时,汽油爆震趋势的相对测量值。

LHA　两栖攻击舰。

LPD　两栖运输舰。

LPH　两栖直升机母舰。

LOX　液态氧的缩写。

LSE　着陆支持信号。

LUBE OIL　润滑油常用术语;用来减少摩擦以及机械降温。

M970　半挂油罐车,可以容纳5 000加仑的燃油,机翼式喷嘴。

MAXIMUM　最大允许量。

MFFV　移动消防车。

MFVU　移动式消防车辆/灭火装置。

MEMBRANE　柔软的薄层组织。

MICROBIOLOGICAL　微生物,任何引起疾病的细菌;胶状物。

MICRON　微米,长度单位,一微米等于百万分之一米。

MICROORGANISMS　微小的生物,它是植物或者是动物。

MIL　密耳或毫升,长度为1的单位,一千分之一英寸,经常用来衡量涂料和涂层的厚度。

MILCON　军队建设。

MILITARY SPECIFICATIONS(**MILSPECS**)　军用规格,军用材料和设备质量要求指南。

MINIMUM　最小允许量。

MOGAS　车用汽油常见术语。

NATOPS　海军航空兵训练作战标准程序。

NAVAIR　海军航空系统司令部。

NAVEDTRA　海军的教育和训练。

NAVFAC　海军基础设施。

AVFACENGCOM 海军工程指挥司令部。

NAVPETOFF 海军石油办事处。

NAVSEASYSCOM 海军海上系统司令部。

NITROGEN GAS 氮气,用于船上航空燃油系统中火灾的预防和扑灭。

NONSPARKING TOOLS(无火花工具) 由金属制成的工具,当它与其他物体撞击时,不会产生足够温度的火花而点燃燃油蒸气。

NON – VORTEX 通过机械装置来阻止液体的涡流运动。

NOZZLE 喷嘴,槽连接,通常与一个控制阀配合使用,通过该装置将燃料排出到接收容器中。

NSTM 海军舰船技术手册。

OCTANE NUMBER 辛烷值,评定汽油抗爆性的指标。针对标准的参考燃料,在受控实验室条件下测定。规定抗爆性好的异辛烷的辛烷值为 100。

OHM 欧,电阻单位,一段电路的两端电压为 1 伏,通过的电流为 1 安时,电阻为 1 欧。

ORIFICE 用于缩小管道的内径来限制流量以达到计量目的的设备。

OSHA 职业安全与健康管理局。

OSS 操作排序系统。涵盖了船上燃油系统操作的详细说明。

OXIDATION 氧化,氧气与其他物质发生化学反应的过程,例如,汽油氧化会形成铁锈。

PANTOGRAPH 集电摆动臂或受电摆动臂,海岸站用于给飞机补给燃油的设备。该装置的一端连接燃油源,而另一端用一个很短的软管连接到飞机加油喷嘴处。

PARTICULATE MATTER 燃油污染物,呈固体颗粒状,如灰尘、砂粒或铁锈。

PICKLING 酸洗,将要使用的新的软管灌满燃油,静置数天的过程。

PKP 含有碳酸氢钾的干粉灭火器。

PM 预防性维修。

PMS 计划维修系统。

POL 一个广义的概念,包括武装部队使用的所有石油产品。它是汽油、油及润滑油的缩写。

PORTABLE INERTNESS ANALYZER 便携式惰性分析仪(PIA),用于测量一定空间范围内保护气体的百分比,以防止火灾。

POTENTIOMETER 功率计。

PQS 人员鉴定标准。

RESSURE DROP 当液体在管道系统中流动时,由于液体与管道及其他设备的摩擦造成的压力的损失,以及速度和高度的变化。

PRIFLY 主飞行控制（船上操作）。

PSI 磅/平方英寸的缩写，压力的测量单位。

PWO 公共工程官。

QDC 速断耦合接口。

QUALITY ASSURANCE 燃油质量管理办法（采样和测试），通常在炼油厂进行。

QUALITY SURVEILLANCE 燃油质量控制工作（采样和测试），它的周期包括燃油离开炼油厂直到最后被飞机所消耗的整个过程。

QUADRANT 通常指的是一艘航空母舰四分之一的燃油系统。整个燃油系统分为转发端口，转发右舷，船尾端口和船尾右舷。如果需要，每个部分可以设计成可操作的独立的系统。

RECLAMATION 修复或改变受污染燃油的质量已满足所需规格的过程。

RECIRCULATION 燃油系统的一种操作，即燃油从油箱通过过滤器/分离器抽出到最后回到罐车的过程。它主要为了两个目的，一是用干净、干燥的燃油冲刷过滤器和分离器的下游线，二是为了清理罐车中的燃油。

REFUELER 用于给飞机补给燃油的罐车。

REFUELING 将燃油加载到飞机。

REID VAPOR PRESSURE 在液体温度为100华氏度的控制条件下测定蒸气压力。

RELAXATION TANK 小型罐车中的配管系统，用于去除液体流动产生的静电。

RHEOSTAT 用来调节电流大小的可变的电阻器。

RISER 管道的竖直部分，通常连接一个泵的排出端。

ROTARY PUMP 旋转泵或容积泵，其工作方式主要依靠叶片，齿轮或螺杆泵的旋转。

RUST 氧化铁，红棕色，钢和铁表面氧化而形成的鳞片状或粉状沉积物。

SAFED 任何武器级的机械替代品，安全销、电力中断插头/销、安全装备开关，或者任何能使得特殊的弹药携带变得安全的适当的行为。

SERVICE FUEL 日用燃料，船用术语，指燃油已过滤净化（或遁过离心纯化），并转移到罐中，供飞机备用。

SIB 航母信息手册。

SIGHT GLASS GAGE 安装在管道中的玻璃管水位表，用来观测液体的流动。

SIMA 航母中级维修活动。

SLUDGE 密度较大的黏性沉淀物，存在于储罐和待维修的船舶底部，通常含有铁锈、水垢、尘埃、铅添加剂、蜡、树胶或沥青等。

SLUICE　水闸,控制水渠,用来排放多余的水。

SOLVENCY　溶解材料的能力。

SPECIFIC GRAVITY　相对密度,温度为60华氏温度时,给定体积材料的质量与同等体积同等温度条件下蒸馏水的质量比。

SPR　单口压力加油口。通过一个连接给飞机压力加油。

STATIC ELECTRICITY　材料以及物体上电荷长期累积,之后这些电荷进行重组(松弛或者放电)。当两种不同组成的物体或者材料相互摩擦或者彼此交叉传递的时候,就会产生静电。

STRIPPING　去除指定油箱中残留固体和液体的行为。

SUMP　向地势低的区域或者洼地排污。

SURGE　突然阻止液体的移动,如快速关闭阀门所引起的液压冲击。

SURGE SUPPRESSOR　用来控制或减少浪涌的设备。

SYSCOM　系统命令。

TAFDS　战略机场油料分配系统。

TETRAETHYYL LEAD　一种有毒的含铅化合物,通常用作汽油抗爆添加剂。

THIEF SAMPLER　从储罐底部取样检测,通常用来估测船舱底部污泥和水量情况。

THERMOMETER　用于测量温度的设备。

THROTTLE　通过管道阀门(通常为球形阀)来增加或降低液体的流速或压力。

TOP LOADING　通过顶部的开口填充罐车和卡车的方法。

TYCOM　类型指挥官(美国海军)。

ULLAGE　从油箱的顶部到箱内液体表面的距离。用于确定油箱内液体的体积大小。

VAPORIZE　使燃油通过加热或者喷射变成蒸气。

VAPOR LOCK　蒸气气塞,由于燃油的气化而造成发动机燃油系统或泵系统故障,通常与汽油有关。

VAPOR PRESSURE　蒸气压力,单位通常是磅/平方英寸;挥发性的一种计算指标。当蒸气压力超过了液体上方蒸气空间中的压力,蒸气气泡就会溢出,可以认为液体已经沸腾。里德蒸气压(REID VAPOR PRESSURE)就是在温度达到100华氏温度的时候测量得到的气压值。真实的蒸气压力(TRUE VAPOR PRESSURE)就是在实际的液体温度下测得的气压值。

VENTURI　文丘里管,管道系统的锥形部分,主要用于减少压力和增大流量。经常用于汽车系统中。

VISCOSITY　测量流体流动或移动的内阻,通常以赛氏通用秒来测量。

VOLATILITY 挥发性,评测某种液体变成气体的趋势。

VORTEX 涡流,大量的液体高速旋转使其中心形成了真空。

WICK 吸收燃料的固体,如灯芯油绳。JP-5可以以这种方式轻松点燃,即使温度低于其燃点。

WETTING FUEL 经过 CFD/CCFD 多次循环使用的燃油,可以用作微孔过滤器的润滑剂。